AF903346

Dokumentation
zum Forschungs- und Entwicklungsprogramm
des Bundesministeriums für Forschung und Technologie
(BMFT)

TRIBOLOGIE

Reibung · Verschleiß · Schmierung

Band 8

Elastohydrodynamik · Meß- und Prüfverfahren
Betriebsverhalten von Reibungssystemen

Herausgeber:
Projektträgerschaft „Metallurgie, Werkstoffentwicklung, Rückgewinnung" des BMFT bei der DFVLR, Köln
Wissenschaftliche Leitung und Redaktion:
W. Bunk, J. Hansen, H. Haag

Springer-Verlag Berlin Heidelberg GmbH 1984

Professor Dr. rer. nat. Wolfgang Bunk
Direktor des Instituts für Werkstoff-Forschung
der Deutschen Forschungs- und Versuchsanstalt für Luft- und Raumfahrt e.V., Köln-Porz
Lehrstuhl für angewandte Metallkunde RWTH Aachen

Dr. rer. nat. Jörn Hansen
Wissenschaftlicher Mitarbeiter am Institut für Werkstoff-Forschung
der Deutschen Forschungs- und Versuchsanstalt für Luft- und Raumfahrt e.V., Köln-Porz

Dipl.-Ing. Hermann Haag
Wissenschaftlicher Mitarbeiter am Institut für Werkstoff-Forschung
der Deutschen Forschungs- und Versuchsanstalt für Luft- und Raumfahrt e.V., Köln-Porz

Mit 256 Abbildungen und 13 Tabellen

CIP-Kurztitelaufnahme der Deutschen Bibliothek

Tribologie: Reibung. Verschleiß, Schmierung: Dokumentation zu dem Forschungs- und Entwicklungsprogramm des Bundesministeriums für Forschung und Technologie (BMFT)/Hrsg.: Projektträgerschaft „Metallurgie, Werkstoffentwicklung, Rückgewinnung" des BMFT bei der DFVLR, Köln. Wissenschaftliche Leitung und Redaktion W. Bunk ... – Berlin; Heidelberg; New York; Tokyo: Springer

NE: Bunk, Wolfgang (Red.); Deutsche Forschungs- und Versuchsanstalt für Luft- und Raumfahrt (Köln) Projektträgerschaft Metallurgie, Werkstoffentwicklung, Rückgewinnung

Band 8: Elastohydrodynamik, Meß- und Prüfverfahren, Betriebsverhalten von Reibungssystemen. – 1984

ISBN 978-3-540-13431-2 ISBN 978-3-662-06940-0 (eBook)
DOI 10.1007/978-3-662-06940-0

Das Werk ist urheberrechtlich geschützt. Die dadurch begründeten Rechte, insbesondere die der Übersetzung, des Nachdruckes, der Entnahme von Abbildungen, der Funksendung, der Wiedergabe auf photomechanischem oder ähnlichem Wege und der Speicherung in Datenverarbeitungsanlagen bleiben, auch bei nur auszugsweiser Verwendung, vorbehalten.

Die Vergütungsansprüche des § 54, Abs. 2 UrhG, werden durch die „Verwertungsgesellschaft Wort", München, wahrgenommen

© Springer-Verlag Berlin Heidelberg 1984

Ursprünglich erschienen bei Springer-Verlag Berlin Heidelberg New York Tokyo 1984

Die Wiedergabe von Gebrauchsnamen, Warenbezeichnungen usw. in diesem Buche berechtigt auch ohne besondere Kennzeichnung nicht zur Annahme, daß solche Namen im Sinne der Warenzeichen- und Markenschutz-Gesetzgebung als frei zu betrachten wären und daher von jedermann benutzt werden dürfen.

Buch- und Offsetdruckerei Richard Thierbach, Bachstraße 24, 4330 Mülheim (Ruhr)

2362/3020 – 5 4 3 2 1 0

VORWORT ZUM 1. BAND

Reibung und Verschleiß verursachen an Maschinen und technischen Anlagen in der Industrie erhebliche Verluste durch Minderung der Lebensdauer und des Wirkungsgrades. Weitgehend unbekannt ist der erschreckend hohe Betrag, zu dem sich hierdurch die Kosten für Energieaufwand, Instandhaltung, für Ersatzteile und Ausfallzeiten in unserer deutschen Volkswirtschaft aufaddieren. Verschärft wird die Situation dadurch, daß die internationale Konkurrenz der deutschen Industrie Maschinenanlagen mit größeren Leistungsdichten, erhöhten Bauteilauslastungen und verbesserten Wirkungsgraden abverlangt. Mit dieser Entwicklung wachsen aber auch die durch Reibung und Verschleiß bedingten Schwierigkeiten erheblich an. Diese Erkenntnisse und die Einsparmöglichkeiten an Rohstoffen und Energie erfordern große Anstrengungen, um mit den Problemen der Reibung und des Verschleißes fertig zu werden. Hier kann das systematische Zusammenwirken mehrerer Wissensgebiete in dem interdisziplinären Fach "Tribologie" einen beachtlichen Beitrag liefern.

Nach Offenlegung der Situation in der Bundesrepublik Deutschland in dem BMFT-Forschungsbericht "Tribologie" entschloß sich das Bundesministerium für Forschung und Technologie (BMFT) im Rahmen seines Rohstofforschungs-Programms zu einer schwerpunktmäßigen Förderung der Tribologie mit einer Laufzeit von zunächst 6 Jahren und einem Fördervolumen in Höhe von ca. 37 Mio DM im Rahmen der Projektträgerschaft des Instituts für Werkstoff-Forschung der Deutschen Forschungs- und Versuchsanstalt für Luft- und Raumfahrt e.V. (DFVLR), Köln. Die Förderung begann 1978, heute werden ca. 100 Vorhaben gefördert.

Ein Bericht der Deutschen Gesellschaft für Mineralölwissenschaft und Kohlechemie e.V. (DGMK) von 1977 gibt an, daß rund 50 % der Verluste infolge Reibung und Verschleiß durch intensive Nutzung der bekannten tribologischen Erkenntnisse einzusparen sind. Im Kampf gegen Reibungs- und Verschleißverluste müssen der Forschung und Entwicklung in der Tribologie die Kommunikation, Information und Innovation konsequent folgen. So ist neben der Forschungs- und Entwicklungsarbeit die Wissensverbreitung eine notwendige Ergänzung des Förderprogramms Tribologie. Diesem Ziel soll die mit dem vorliegenden ersten Band begonnene Buchreihe dienen, in der über die im Tribologie-Förderprogramm erarbeiteten Ergebnisse berichtet wird.

Köln, im Juni 1981 W. Bunk, J. Hansen, M. Geyer

VORWORT ZUM 2. UND 3. BAND

Neben der Erarbeitung von Forschungs- und Entwicklungsergebnissen steht gleichrangig die Wissensverbreitung. Dies gilt insbesondere für wissenschaftliche und technische Disziplinen, die so heterogen sind wie die Tribologie. So ist es erklärtes Ziel der BMFT-Förderung "Tribologie", eine möglichst breite Ausstrahlung zu erreichen. Hiervon hängt der "Erntefaktor" der vielen Millionen DM Fördermittel ab, die aus Steuergeldern für das Tribologie-Programm bereitgestellt wurden und werden. Diesem Ziel dienen insbesondere die öffentlichen Präsentationen der Forschungsergebnisse - die erste fand im Mai 1981 in Koblenz statt, die zweite wird im Mai 1983 ebenfalls dort stattfinden - sowie die Dokumentation der Berichte in einer Buchreihe. Die erfreulich hohe Zahl der Teilnehmer an der ersten Präsentation sowie die bisherige Nachfrage zum ersten Band lassen erwarten, daß die Förderung sich als erfolgreich erweisen wird.

Köln, im Januar 1982 W. Bunk, J. Hansen, M. Geyer

PROJEKTTRÄGERSCHAFT

Das Forschungs- und Entwicklungsprogramm "Tribologie" ist Teil der Projektträgerschaft "Metallurgie-Werkstoffentwicklung-Rückgewinnung". Diese wird vom Institut für Werkstoff-Forschung (Prof. Bunk) der DFVLR im Auftrage des BMFT durchgeführt. Die administrative Betreuung liegt beim Bereich für Projektträgerschaften der DFVLR.

Zur technisch-wissenschaftlichen Beratung des Projektträgers für den Förderbereich "Tribologie" dient ein Gutachterkreis. Dieser wird gebildet von den Herren

Oberingenieur H. Böer
Dr.-Ing. E. Gülker
Dr.-Ing. G. Heinke
Ing.(grad.) W.H. Kara
Dr.-Ing. O. Lang
Prof. Dr.-Ing. H. Peeken
Prof. Dr. E. Pollmann
Dr.rer.nat. E. Roemer
Dr.-Ing. K.-H. Treptow
Prof. Dr.-Ing. H. Uetz

INHALTSVERZEICHNIS

Systematik tribologischer Prüfungen

von

Prof. Dr. H. Czichos

unter Mitarbeit von

Dr. K.-H. Habig
Ing. W. Evers
Dipl.-Ing. N. Kelling
Dipl.-Ing. W. Schrag

Bundesanstalt für Materialprüfung (BAM)
Berlin-Dahlem

Förderkennzeichen: 01 ZT 227

Laufzeit: 01.04.1978 - 31.12.1982

Gliederung

1. Einleitung und Aufgabenstellung

Bei der Bearbeitung tribologischer Problemstellungen kommt der Meß- und Prüftechnik infolge der Komplexheit tribologischer Vorgänge und der Vielzahl der zu beachtenden Parameter und Einflußgrößen eine besondere Bedeutung zu. Die tribologische Meß- und Prüftechnik nimmt - verglichen mit den herkömmlichen Methoden der Festigkeitsprüfung von Werkstoffen oder der chemischen Analytik - eine Sonderstellung ein, da tribologische Kenngrößen von Werkstoffen und Schmierstoffen nicht als "Materialeigenschaften", sondern als Eigenschaften des betreffenden "tribologischen Systems" aufgefaßt werden müssen /1/ bis /11/. Aufgrund der Systemabhängigkeit tribologischer Vorgänge können für tribologische Untersuchungen auch kaum "Standard-Prüfgeräte" oder einfache Prüfvorschriften verwendet werden. Hierauf hat bereits Vogelpohl in sehr prägnanter Weise hingewiesen und betont, daß z.B. die in den 30er Jahren entwickelten sogenannten "Ölprüfmaschinen" für Reibungs- und Verschleißuntersuchungen ungeeignet sind, da ihnen "die irrtümliche Annahme zugrunde liegt, daß es sich bei den Reibungs- und Verschleißerscheinungen um Werkstoffeigenschaften handelt und daß man nur irgendwie zwei Körper gegeneinander zu bewegen braucht, um die notwendigen Eigenschaften zu erhalten"/12/.

In den letzten Jahren sind eine Reihe von neuen Hilfsmitteln entwickelt worden, wie z.B. systemanalytische Methoden zur Analyse komplexer technischer Sachverhalte, elektronische Meßaufnehmer zur Erfassung nichtelektrischer Größen oder empfindliche Methoden der Oberflächenanalyse, deren Einsatz mit Vorteil auch in der tribologischen Meß- und Prüftechnik möglich ist. Die gezielte Anwendung meß- und prüftechnischer Methoden bei der wissenschaftlichen Erforschung tribologischer Vorgänge oder der praxisnahen Prüfung einzelner tribotechnischer Bauteile erfordern eine Systematik zur umfassenden Analyse der relevanten Prüf- und Untersuchungsparameter, eine planvolle Bearbeitungssystematik und geeignete Methoden zur Auswertung und Darstellung tribologischer Prüfungen. Diese

Themenstellung wurde in dem vorliegenden Forschungsvorhaben mit folgender Gliederung bearbeitet:

I Entwicklung eines Deskriptorensystems zur allgemeinen Kennzeichnung und Erfassung tribologischer Parameter sowie zur Auswertung und Darstellung tribologischer Forschungsergebnisse

II Analyse der Aufgabenbereiche und Parameter der tribologischen Meß- und Prüftechnik

III Durchführung eines experimentellen Versuchsprogramms zur exemplarischen Untersuchung des Einflusses verschiedener Systemparameter bei tribologischen Laborprüfungen

IV Erstellung einer Bearbeitungssystematik für tribologische Prüfungen

2. Deskriptorensystem zur allgemeinen Kennzeichnung und Erfassung tribologischer Parameter sowie zur Auswertung und Darstellung tribologischer Forschungsarbeiten

Die Vielzahl der bei tribologischen Untersuchungen zu berücksichtigenden Einflußgrößen macht eine sorgfältige Analyse der kennzeichnenden Parameter erforderlich. Im Rahmen des Vorhabens wurde ein Deskriptorensystem erarbeitet, das die wichtigsten tribologischen Parameter enthält und als systematischer "Thesaurus" für das Gebiet der Tribologie angesehen werden kann. Bei der Erarbeitung des Deskriptorensystems wurde von der systematischen Zusammenstellung tribologischer Parameter nach DIN 50 320 "Verschleiß" ausgegangen. Ergänzend zu der Systematik von DIN 50 320 wurde für den Aufbau des Deskriptorensystems die Gliederung der BAM-Dokumentation Tribologie herangezogen. Im Rahmen dieser Dokumentation wird seit 1966 die gesamte Tribologie-Weltliteratur mit jährlich etwa 6000 Titeln in Form einer fortlaufenden Titel-Bibliographie von der BAM publiziert /13/. Die Sachgebietseinteilung der BAM-Dokumentation Tribologie mit ihren 10 Hauptabschnitten und mehr als 100 Unterabschnitten hat sich bei der Erfassung, Klassifizierung und Erschließung der Tribologie-Literatur bewährt.

0 Technische Funktion des Tribosystems

1 Anwendungsgebiet
- 11 System, Maschine, Gerät, Bauteil, Produkt
- 12 Fertigungsverfahren, Werkzeuge

2 Beanspruchungsfall
- 21 Kontakt- und Bewegungsart
- 22 Betriebsparameter

3 Systemstruktur
- 31 Stoffliche Eigenschaften und Stoffparameter
  - 311 Stoffpaarung Grund-/Gegenkörper
  - 312 Stoffart von Grundkörper, Gegenkörper, Zwischenstoff, Umgebungsmedium
  - 313 Stoffparameter
- 32 Formparameter
  - 321 Konstruktive Gestaltung
  - 322 Oberflächenrauheit, Welligkeit

4 Tribologische Problemstellung
- 41 Oberflächen und Kontakte
- 42 Reibung und Energieverlust
- 43 Verschleiß und Materialabtrag
- 44 Schmierung und Schmierstoffeigenschaften

5 Untersuchungsverfahren
- 51 Charakter der Untersuchung
- 52 Art des Untersuchungsverfahrens

6 Interessenhintergrund

Bild 1: Gliederung des Deskriptorensystems tribologischer Parameter

Unter Berücksichtigung dieser Gesichtspunkte wurde ein Deskriptorensystem erarbeitet, dessen Gliederung in Bild 1 wiedergegeben ist. Bei einer Aufteilung in 7 Hauptgruppen, die von der technischen Funktion des betreffenden tribologischen Systems, der Charakterisierung des Anwendungsgebietes und des Beanspruchungsfalles sowie der Systemstruktur bis hin zum Interessenhintergrund reichen, wurden etwa 300 Deskriptoren zusammengestellt, mit denen alle wichtigen Aspekte tribologischer Forschungsarbeiten stichwortartig beschreibbar erscheinen.Das Deskriptorensystem kann sowohl zur allgemeinen Kennzeichnung und Erfassung tribologischer Parameter als auch zur Auswertung und Darstellung der Ergebnisse tribologischer Forschungsarbeiten verwendet werden. Da jeder Deskriptor mit einer Kenn-Nr. versehen wurde, ist leicht auch eine rechnergestützte Erfassung, Auswertung und Anwendung möglich. In Ausweitung der ursprünglichen Aufgabenstellung des vorliegenden Forschungsvorhabens wird das Deskriptorensystem bereits zur Kennzeichnung und Erschließung der Forschungsvorhaben des gesamten Tribologie-Förderprogrammes des BMFT praktisch angewendet. Die Beschreibung der Einzelheiten des Deskriptorensystems zusammen mit einer Auswertung der ersten Ergebnisse des Tribologie-Förderprogramms ist bereits separat veröffentlicht worden /14/. Die Gliederung des Deskriptorensystems ist im Anhang dieses Bandes wiedergegeben.

3. Aufgabenbereiche der tribologischen Meß- und Prüftechnik

3.1 Übersicht

Die tribologische Meß- und Prüftechnik hat bekanntlich sehr unterschiedliche Aufgaben zu erfüllen. Ihre wesentlichen Aufgabenbereiche sind in Bild 2 zusammengestellt. Die Aufgaben reichen von der Funktionsüberwachung von Maschinen, Geräten oder tribotechnischen Anlagen, Betriebsversuchen und Prüfstandversuchen über die Simulation des Funktionsverhaltens tribotechnischer Systeme oder der Untersuchung von Reibungs- und Verschleißmechanismen mit Modellprüfsystemen bis hin zur Prüfung neuentwickelter tribotechnischer Werkstoffe und Schmierstoffe sowie Fragen der Güteüberwachung und Qualitätskontrolle. Die Zusammenstellung von Bild 2 macht deutlich, daß jede tribologische Meß- und Prüfaufgabe sorgfältig zu spezifizieren ist, wobei folgende Gesichtspunkte für die einzelnen Aufgabenbereiche (A) bis (G) nach Bild 2 besonders zu berücksichtigen sind:

- Unterschiede der jeweiligen tribologischen Fragestellung und der Zielsetzung der erwarteten Meß- und Prüfergebnisse
- Unterschiede der meß- und prüftechnischen Methoden in den einzelnen Aufgabenbereichen
- Unterschiede in den meß- und prüftechnischen Parametern und in der Durchführung der betreffenden Messungen und Prüfungen

(A) Funktionsüberwachung von Maschinen, Geräten oder tribotechnischen Anlagen (condition monitoring)

(B) Betriebsversuche mit kompletten tribotechnischen Systemen (Feldversuche)

(C) Prüfstandversuche mit tribotechnischen Systemen oder Bauteilen (praxisnahe Laborprüfung)

(D) Simulation des Funktionsverhaltens tribotechnischer Systeme oder Baugruppen mit Modellprüfsystemen (funktionsorientierte Modellprüfung)

(E) Untersuchung von Reibungs- und Verschleißmechanismen mit Modellprüfsystemen (mechanismenorientierte Modellprüfung)

(F) Prüfung neuentwickelter tribotechnischer Werkstoffe und Schmierstoffe

(G) Güteüberwachung und Qualitätskontrolle von tribotechnischen Werkstoffen und Schmierstoffen

Bild 2: Aufgabenbereiche der tribologischen Meß- und Prüftechnik

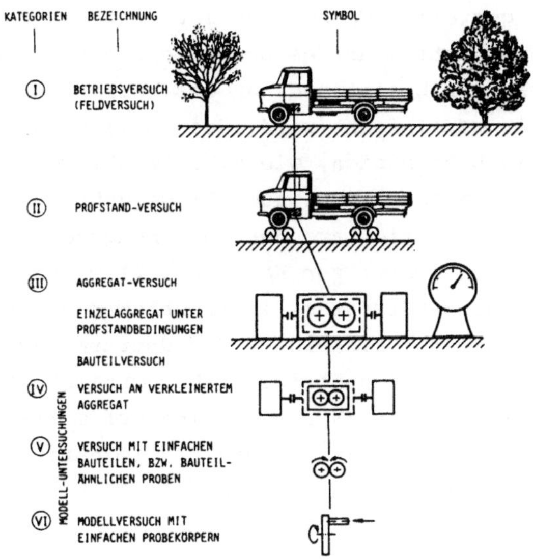

Bild 3: Kategorien der Verschleißprüfung (nach DIN 50 322, Entwurf)

Aufgrund dieser Unterschiede können die Ergebnisse tribologischer Untersuchungen in den verschiedenen Aufgabenbereichen nicht ohne weiteres wechselseitig übertragen werden.

3.2 Kategorien tribologischer Prüfungen

Zur genaueren Kennzeichnung und Klassifizierung tribologischer Prüfungen - speziell von Verschleißprüfungen - hat der Arbeitsausschuß "Verschleißfragen" im Fachnormenausschuß "Materialprüfung" den Normentwurf DIN 50 322 "Kategorien der Verschleißprüfungen" erarbeitet. Danach wird die Vielzahl tribologischer Prüfungen in sechs verschiedene Kategorien eingeteilt (Bild 3), wobei eine höhere Kategorie jeweils eine Vereinfachung des Systems bezüglich des Beanspruchungskollektivs und/oder der Struktur des betreffenden Systems gegenüber der vorhergehenden Kategorie bedeutet.

In Bild 3 ist stellvertretend für andere Anwendungsfälle am Beispiel eines Lkw-Getriebes die Aufteilung in sechs Prüfkategorien dargestellt. Wesentlich ist, daß bis zur Kategorie III die Systemstruktur des zu prüfenden tribologischen Aggregates erhalten bleibt und nur das betreffende Beanspruchungskollektiv vereinfacht wird. Eventuell wird noch der Einfluß von Umgebungsmedien, wie z.B. Staub, vernachlässigt. Vorteil bei den Kategorien II und III gegenüber der Kategorie I ist das reproduzierbare Beanspruchungskollektiv. Ab Kategorie IV bis hinunter zur Kategorie VI wird auch die Systemstruktur des Prüfsystems immer stärker verändert mit dem Nachteil sinkender Sicherheit der Übertragbarkeit der Meßergebnisse auf das zugehörige tribotechnische System. Vorteile der Prüfkategorien IV bis VI sind der meßtechnisch immer besser zugängliche Tribokontakt, die geringeren Kosten und die kürzeren Prüfzeiten.

Bei der Durchführung von tribologischen Messungen und Prüfungen in den Prüfkategorien von Bild 3 sind jeweils eine Reihe von Meßgrößen zu erfassen. Eine Auswertung der ersten hundert Forschungsvorhaben des Tribologie-Förderprogramms des BMFT

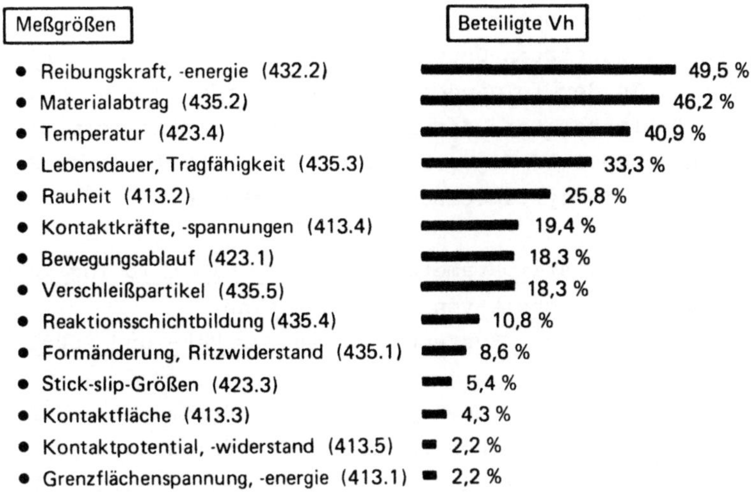

Bild 4: Tribologische Meßgrößen (Anwendungshäufigkeit im Tribologie-Forschungs- und Entwicklungsprogramm)

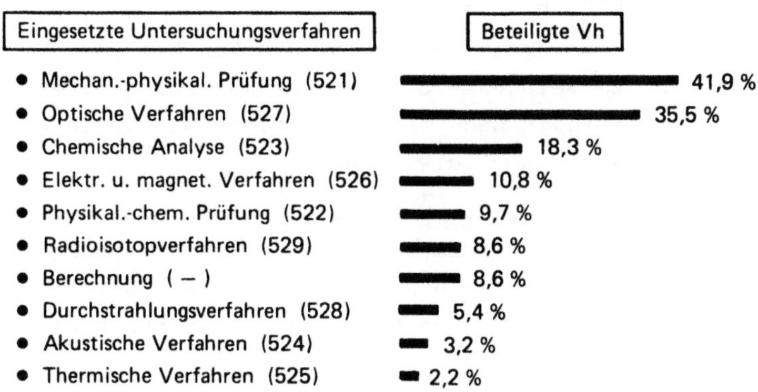

Bild 5: Tribologische Untersuchungsverfahren (Anwendungshäufigkeit im Tribologie-Forschungs- und Entwicklungsprogramm)

ergab (siehe Abschnitt 2), daß etwa 14 wesentliche Meßgrößen bei den einzelnen Untersuchungen erfaßt wurden, siehe Bild 4. Die dabei eingesetzten Untersuchungsverfahren sind in Bild 5 aufgeführt. In dem folgenden Abschnitt werden die wichtigsten Meß- und Prüfparameter, die für die Durchführung tribologischer Prüfungen in Kategorien IV bis VI von Bild 3 von Bedeutung sind, in systematischer Form diskutiert.

4. Analyse von Systemparametern, die für die tribologische Meß- und Prüftechnik von Bedeutung sind

4.0 Übersicht über Systemparameter der Meß- und Prüftechnik

Den Ausgangspunkt für eine systematische Erfassung und Kennzeichnung der wesentlichen Parameter der tribologischen Meß- und Prüftechnik kann die in DIN 50 320 enthaltene Darstellung eines tribologischen Systems bilden (Bild 6). Danach müssen - speziell bei der Durchführung von Verschleißuntersuchungen - drei wesentliche Parametergruppen unterschieden werden, nämlich

- das Beanspruchungskollektiv, d.h. alle auf die Prüfkörper einwirkenden Beanspruchungsgrößen
- die sogenannte Struktur des tribologischen Systems, also die an dem Reibungs- und Verschleißvorgang direkt beteiligten Bauteile und -stoffe zusammen mit ihren Eigenschaften und ihren Wechselwirkungen
- Verschleißkenngrößen, die unterteilt werden können in die Verschleißerscheinungsformen, d.h. die Kennzeichnung der Oberflächenveränderungen und die Verschleiß-Meßgrößen, die den verschleißbedingten Materialverlust beschreiben.

Führt man nun in verallgemeinerter Form eine Analyse der wesentlichen Einflußgrößen und Parameter der tribologischen Meß- und Prüftechnik nach dem Vorgehensschema von DIN 50 320 durch, so ergeben sich die in Bild 7 dargestellten Parametergruppen I, II, III. Beim Beanspruchungskollektiv (I) sind zunächst die Bewegungsform und der Bewegungsablauf zu unter-

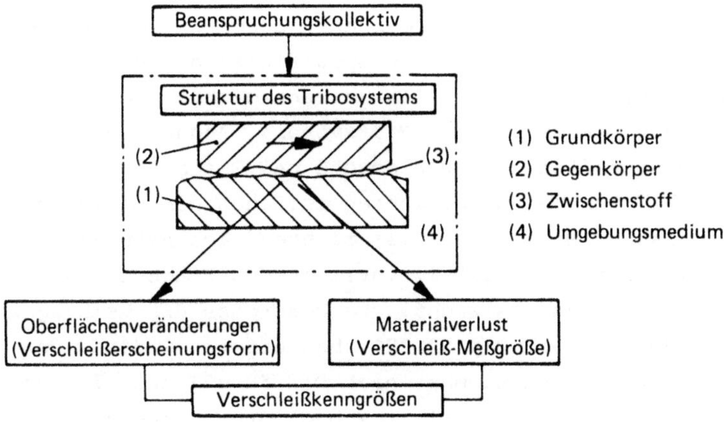

Bild 6: Darstellung eines tribologischen Systems nach DIN 50 320

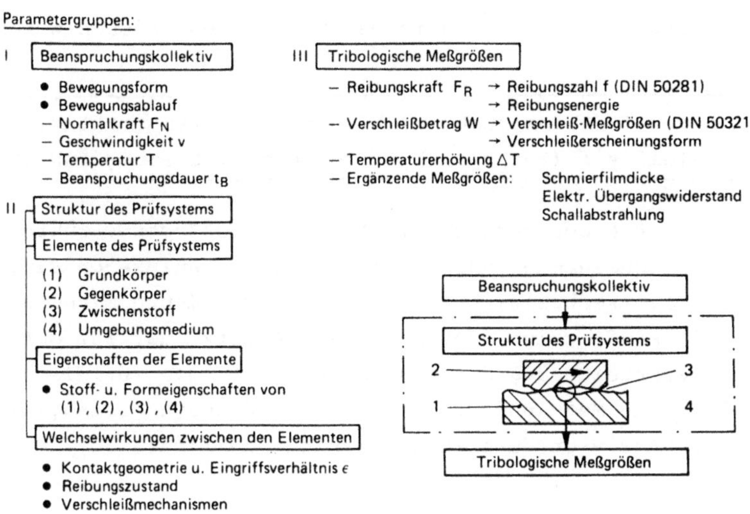

Bild 7: Parametergruppen der tribologischen Meß- und Prüftechnik

scheiden sowie die eigentlichen Beanspruchungsgrößen - Normalkraft (bzw. Flächenpressung), Geschwindigkeit, Temperatur, Beanspruchungsdauer - zu spezifizieren. Außerdem ist die Struktur des Prüfsystems (II) zu kennzeichnen durch Charakterisierung der Elemente des Prüfsystems, Angabe der wesentlichen Eigenschaften dieser Elemente und Beschreibung der hauptsächlichen Wechselwirkungen zwischen den Elementen. Die tribologischen Meßgrößen (III) richten sich naturgemäß nach der im konkreten Einzelfall vorliegenden Fragestellung. In jedem Fall können als wichtigste Meßgrößen die Reibungskraft und die daraus nach DIN 50 281 abgeleiteten Größen, der Verschleißbetrag bestimmbar nach DIN 50 321 und als thermische Größe die Temperatur (inkl. reibbedingter Temperaturerhöhungen) genannt werden. Daneben sind je nach konkreter Problemstellung ergänzende Meßgrößen zu spezifizieren.

Die Bilder 6 und 7 machen deutlich, daß sich Reibungs- und Verschleißvorgänge durch das Einwirken eines Beanspruchungskollektivs auf die Struktur des betreffenden tribologischen Systems ergeben, so daß in formaler Form geschrieben werden kann

Reibung = f (Beanspruchungskollektiv; Systemstruktur)
Verschleiß = f (Beanspruchungskollektiv; Systemstruktur)

Obwohl das Beanspruchungskollektiv und die Systemstruktur nicht als voneinander unabhängige Variable anzusehen sind, da sie über die Wechselwirkungen der Systemelemente miteinander verknüpft sind, zeigt dieser formale Ansatz, daß zur detaillierten Kennzeichnung der Systemparameter, die für die tribologische Meß- und Prüftechnik von Bedeutung sind, zwei Arten von Analysen durchzuführen sind, nämlich:

- Beanspruchungsanalyse
- Strukturanalyse.

4.1 Beanspruchungsanalyse

Die wichtigsten Größen des Beanspruchungskollektivs bei jeder tribologischen Prüfung sind:

- Bewegungsform bzw. -art
- Bewegungsablauf
- Belastung F_N (bzw. Flächenpressung p)
- Geschwindigkeit v
- Temperatur T
- Beanspruchungsdauer t.

Die numerischen Werte der Größen des Beanspruchungskollektivs bei einer tribologischen Prüfung richten sich natürlich nach dem jeweiligen Anwendungsfall. Eine Übersicht über die in den ersten hundert Forschungsvorhaben des Tribologie-Förderprogramms des BMFT verwendeten Beanspruchungsgrößen, die mit Hilfe des in Abschnitt 2 beschriebenen Deskriptorensystems analysiert wurden, gibt Bild 8.

Beanspruchungsfall	
Kontaktform (211)	konform (39,8 % der Vh) kontraform (20,4 %)
Bewegungsart (212)	Gleiten (75,3 %) Wälzen (28,0 %) Strömen (11,8 %) Normal-, Haftkontakt (10,8 %) Stoßen/Prallen (8,6 %)
Bewegungsablauf (221)	kontinuierlich (41,9 %) osz., schwingend (22,6 %) intermitt., rep. (17,2 %)
Normalkraft F_N [N]	$5 \cdot 10^{-2}$ bis $1{,}5 \cdot 10^{7}$
Flächenpressung p [N/mm²]	10^{-1} bis $3{,}2 \cdot 10^{3}$
Geschwindigkeit v [m/s]	10^{-4} bis 65
Temperatur T [°C]	−70 bis 1000

Bild 8: Kenngrößen des Beanspruchungskollektivs bei tribologischen Prüfungen (Anwendungshäufigkeit im Tribologie-Forschungs- und Entwicklungsprogramm)

Im folgenden werden die wichtigsten Größen des Beanspruchungskollektivs bei tribologischen Prüfungen etwas genauer diskutiert und Hinweise auf Methoden zu ihrer Bestimmung und Kennzeichnung gegeben.

4.1.1 Flächenpressung und Werkstoffanstrengung

Eine wichtige Beanspruchungsgröße bei tribologischen Prüfungen ist die sich aus Belastung und Geometrie der Prüfkörper ergebende Flächenpressung. Bei der Bestimmung der Flächenpressung müssen mehrere Fälle unterschieden werden, wie z.B.

- Flächenpressung zwischen ebenen oder "konformen" Berührungsflächen. Die nominelle Flächenpressung ist definiert als Quotient von Normalkraft und geometrischer Kontaktfläche.
- Flächenpressung zwischen gekrümmten, d.h. "kontraformen" Berührungsflächen. Die Flächenpressung läßt sich (im statischen Fall) nach den Hertz'schen Formeln berechnen. Eine praktikable Zusammenstellung der Hertz'schen Formeln für die Fälle des Kontaktes von Zylinder und Kugel gegen Ebene, Zylinder und Kugel ist in einer neueren Monographie enthalten /15/.
- Flächenpressung in den Mikrokontakten, d.h. Quotient aus Normalkraft und "wahrer" Kontaktfläche (Flächensumme der Mikrokontakte). Da die"wahre" Kontaktfläche stets wesentlich kleiner als die nominelle geometrische Fläche ist, ist auch die "wahre" Flächenpressung in den Kontaktpunkten z.T. erheblich höher als die nominelle geometrische Flächenpressung. Die Bestimmung der "wahren" Flächenpressung stößt jedoch auf erhebliche Schwierigkeiten und soll hier nicht weiter betrachtet werden (Methoden zur Abschätzung der entsprechenden Flächenpressungen werden in einem neuen Buch über den Kontakt rauher Oberflächen behandelt/16/.
- Kontakt geschmierter Flächen (Elastohydrodynamischer, EHD-Kontakt)

Beim Kontakt hochbelasteter, geschmierter kontraformer Bewegungskörper kann es durch das Zusammenwirken von Hertz'

schen Pressungen und einer Zunahme der Schmierstoffviskosität mit dem Druck zur Ausbildung eines EHD-Films kommen. Hierdurch wird die nominelle Hertz'sche Flächenpressung modifiziert, z.B. durch eine charakteristische Spannungsspitze an der Ölaustrittsseite. Zur Berechnung der Beanspruchungen in EHD-Kontakten sind in den letzten Jahren eine Reihe von Formeln entwickelt worden, die in zusammenfassender Form von W.O.Winer in dem neuen WEAR CONTROL HANDBOOK behandelt sind /17/.

Neben der Flächenpressung ist für tribologische Prüfungen besonders die sogenannte Werkstoffanstrengung von Bedeutung.

Bei Kenntnis der Abmessungen und der elastischen Eigenschaften der Prüfkörper läßt sich die Werkstoffanstrengung aus der Belastung unter Verwendung verschiedener Festigkeitshypothesen abschätzen.

Nach der Schubspannungshypothese ist die größte Werkstoffanstrengung durch die maximale Schubspannung τ_{max} gegeben:

$$\tau_{max} = \frac{\sigma_1 - \sigma_2}{2} = \frac{\sigma_V}{2}$$

Hierbei bedeuten σ_1 die größte Normalspannung, σ_2 die kleinste Normalspannung und σ_V die Vergleichsspannung. Nach der Gestaltänderungsenergiehypothese ist für die Werkstoffanstrengung die gespeicherte Gestaltänderungsenergie entscheidend, für welche die Vergleichsspannung σ_V ein Maß darstellt:

$$\sigma_V = 2^{-1/2}\left[(\sigma_1 - \sigma_2)^2 + (\sigma_2 - \sigma_3)^2 + (\sigma_3 - \sigma_1)^2\right]^{1/2}$$

mit σ_1, σ_2 und σ_3 als den Normalspannungen. Um eine Vorstellung von der Größe und dem Wirkungsbereich der Spannungen, wie sie in einfachen tribologischen Prüfgeometrien auftreten können, zu bekommen, sind in <u>Bild 9</u> für einen kontraformen und einen konformen Kontakt die maximale Schubspannung τ_{max} und ihr Abstand z_m von der Oberfläche in Abhängigkeit von der Normalkraft F_N bei ruhendem Kontakt tabellarisch zusammengestellt /18/.Mit steigender Normalkraft nimmt der Betrag des Spannungsmaximums und sein Abstand von der Oberfläche zu. Bei kontraformem Kontakt ist der Betrag des Spannungsmaximums um mehr alseine Größenordnung höher als bei konformem Kontakt, während im Gegensatz dazu der Abstand des Spannungsmaximums von der Oberfläche bei konformem Kontakt größer als bei kontraformem Kontakt ist.

kontraform

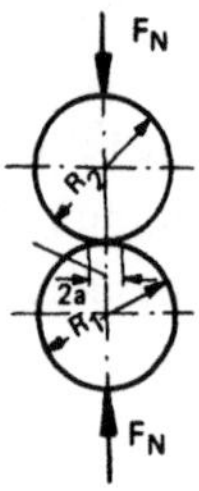

$R_1 = R_2 = R = 50$ mm

$E_1 = E_2 = E = 2{,}1 \cdot 10^5 \frac{N}{mm^2}$

b = 10 mm

$$\tau_{max} = 0{,}125 \left(\frac{F_N}{b} \cdot \frac{2E}{R}\right)^{\frac{1}{2}}$$

$$Z_m = 1{,}20 \left(\frac{F_N}{b} \cdot \frac{R}{2E}\right)^{\frac{1}{2}}$$

F_N [N]	τ_{max} [N/mm²]	Z_m [µm]
10	11,5	13
100	36,3	41
1000	114,9	130

konform

$R_1 = 50$ mm

$\Delta R = R_1 - R_2 = \psi \cdot R_1$

$\psi = 2$ ‰

$E_1 = E_2 = E = 2{,}1 \cdot 10^5 \frac{N}{mm^2}$

b = 10 mm

$$\tau_{max} = 0{,}125 \left(\frac{F_N}{b} \cdot \frac{\psi \cdot E}{R_1}\right)^{\frac{1}{2}}$$

$$Z_m = 1{,}20 \left(\frac{F_N}{b} \cdot \frac{R_1}{\psi \cdot E}\right)^{\frac{1}{2}}$$

F_N [N]	τ_{max} [N/mm²]	Z_m [µm]
10	0,36	414
100	1,14	1309
1000	3,36	4140

Bild 9: Maximale Schubspannungen und ihr Abstand von der Oberfläche bei konformem und kontraformem Kontakt

Die in Bild 9 für den Fall des statischen Kontaktes angegebenen Spannungsverhältnisse werden bei dynamischen Verhältnissen durch die Größe der tangentialen Reibungskräfte modifiziert. Dies soll an zwei bei der tribologischen Meß- und Prüftechnik häufig verwendeten Prüfkörpergeometrien, nämlich einem Zwei-Scheiben-System und dem System Kugel/Ebene betrachtet werden. In <u>Bild 10</u> sind die nach der Gestaltänderungsenergiehypothese berechneten, auf die maximale Pressung p_o

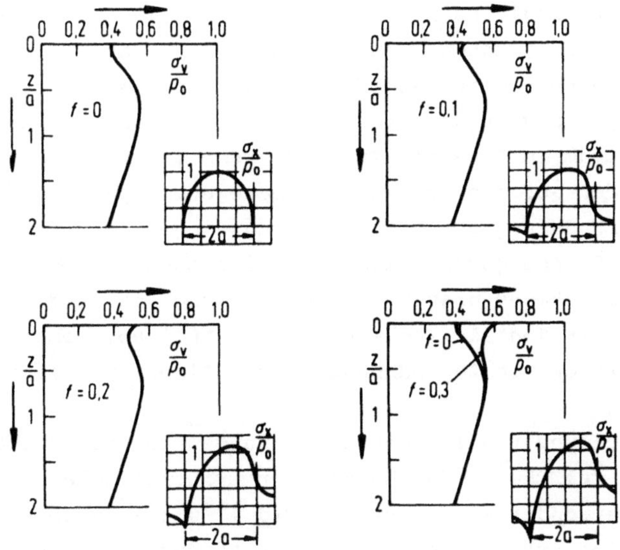

Bild 10: Werkstoffanstrengung in einem rotierenden Walzenpaar

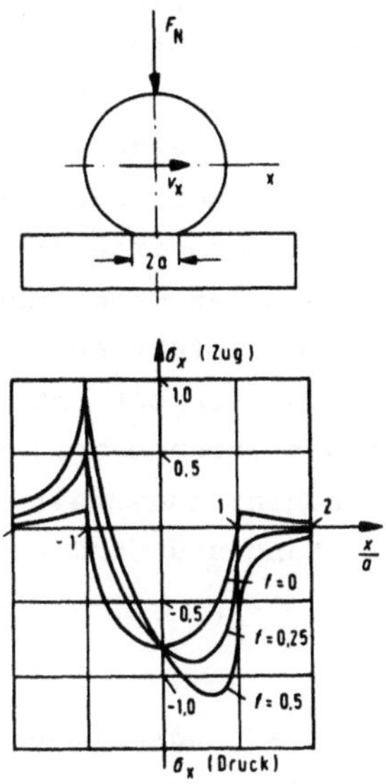

Bild 11: Tangentialspannungen im tribologischen System Kugel-Ebene

normierten Vergleichspannungen für verschiedene Werte des Reibungskoeffizienten f aufgetragen /19/. Man erkennt, daß erst bei einem Reibungskoeffizienten von f $\approx$ 0,2 die Vergleichsspannung an der Oberfläche ebenso groß wie das Spannungsmaximum im Inneren wird. Außerdem ist in Bild 10 der Verlauf der auf die Pressung p_o bezogenen Spannung σ_v und deren Veränderung durch die Reibung eingezeichnet. Danach wird die Spannungsverteilung mit steigendem Reibungskoeffizienten zunehmend unsymmetrischer. Ferner fällt die Spannung am Rande der Kontaktfläche nicht auf Null ab, wobei besonders das Auftreten von Zugspannungen im Auslauf zu beachten ist.

Die Verteilung von Tangentialspannungen für das tribologische System Kugel/Ebene, das häufig für tribologische Modellprüfungen verwendet wird, ist in Bild 11 wiedergegeben /20/. Zu beachten ist, daß schon bei statischer Beanspruchung ohne Relativbewegung (f = 0) außerhalb der Hertz'schen Kontaktfläche Zugspannungen vorhanden sind. Diese Zugspannungen und auch die Druckspannungen erhöhen sich mit zunehmendem Reibungskoeffizienten f, wobei gleichzeitig eine Verlagerung der Druckspannungsmaxima zu beachten ist.

Aus den in Bild 9 bis 11 in exemplarischer Form dargestellten Ergebnissen wird deutlich, daß sich bei tribologischen Prüfsystemen je nach Kontaktgeometrie und Reibungszustand sehr unterschiedliche Flächenpressungen und Werkstoffanstrengungen ergeben können. Eine weiterführende detaillierte Beanspruchungsanalyse wurde von Broszeit unter Berücksichtigung der folgenden Einflußgrößen vorgenommen: Konstruktive Gestaltung, Makroreibung, Oberflächenfeingestalt, Eigenspannungen, Temperatur, Werkstoffzustand und Schmierstoffwirkung /21/.

4.1.2 Kinematik

Neben den kraft- und spannungsmäßigen Beanspruchungen sind die kinematischen Verhältnisse ein ganz wesentliches Charakteristikum tribologischer Prüfsysteme. Die Kinematik setzt sich zusammen aus der Bewegungsform und dem Bewegungsablauf.

Bei der Bewegungsform kann man zwischen "Gleiten, Wälzen, Bohren und Stoßen bzw. Prallen" unterscheiden. Der Bewegungsablauf kann kontinuierlich, intermittierend, reversierend oder oszillierend sein.

Die Kennzeichnung der kinematischen Verhältnisse in einem tribologischen Prüfsysteme ist im allgemeinen dann relativ einfach, wenn nur ein Partner sich bewegt und der andere stillsteht. Falls beide Bewegungspartner, d.h. Grundkörper und Gegenkörper, eine Bewegung ausführen, können sich ziemlich komplizierte kinematische Verhältnisse ergeben. Wenn in einer tribologischen Kontaktstelle die Umfangsgeschwindigkeiten der beiden Körper mit den Buchstaben u_1 und u_2 bezeichnet werden, sind zwei Geschwindigkeitsbegriffe von großer Bedeutung.

- Die Relativgeschwindigkeit $v_r = |u_1 - u_2|$
  Die Relativgeschwindigkeit ist für die reibbedingte Energiedissipation und die reibbedingte Temperaturerhöhung maßgebend und beeinflußt in geschmierten Systemen die wirksame Ölviskosität in der Kontaktstelle und damit auch die Schmierfilmdicke.
- Die Summengeschwindigkeit $v_s = u_1 + u_2$
  Die Summengeschwindigkeit ist für den Ölzufluß in die Kontaktstelle von Bedeutung und beeinflußt einen EHD-Film in dem Sinne, daß mit zunehmenden Werten von v_s die EHD-Filmdicke zunimmt.

Eine Übersicht über die in tribologischen Prüfsystemen mit zwei bewegten Partnern möglichen kinematischen Verhältnisse geben die <u>Bilder 12 und 13.</u> Je nach den Werten der Einzelgeschwindigkeiten u_1 und u_2 von Grund- und Gegenkörper eines tribologischen Prüfsystems ergeben sich unterschiedliche kinematische Verhältnisse, die sich durch unterschiedliche Relativgeschwindigkeiten, Summengeschwindigkeiten und Werte des Schlupfes ("slide-roll-ratio") unterscheiden. Ohne die Einzelheiten der in Bild 12 und 13 zusammengestellten kinema-

Bewegungsform	Einzelgeschwind. u_1	u_2	Relativgeschw. (→ ΔT_R) $v_r = \lvert u_1 - u_2 \rvert$	Summengeschw. (→ EHD-Film) $v_s = \lvert u_1 + u_2 \rvert$	Schlupf (slide-roll ratio) $s = 2\left[\frac{u_1 - u_2}{u_1 + u_2}\right]$
Gleiten (simple sliding)	$u_1 > 0$	$u_2 = 0$	$v_r = u_1$	$v_s = u_1$	$s = 2$
Wälzen mit Schlupf	$u_1 > 0$ $u_1 > u_2$	$u_2 > 0$	$v_r < u_1$	$v_s > u_1$	$0 < s < 2$
Wälzen (Rollen)	$u_1 > 0$	$u_2 = u_1$	$v_r = 0$	$v_s = 2u_1$	$s = 0$
Wälzen mit Schlupf	$u_1 > 0$ $u_1 < u_2$	$u_2 > 0$	$v_r < u_2$	$v_s > u_2$	$-2 < s < 0$
Gleiten (simple sliding)	$u_1 = 0$	$u_2 > 0$	$v_r = u_2$	$v_s = u_2$	$s = -2$

Bild 12: Parameter der Kinematik tribologischer Systeme (Gleit- und Wälzbewegungen)

Bewegungsform	Einzelgeschwind. u_1	u_2	Relativgeschw. (→ ΔT_R) $v_r = \lvert u_1 - u_2 \rvert$	Summengeschw. (→ EHD-Film) $v_s = \lvert u_1 + u_2 \rvert$	Schlupf (slide-roll ratio) $s = 2\left[\frac{u_1 - u_2}{u_1 + u_2}\right]$
Gleiten (simple sliding)	$u_1 > 0$	$u_2 = 0$	$v_r = u_1$	$v_s = u_1$	$s = 2$
Gleiten	$u_1 > 0$ $\lvert u_1 \rvert > \lvert u_2 \rvert$	$u_2 < 0$	$v_r > u_1$	$v_s < u_1$	$2 < s < \infty$
Gleiten (pure sliding)	$u_1 > 0$	$u_2 = -u_1$	$v_r = 2u_1$	$v_s = 0$	$s = \pm\infty$
Gleiten	$u_1 > 0$ $\lvert u_1 \rvert < \lvert u_2 \rvert$	$u_2 < 0$	$v_r > \lvert u_2 \rvert$	$v_s < \lvert u_2 \rvert$	$-\infty < s < -2$
Gleiten (simple sliding)	$u_1 = 0$	$u_2 < 0$	$v_r = \lvert u_2 \rvert$	$v_s = \lvert u_2 \rvert$	$s = -2$

Bild 13: Parameter der Kinematik tribologischer Systeme (Gleitbewegungen)

tischen Verhältnisse zu diskutieren, sollen hier nur die beiden bekannten Grenzfälle, nämlich der Fall des reinen Wälzens und des reinen Gleitens betrachtet werden.

Beim reinen Wälzen (Bild 12, mittlere Zeile) sind die Umfangsgeschwindigkeiten beider Körper gleichgerichtet und gleich groß (s = 0). Damit ist die nominelle Relativgeschwindigkeit gleich null und die reibbedingte Temperaturerhöhung minimal, während die Summengeschwindigkeit gleich der doppelten Einzelgeschwindigkeit der Prüfkörper ist und ein maximaler EHD-Film resultiert. Im Fall des reinen Gleitens (Bild 13, mittlere Zeile) sind die Einzel-Umfanggeschwindigkeiten der beiden Prüfkörper gleichgroß aber entgegengesetzt gerichtet ($s = \infty$). In diesem Fall ergibt sich die von allen kinematischen Fällen höchste Relativgeschwindigkeit, während die Summengeschwindigkeit nominell gleich null ist.

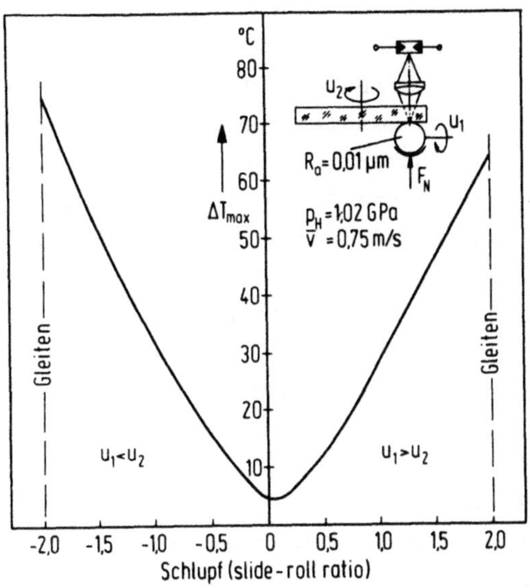

Bild 14: Einfluß des Schlupfes (slide-roll-ratio) auf die reibbedingte Temperaturerhöhung in einem tribologischen Prüfsystem

Die große Bedeutung der in Bild 12 und 13 zusammengestellten kinematischen Verhältnisse für tribologische Prüfungen geht aus den Ergebnissen von Bild 14 hervor. In Bild 14 ist die reibbedingte Temperaturerhöhung ΔT_{max}, wie sie in dem Prüfsystem Kugel-Scheibe mit der Infrarotmeßtechnik von W.O. Winer bestimmt wurde, als Funktion des Schlupfes (slide-roll-ratio) aufgetragen /26/. Ohne auch hier auf die Einzelheiten der Ergebnisse einzugehen, zeigt sich, daß bei reinem Wälzen, d.h. Schlupf = 0, eine minimale reibbedingte Temperaturerhöhung resultiert, während mit Zunahme des Schlupfes die reibbedingte Temperaturerhöhung stark ansteigt und maximale Werte für den Fall des reinen Gleitens resultieren. Die Ergebnisse von Bild 12 bis 14 machen deutlich, daß bei tribologischen Prüfungen eine genaue Spezifikation der kinematischen Verhältnisse vorzunehmen ist.

4.1.3 Thermische Analyse

Die thermische Analyse der Temperaturverhältnisse in einem tribologischen Prüfsystem stellt nach wie vor eines der größten Probleme der tribologischen Meß- und Prüftechnik dar/22/. Diese Schwierigkeiten resultieren im wesentlichen daraus, daß es - obwohl die makroskopische Temperatur eines tribologischen Prüfsystems durch externe Thermostatensysteme hinreichend konstant gehalten werden kann - äußerst schwierig ist, reibbedingte Temperaturerhöhungen im Prüfsystem mit hinreichender Genauigkeit zu bestimmen. Zur Erfassung von Temperaturen bei tribologischen Prüfungen werden im wesentlichen die in Bild 15 in vereinfachter Form zusammengestellten experimentellen Methoden verwendet:

I Dynamisches Thermoelement
Hierbei wirken die beiden Prüfkörper, wenn sie aus unterschiedlichen Metallen bestehen, als Elemente der Thermopaarung. Obwohl mit dieser Methode bereits in den 30er Jahren von Bowden und Mitarbeitern Temperaturmessungen durchgeführt wurden /23/, ist eine exakte Zuordnung der gemessenen Thermospannungen zu den reibbedingten Tempera-

turen infolge verschiedener verfälschender Einflüsse, wie z.B. von Oxydfilmen, Oberflächenverunreinigungen etc., schwierig.

II Thermoelement (eingebettet)
Die am häufigsten verwendete Methode zur Bestimmung reibbedingter Temperaturerhöhungen besteht darin, Thermoelemente in die Prüfkörper einzubetten. Obwohl damit relativ genaue Temperaturbestimmungen möglich sind, ist die Extrapolation der gemessenen Temperaturen auf die Temperaturen in der realen Kontaktfläche schwierig.

III Infrarot-Mikroskopie
Mit Hilfe der IR-Mikroskopie wird aus der temperaturbedingten Wärmestrahlung, die von der Reibstelle ausgeht, auf die Temperatur geschlossen. Die Schwierigkeiten liegen hier in dem unterschiedlichen Emissionsvermögen der Reibpartner und der optischen Unzugänglichkeit der Kontaktstelle.

IV Temperaturaufnehmer (aufgedampft, eingebettet)
Mit aufgedampften Temperaturaufnehmern bzw. eingebetteten Drahtaufnehmern ist es heute möglich, bei überwiegender Flüssigkeitsreibung Temperaturen in der Kontaktstelle zu messen. Genutzt wird der Effekt der elektrischen Widerstandsänderung infolge Temperatur. Die aufgedampften Aufnehmer haben in der aktiven Zone eine Breite von 10 bis 15 µm, die eingebetteten Drahtaufnehmer eine Dicke von etwa 20 bis 30 µm. Die Schwierigkeiten bei dieser Methode liegen in dem Verschleiß der Aufnehmer bei Festkörperreibungsbedingungen.

Neben den experimentellen Methoden sind eine Reihe theoretischer Ansätze zur Abschätzung reibbedingter Temperaturerhöhungen in tribologischen Systemen entwickelt worden. Am bekanntesten sind die Theorien von Blok und Archard /24/, /25/.

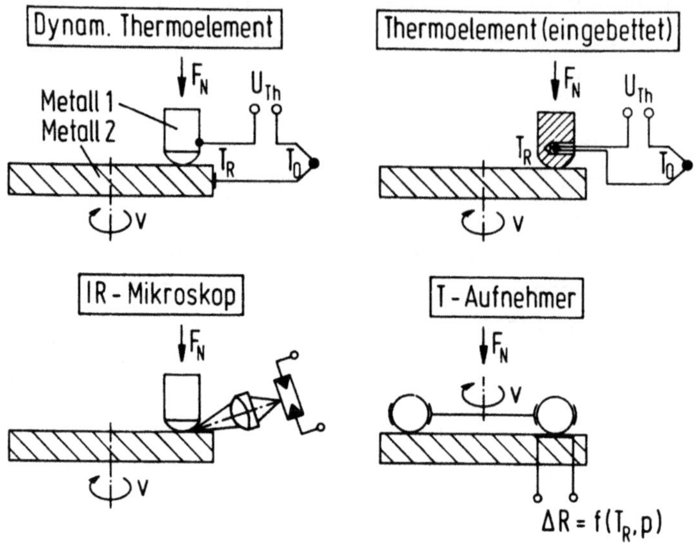

Bild 15: Temperaturmeßverfahren, die bei tribologischen Prüfungen einsetzbar sind

In umfangreichen experimentellen Untersuchungen ist von W.O. Winer nachgewiesen worden, daß innerhalb gewisser Grenzen die Theorien von Blok und Archard eine hinreichend genaue Abschätzung reibbedingter Temperaturerhöhungen - allerdings unter vereinfachten Bedingungen - ermöglichen /26/. Eine umfassende Zusammenstellung der theoretischen Methoden zur Abschätzung reibbedingter Temperaturerhöhungen in tribologischen Prüfsystemen ist in dem neuen WEAR CONTROL HANDBOOK enthalten /17/.

4.2 Strukturanalyse

Die Strukturanalyse eines tribologischen Systems besteht in der Kennzeichnung der an einem Reibungs- und Verschleißvorgang direkt beteiligten Bauteile und Stoffe sowie ihren Eigenschaften und Wechselwirkungen. Da bei tribologischen Prüfungen häufig vereinfachte Modellsysteme verwendet werden - entsprechend den Prüfkategorien IV bis VI nach Bild 3 - ist die genaue Kennzeichnung der Struktur eines tribologischen Prüfsystems von besonderer Bedeutung. Bei derartigen tribologischen Prüfungen muß stets von dem Originalsystem der praktischen Anwendung ausgegangen werden, wie in Bild 16 illustriert /27/.

In Bild 16 sind verschiedene tribologische Systeme der praktischen Anwendung im oberen Teil dargestellt, nämlich ein Getriebe, das System Rad-Schiene, eine Führung, ein Dichtungssystem, ein Baggerwerkzeug und schließlich ein Zerkleinerungsaggregat. Wenn man das Verhalten dieser Systeme in Ersatzsystemen bzw. in einer Prüfanordnung untersuchen will, müssen den am Reibungs- und Verschleißvorgang im praktischen Fall beteiligten Bauteilen entsprechende Prüfkörper zugeordnet werden. Die Zuordnung der Prüfkörper zu den entsprechenden Bauteilen kann aufgrund einer durchzuführenden Strukturanalyse durchgeführt werden. Hierbei ist ganz wesentlich, daß die elementare Struktur eines jeden der in Bild 16 dargestellten Originalsysteme aus 4 stofflichen Elementen - grundsätzlich gesprochen - besteht, nämlich dem Grundkörper, einem Gegenkörper, einem Zwischenstoff und schließlich dem Umgebungsmedium. Hat man diese grundsätzlichen Elemente eines praktischen tribologischen Systems analysiert, so ist ein Prüfsystem mit einer vergleichbaren Systemstruktur auszuwählen, wobei die in den folgenden Abschnitten diskutierten Gesichtspunkte von Bedeutung sind.

4.2.1 Elemente tribologischer Systeme und ihre Eigenschaften

Wie aus Bild 16 ersichtlich, müssen die Elemente eines tribologischen Prüfsystems dem Originalsystem zugeordnet sein. In Bild 17 ist eine Zusammenstellung der Elemente von typischen praktischen tribologischen Systemen vorgenommen. Wichtig ist, daß die Eigenschaften der Elemente - speziell von Grundkörper und Gegenkörper - des Prüfsystems mit denen des praktischen Originalsystems vergleichbar sind. Die für das tribo-

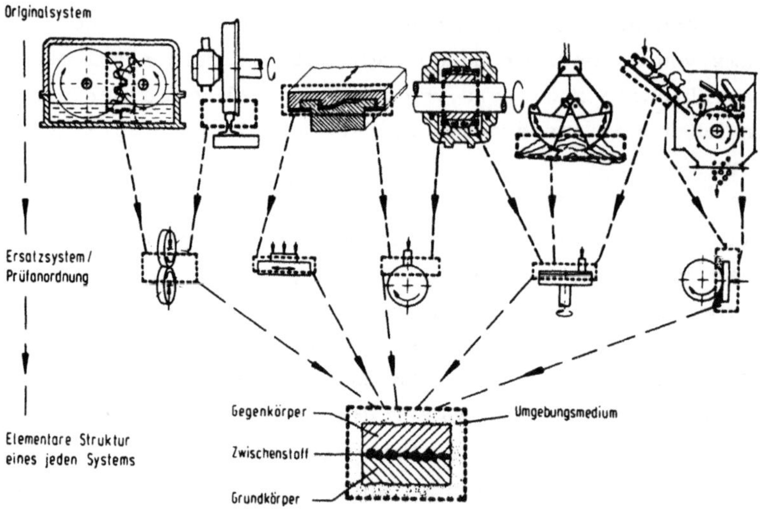

Bild 16: Analyse der Strukturelemente tribologischer Systeme

Tribosystem	Grundkörper	Gegenkörper	Zwischenstoff	Umgebungs-medium
Gleitlager	Lagerschale	Welle	Schmierstoff	Luft
Getriebe	Zahnrad 1	Zahnrad 2	Getriebeöl	Luft
Passung	Zapfen	Buchse	---	Luft
Schiffsantrieb	Schiffsschraube	Wasser	---	---
Scheibenbremse	Bremsklotz	Bremsscheibe	---	Luft
Werkzeugmaschine	Drehmeißel	Werkstück	Schneidöl	Luft
Backenbrecher	Schlagleiste	Erz	---	Luft
Pipeline	Rohr	Öl	Gesteins-partikel	---

Bild 17: Beispiele für die Elemente verschiedener tribologischer Systeme

logische Verhalten wichtigen Eigenschaften von Grundkörper und Gegenkörper lassen sich in allgemeiner Form in die folgenden Gruppen einteilen:

A Volumeneigenschaften
  a Stoffeigenschaften (chemisch, physikalisch, gefügemäßig, mechanisch-technologisch)
  b Formeigenschaften (Gestaltabmessungen)

B Oberflächeneigenschaften
  a Stoffeigenschaften (chemisch, physikalisch, gefügemäßig, mechanisch-technologisch)
  b Formeigenschaften (Rauheit, Dicke von Oberflächenschichten)

Die Kennzeichnung und Erfassung der für tribologische Prüfungen wichtigen Stoff- und Formeigenschaften der Elemente eines tribologischen Prüfsystems erfolgt zweckmäßigerweise mit Hilfe eines Datenblattes, siehe Bild 18. Es ist klar, daß je nach tribologischem Praxisfall sehr unterschiedliche Eigenschaften der Elemente praktischer tribologischer Systeme bzw. der entsprechenden tribologischen Prüfsysteme für das tribologische Verhalten von besonderer Bedeutung sind. Eine Auswertung der ersten hundert Forschungsvorhaben des Tribologie-Förderprogramms des BMFT mit Hilfe des in diesem Vorhaben entwickelten Deskriptorensystems (vgl. Abschnitt 2) zeigte, daß die in Bild 19 zusammengestellten Stoff- und Formparameter der Bauteile bzw. Prüfkörper bei den entsprechenden Untersuchungen von besonderer Bedeutung waren. Betrachtet man die in Bild 19 aufgeführten Parameter, so wird deutlich, daß neben den in konstruktiver Hinsicht besonders interessanten Größen "Oberflächenüberzüge, Geometrie, Konstruktion" die folgenden Eigenschaften der Elemente tribologischer Systeme für tribologische Prüfungen und Untersuchungen wichtig sind:

- Zusammensetzung
- Festigkeitsdaten/Härte
- Gefüge, Struktur

Struktur des Tribosystems							
	Elemente	Grundkörper (1)	Gegenkörper (2)		Elemente	Zwischenstoff (3)	Umgebgsmed. (4)
Eigenschaften	Bezeichnung Werkstoff			Eigenschaften 4)	Bezeichnung Stoff		
Volumen-eigenschaften	Abmessungen			Aggregatzustand			
	Chemische Zusammensetzung, Gefüge			Chem. Zusammensetzung, chem. Struktur			
	Physikalische Stoffdaten			Physikalische Stoffdaten 5)			
	Festigkeitsdaten, Härte			Viskositätsdaten			
Oberflächen-eigenschaften	Oberflächenrauheitsdaten			Sonstige Eigenschaften			
	Phys.-chem. Oberfl.-daten						
Tribokontaktfläche A_0				Reibungszustand nach DIN 50281:		Reibungsdiagramm	
Eingriffsverhältnis ε [%]		ε(1)	ε(2)			Reibgs-zahl	
Verschleißmechanismen und Wechselwirkungen:				Bemerkungen:		Zeit t[ ] bzw. Weg s[ ]	

Bild 18: Datenblatt ("Check-Liste") zur Kennzeichnung der Parameter der Strukturelemente tribologischer Systeme

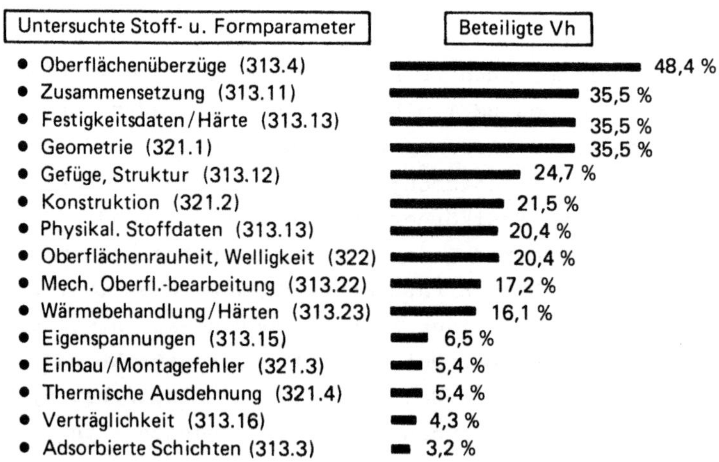

Bild 19: Tribologisch wichtige Stoff- und Formparameter der Elemente tribologischer Systeme (Untersuchungshäufigkeit im Tribologie-Forschungs- und Entwicklungsprogramm)

- Physikalische Stoffdaten
- Oberflächenrauheit, Welligkeit
- mechanische Oberflächenbearbeitung
- Wärmebehandlung/Härten.

Die Bedeutung einiger dieser Parameter auf das tribologische Verhalten von Werkstoffpaarungen wird in Abschnitt 5 anhand der Ergebnisse von experimentellen Untersuchungen in exemplarischer Form diskutiert.

4.2.2 Tribologische Kontaktpaarungen und Eingriffsverhältnis

Neben den stofflichen Parametern sind Geometrie und Abmessungen der Prüfkörper bei der Durchführung tribologischer Prüfungen von wesentlichem Einfluß. Ein wichtiger Gesichtspunkt für die Auswahl eines tribologischen Prüfsystems ist es, daß die Prüfkörpergeometrien geometrisch ähnlich dem des entsprechenden praktischen Anwendungsfalles sind. Nach Roth /28/ können in abstrakter Form 11 verschiedene Elementenpaarungen mit technisch wichtigen Körpern unterschieden werden, siehe Bild 20. Bei der Durchführung tribologischer Prüfungen sollte versucht werden, Elementenpaarungen, die denen des praktischen Anwendungsfalles in geometrischer Hinsicht entsprechen, zu verwenden.

Ein weiterer wichtiger geometrischer Parameter ist das sogenannte Eingriffsverhältnis ε, siehe Bild 21. Es ist definiert als das Verhältnis der Tribokontaktfläche zur Gesamtlauffläche und muß für jedes Bauteil, d.h. für Grundkörper und Gegenkörper eines tribologischen Prüfsystems, einzeln bestimmt werden. Für das Beispiel eines Stift-Scheibe-Systems ist für den Stift $\varepsilon = 1$ und für die Scheibe ist ε weit kleiner als 1. Die Bedeutung des Eingriffsverhältnisses für tribologische Untersuchungen geht aus dem unteren Teil von Bild 21 hervor. Wie die Zusammenstellung von Bild 22 erkennen läßt, unterscheiden sich die verschiedenen typischen tribotechnischen Systeme bezüglich Kontaktgeometrie und Eingriffsverhältnis sehr erheblich voneinander. Es ist offensichtlich, daß bei der Durchführung

Körper	Geometrischer Ort der Berührung	Bild	Nr.	Freiheitsgrad	Berührungs Kombinationen
Beliebig	Keine Berührung	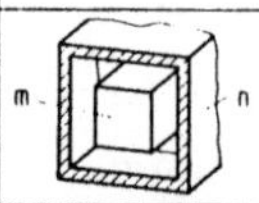	1	6	beliebig
Kugel	Punkt		2	5	2 mal Kugeloberfläche + Ebene
	Linie 2. Ordnung	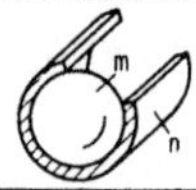	3	4	Kugeloberfläche + Zylindermantel
	Fläche 2. Ordnung	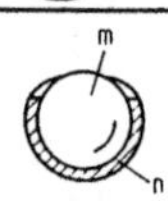	4	3	Kugeloberfläche + Kugeloberfläche
Zylinder	Linie 1. Ordnung	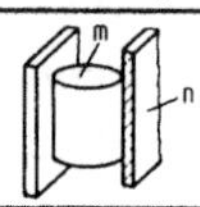	5	4	2 mal Zylindermantel + Ebene
	Linie 1. Ordnung Fläche 1. Ordnung	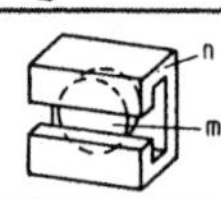	6	2	2 mal Zylindermantel + Ebene, 2 mal Ebene + Ebene
	Fläche 2. Ordnung	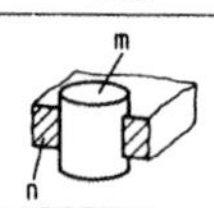	7	2	Zylindermantel + Zylindermantel
	Fläche 2. Ordnung, Punkt	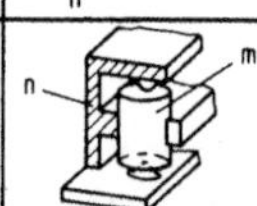	8	1	Zylindermantel + Zylindermantel, Ebene + Kugeloberfläche
Quader	Fläche 1. Ordnung	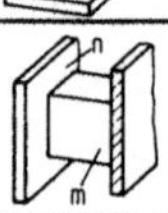	9	3	2 mal Ebene + Ebene
	Fläche 1. Ordnung	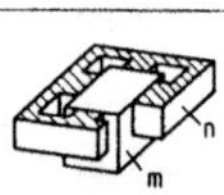	10	1	4 mal Ebene + Ebene
	Fläche 1. Ordnung, Punkt	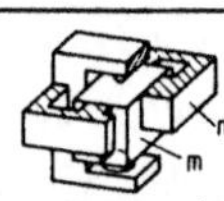	11	0	4 mal Ebene + Ebene, 2 mal Ebene + Kugeloberfläche

Bild 20: Tribologische Kontaktpaarungen mit geometrisch einfachen Körpern (Übersicht über mögliche Wirkflächenpaarungen)

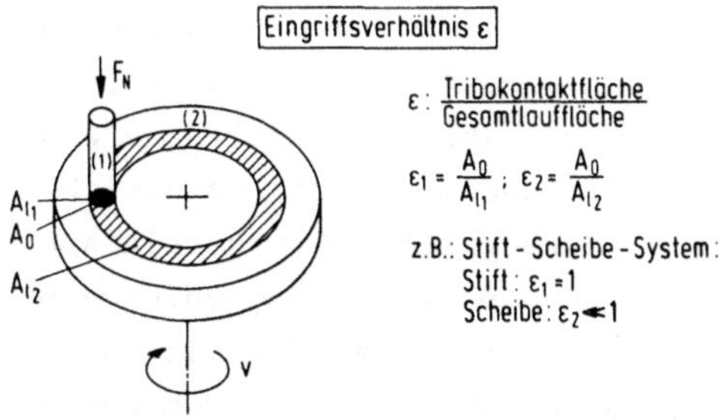

Bedeutung des Eingriffsverhältnisses	
Systemelemente mit $\varepsilon = 1$	Systemelemente mit $\varepsilon < 1$
• Permanenter Kontakt	• Intermittierender Kontakt
• Keine zykl. mechan. Beanspruchung (makroskopisch)	• Zykl. mechan. Beanspruchung
• Permanente Reibungswärmeaufnahme	• Intermittierende Reibungswärmeaufnahme
• Eingeschränkte tribochem. Reaktion mit dem Umgebungsmedium	• Tribochem. Reaktion mit dem Umgebungsmedium im Bereich $A_l - A_0$

Bild 21: Eingriffsverhältnis: Definition und Bedeutung für tribologische Untersuchungen

Tribotechnisches System	Kontaktgeometrie	Eingriffsverhältnis ε (Tribokontaktfläche / Gesamtlauffläche) Grundkörper ε_1 [%]	Gegenkörper ε_2 [%]	Reibungszustand (nach DIN 50281)
Gleitlager a) radial	quasi-konform	Lagerschale $\varepsilon_1 = 100$	Welle $\varepsilon_2 < 100$	Stribeck-Kurve
b) axial	konform	Gleitschuh $\varepsilon_1 = 100$	Zapfen $\varepsilon_2 \approx 100$	Stribeck-Kurve
Wälzlager	kontraform	Innen- bzw. Außenring $\varepsilon_1 \ll 100$	Wälzkörper $\varepsilon_2 \ll 100$	EHD Grenzreibung
Zahnradgetriebe	kontraform	Antriebsrad $\varepsilon_1 \ll 100$	Abtriebsrad $\varepsilon_2 \ll 100$	EHD Mischreibung Grenzreibung
Passungen	konform	Bohrung $\varepsilon_1 = 100$	Welle $\varepsilon_2 = 100$	Grenzreibung Festkörperreibung
Nocken-Stößel	kontraform	Stößel $\varepsilon_1 = 100$	Nockenwelle $\varepsilon_2 \ll 100$	EHD Mischreibung Grenzreibung
Rad-Schiene	kontraform	Schiene $\varepsilon_1 \to 0$	Rad $\varepsilon_2 \ll 100$	Grenzreibung Festkörperreibung
Reibungsbremsen	konform	Bremsklotz $\varepsilon_1 = 100$	Bremsscheibe $\varepsilon_2 < 100$	Grenzreibung Festkörperreibung
Elektrische Schaltkontakte	konform	Bürste $\varepsilon_1 = 100$	Kollektor $\varepsilon_2 < 100$	Grenzreibung Festkörperreibung
Werkzeuge der Zerspanungstechnik	konform	Werkzeug $\varepsilon_1 = 100$	Werkstück $\varepsilon_2 < 100$	Festkörperreibung Grenzreibung
Werkzeuge der Umformung	konform	Werkzeug $\varepsilon_1 = 100$	Werkstück $\varepsilon_2 < 100$	Festkörperreibung Grenzreibung

Bild 22: Kenndaten der Struktur tribologischer Systeme: Kontaktgeometrie, Eingriffsverhältnis, Reibungs- und Schmierungszustand

tribologischer Prüfungen, die für die verschiedenen tribotechnischen Systeme von Bedeutung sein sollen, die Prüfsysteme bezüglich Kontaktgeometrie (bzw. Elementenpaarung nach Bild 20) und Eingriffsverhältnis (nach Bild 21) vergleichbar sein müssen. Werden z.B. Gleitwerkstoffe in vereinfachten Screening-Tests mit einer Stift-Scheibe-Anordnung untersucht, so muß der Werkstoff des Stiftes (ε_1 = 100 %) dem der Lagerschale und der Werkstoff der Scheibe ($\varepsilon_2 \ll$ 100 %) dem der intermittierend beanspruchten Welle entsprechen.

4.2.3 Reibungs- und Schmierungszustand

Wie aus Bild 22 hervorgeht, liegen in den unterschiedlichen tribotechnischen Systemen naturgemäß auch unterschiedliche Reibungs- und Schmierungszustände vor. Dementsprechend müssen bei zugehörigen tribologischen Prüfungen und Untersuchungen auch vergleichbare Reibungs- und Schmierungszustände in dem entsprechenden Prüfsystem realisiert werden. Die Reibungs- und Schmierungszustände eines tribologischen Systems lassen sich nach DIN 50 281 durch die Begriffe "Festkörperreibung, Mischreibung, Flüssigkeitsreibung" klassifizieren. Während bei der Flüssigkeitsreibung die kontaktierenden Bauteil- bzw. Prüfkörperoberflächen durch einen Schmierfilm mit einer Dicke h, die größer ist als die gemeinsame Oberflächenrauheit der Prüfkörper, getrennt werden, ist bei der Festkörperreibung eine direkte Berührung der Bauteile bzw. Prüfkörper gegeben. Der Reibungs- bzw. Schmierungszustand kann bekanntlich durch die sogenannte Stribeck-Kurve gekennzeichnet werden, die z.B. für das Prüfsystem Zylinder/Ebene in Bild 23 im oberen Teil als Funktion des Verhältnisses von Schmierfilmdicke h zur Oberflächenrauheit σ aufgetragen ist. Die Schmierfilmdicke ist im wesentlichen eine Funktion der folgenden Parameter:

- Radienverhältnisse R
- Elastizitätsmoduli E
- Schmierstoffviskosität η
- Viskositäts-Druck-Verhältnis
- Normalkraft F_N
- Relativgeschwindigkeit v.

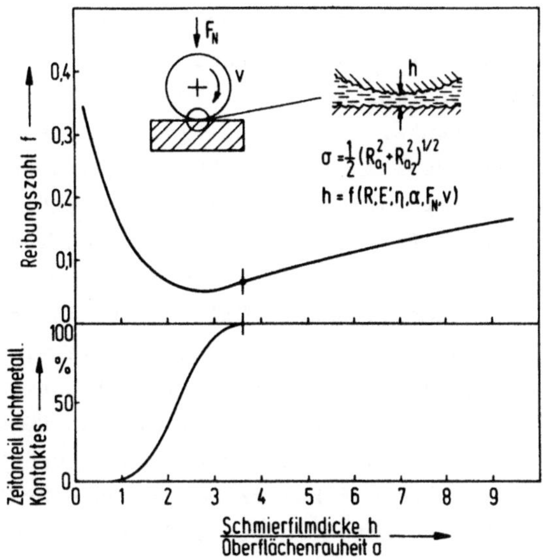

Bild 23: Reibungszahlverlauf (Stribeck-Kurve) und Zeitanteil nichtmetallischen Kontaktes als Funktion des Verhältnisses Schmierfilmdicke zur Oberflächenrauheit

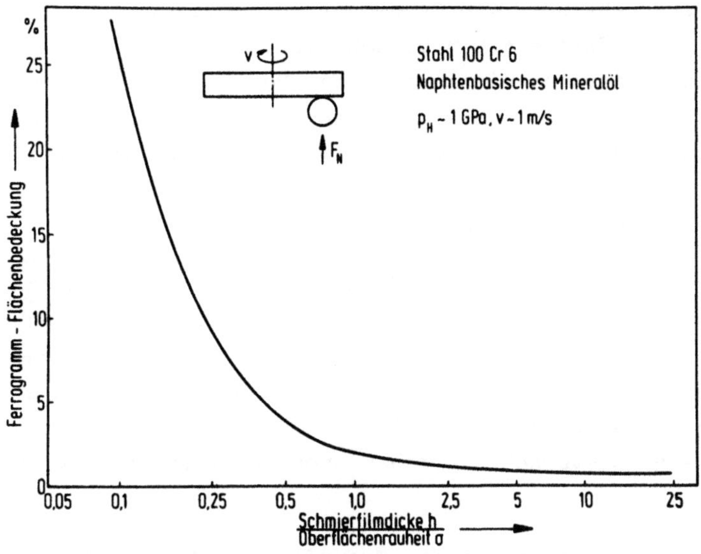

Bild 24: Verschleißpartikel-Ferrogramm als Indikator für die Zunahme von Verschleißpartikeln mit Abnahme des Verhältnisses Schmierfilmdicke zur Oberflächenrauheit

Die Oberflächenrauheit σ wird als Funktion der arithmetischen Mittenrauheitswerte der beiden Kontaktflächen nach der in Bild 23 angegebenen Formel bestimmt. Im unteren Teil von Bild 23 ist der Zeitanteil nichtmetallischen Kontaktes, wie er durch Messungen des elektrischen Übergangswiderstandes der Kontaktstelle bestimmt wurde, ebenfalls als Funktion des Verhältnisses von Schmierfilmdicke zur Oberflächenrauheit aufgetragen. Man erkennt, daß bei Werten von $h/\sigma > 3$ die Kontaktpartner durch einen geschlossenen Ölfilm getrennt sind, während für ein Verhältnis $h/\sigma \lesssim 1$ in der Kontaktstelle ein ständiger Festkörperberührungsanteil besteht. Es ist offensichtlich, daß je nach "Arbeitspunkt" eines tribologischen Systems in der Stribeck-Kurve ein unterschiedliches Reibungs- und Verschleißverhalten resultiert, so daß bei tribologischen Prüfungen auch vergleichbare "Arbeitspunkte" in dem Prüfsystem und dem zugehörigen praktischen Anwendungsfall anzustreben sind.

Die Bedeutung des Verhältnisses von Schmierfilmdicke zur Oberflächenrauheit für das Verschleißverhalten eines tribologischen Prüfsystems geht aus Bild 24 hervor. Das Diagramm zeigt die Zunahme des Auftretens von Verschleißpartikeln in einem tribologischen Prüfsystem mit abnehmendem Verhältnis von Schmierfilmdicke zu Oberflächenrauheit, gekennzeichnet durch die Zunahme der Flächenbedeckung des Ferrogramms von Verschleißpartikeln.

4.2.4 Verschleißmechanismen

Neben einem vergleichbaren Reibungs- und Schmierungszustand müssen bei der Durchführung tribologischer Prüfungen auch vergleichbare Verschleißmechanismen, wie in dem entsprechenden tribologischen Praxisfall vorliegen. Nach dem heutigen Stand der Kenntnisse müssen gemäß DIN 50 320 vier voneinander verschiedene Haupt-Verschleißmechanismen unterschieden werden:

- Adhäsion:
  Ausbildung und Trennung von Grenzflächen-Haftverbindungen (z.B. "Kaltverschweißungen, Fressen")

- Abrasion:
  Materialabtrag durch ritzende Beanspruchung (Mikrozerspanungsprozess)
- Oberflächenzerrüttung:
  Ermüdung und Rißbildung in Oberflächenbereichen durch tribologische Wechselbeanspruchungen, die zu Materialtrennungen führen (z.B. "Grübchen")
- Tribochemische Reaktionen:
  Entstehung von Reaktionsprodukten durch die Wirkung von tribologischer Beanspruchung bei chemischer Reaktion von Grundkörper, Gegenkörper und angrenzenden Medien.

Die beim Wirken der einzelnen Verschleißmechanismen an den beanspruchten Werkstoffoberflächen auftretenden hauptsächlichen Verschleißerscheinungsformen können nach DIN 50 320 wie folgt charakterisiert werden:

- Adhäsion: Fresser, Löcher, Kuppen, Schuppen, Materialübertrag
- Abrasion: Kratzer, Riefen, Mulden, Wellen
- Oberflächenzerrüttung: Risse, Grübchen
- Tribochemische Reaktionen: Reaktionsprodukte (Schichten, Partikel).

In einem konkreten Verschleißfall können die Haupt-Verschleißmechanismen einzeln auftreten, sich bei Änderung des Beanspruchungskollektivs oder der Struktur des tribologischen Systems ablösen oder auch gleichzeitig einander überlagert sein. Ein wichtiges Hilfsmittel bei der Analyse der Verschleißerscheinungsformen und der zugehörigen Verschleißmechanismen ist das Rasterelektronenmikroskop, da damit die Verschleißerscheinungsformen sowohl in praktischen Verschleißfällen als auch in tribologischen Modellprüfungen mit großer Aussagekraft analysiert werden können. Die Vergleichbarkeit der Verschleißerscheinungsformen stellt ein weiteres Kriterium für eine Analogie von tribologischen Modellprüfungen mit Anwendungsfällen der tribologischen Praxis dar. (Ein "Atlas von Verschleißoberflächen", der im Rahmen dieses Vorhabens anhand von tribologischen Modellprüfungen zusammengestellt wurde, wird in Abschnitt 6 diskutiert).

4.3 Übersicht über Labortribometer

Nach dieser Übersicht über Beanspruchungs- und Strukturparameter, die für die tribologische Meß- und Prüftechnik von Bedeutung sind, soll eine Übersicht über heute einsetzbare Labortribometer gegeben werden. In einer umfassenden Zusammenstellung durch die American Society of Lubrication Engineers (ASLE), in der 234 Labortribometer untersucht wurden, resultierte eine Klassifikation dieser Labortribometer, entsprechend ihrer Prüfkörpergeometrien mit der folgenden Aufstellung /29/:

1. Kugel-Kugel-Kontakt (mehrfach)
2. Gekreuzte Zylinder
3. Stift-Scheibe (reversierend oder Linearbewegung)
   a) bewegter Stift
   b) bewegte Scheibe
   c) Mehrfachkontakt
4. Kontakt Fläche-Fläche (reversierend oder Linearbewegung)
5. Rotierender Stift gegen Scheibe (Stirnflächenkontakt)
6. Stift gegen rotierende Scheibe (Stirnflächenkontakt)
7. Zylinder-Zylinder (Stirnflächenkontakt)
8. Zylinder oder Stift gegen rotierenden Zylinder (Mantelflächenkontakt)
9. Quader gegen rotierenden Zylinder (Mantelflächenkontakt)
10. Scheibe-Scheibe (Mantelflächenkontakt)
11. Mehrfach-Prüfkörper
12. Verschiedenes

Die beschriebenen Labortribometer wurden im Hinblick auf die damit zu realisierenden Systemstrukturen und die Bereiche der Beanspruchungsparameter analysiert. Die Ergebnisse sind in Bild 25 zusammengestellt. Die Daten von Bild 25 charakterisieren das Spektrum von Struktur- und Beanspruchungsparametern der heute üblichen tribologischen Meß- und Prüftechnik.

Struktur des Prüfsystems	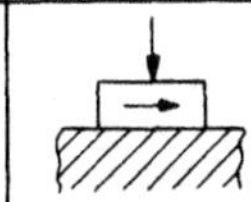	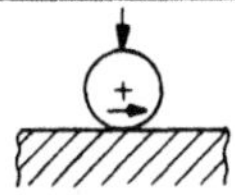	
Kontakt-geometrie	konform (Flächenkontakt)	→ (Linien bzw. Punktkontakt)	kontraform
Ausführungs-beispiele	Stift-Scheibe Siebel-Kehl	Walze-Platte Kugel-Scheibe	Amsler Vierkugel
Anwendungs-häufigkeit [%]	35	40	25
Bewegungsform	Gleiten Bohren (Stoßen)	Gleiten Rollen bzw. Wälzen Bohren (Stoßen)	Rollen bzw. Wälzen (Stoßen) (Gleiten)
Bewegungs-ablauf	kontinuierlich oszillierend intermittierend	kontinuierlich oszillierend intermittierend	kontinuierlich intermittierend
Flächenpres-sung [N/mm^2]	10^{-4} bis 4.10^3	3.10^{-4} bis 5.10^3 (nach Hertz)	10^{-4} bis 5.10^3 (nach Hertz)
Geschwindig-keit [m/s]	10^{-4} bis 40	10^{-5} bis 80	10^{-1} bis 60
Temperatur [°C]	– 100 bis 1500		

Bild 25: Kenndaten tribologischer Meß- und Prüfanordnungen

5. Exemplarische Untersuchung des tribologischen Verhaltens von Stahl C 60 bei Variation verschiedener Systemparameter

5.0 Übersicht über Beanspruchung- und Strukturvariable

Eine zentrale Frage der tribologischen Meß- und Prüftechnik, die besonders für die Prüfkategorien IV bis VI (Modell-Prüfungen) nach Bild 3 von Bedeutung ist, ist die Untersuchung und Charakterisierung des tribologischen Verhaltens von Werkstoffpaarungen unter den verschiedenen tribologischen Beanspruchungen. Im Rahmen des vorliegenden Forschungsvorhabens wurde in exemplarischer Form das tribologische Verhalten von Stahl C 60 (mit unterschiedlichen Gefügen, Härten und Oberflächenrauheiten) bei systematischer Variation der tribologischen Beanspruchung untersucht. Die Kenndaten des experimentellen Versuchsprogramms und die verschiedenen in den Versuchen variierten Systemparameter gehen aus Bild 26 hervor.

- Prüfsysteme: Paarungen aus Stahl C 60 mit unterschiedlichen Kontakt-Geometrien, Härten, Gefügen und Oberflächenrauheiten.

- Tribologische Beanspruchungen: Gleiten, Wälzen, Wälzen mit Schlupf, Furchung.

- Reibungszustände: Festkörperreibung, Mischreibung, Grenzreibung.

- Verschleißmechanismen: Abrasion, Adhäsion, Tribooxydation, Oberflächenzerrüttung (nachgewiesen durch REM-Bilder)

Bild 26: Übersicht über das experimentelle Untersuchungsprogramm

Wärmebehandlung	Gefüge	Härte
normalisiert 850° C im Vakuum	Perlit + Ferrit	~ 200 HV
gehärtet: 820 ... 830° C, 20 h, → H_2O + 10% NaCN, angelassen bei		
(a) 560° C, 1 h	angelassener Martensit, Carbidausscheidungen	~ 300 HV
(b) 430° C, 1 h	angelassener Martensit, weniger Carbidausscheidungen als bei (a)	~ 450 HV
(c) 320° C, 1 h	angelassener Martensit, weniger Carbidausscheidungen als bei (a) und (b)	~ 600 HV

Bild 27: Kennzeichen der Prüfkörper: Wärmebehandlung, Gefüge, Härte

Eine wesentliche Voraussetzung für reproduzierbare tribologische Untersuchungen ist bekanntlich eine sinnvolle Versuchsvorbereitung. Für die im folgenden geschilderten tribologischen Untersuchungen wurde eine große Anzahl von Versuchskörpern aus ein und derselben Stahl-Charge gefertigt und diese mit unterschiedlichen Wärmebehandlungen auf 4 verschiedene Härtegrade der Probekörper gebracht. Die durchgeführten Wärmebehandlungen sowie die erzielten Gefüge und Härtewerte gehen aus Bild 27 hervor. (Bei der Probenvorbereitung mußte leider festgestellt werden, daß der Stahl C 60, der als Vergütungsstahl oder Werkzeugstahl zu charakterisieren ist, für die im Rahmen des Vorhabens durchzuführende Wärmebehandlung nicht optimal geeignet war). Die Probenkörper wurden nach dem Härten durch eine metallurgische Schleifbehandlung mit Oberflächenrauheiten etwa der Werte $R_z \approx 1$ µm und $R_z \approx 4$ µm versehen. Für die einzelnen Versuchsreihen wurden die Probekörper innerhalb enger Klassengrenzen von Härte und Oberflächenrauheit ausgesucht. Wie in Bild 27 zusammengestellt, unterscheiden sich die 4 Härteklassen der Probekörper durch unterschiedliche Gefüge. Der Perlit des normalisierten Gefüges ($\approx$ 200 HV) besteht bekanntlich aus Ferrit und Zementit. Die Zementithärte liegt bei ca. 900 bis 1100 HV, während die Härte des Ferrits etwa 200 HV sein dürfte. Im Perlit wechseln sich Ferrit- und Zementitlamellen ab, so daß ein sehr heterogener Gefügezustand vorhanden ist. Demgegenüber ist der Gefügezustand des angelassenen Martensits wesentlich homogener.

5.1 Furchungsbeanspruchung

Die erste Versuchsserie wurde unter Furchungsbeanspruchung mit dem Schleiftellerverfahren durchgeführt, wobei der Verschleißmechanismus "Abrasion" dominierte. Die tribologischen Beanspruchungen erfolgten mit Flintschleifpapier (Mineralhärte ca. 900 HV) und Siliziumcarbidschleifpapier (Mineralhärte ca. 2700 HV). Charakteristische Versuchsergebnisse sind in Bild 28 wiedergegeben.

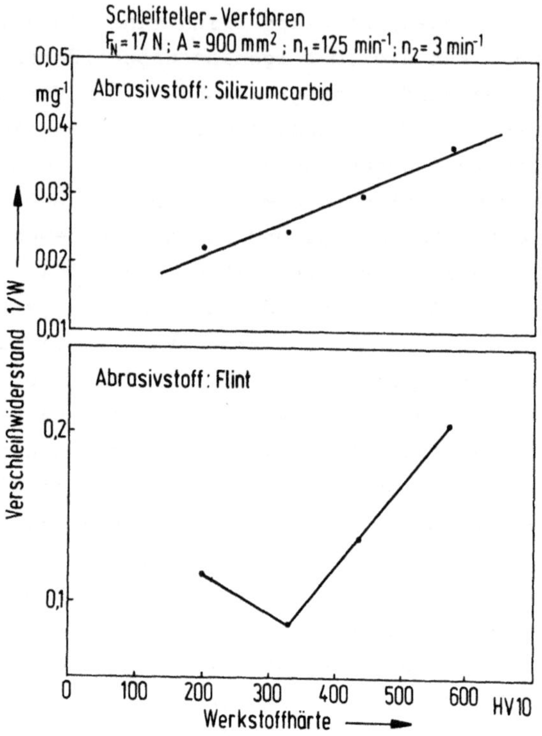

Bild 28: Tribologische Prüfungen bei Furchungsbeanspruchung: Verschleiß als Funktion der Werkstoffhärte für unterschiedliche Abrasivstoffe

Bei den gehärteten und angelassenen Stählen (HV 300 bis HV 600) nimmt der Verschleißwiderstand gemäß dem Chrustchow-Diagramm mit steigender Härte zu, weil die abrasiv wirkenden mineralischen Körner mit steigender Werkstoffhärte weniger tief in die Oberflächenbereiche der Prüfkörper eindringen können. Der Verschleißwiderstand des normalisierten Stahls (Härte ≈ 200 HV) ist trotz seiner niedrigeren Härte höher als der des vergüteten Stahles mit 300 HV, sofern die tribologische Beanspruchung durch die relativ weichen Flintkörner erfolgt. Diese können den Zementit des normalisierten Gefüges wegen dessen höherer Härte von 900 bis 1100 HV nur schwer schneiden. Bei tribologischer Beanspruchung durch die härteren Siliciumkarbidkörner ($\approx$2700 HV) ist das Schneiden der Zementitlamellen dagegen leicht möglich, so daß näherungsweise ein linearer Zusammenhang zwischen dem Verschleißwiderstand und der Werkstoffhärte resultiert, wie in dem oberen Teil von Bild 28 ersichtlich.

5.2 Gleitbeanspruchung

In weiteren Versuchsserien wurde das tribologische Verhalten von Stahl C 60 mit den in Bild 27 zusammengestellten Gefügen und Härtewerten unter Gleitbeanspruchungsbedingungen untersucht. Die Versuche wurden unter drei unterschiedlichen Bedingungen des Umgebungsmediums durchgeführt, nämlich

- Gleitbeanspruchung unter Normalatmosphäre
- Gleitbeanspruchung im Vakuum
- Gleitbeanspruchung unter Mischreibungsbedingung.

5.2.1 Festkörperreibung (Normalatmosphäre)

Die Untersuchungen des tribologischen Verhaltens von Stahl bei Gleitreibungsbeanspruchung in Normalatmosphäre erfolgten mit einem Stift-Scheibe-System. In Bild 29 ist der lineare Verschleißbetrag für die 4 charakteristischen Härtewerte des Stahls C 60 als Funktion des Gleitweges aufgetragen. Die Versuchsbedingungen sind im oberen Teil von Bild 29 aufgeführt.

Man erkennt in Bild 29, daß mit zunehmenden Härtewerten der Verschleiß erheblich abnimmt. Eine Untersuchung der Verschleißoberflächen mit der Rasterelektronenmikroskopie (s.Abschnitt 6) zeigte, daß bei hohem Verschleiß (d.h. für Härtewerte von 200 und 300 HV) die Adhäsion vorherrschte, während bei niedrigerem Verschleiß (Härtewerte von 450 und 600 HV) die Mechanismen der Tribooxidation und Abrasion dominierten. Eine vergleichende Betrachtung der Verschleißdaten und der zugehörigen Verschleißoberflächen zeigt, daß es für den Verschleiß entscheidend ist, ob sich schützende, durch Tribooxidation erzeugte Reaktionsschichten unter den tribologischen Beanspruchungen bilden können, welche das Wirken der Adhäsion einschränken können. Solche Schichten sind verschleißmindernd, wenn das Verhältnis von Oxidhärte zur Metallhärte bei einem Wert von ≈ 1 liegt. Da Fe_3O_4 eine Härte von ca. 400 HV hat, sollte die Stahlhärte für ein günstiges Verschleißverhalten mindestens 400 HV betragen. In Übereinstimmung mit diesen Vorstellungen haben nach Bild 29 die Paarungen 450 HV/450 HV und 600 HV/600 HV einen deutlich niedrigeren Verschleiß als die anderen Paarungen.

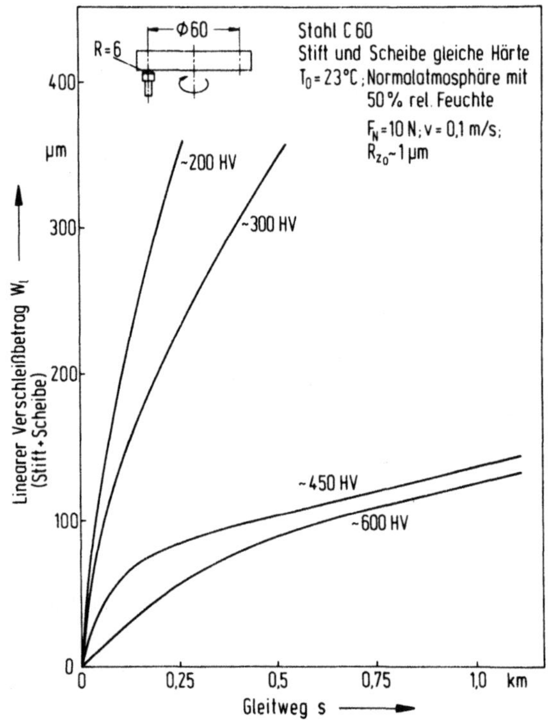

Bild 29: Tribologische Prüfungen bei Festkörpergleitreibung (Normalatmosphäre): Verschleiß als Funktion des Gleitwegs für verschiedene Werkstoffhärten

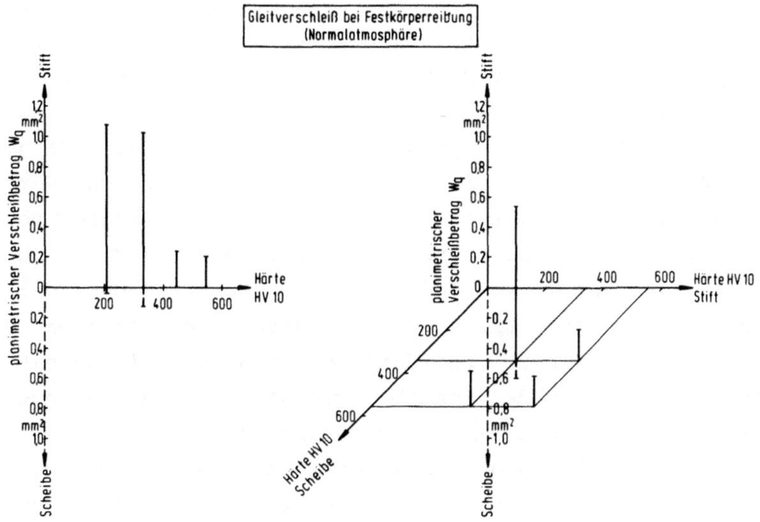

Bild 30: Tribologische Prüfungen bei Festkörpergleitreibung (Normalatmosphäre): Verschleiß von Grund- und Gegenkörper für verschiedene Härtepaarungen

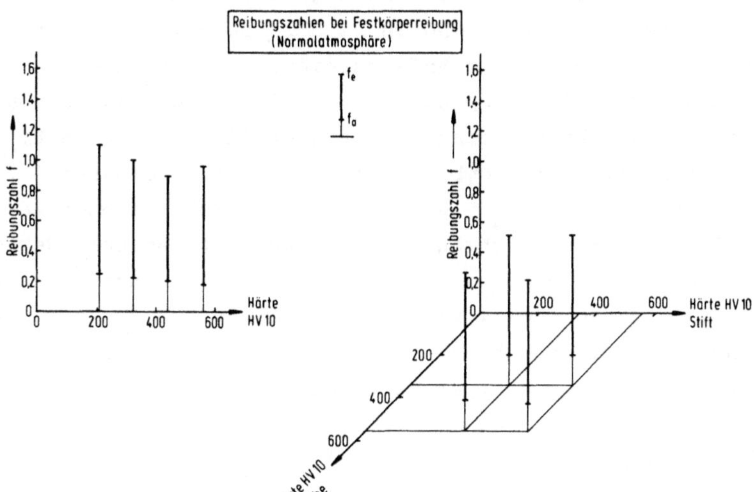

Bild 31: Tribologische Prüfungen bei Festkörpergleitreibung (Normalatmosphäre): Reibungsverhalten für verschiedene Härtepaarungen

In Bild 29 war der Gesamtverschleißbetrag (Stift- und Scheibenverschleiß) für Partner gleicher Härte dargestellt worden. In Bild 30 sind nun Verschleißwerte mit der Aufteilung des Verschleißes auf Stift und Scheibe sowohl für Paarungen gleicher Härte als auch für Paarungen ungleicher Härte dargestellt. Als Verschleißmaß ist in Bild 30 der planimetrische Verschleißbetrag, d.h. der Querschnitt der verschleißbedingten Volumenänderung der Prüfkörper senkrecht zur Bewegungsrichtung gewählt worden. Aus dem linken Teil von Bild 30erkennt man, daß für Paarungen gleicher Härte nur bei Härtewerten von etwa 200 HV und etwa 300 HV neben dem dominierenden Stiftverschleiß auch ein Verschleiß an der Scheibe erfolgt. Bei den Paarungen höherer Härte dominiert eindeutig der Stiftverschleiß. Die Untersuchungen von Paarungen ungleicher Härte - rechtes Teilbild von Bild 30 - ergaben, daß auch hier der Verschleiß hauptsächlich am Stift des Stift-Scheibe-Prüfsystems erfolgt.

Neben den Verschleißuntersuchungen wurde auch die Reibung kontinuierlich während der einzelnen Versuche gemessen. Typische Werte der gemessenen Reibungszahlen für Paarungen gleicher und ungleicher Härte sind in Bild 31 zusammengestellt. Aufgetragen ist jeweils die Anfangsreibungszahl f_a und die sich nach einer Gleitbeanspruchung von einem Gleitweg von ca. 1 km einstellende Reibungszahl f_e dargestellt. Man erkennt, daß sich für alle Härtekombinationen ein vergleichbarer Anfangsreibwert von etwa $f_a = 0,25$ einstellt, wobei dieser Reibwert geringfügig mit zunehmender Härte abfällt. Am Ende der Gleitbeanspruchung, d.h. nach einem Gleitweg von ungefähr 1 km hat sich dieser Reibwert auf einen Endbetrag von $f_e \approx 1,0$ erhöht, wobei auch hier eine gewisse Abnahme mit zunehmender Härte der Versuchskörper festzustellen ist.

5.2.2 Festkörperreibung (Vakuum)

Der große Einfluß des Umgebungsmediums auf die Ergebnisse tribologischer Untersuchungen geht aus den Ergebnissen von Untersuchungen des tribologischen Verhaltens von Stahl im Vakuum, verglichen mit den unter identischen Beanspruchungsbedingungen in Normalatmosphäre durchgeführten Untersuchungen hervor. In Bild 32 ist der lineare Verschleißbetrag für Paarungen gleicher Härte als Funktion des Gleitweges aufgetragen. Die Versuchsbedingungen sind im oberen Teil von Bild 32 zusammengestellt; das Beanspruchungskollektiv ist identisch mit dem der Untersuchungen nach Bild 29.

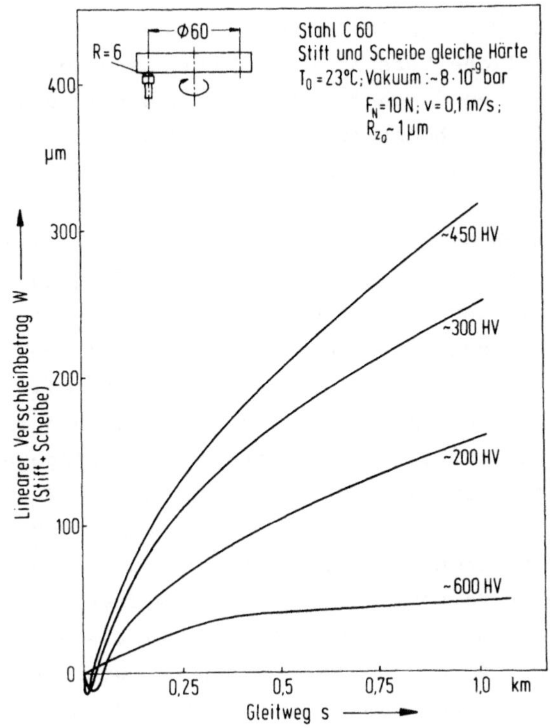

Bild 32: Tribologische Prüfungen bei Festkörpergleitreibung (Vakuum): Verschleiß als Funktion des Gleitweges für verschiedene Werkstoffhärten

Wie ein Vergleich der in Bild 29 und 32 dargestellten Ergebnisse erkennen läßt, macht sich der Einfluß des Umgebungsmediums, speziell in folgenden Unterschieden deutlich:

- Unterschiedliche Verschleißbewertungsfolge als Funktion der Härte
- Höhere Verschleißraten, d.h. größere Menge loser Verschleißpartikel unter den Bedingungen der Gleitbeanspruchung in Normalatmosphäre
- Auftreten von starken Materialübertragungen, besonders bei Versuchsbeginn unter Bedingungen der Gleitbeanspruchung im Vakuum, erkennbar durch "negative Werte" des linearen Verschleißbetrages für Paarungen niedriger Härte (vgl. Bild 32)
- Unterschiedliche Verschleißerscheinungsformen, gekennzeichnet im wesentlichen durch die Dominanz von tribooxidativen Prozessen bei Gleitbeanspruchung in Normalatmosphäre und adhäsiven Prozessen bei Gleitbeanspruchung im Vakuum.

Bei dem Versuch einer Interpretation der Verschleißbewertungsfolge als Funktion der Härte unter den Bedingungen der Festkörpergleitreibung im Vakuum (Bild 32) muß von der Tatsache ausgegangen werden, daß die Adhäsion unter diesen Bedingungen den dominierenden Verschleißmechanismus darstellt (vgl. Abschnitt 6.2). Die Adhäsion wird bekanntlich durch eine hohe Werkstoffhärte und/oder einen heterogenen Gefügezustand eingeschränkt. Der relativ niedrige Verschleiß der Paarung 600 HV/ 600 HV in Bild 32 dürfte auf der hohen Härte von Grund- und Gegenkörper beruhen. In Bild 32 folgt als Paarung mit dem nächst höheren Verschleißbetrag die Kombination der Härte 200 HV/200 HV, die einen ferritisch-perlitischen Gefügezustand aufweist (vgl. Bild 27), wobei der heterogene Perlit die Bildung und das Wachstum von Adhäsionsbindungen erschweren dürfte. Die Paarungen der Härtewerte 300 HV/300 HV und 450 HV/ 450 HV haben offenbar wegen der viel geringeren Heterogenität des Gefüges einen höheren Verschleißbetrag.

Betrachtet man die Aufteilung des Verschleißes auf Grund- und Gegenkörper (Bild 33), so erkennt man, daß im Unterschied zu den Bedingungen des Gleitverschleißes in Normalatmosphäre (Bild 30) unter den Bedingungen der Gleitreibung im Vakuum alle Paarungen bis auf die der höchsten Härte einen beträchtlichen Verschleiß am Scheibenpartner zeigen.

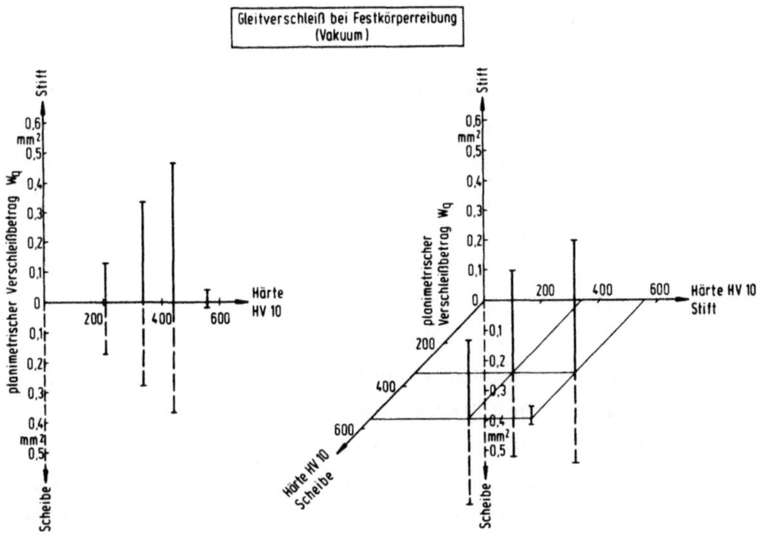

Bild 33: Tribologische Prüfungen bei Festkörpergleitreibung (Vakuum): Verschleiß von Grund- und Gegenkörper für verschiedene Werkstoffhärten

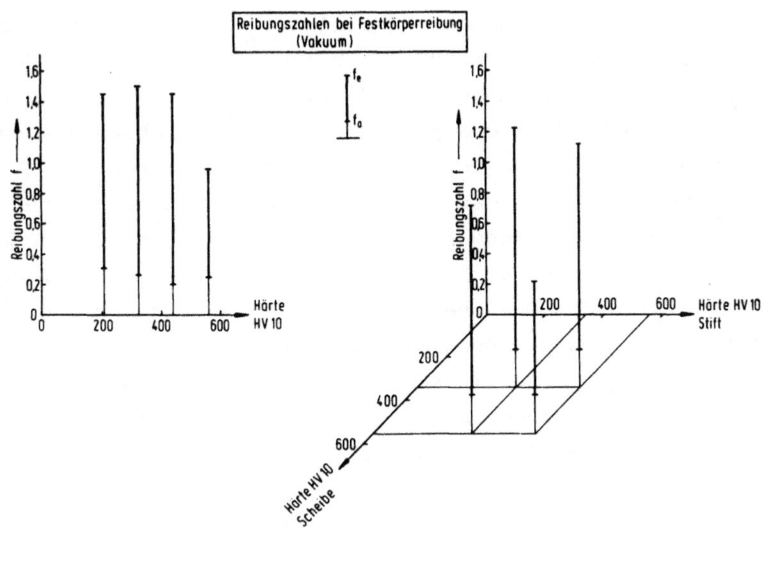

Bild 34: Tribologische Prüfungen bei Festkörpergleitreibung (Vakuum): Reibungsverhalten für verschiedene Härtepaarungen

Die unter den Bedingungen der Festkörpergleitreibung im Vakuum gemessenen Reibwerte sind für die verschiedenen Härtekombinationen in Bild 34 zusammengestellt. Verglichen mit den Bedingungen unter Normalatmosphäre (vgl. Bild 31) ergeben sich sowohl im Anfangszustand als auch im Endzustand höhere Reibungswerte. Auch hier nehmen die Reibwerte geringfügig mit der Härte der Versuchskörper ab.

5.2.3 Mischreibung

Die Ergebnisse von Verschleißuntersuchungen an Stahl C 60 mit vier unterschiedlichen Härten unter den Bedingungen der Gleitreibungsbeanspruchung bei Mischreibung sind in Bild 35 dargestellt. Verglichen mit den Ergebnissen der Untersuchungen bei Festkörpergleitreibung in Normalatmosphäre und Vakuum (vgl. Bild 29 und 32) resultieren Verschleißbeträge, die um 2 bis 3 Größenordnungen niedrigere Verschleißkoeffizienten (Verschleißbetrag bezogen auf Normalkraft und Gleitweg) aufweisen. Man erkennt in Bild 35, daß ähnlich wie unter den Bedingungen der Festkörpergleitreibung in Normalatmosphäre der Verschleiß mit zunehmender Härte abnimmt. Hierbei treten bei Paarungen mit niedriger Härte (200 HV, 300 HV) Unstetigkeiten in den Verschleißkurven auf, die durch adhäsive Prozesse verursacht werden. Verschleißuntersuchungen mit den verschiedenen Härtepaarungen zeigten, daß die Kombination Stifthärte 300 HV und Scheibenhärte 600 HV das günstigste Verschleißverhalten aufweist. Die entsprechende Verschleißkurve ist in gestrichelter Form in Bild 35 aufgetragen. Betrachtet man auch unter den Verhältnissen des Gleitverschleißes bei Mischreibung die Aufteilung des Verschleißes auf die beiden Beanspruchungspartner, siehe Bild 36, so stellt man fest, daß bei Paarungen gleicher Härte nur bei Härtewerten von 200 und 300 HV ein nennenswerter Verschleiß an der Scheibe auftritt. Dies gilt ebenfalls bei Paarungen ungleicher Härte für die Paarung Stifthärte 600 und Scheibenhärte 300, wie aus dem rechten Teilbild von Bild 36 hervorgeht.

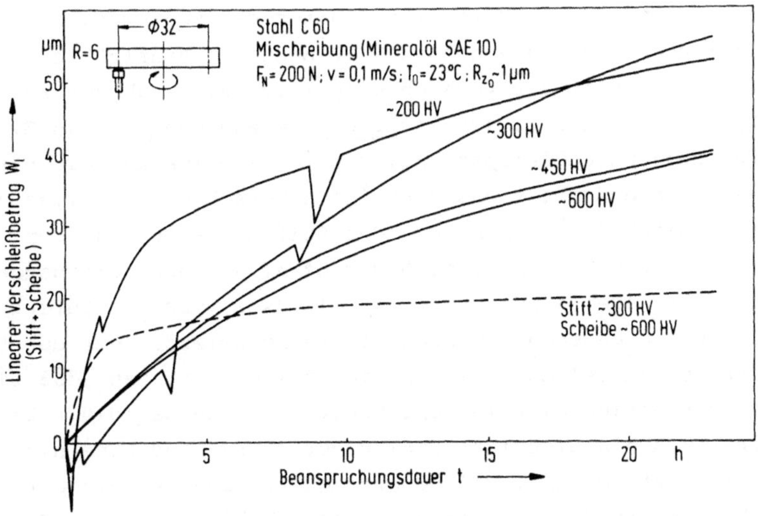

Bild 35: Tribologische Prüfungen bei Mischreibung: Verschleiß als Funktion der Beanspruchungsdauer für verschiedene Werkstoffhärten

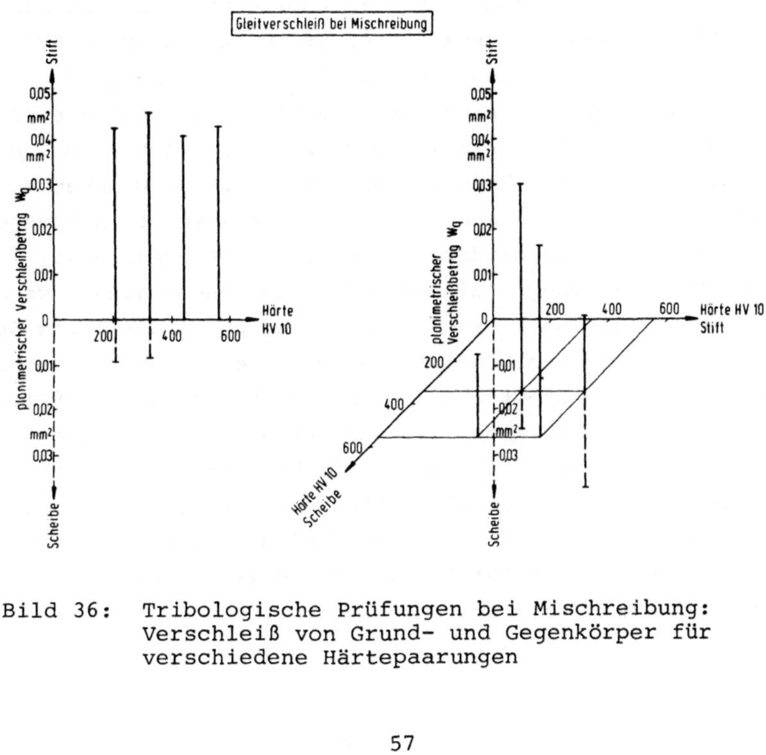

Bild 36: Tribologische Prüfungen bei Mischreibung: Verschleiß von Grund- und Gegenkörper für verschiedene Härtepaarungen

Neben dem Einfluß der Härte wurde unter den Bedingungen der Gleitreibung im Mischreibungsgebiet auch der Einfluß der Oberflächenrauheit der Versuchskörper systematisch untersucht. Ein typisches Ergebnis ist in Bild 37 wiedergegeben. In Bild 37 ist für diejenige Gleitpaarung, die im Hinblick auf die Härte im Mischreibungsgebiet das günstigste Verschleißverhalten aufweist, nämlich die Paarung mit der Stifthärte 300 und der Scheibenhärte 600, der Einfluß der Oberflächenrauheit dargestellt. Für jede Paarung sind jeweils zwei Versuchsläufe in Bild 37 wiedergegeben, um auch die Reproduzierbarkeit der Ergebnisse darzustellen. Aus dem Diagramm erkennt man, daß sich für eine niedrige Oberflächenrauheit der Scheibe (die unteren Kurven) auch ein niedriger Einlaufverschleiß und eine niedrige Verschleißrate ergibt. Bei höherer Oberflächenrauheit der Scheiben (obere Kurven) ist auch ein erheblich höherer Einlaufverschleiß und eine etwas höhere Verschleißrate zu registrieren.

Um einen Überblick über die Einflüsse sowohl der Härte und der Oberflächenrauheit zu gewinnen, wurde die relative Verschleißrate im Beharrungszustand für alle möglichen Kombinationen von Gleitpaarungen mit zwei Härten ($\approx$300 HV und $\approx$600 HV) und zwei Oberflächenrauheitswerten ($R_z \approx 1$ µm und $R_z \approx 4$ µm) untersucht. In Bild 38 sind die Verschleißraten aufgetragen, wobei der niedrigste Verschleißwert zu 1 normiert wurde. Man erkennt, daß die Gleitkombination eines rauhen, weichen stationären Stiftes, der gegen eine harte, glatte, sich bewegende Scheibe gleitet, die niedrigste Verschleißrate aufweist, während Gleitpaarungen, die entweder aus einem rauhen, weichen, stationären Stift oder einem rauhen, harten, stationären Stift, der gegen eine weiche Scheibe gleitet, die höchsten Verschleißraten unter den gewählten Beanspruchungsbedingungen aufweisen. Aus Bild 38 wird deutlich, daß nur durch ein Austauschen der Härtewerte von Stift und Scheibe die Verschleißrate sich jeweils um einen Faktor von etwa 25 erhöhen oder erniedrigen kann. Aus diesen Ergebnissen geht der große Einfluß des Eingriffsverhältnisses ε, das in Abschnitt 4.2.2 diskutiert wurde (vgl.Bild 21), auf tribologische Untersuchungen hervor.

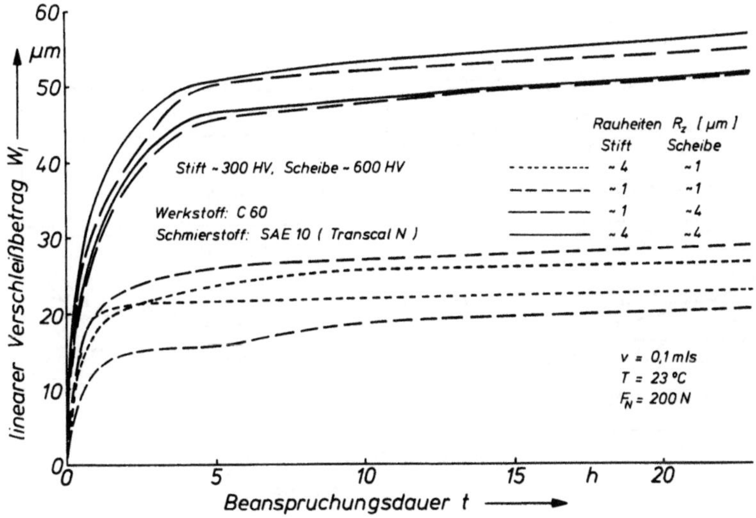

Bild 37: Tribologische Prüfungen bei Mischreibung: Verschleiß als Funktion der Beanspruchungsdauer u. als Funktion unterschiedlicher Rauheitskombinationen

Stift (stat.) \ Scheibe (rot.)		~300 HV		~600 HV	
	R_z (µm)	1	4	1	4
~300 HV	1	20	22	2	3
	4	[25]	22	[1]	3
~600 HV	1	19	19	14	14
	4	[25]	20	12	11

Bild 38: Tribologische Prüfungen bei Mischreibung: Verschleiß als Funktion von Härte- und Rauheitskombinationen

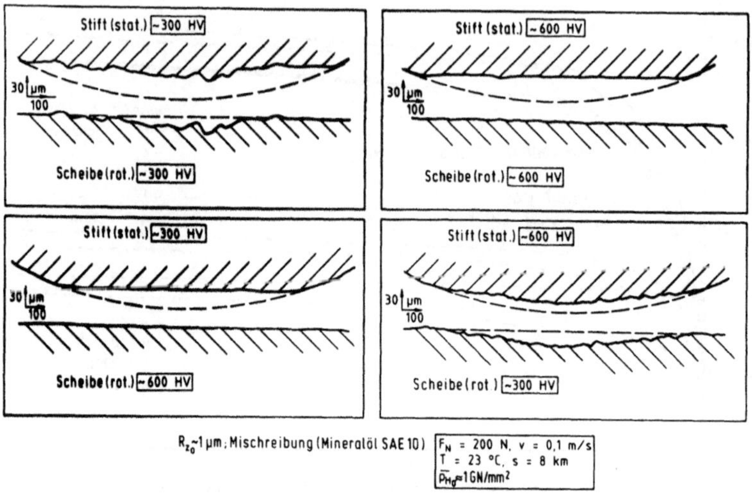

Bild 39: Tribologische Prüfungen bei Mischreibung: Profildiagramme der Verschleißoberflächen von Grund- und Gegenkörper für verschiedene Härtekombinationen

Neben den Verschleißraten wird auch die Oberflächentopographie der Verschleißflächen durch die Härteverhältnisse der Stift-Scheibe-Paarung beeinflußt. Dies geht aus Bild 39 hervor, in der die Oberflächentopographie der Verschleißflächen von Stift und Scheibe senkrecht zur Gleitrichtung nach Beendigung der Gleitversuche dargestellt sind. Man erkennt, daß bei der Paarung 300 HV/300 HV (linkes oberes Teilbild) die Verschleißprozesse sowohl am Stift und an der Scheibe angreifen. Bei den Paarungen 600 HV/600 HV und 300 HV/600 HV findet der Verschleiß primär nur an dem Stift statt. Besonders bemerkenswert ist das Verschleißverhalten der Paarung 600 HV/300 HV (rechtes unteres Teilbild von Bild 39). Obwohl der Gleitpartner des Stiftes hier weicher ist als in dem darüber dargestellten Fall, ergibt sich eine erheblich rauhere Oberfläche des stationären Stiftes (vgl. hierzu auch die Rasterelektronenmikroskopbilder von Abschnitt 6.1). Aus den dargestellten Ergebnissen wird der große

Einfluß sowohl der Härtekombination als auch des Eingriffsverhältnisses auf die Ergebnisse tribologischer Untersuchungen im Mischreibungsgebiet deutlich.

5.3 Wälzbeanspruchung

Die tribologischen Untersuchungen bei Wälzbeanspruchung erfolgten mit einer Zwei-Scheibe-Prüfapparatur (System Amsler). Die Versuchsbedingungen waren: Normalkraft F_N = 2000 N; Umfangsgeschw.: n_1 = 0,759 m/s; n_2 = 0,836 m/s, d.h.10% Schlupf. Die Versuche erfolgten im geschmierten Zustand mit einem reinen Mineralöl SAE 10, das mit einer Badtemperatur von 23° C temperiert wurde. Bestimmt wurde die maximal erreichbare Überrollungszahl bis zum Auftreten kritischer Oberflächenzerrüttungserscheinungen an den Wälzkörpern. Die kritische Überrollungszahl wurde mit Hilfe eines Schallpegelmeßgerätes bestimmt, das ein Abschalten der Versuche bewirkte, wenn durch das Auftreten von Ausbrüchen in den Wälzkörpern das Abrollgeräusch der Probekörper einen bestimmten Maximalwert überschritt. In Bild 40 sind typische Ergebnisse der Untersuchungen des Wälzverschleißes bei Mischreibung wiedergegeben. Das linke Teilbild zeigt die maximal erreichbare Überrollungszahl bei Paarungen gleicher Härte; aufgetragen ist der Mittelwert mehrerer Versuchsläufe zusammen mit der Standardabweichung. Das rechte Teilbild zeigt die maximal erreichten Überrollungszahlen für Paarungen ungleicher Härte.

Bei den Untersuchungen unter Wälzbeanspruchung dominiert der Schadensmechanismus der Oberflächenzerrüttung, wie durch Rasterelektronenmikroskopaufnahmen nachgewiesen wurde. (vgl. Abschnitt 6.3 und 6.4). In der Einlaufphase sind auch adhäsiv-abrasive Verschleißprozesse wirksam, wodurch die Flächenpressung herabgesetzt wird. Unter diesen Bedingungen schneidet von den Paarungen ungleicher Härtewerte (rechtes Teilbild von Bild 40) die Paarung 300 HV/ 600 HV am besten ab, sofern der härtere Partner negativen Schlupf hat. Überraschend günstig verhält sich die Paarung mit Wälzpartnern aus normalisiertem Stahl (HV 200), was auch von Winter an Zahnrädern aus normalisiertem Stahl 42 CrMo 4 beobachtet wurde /30/. Möglicherweise behindern bei dem normalisierten Stahl die Zementitlamellen den Rißfortschritt

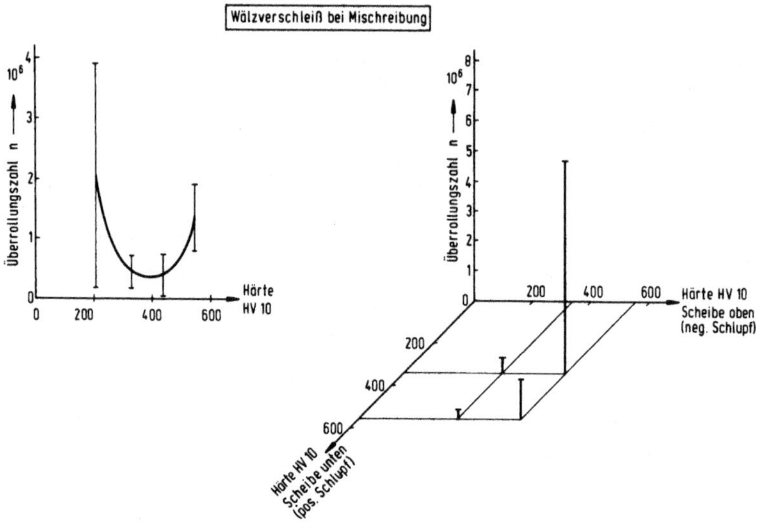

Bild 40: Tribologische Prüfungen bei Wälzbeanspruchung: Überrollungszahl (Versagensgrenze) für verschiedene Härtepaarungen

Ein Vergleich der Ergebnisse von Bild 40 mit Literaturwerten läßt erkennen, daß für das Erreichen eines höheren Verschleißwiderstandes gegenüber der Oberflächenzerrüttung Stähle mit höherem Kohlenstoffgehalt (z.B. 100 Cr 6 oder aufgekohlter und gehärteter Einsatzstahl) und höhere Härtewerte (ungefähr 800 HV) notwendig erscheinen.

5.4 Zusammenfassende Darstellung experimenteller Ergebnisse

Die im Rahmen des experimentellen Versuchsprogramms erzielten Ergebnisse zeigen, daß für eine bestimmte Werkstoffpaarung je nach Konstellation der Systemparameter der tribologischen Prüfung ein sehr unterschiedliches tribologisches Verhalten resultieren kann. Als ein wesentliches Ergebnis der experimentellen Untersuchungen ist in einer zusammenfassenden Darstellung in Bild 41 in vereinfachten Balkendiagrammen der Einfluß der Härte auf den Verschleiß von Stahl C 60 mit sechs verschiedenen Härtekombinationen (A bis F in Bild 41) unter den verschiedenen tribologischen Beanspruchungen dargestellt. Obwohl unter den vier hier zusammengefaßten Beanspruchungsarten - Gleitverschleiß bei Festkörperreibung unter Normalatmosphäre, Gleitverschleiß bei Mischreibung, Furchungsverschleiß bei Festkörperreibung, Wälzverschleiß bei Mischreibung - natürlich auch sehr unterschiedliche Verschleißwerte resultieren, wurde der Verschleiß der Paarung B (300 HV/300 HV) jeweils zu 1 normiert, um einen Vergleich der Verschleißbewertungsfolgen zu ermöglichen.

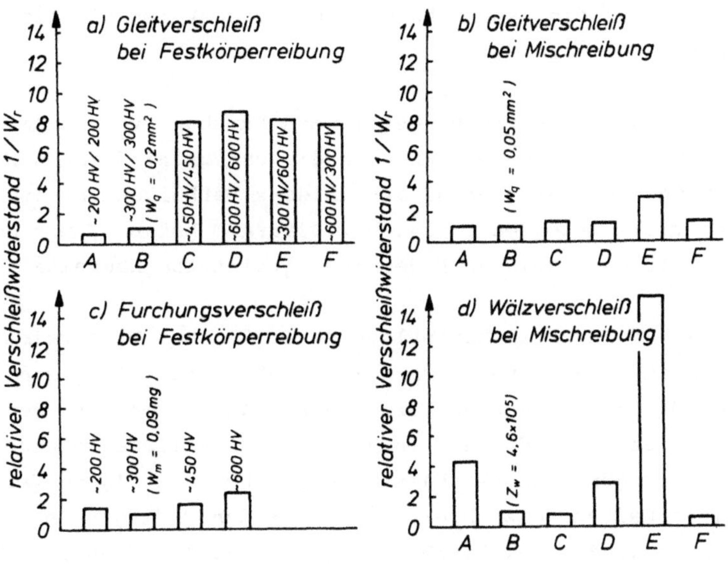

Bild 41: Tribologische Prüfungen bei unterschiedlichen Beanspruchungsarten: Verschleiß für verschiedene Härtepaarungen

Man erkennt in Bild 41, daß beim Gleitverschleiß unter Festkörperreibungsbedingungen (a) durch eine Härte $\geq$ 300 HV eine erhebliche Verbesserung des Verschleißverhaltens erzielt wird. Es zeigt sich, daß in diesem Fall Härten eine unabdingbare Voraussetzung für ein einigermaßen günstiges tribologisches Verhalten der Stahlpaarung ist. Außerdem sollte nach Dies erreicht werden, daß das Verhältnis Oxidhärte zur Metallhärte $\leq$1 ist /31/. Im Mischreibungszustand wirken sich infolge des glättenden Einflusses des Schmierstoffes die unterschiedlichen Wärmebehandlungen und die unterschiedlichen Härtegrade nicht so dominierend aus. Hier ist anzustreben, daß - wie bei der Paarung E - der Gleitpartner, der im ständigen Kontakt ist, eine niedrigere Härte haben sollte, als der Gleitpartner, der nicht ständig im Kontakt ist. (Z.B. beim Gleitlager realisiert, wo die Lagerschale stets weicher ist als die rotierende Welle.)

Auch unter dem Beanspruchungsfall des Furchungsverschleißes bei Festkörperreibung wirken sich die unterschiedlichen Härtegrade nicht sehr gravierend aus. Dieses Verhalten ist auch von dem viel zitierten Chrustchow-Diagramm bekannt, mit dem die in Bild 41 gezeigten Ergebnisse qualitativ übereinstimmen.

Unter den Bedingungen des Wälzverschleißes bei Mischreibung wirken sich dagegen unterschiedliche Härtegrade sehr stark auf den Beginn der ersten Verschleißschädigungen aus. Bemerkenswert ist hier, daß der ungehärtete normalisierte Stahl ein relativ günstiges Verhalten zeigt. Das günstigste Verschleißverhalten weist hier, wie unter den Bedingungen des Gleitverschleißes bei Mischreibung die Paarung E auf, also eine Probekörperpaarung der Härtekombination 300 HV/600 HV, wobei hier der härtere Wälzkörper negativen Schlupf hatte.

Mit dem durchgeführten Versuchsprogramm liegt eine umfassende experimentelle Untersuchung über das tribologische Verhalten einer Materialpaarung bei systematischer Variation verschiedener prüftechnischer Parameter vor. Aus den Ergebnissen der experimentellen Untersuchung können verschiedene Folgerungen für die Durchführung von tribologischen Modell-Prüfungen in den Prüfkategorien IV bis VI nach Bild 3 abgeleitet werden.

6. Atlas von Verschleißoberflächen

Ein wichtiges Hilfsmittel bei tribologischen Untersuchungen stellen rasterelektronenmikroskopische Abbildungen von Verschleiß-Oberflächen dar, da anhand der REM-Bilder Rückschlüsse auf die wirkenden Verschleißmechanismen möglich sind. Im Rahmen des experimentellen Untersuchungsprogramms wurden von den verschiedenen Probekörperoberflächen nach Beendigung der tribologischen Untersuchungen rasterelektronenmikroskopische Aufnahmen angefertigt. Im folgenden ist eine knappe Zusammenstellung typischer Erscheinungsbilder wiedergegeben. Da für alle Verschleiß-Oberflächen sowohl die experimentellen Prüfbedingungen als auch die charakteristischen tribologischen Ergebnisse bekannt sind (vgl. Abschnitt 5), kann der "Verschleiß-Atlas" als Hilfsmittel für die tribologische Schadensanalyse dienen.

6.1 Gleitverschleiß bei Mischreibung

In den Bildern 42 bis 45 sind die Verschleißerscheinungsbilder der Probekörper Stift und Scheibe für die vier verschiedenen Härtekombinationen (Paarungen gleicher Härte) mit jeweils zwei verschiedenen Vergrößerungen wiedergegeben. (Der in den Einzelbildern angegebene Maßstab bezieht sich auf die Teilung der weißen Abstandsbalken). Ohne hier auf Einzelheiten einzugehen, können die Verschleißerscheinungsformen in vereinfachender Weise in die folgenden dominierenden Klassifikationen eingeteilt werden:

- Adhäsion (Paarung 200 HV/200 HV), Bild 42, primär erkennbar an "herausgerissenen" und übertragenen Materialpartikeln
- Adhäsion + Tribooxidation (Paarung 300 HV/300 HV), Bild 43, primär erkennbar an "herausgerissenen" und übertragenen Materialpartikeln sowie Reaktionsprodukten

- Abrasion + Tribooxidation (Paarungen 450 HV/450 HV, Bild 44, und 600 HV/600 HV, Bild 45), primär erkennbar an Riefenbildung und Reaktionsprodukten.

Während bei den Paarungen gleicher Härte eine Zuordnung zwischen den typischen Verschleißerscheinungsbildern und den Härtewerten möglich erscheint, ist dies bei den Kombinationen unterschiedlicher Härtewerte weitaus schwieriger. Dies geht in exemplarischer Form aus Bild 46 hervor. Im linken Teilbild von Bild 46 ist die Verschleißoberfläche eines Stiftes der Paarung 300 HV/600 HV und im rechten Teilbild die Stiftoberfläche der Paarung 600 HV/300 HV wiedergegeben. Man erkennt, daß der weichere Prüfkörper (linkes Teilbild) eine viel "glattere" Oberfläche aufweist als der härtere Prüfkörper (rechtes Teilbild von Bild 46). Aus diesen Bildern geht hervor, daß jeweils die Werkstoffpaarung in Zusammenhang mit dem gesamten Beanspruchungskollektiv zu betrachten ist.

6.2 Gleitverschleiß bei Festkörperreibung

Unter den Bedingungen des Gleitverschleißes bei Festkörperreibung, d.h. im ungeschmierten Zustand, dominieren meist die Prozesse der Adhäsion und der Tribooxidation. Dies geht aus Bild 47 hervor. In Bild 47 sind Erscheinungsbilder, die für die Paarung der Härtewerte 600 HV/600 HV bei Gleitreibung im Vakuum (linke Teilbilder von Bild 47) und bei Gleitreibung in Luft mit einer relativen Feuchtigkeit von 50 % (rechte Teilbilder von Bild 47) gewonnen wurden, wiedergegeben.

Die linken Teilbilder zeigen eindeutig die Erscheinungsbilder der Adhäsion, während in den rechten Teilbildern die Tribooxidation in typischen Erscheinungsformen sichtbar wird.

6.3 Wälzverschleiß

In den Bildern 48 bis 51 sind typische Verschleißerscheinungsformen bei Wälzbeanspruchung (mit Schlupf) für Wälzpaarungen der Härtekombination 200/200, 300/300, 450/450, 600/600 wiedergegeben. Wie aus der Literatur bekannt und durch die Bilder 48 bis 51 illustriert, können die Verschleißerscheinungsformen bei Wälzbeanspruchung durch die folgenden Merkmale gekennzeichnet werden:

- Rißbildung quer zur Laufrichtung
- Entstehung von Materialtrennungen und Verschleißpartikeln
- Entstehung von Grübchen oder Pittings

6.4 Versagensbilder bei Gleit- und Wälzverschleiß

Die wichtigsten Versagensformen tribologischer Systeme bestehen bekanntlich aus den beiden folgenden Schadensmechanismen:

- Adhäsives Versagen, das bei Gleitbeanspruchung beim Durchbrechen schützender Ölfilme oder Oberflächenschichten auftreten kann und zum gefürchteten "Fressen" der Gleitpartner führen kann.
- Zerrüttungsversagen, das primär bei Wälzbeanspruchung auftritt und sich in den Erscheinungsformen Oberflächenermüdung, Pitting, Grübchen äußert.

Im vorliegenden Forschungsvorhaben wurden neben den in Abschnitt 5.2 geschilderten tribologischen Untersuchungen bei Gleitbeanspruchung auch Versagensuntersuchungen beim Gleiten durchgeführt. Hierbei wurde unter Gleitbeanspruchung die Belastung so lange gesteigert, bis Ölfilm und schützende Oberflächenschichten durchbrochen waren und eine starke Adhäsion der Gleitpartner auftrat, gekennzeichnet durch einen sprunghaften Anstieg des Reibungskoeffizienten. In den Bildern 52 und 53 sind im linken Teil typische Oberflächenerscheinungsformen nach dem adhäsiven Versagen für die vier untersuchten Härtekombinationen wiedergegeben. Im Vergleich dazu ist in den rechten Teilbildern der Bilder 52 und 53 für dieselben Härtekombinationen das jeweilige Erscheinungsbild beim Zerrüttungsversagen unter Wälzbeanspruchung dargestellt. Die in den Bildern 52 und 53 wiedergegebenen Verschleißoberflächen stellen damit typische Erscheinungsbilder des katastrophalen Versagens tribologischer Systeme dar.

Gleitverschleiß bei Mischreibung

Beanspruchungskollektiv

$F_N = 200$ N ($p_{H_0} \approx 1$ GN/m^2); $v = 0,1$ m/s; $T_0 = 23°$ C; $s = 8$ km

Elemente des Prüfsystems

Grund- u. Gegenkörper	:	St C 60; $R_{z_0} \approx 1$ µm
		ε(Stift) = 100 %; ε(Scheibe) < 1 %
Zwischenstoff	:	Mineralöl SAE 10; $\eta(23°C) = 66$ Pa·s
Umgebungsmedium	:	Laborluft

Stift, ≈200 HV

Scheibe, ≈200 HV

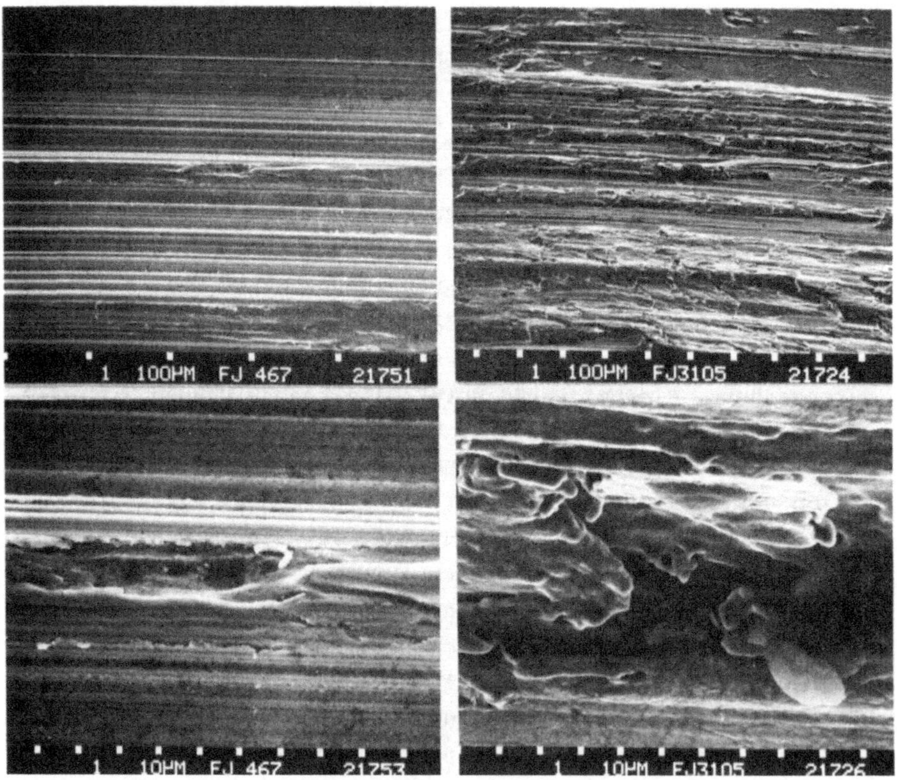

Bild 42: Verschleiß-Oberflächen

Gleitverschleiß bei Mischreibung

Beanspruchungskollektiv

F_N = 200 N($p_{H_O} \approx$ 1 GN/m²); v = 0,1 m/s; T_O = 23° C; s = 8 km

Elemente des Prüfsystems

Grund- u. Gegenkörper: St C 60; $R_{Z_O} \approx$ 1 µm
ε(Stift) = 100 %; ε(Scheibe) < 1 %

Zwischenstoff : Mineralöl SAE 10; η(23°C) = 66 Pa·s

Umgebungsmedium : Laborluft

Stift, ≈300 HV

Scheibe, ≈300 HV

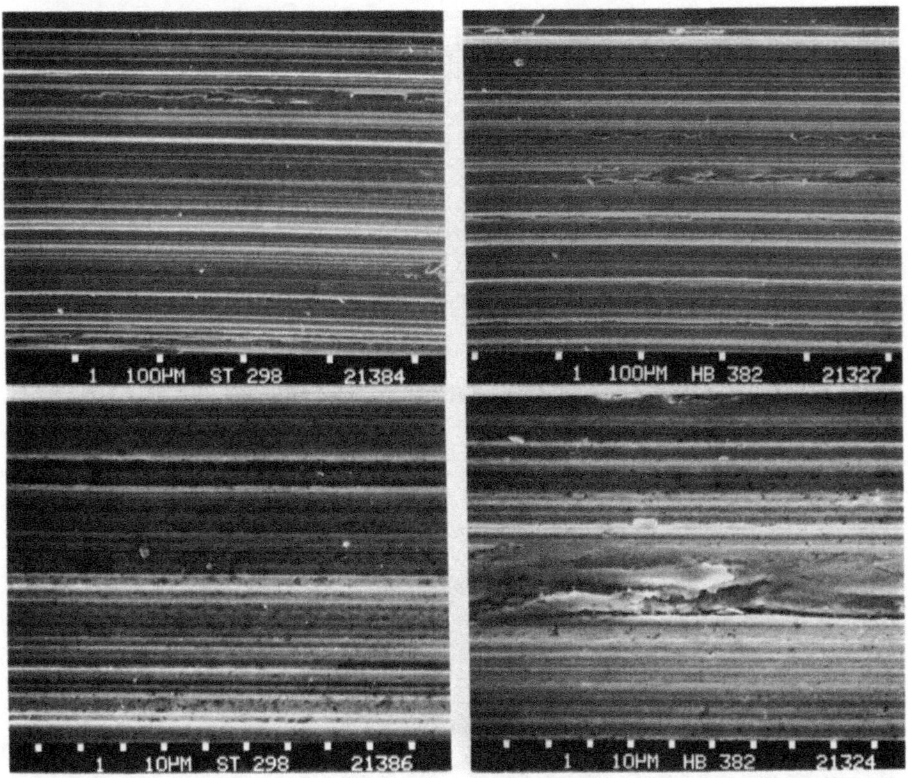

Bild 43: Verschleiß-Oberflächen

Gleitverschleiß bei Mischreibung

Beanspruchungskollektiv

$F_N = 200\ N(p_{H_O} \approx 1\ GN/m^2)$; $v = 0{,}1\ m/s$; $T_O = 23°\ C$; $s = 8\ km$

Elemente des Prüfsystems

Grund- u. Gegenkörper: St C 60; $R_{z_O} \approx 1\ \mu m$

ε(Stift) = 100 %; ε(Scheibe) < 1 %

Zwischenstoff : Mineralöl SAE 10; $\eta(23°C)$ = 66 Pa·s

Umgebungsmedium : Laborluft

Stift, ≈450 HV

Scheibe, ≈450 HV

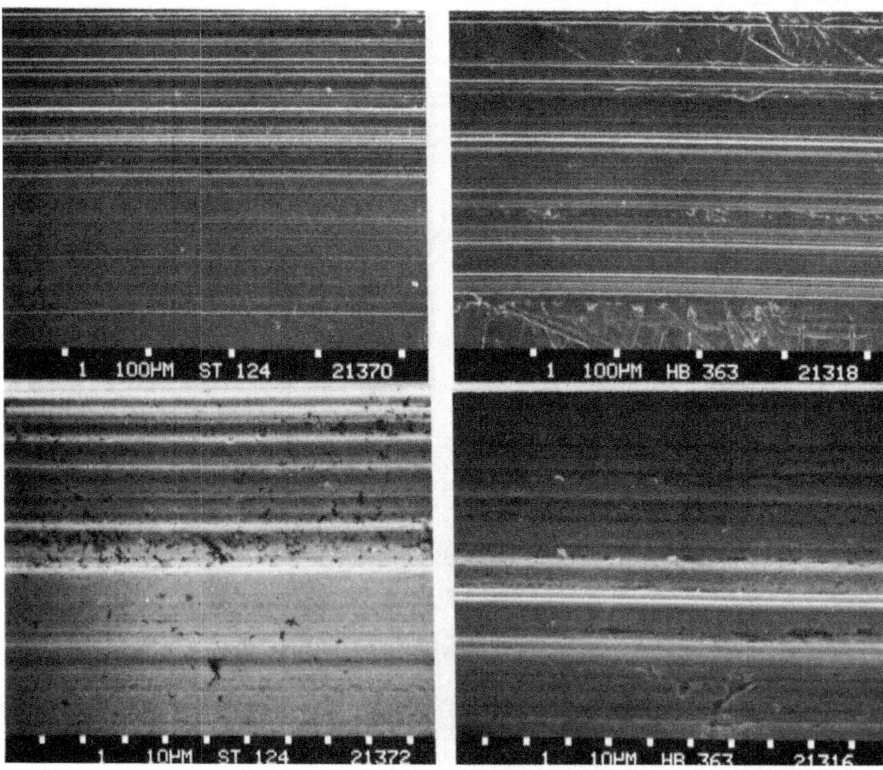

Bild 44: Verschleiß-Oberflächen

Gleitverschleiß bei Mischreibung

Beanspruchungskollektiv

F_N = 200 N($p_{H_o} \approx$ 1 GN/m²); v = 0,1 m/s; T_o = 23° C; s = 8 km

Elemente des Prüfsystems

Grund- u. Gegenkörper: St C 60; $R_{z_o} \approx$ 1 µm

ε(Stift) = 100 %; ε(Scheibe) < 1 %

Zwischenstoff : Mineralöl SAE 10, η(23°C) = 66 Pa·s

Umgebungsmedium : Laborluft

Stift, ≈600 HV

Scheibe, ≈600 HV

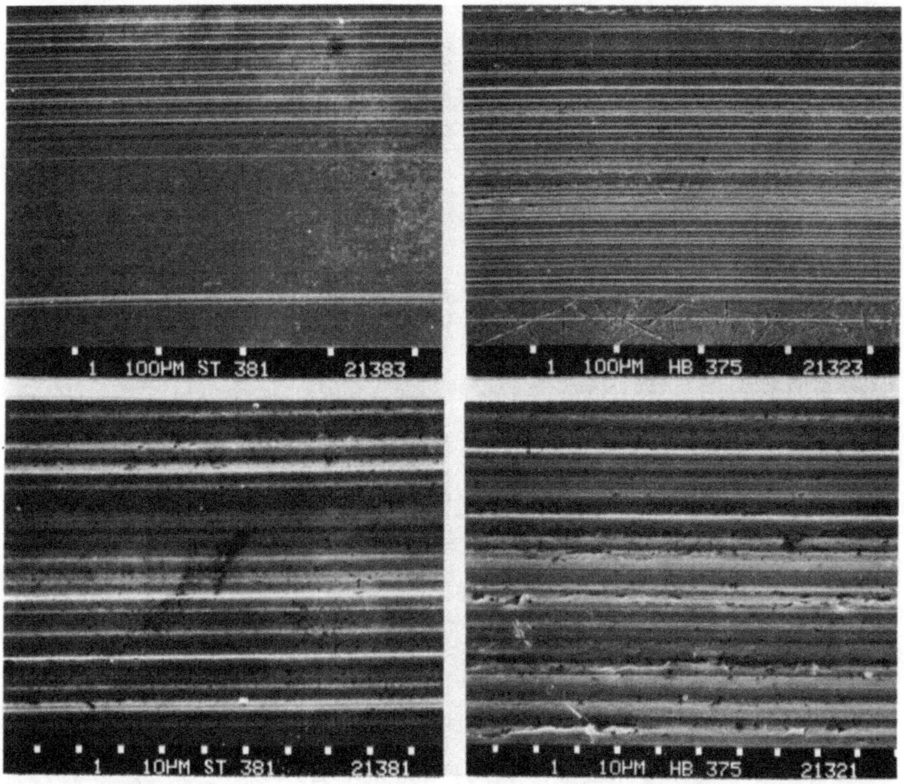

Bild 45: Verschleiß-Oberflächen

Gleitverschleiß bei Mischreibung

Beanspruchungskollektiv

F_N = 200 N($p_{H_O} \approx$ 1 GN/m²); v = 0,1 m/s; T_O = 23° C; s = 8 km

Elemente des Prüfsystems

Grund- u. Gegenkörper: St C 60; $R_{z_O} \approx$ 1 µm
ε(Stift) = 100 %; ε(Scheibe) < 1 %

Zwischenstoff : Mineralöl SAE 10; η(23°C) = 66 Pa·s

Umgebungsmedium : Laborluft

Stift, ≈300 HV (Gegenkörper: Scheibe, ≈600 HV)	Stift, ≈600 HV (Gegenkörper: Scheibe, ≈300HV)

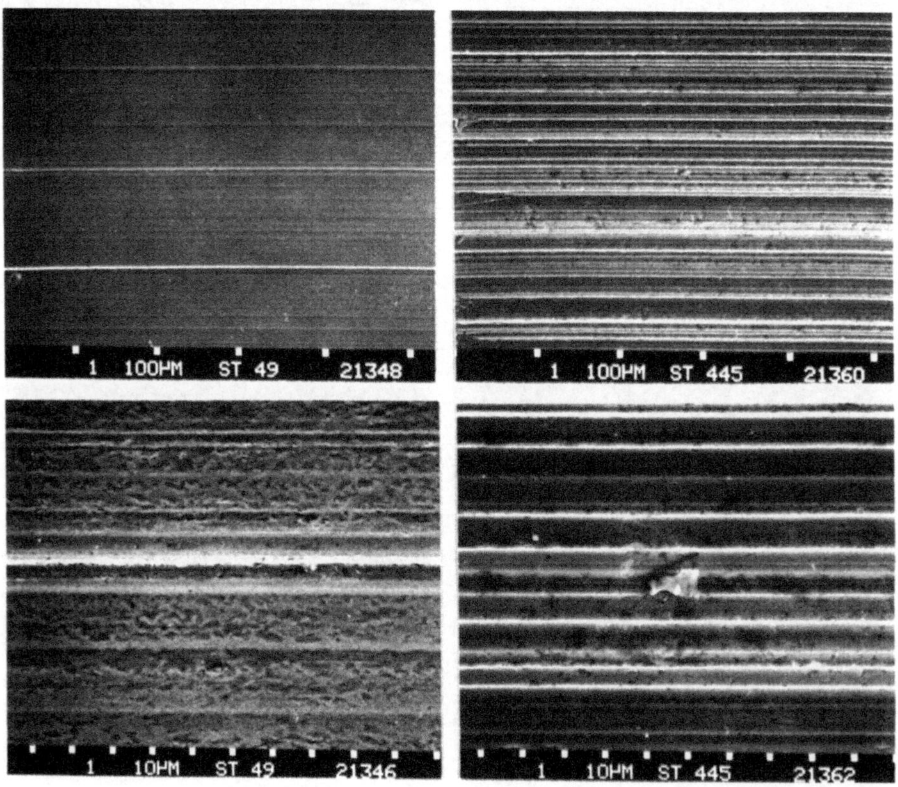

Bild 46: Verschleiß-Oberflächen

Gleitverschleiß bei Festkörperreibung

Beanspruchungskollektiv; Grund- u. Gegenkörperdaten: s.Bild 45

Scheibe, ≈600 HV Vakuum, $8 \cdot 10^{-9}$ bar	Scheibe, ≈600 HV Luft, 50% rel.Feuchte

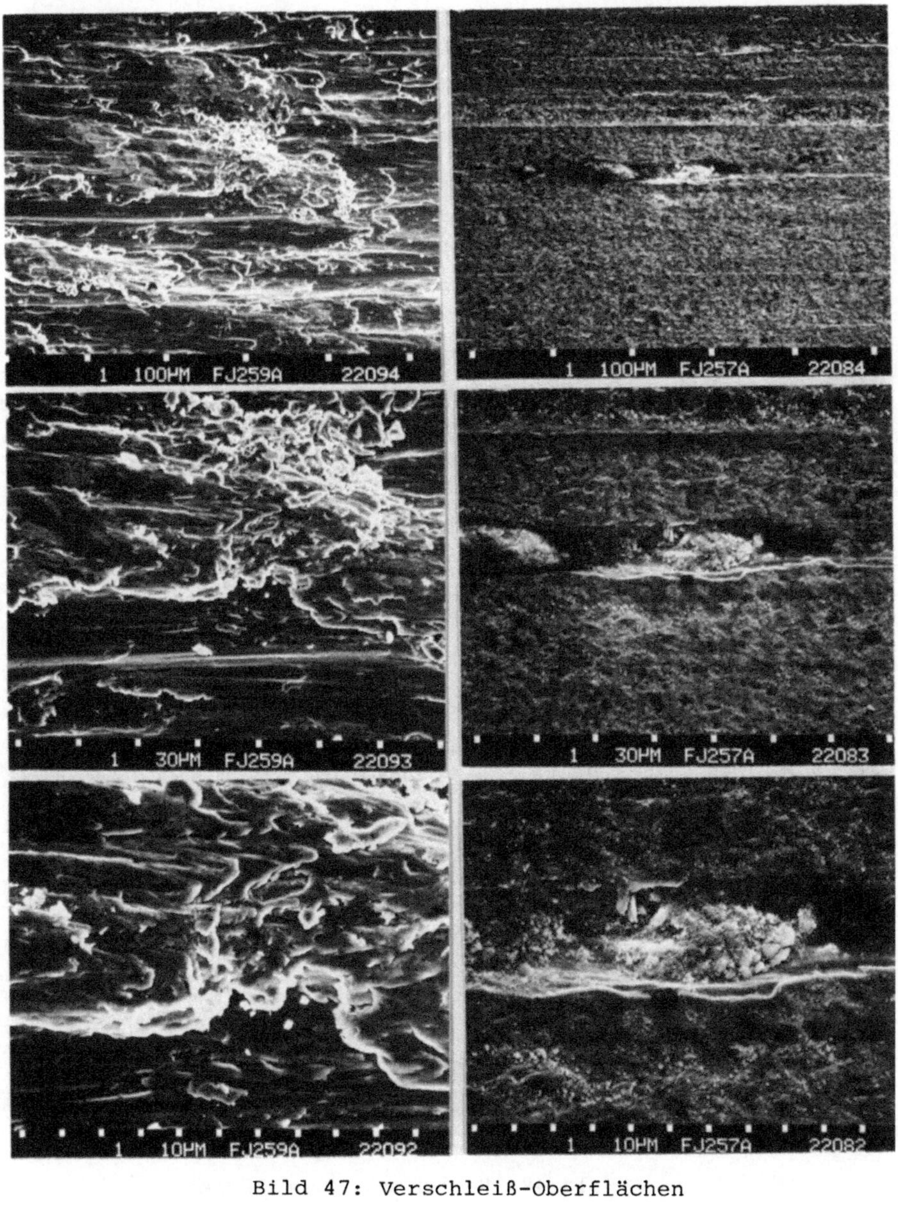

Bild 47: Verschleiß-Oberflächen

Wälzverschleiß

Beanspruchungskollektiv

Wälzen + 10% Schlupf; F_N = 2000 N($p_H \approx 1,3$ GN/m²);
n_1 (obere Scheibe) = 345min^{-1}, n_2 (untere Scheibe) = 380min^{-1};
T_O = 23° C; n = 6,3 x 10^5 Überrollungen

Elemente des Prüfsystems

Grund- u. Gegenkörper:	St C 60; $R_{ZO} \approx 2,6$ µm
Zwischenstoff	: Mineralöl SAE 10, η (23° C) = 66 Pa·s
Umgebungsmedium	: Laborluft

Obere Scheibe ≈200 HV

Untere Scheibe ≈200 HV

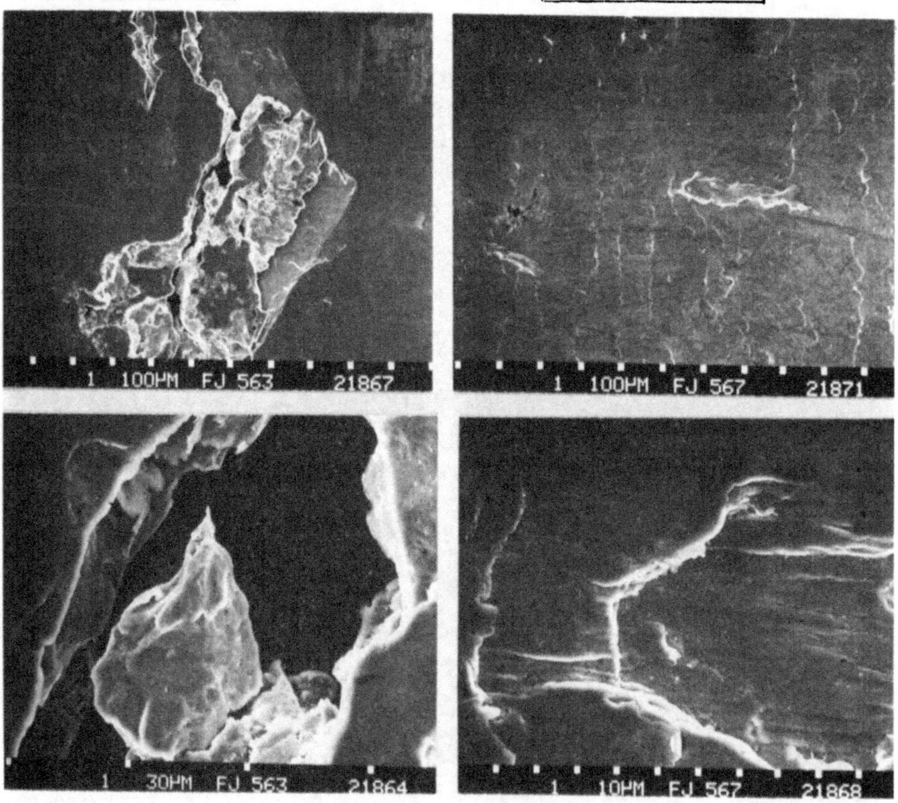

Bild 48: Verschleiß-Oberflächen

Wälzverschleiß

Beanspruchungskollektiv

Wälzen + 10 % Schlupf; F_N = 2000 N($p_H \approx 1{,}6$ GN/m²)
n_1 (obere Scheibe) = 345 min^{-1}; n_2 (untere Scheibe) = 380 min^{-1}
T_o = 23° C; $n = 7 \cdot 10^5$ Überrollungen

Elemente des Prüfsystems

Grund- u. Gegenkörper: St C 60; $R_{z_o} \approx 2{,}6$ µm
Zwischenstoff : Mineralöl SAE 10, η(23°C) = 66 Pa·s
Umgebungsmedium : Laborluft

Obere Scheibe ≈300 HV	Untere Scheibe ≈300 HV

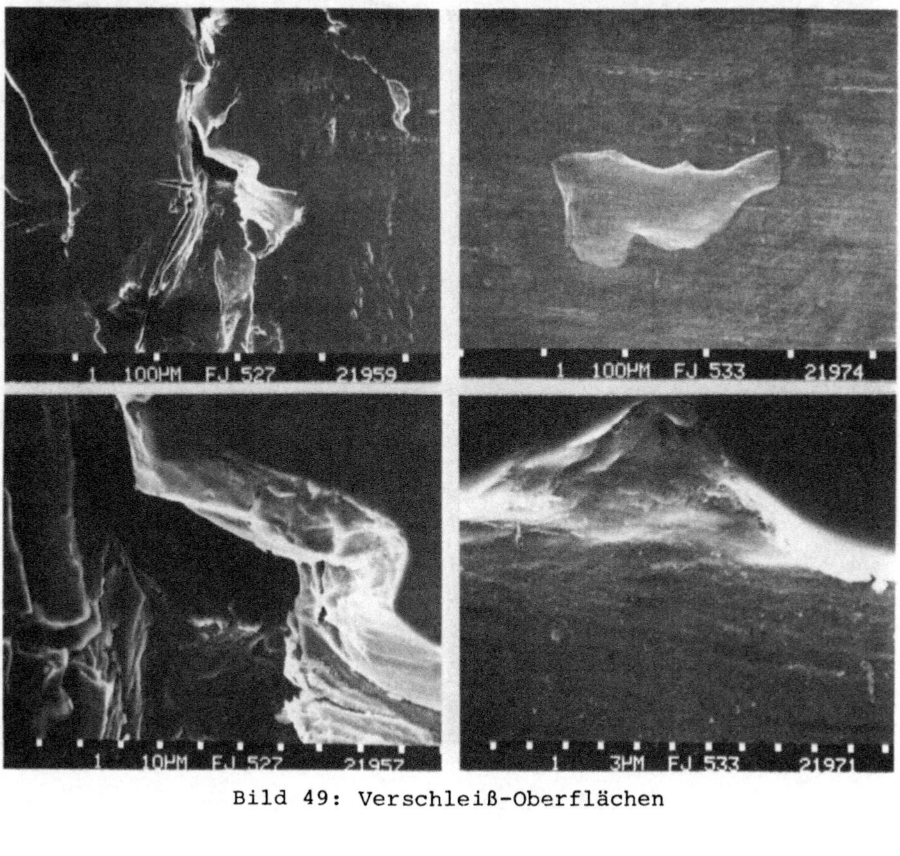

Bild 49: Verschleiß-Oberflächen

Wälzverschleiß

Beanspruchungskollektiv

Wälzen + 10 % Schlupf; F_N = 2000 N($p_H \approx$ 2,0 GN/m²);
n_1 (obere Scheibe) = 345 min^{-1}; n_2 (untere Scheibe) = 380 min^{-1}
T_O = 23 ° C; n = $8{,}9 \cdot 10^5$ Überrollungen

Elemente des Prüfsystems

Grund- u. Gegenkörper: St C 60; $R_{ZO} \approx$ 2,6 µm
Zwischenstoff : Mineralöl SAE 10; η(23° C) = 66 Pa·s
Umgebungsmedium : Laborluft

Obere Scheibe ≈450 HV

Untere Scheibe ≈450 HV

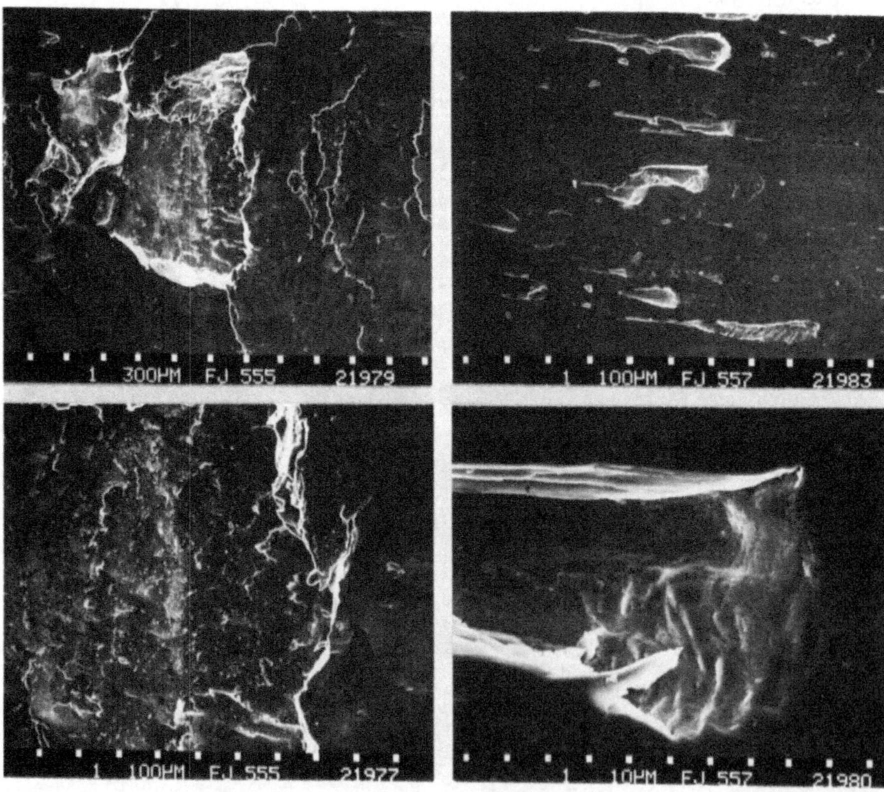

Bild 50: Verschleiß-Oberflächen

Wälzverschleiß

Beanspruchungskollektiv

Wälzen + 10 % Schlupf; F_N = 2000 N($p_H \approx 2{,}3$ GN/m²)
n_1 (obere Scheibe) = 345 min^{-1}; n_2(untere Scheibe) = 380 min^{-1}
T_o = 23° C; n = $2{,}0 \cdot 10^6$ Überrollungen

Elemente des Prüfsystems

Grund- u. Gegenkörper: St C 60; $R_{z_o} \approx 2{,}6$ µm
Zwischenstoff : Mineralöl SAE 10; $\eta(23°\,C)$ = 66 Pa·s
Umgebungsmedium : Laborluft

obere Scheibe ≈600 HV	Untere Scheibe ≈600 HV

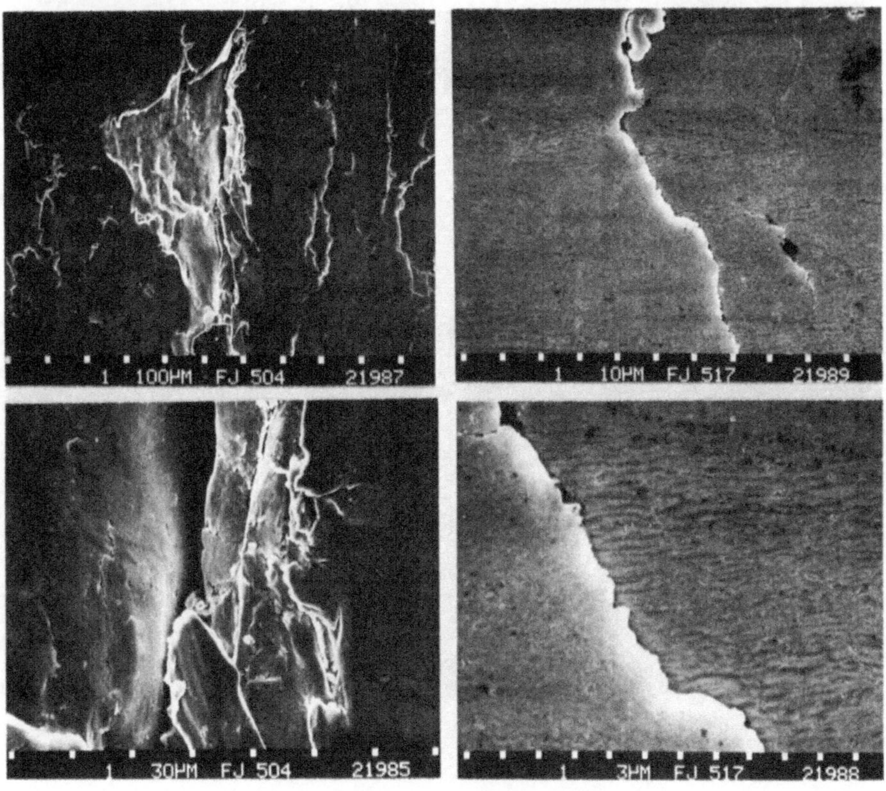

Bild 51: Verschleiß-Oberflächen

Versagen bei Gleit- bzw. Wälzbeanspruchung

Gleitbeanspruchung
Stift, ≈200 HV
$p_{H_{crit}} \approx 1{,}5-2\ GN/m^2$
Systemdaten: s. Bild 42

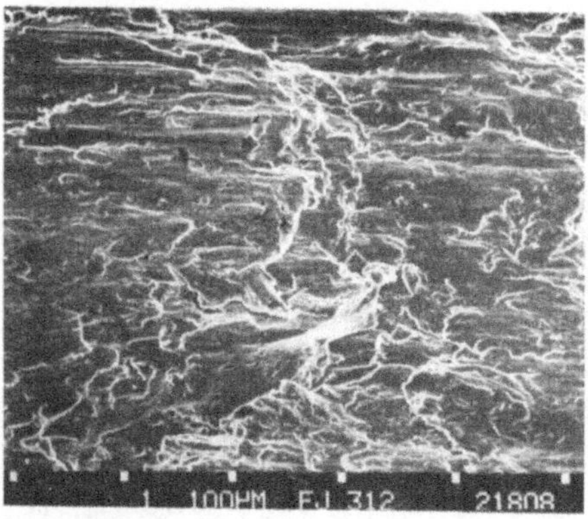

Wälzbeanspruchung
Obere Scheibe, ≈200 HV
$p_{H_{crit}} \approx 1{,}3\ GN/m^2$
Systemdaten: s. Bild 48

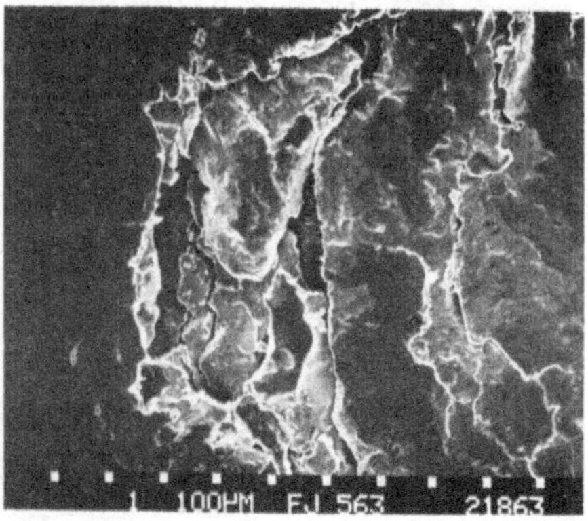

Gleitbeanspruchung
Stift, ≈300 HV
$p_{H_{crit}} \approx 1{,}5 - 2\ GN/m^2$
Systemdaten: s. Bild 43

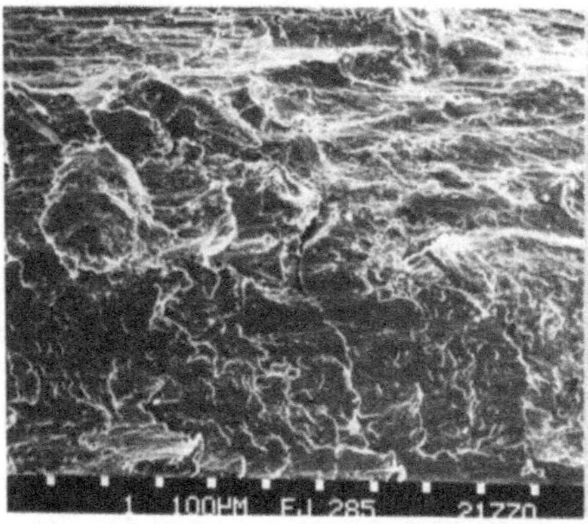

Wälzbeanspruchung
Obere Scheibe, ≈300 HV
$p_{H_{crit}} \approx 1{,}6\ GN/m^2$
Systemdaten: s. Bild 49

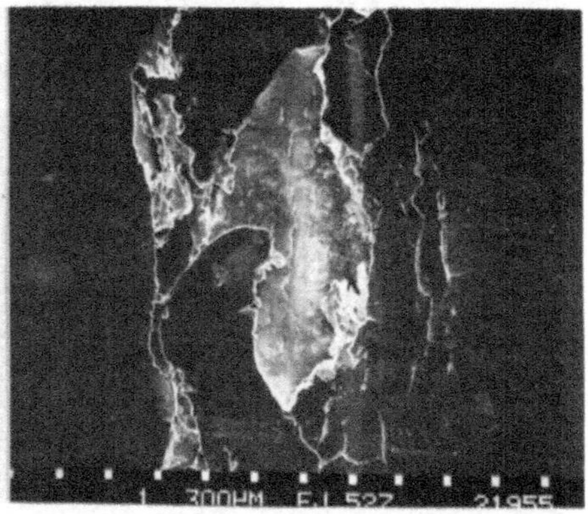

Bild 52: Verschleiß-Oberflächen

Versagen bei Gleit- bzw. Wälzbeanspruchung

Gleitbeanspruchung
Stift, ≈ 450 HV
$p_{H_{crit}} \approx 1{,}5\text{-}2\ GN/m^2$
Systemdaten: s. Bild 44

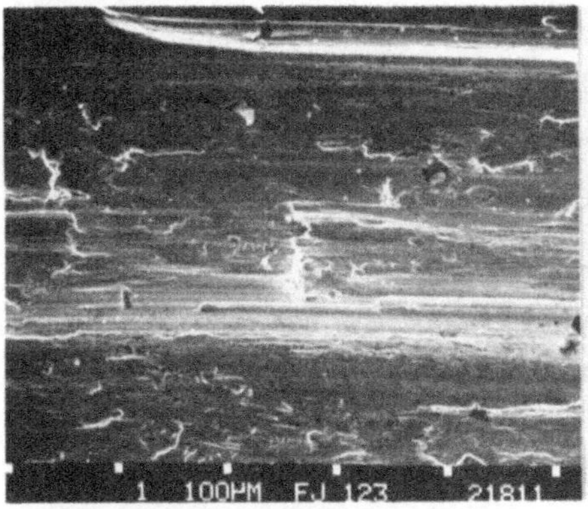

Wälzbeanspruchung
Obere Scheibe, ≈ 450 HV
$p_{H_{crit}} \approx 2\ GN/m^2$
Systemdaten: s. Bild 50

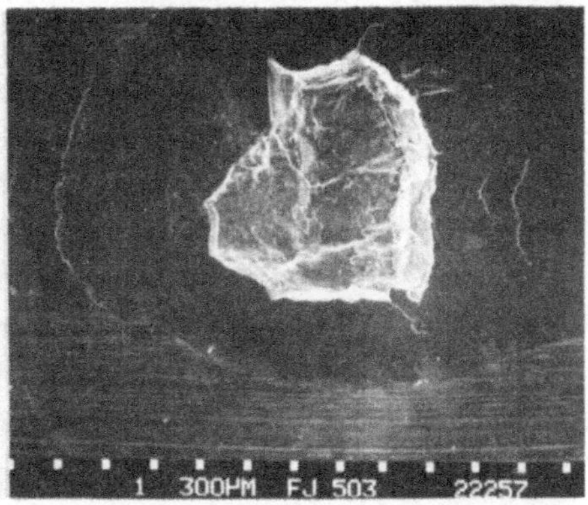

Gleitbeanspruchung
Stift, ≈ 600 HV
$p_{Hcrit} \approx 1{,}5\text{-}2\ GN/m^2$
Systemdaten: s. Bild 45

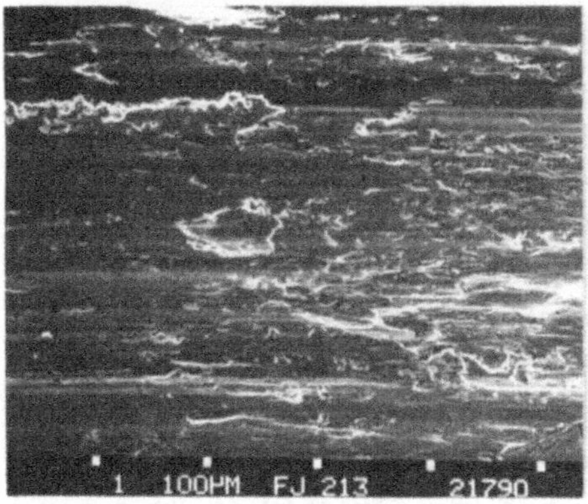

Wälzbeanspruchung
obere Scheibe, ≈ 600 HV
$p_{H_{crit}} \approx 2{,}3\ GN/m^2$
Systemdaten: s. Bild 51

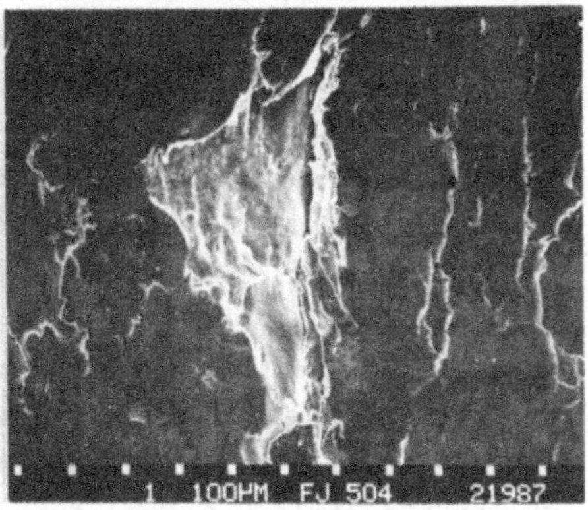

Bild 53: Verschleiß-Oberflächen

7. Bearbeitungssystematik für tribologische Prüfungen

Nach der in Abschnitt 4 durchgeführten theoretischen Analyse der Systemparameter, die für die tribologische Meß- und Prüftechnik von Bedeutung sind, der Darstellung exemplarischer Untersuchungen bei Variation verschiedener Systemparameter (Abschnitt 5) und der Darstellung von Verschleißoberflächen (Abschnitt 6) soll abschließend eine Bearbeitungssystematik für tribologische Prüfungen (Modellprüfungen, Kategorien IV bis VI, Bild 3) in formalisierter Form vorgestellt werden.

Die Bearbeitungsmethodik ist in Form eines Flußdiagrammes in Bild 54, Teil I bis V, dargestellt. Hierbei muß betont werden, daß dieses Flußdiagramm nur einen allgemeinen Entwurf darstellt, der für konkrete Einzelfragen natürlich in geeigneter Form zu modifizieren, d.h. gegebenenfalls zu ergänzen oder auch zu kürzen ist.

I. Prüfsystem-Auswahl (Struktur des Prüfsystems)

Der erste Schritt bei der Durchführung tribologischer Prüfungen besteht nach Bild 54, Teil I, darin, die an einem Reibungs- und Verschleißvorgang direkt beteiligten stofflichen Elemente bzw. Bauteile zu charakterisieren (vgl. Bild 16 und 17). Hat man die grundsätzlichen Elemente eines tribologischen Systems analysiert, ist ein geeignetes Prüfsystem auszusuchen (vgl. Bild 25). Wie das Flußdiagramm zeigt, müssen nun die Kontaktverhältnisse zwischen dem tribotechnischen System und dem Prüfsystem verglichen werden, wobei besonders die Frage zu beantworten ist:"Sind die Wirkflächenpaarungen von TTS und PS vergleichbar?" Ein wichtiges Auswahlkriterium für Prüfsysteme besteht also darin, Systeme mit vergleichbarer, d.h. konformer oder kontraformer Wirkflächenpaarung zu verwenden. Der nächste Schritt in der Bearbeitungsmethodik besteht darin, die Eingriffsverhältnisse ε von Grundkörper und Gegenkörper zu bestimmen (vgl. Bild 21 und 22). Nachdem die Kontaktverhältnisse und die Eingriffsverhältnisse von tribotechnischem System und Prüfsystem verglichen wurden, können die Werkstoffe des Prüf-

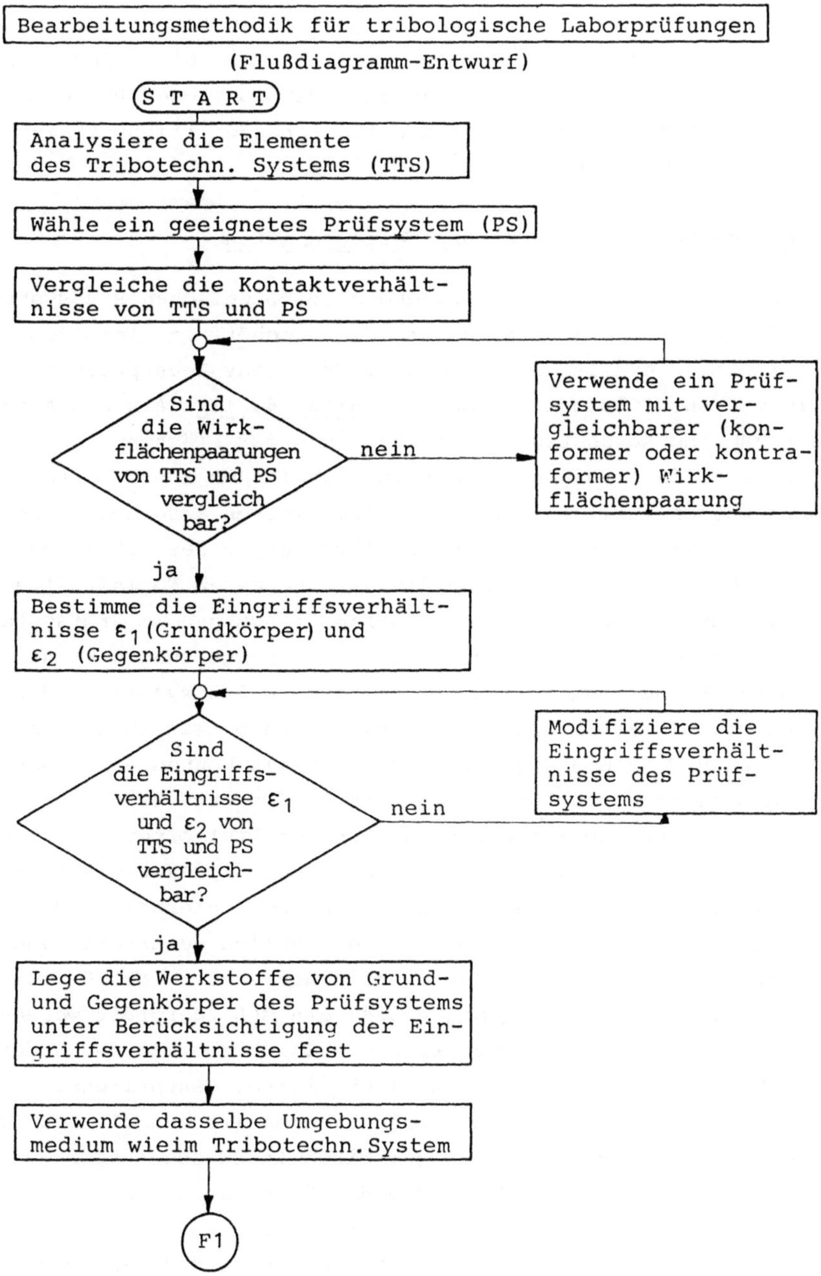

Bild 54: Methodik tribologischer Prüfungen;
I. Prüfsystem-Auswahl (Struktur des Prüfsystems)

systems unter Berücksichtigung der jeweiligen Eingriffsverhältnisse festgelegt werden. Der letzte Punkt von Teil I des Flußdiagrammes weist darauf hin, daß bei tribologischen Prüfungen dasselbe Umgebungsmedium wie im entsprechenden tribotechnischen System verwendet werden muß.

II. Beanspruchung und Prüfkörpereigenschaften

Wenn die Struktur des entsprechenden tribologischen Prüfsystems, d.h. die Prüfkörpergeometrien und die zugehörigen Eingriffsverhältnisse festliegen, muß anschließend das Beanspruchungskollektiv spezifiziert werden, (s. Bild 54, II). Als Ausgangspunkt muß eine Abschätzung - so möglich - der Flächenpressungen und Werkstoffanstrengungen im tribotechnischen System vorgenommen werden (vgl. Abschnitt 4.1.1). Hiervon ausgehend wird eine Vorauswahl von Geometrie und Abmessungen der Prüfkörper durchgeführt. Es sollten dann die vorzugebenden Normalkräfte, die Flächenpressungen und Werkstoffanstrengungen im Prüfsystem abgeschätzt werden. Aufgrund derartiger Abschätzungen können die Bereiche der zulässigen Belastungen im Prüfsystem im Vergleich mit der Situation im entsprechenden praktischen tribotechnischen System abgegrenzt werden. Damit können auch endgültig Geometrie und Abmessungen der Prüfkörper festgelegt werden. Nachdem die Formeigenschaften der Prüfkörper bestimmt sind, müssen jetzt die Stoffeigenschaften in praxisgerechter Weise festgelegt und charakterisiert werden. Hierbei sind drei Punkte von besonderer Bedeutung, nämlich Werkstoff- und Oberflächenbehandlung, Härte, Oberflächenrauheit. Mit Härte- und Rauheits- sowie Gefügeuntersuchungen muß überprüft werden, ob diese Kenndaten der Prüfkörper praxisnah und mit denen der tribotechnischen Bauteile vergleichbar sind. Wesentliches Kriterium für tribologische Laborprüfungen ist nun die letzte in Bild 54 II dargestellte Frage:"Wird ein Zwischenstoff - speziell ein Schmierstoff - verwendet?" Je nachdem ob diese Frage mit "ja" oder "nein" beantwortet wird, spaltet sich die Bearbeitungsmethodik für tribologische Laborprüfungen in zwei Richtungen auf.

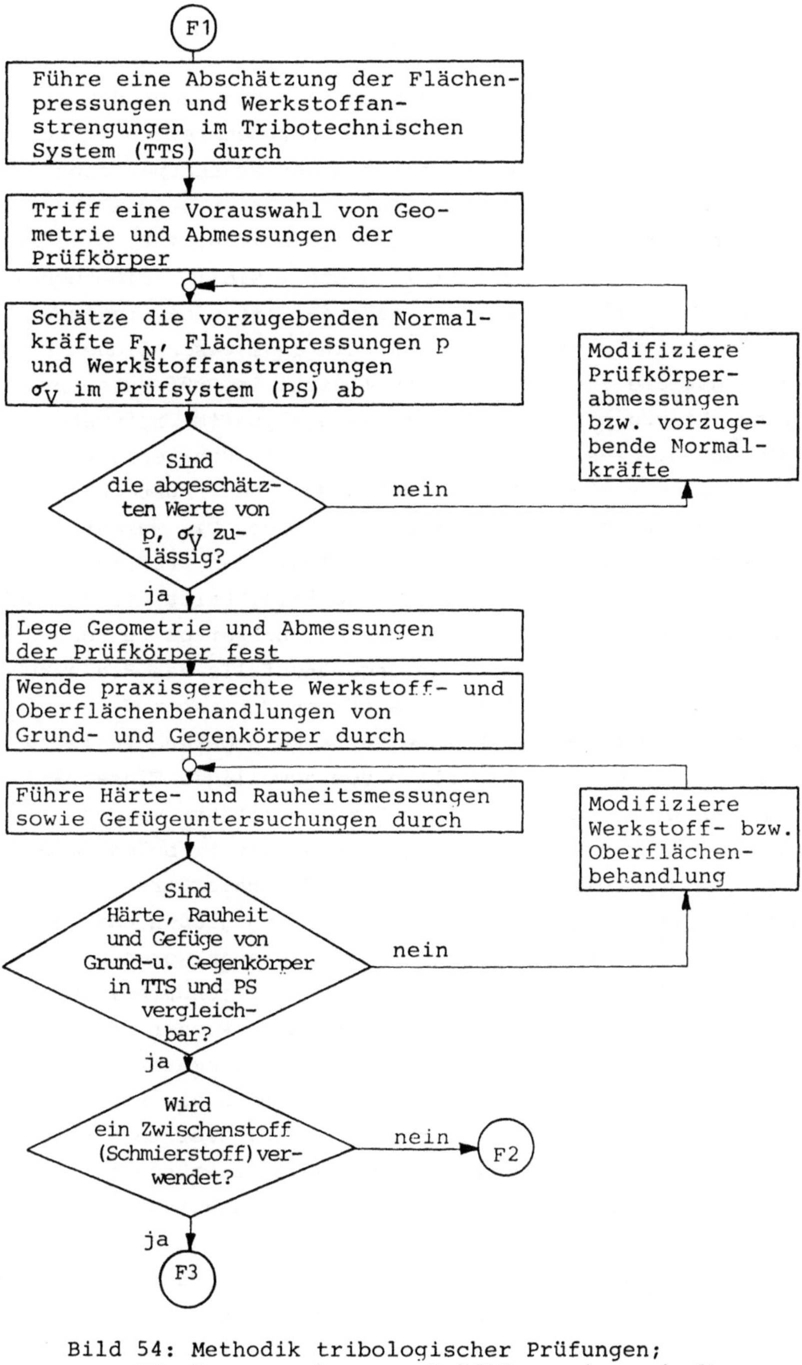

Bild 54: Methodik tribologischer Prüfungen;
II. Beanspruchung u. Prüfkörpereigenschaften

III. Prüfungen bei Trockenreibung

Bei tribologischen Untersuchungen unter Bedingungen der Festkörperreibung, d.h. im trockenen oder ungeschmierten Zustand (Bild 54 III), müssen die Oberflächen der Prüfkörper einer sorgfältigen Oberflächenbehandlung unterworfen werden. Es muß dann im Prüfsystem dieselbe Bewegungsform (d.h. z.B. Gleiten, Wälzen, Wälzen mit Schlupf, Prallen etc.) wie im tribotechnischen System realisiert werden. Außerdem ist eine praxisgerechte Geschwindigkeit vorzugeben. Ein ganz wesentlicher Punkt ist nun, daß die thermischen Verhältnisse im Prüfsystem praxisnah sind. Hierzu ist eine thermische Analyse im Prüfsystem durchzuführen. Dies ist sicherlich eine der schwierigsten Aufgaben der gesamten tribologischen Meß- und Prüftechnik, worauf in Abschnitt 4.1.3 hingewiesen wurde. Die wesentlichen Kenngrößen bei der Durchführung tribologischer Prüfungen betreffen nun die Reibung und den Verschleiß. Falls die durchgeführten Reibungsmessungen nicht zu Reibungswerten führen, die dem Praxisfall entsprechen, muß gegebenenfalls das Beanspruchungskollektiv verändert oder es müssen Parameter der Prüfstruktur variiert werden. Welche Maßnahme gegebenenfalls zu treffen ist, hängt ausschließlich vom jeweiligen Einzelfall ab und kann nicht in allgemeiner Form diskutiert werden. Ein wichtiges Kriterium für die Vergleichbarkeit tribologischer Laborprüfungen stellt die Analyse der Verschleißerscheinungsformen bzw. der Vergleich der Verschleißkenngrößen dar. Hierauf ist in Abschnitt 6 ausführlich eingegangen worden. Falls sich in tribologischen Prüfungen eine Vergleichbarkeit der Verschleißkenngrößen nicht zeigt, sind auch wieder gegebenenfalls das Beanspruchungskollektiv oder Parameter der Systemstruktur zu verändern. Auch hier hängen die notwendigen Variationen vom konkreten Einzelfall ab. Die letzte wichtige Variable bei der Durchführung tribologischer Prüfungen stellt nun die Versuchsdauer dar, die auch wieder angemessen zu wählen ist, wobei gegebenenfalls auf die Wirksamkeit von Stillstandzeiten im praktischen Betrieb geachtet werden muß. Hiermit ist dann gegebenenfalls eine Prüfung unter Festkörperreibungsbedingungen beendet.

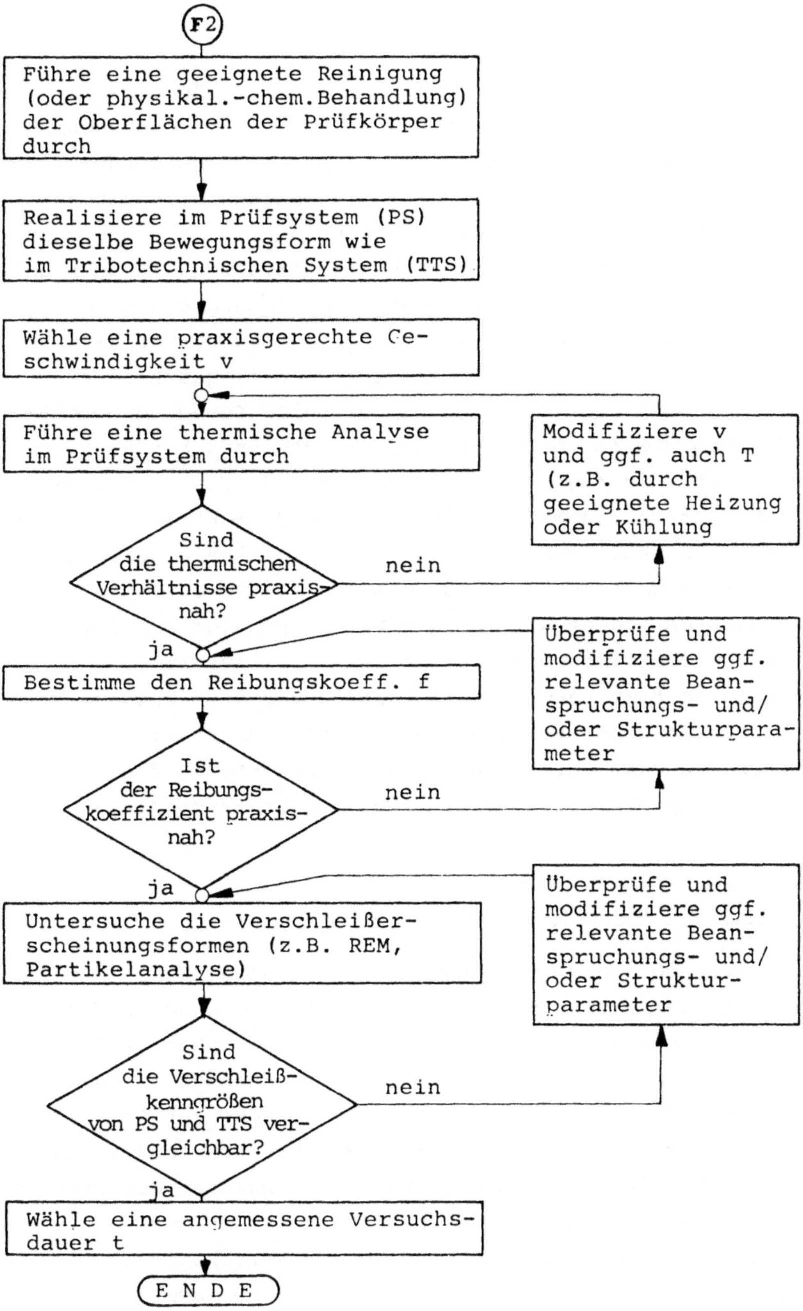

Bild 54: Methodik tribologischer Prüfungen;
III. Prüfungen bei Trockenreibung

IV Prüfungen mit Schmierung

Bei tribologischen Prüfungen im geschmierten Zustand (Bild 54 IV) ist es zunächst ganz wesentlich, denselben Zwischenstoff wie im tribotechnischen System zu verwenden. Der Begriff "Zwischenstoff" wird - wie auch in DIN 50 320 - bewußt verwendet, da in den verschiedenen tribotechnischen Systemen natürlich nicht nur Schmierstoffe sondern auch andere Zwischenstoffe, wie z.B. verschmutzte Flüssigkeiten oder Flüssigkeiten mit Sandpartikeln oder harten Körner im praktischen Betrieb vorkommen. Bei Prüfungen im geschmierten Zustand ist es sehr wichtig, daß dieselbe Bewegungsform im Prüfsystem wie im entsprechenden tribotechnischen System realisiert wird (vgl. Bild 12 und 13). Für die tribologische Prüfung ist außerdem maßgebend, ob die Kontaktflächen im entsprechenden tribotechnischen System vollständig durch einen Schmierfilm getrennt sind oder nicht. Die vollständige Trennung wird dadurch angezeigt, daß das Verhältnis von Schmierfilmdicke zur Oberflächenrauheit größer als 3 ist (vgl. Bild 23). Ohne hier auf weitere Einzelheiten eingehen zu können, sollte bei tribologischen Prüfungen unter Vollschmierung natürlich versucht werden, vergleichbare Arbeitspunkte in den Stribeck-Kurven des praktischen Systems und des Prüfsystems zu realisieren.

V. Prüfungen bei Grenz- und Mischreibung

Im letzten Teil des Flußdiagramms, Bild 54 V, wird in einfacher Form die Bearbeitungsmethodik bei tribologischen Prüfungen im Misch- und Grenzreibungsgebiet dargestellt. Nach Wahl eines geeigneten Beanspruchungskollektivs ist auch hier eine Abschätzung des Verhältnisses Schmierfilmdicke zur Oberflächenrauheit durchzuführen. Auch unter Mischreibungsbedingungen sind sowohl eine angemessene thermische Analyse des Prüfsystems als auch Bestimmungen von Reibungskoeffizient und von Verschleißkenngrößen durchzuführen. Diese Vorgehensweise ist bereits vorher (vgl. Bild 54 III) erläutert worden.

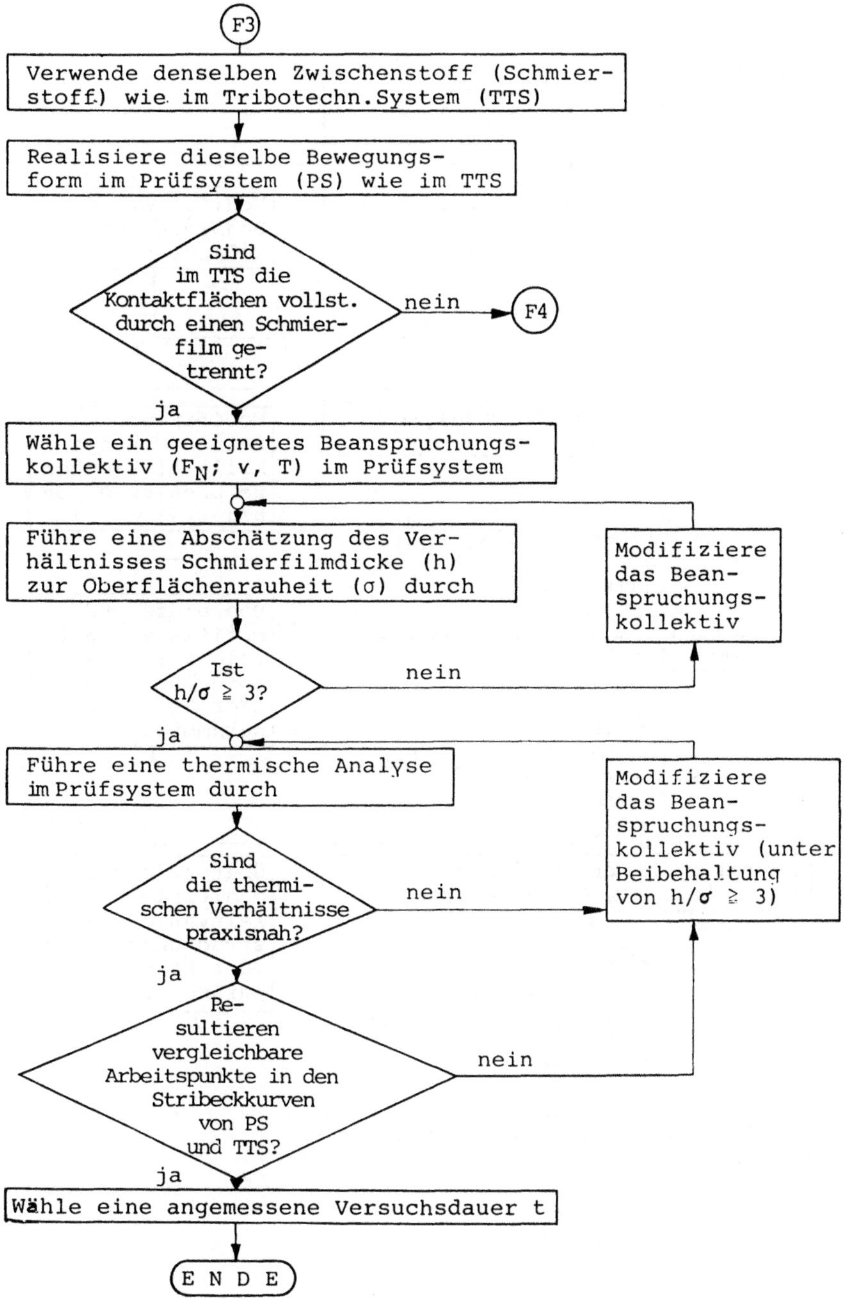

Bild 54: Methodik tribologischer Prüfungen; IV. Prüfungen mit Schmierung

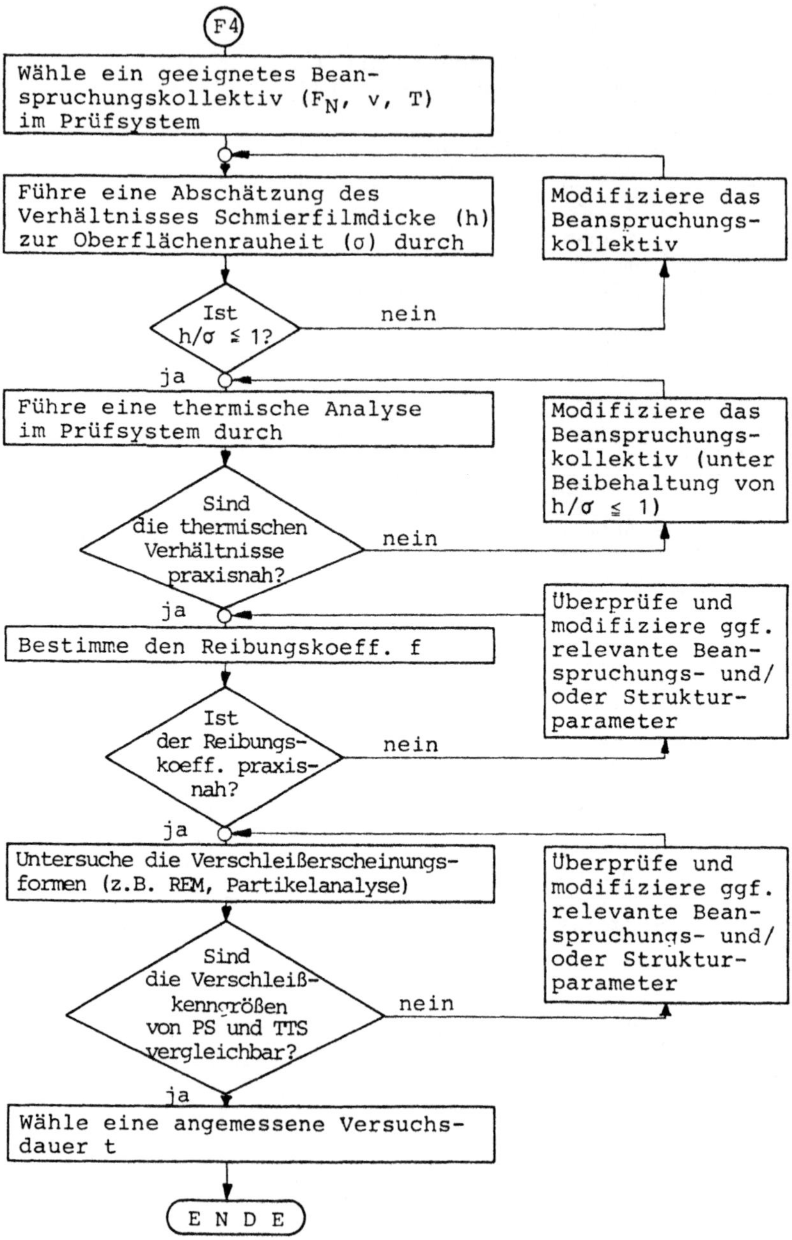

Bild 54: Methodik tribologischer Prüfungen;
V. Prüfungen bei Misch- u. Grenzreibung

Mit Hilfe der in dem Flußdiagramm, Bild 54, vorgestellten Bearbeitungsmethodik sollte es möglich sein, die wesentlichen Schritte für eine tribologische Prüfung durchführen zu können. Natürlich stellt diese Bearbeitungsmethodik nur eine grobe Richtlinie dar, die im Einzelfall entsprechend zu modifizieren ist. Obwohl die Bearbeitungsmethodik formalisiert wirken kann, stellt sie jedoch nur eine Auflistung derjenigen Vorgehensschritte dar, die von einem erfahrenen Prüfingenieur meist intuitiv durchgeführt werden. Die Formalisierung in Form einer Bearbeitungsmethodik kann dazu dienen, daß wesentliche Parameter nicht übersehen werden und die Aussagefähigkeit von tribologischen Laborprüfungen gesteigert wird.

8. Zusammenfassung

Zielsetzung des Vorhabens war die theoretische und experimentelle Analyse der für die tribologische Meß- und Prüftechnik wichtigen Systemparameter und die Erarbeitung von Auswertungs- und Bearbeitungsmethodiken für die systematische Durchführung tribologischer Prüfungen.

Ausgehend von einer Klassifizierung der Aufgabenbereiche und Einflußgrößen der tribologischen Meß- und Prüftechnik wurde zunächst ein Deskriptorensystem erarbeitet, das zur allgemeinen Kennzeichnung und Erfassung tribologischer Parameter sowie zur Auswertung und Darstellung tribologischer Forschungsergebnisse verwendet werden kann. Das Deskriptorensystem wird bereits zur Kennzeichnung und Erschließung der Ergebnisse der Einzelvorhaben des gesamten Tribologie-Förderprogramms des BMFT praktisch angewendet.

Im experimentellen Teil des Vorhabens wurde in exemplarischer Form das Verhalten von Stahlpaarungen bei unterschiedlichen tribologischen Beanspruchungen sowie Reibungs- und Verschleißzuständen untersucht. Neben der Variation verschiedener Systemkenngrößen wurde speziell der Einfluß der Parameter "Härte und Oberflächenrauheit" studiert. Die Ergebnisse der experimentellen Untersuchungen führten zur Erstellung eines

"Atlas von Verschleißoberflächen" mit charakteristischen Verschleißerscheinungsformen für die verschiedenen tribologischen Beanspruchungsfälle.

Unter Benutzung der theoretischen Analysen der meß- und prüftechnischen Systemparameter und der Ergebnisse des experimentellen Untersuchungsprogramms wurde abschließend eine Bearbeitungsmethodik für die systematische Durchführung tribologischer Laborprüfungen erarbeitet. Die Bearbeitungsmethodik faßt die bei tribologischen Laborprüfungen durchzuführenden Verfahrensschritte in Form eines methodisch gegliederten Ablaufplans ("Flow chart") zusammen.

Dank

Die experimentellen Untersuchungen für das vorliegende Forschungsvorhaben wurden im Laboratorium "Verschleißschutz, Tribometrie und Tribophysik" der BAM durchgeführt. Wir danken den beteiligten Mitarbeitern der BAM für ihre Hilfe, besonders Frau Binkowski und Frau Pahl für metallographische und auswertungstechnische Arbeiten sowie den Mitarbeitern des Laboratoriums "Mikroanalyse von Oberflächen" für die Durchführung der REM-Untersuchungen. Unser Dank gilt auch Herrn Dipl.-Phys. H. Tischer von der Dokumentationsstelle "Rheologie und Tribologie" der BAM für seine Mithilfe bei der Ausarbeitung des Deskriptorensystems.

9. Schrifttum

/1/ Wahl, H.: Allgemeine Verschleißfragen.
Schriftenreihe Verschleißfragen 1941, Heft A 1
Verschleißtechnik. Die Technik 3 (1948) 193.

/2/ Fleischer, G.: Systembetrachtungen zur Tribologie.
Wiss. Z. TH Magdeburg, 14 (1970) 415.

/3/ Salomon, G.: Application of systems thinking to tribology.
ASLE Trans, 17 (1974) 295.

/4/ Czichos, H.: The principles of systems analysis and
their application to tribology.
ASLE Trans, 17 (1974) 300.

/5/ Heinke, G.: Verschleiß - eine Systemeigenschaft;
Auswirkungen auf die Verschleißprüfung.
Z. Werkstofftechnik, 6 (1975) 164.

/6/ Czichos, H.: Die systemtechnischen Grundlagen der
Tribologie und ihre Anwendung zur Bearbeitung von
Reibungs- und Verschleißproblemen.
Schmiertechnik u. Tribologie, 24 (1977) 109.

/7/ Kloos, K.H.: Werkstoffauswahl und Oberflächenbehandlung
unter tribotechnischen Gesichtspunkten.
Z. Werkstofftechnik, 10 (1979) 456.

/8/ Uetz, H. u. Föhl, J.: Tribologie - Stand der Erkenntnisse
und Nutzen.
VDI-Berichte Nr. 333 (1979) 1.

/9/ Krause, H. u. Scholten, J.: Verschleiß - Grundlagen
und systematische Behandlung Teil 1 und 2.
VDI-Z 121 (1979) 799 und 1221.

/10/ Stähli, G.: Verschleiß - eine Systemeigenschaft.
Material und Technik, (1980) 183.

/11/ Czichos, H.: Tribology - a systems approach to the science and technology of friction, lubrication and wear. Amsterdam: Elsevier Publ. Co, 1978, 400 S.

/12/ Vogelpohl, G., in: Mineralöle und verwandte Produkte (Herausgeber C. Zerbe) Berlin: Springerverlag 1969, S. 134-161, besonders S. 140.

/13/ Bundesanstalt für Materialprüfung (BAM): Dokumentation Tribologie - Verschleiß, Reibung und Schmierung. Systematische Titelbibliographie in Fortsetzungen, Berlin: BAM, 1967 ff.

/14/ Czichos, H.: Entwicklung eines Tribologie-Thesaurus und Auswertung des Tribologie-Förderprogramms mittels Deskriptoren, in: Tribologie (Herausgeber W. Bunk, J. Hansen u. M. Geyer) Band 1, Berlin: Springer-Verlag 1981, S. 39-62.

/15/ Habig, K.-H.: Verschleiß und Härte von Werkstoffen. München: Hanser-Verlag, 1980, 303 S.

/16/ Thomas, T.R. (Editor): Rough Surfaces. London: Longman, 1982, 261 p.

/17/ Winer, W.O. and Cheng, H.S.: Film thickness, contact stresses and surface temperatures, in: Wear Control Handbook (Eds. M.B. Peterson and W.O. Winer) New York: American Society of Mechanical Engineers (ASME), 1980, p 81-141.

/18/ Habig, K.-H.: Grundlagen des Verschleißes unter besonderer Berücksichtigung der Verschleißmechanismen, in: Reibung und Verschleiß von Werkstoffen, Bauteilen und Konstruktionen (H. Czichos u.a.) Grafenau: Expert Verlag, 1982, S. 53-74.

/19/ Kloos, K.H. u. Broszeit, E.: Grundsätzliche Betrachtungen zur Oberflächen-Ermüdung. Z. Werkstofftechnik 7 (1976) 85

/20/ Hamilton, G.M. and Goodman, L.E.: The stress field created by a circular sliding contact. Trans ASME, Ser. E, 33 (1966) 371.

/21/ Broszeit, E.: Verschleiß durch Oberflächenzerrüttung an wälzbeanspruchten Bauteilen, in: Reibung und Verschleiß von Werkstoffen, Bauteilen und Konstruktionen (H. Czichos u.a.) Grafenau: Expert-Verlag, 1982, S. 109-148.

/22/ Czichos, H. u. Kaffanke, K.: Zur Bestimmung von Grenzflächentemperaturen bei tribologischen Vorgängen, VDI-Z. 112 (1970) 1491 und 1643.

/23/ Bowden, F.P. and Ridler, K.E.W.: Physical properties of surfaces - the surface temperature of sliding metals. Proc. Roy. Soc (London) A 154 (1936) 640.

/24/ Blok, H.: Theoretical study of temperature rise at surfaces of actual contact under oiliness lubricating conditions.
Proc. Gen. Disc. Lubrication and Lubricants, London 1937, Vol. 2, pp. 14-20.

/25/ Archard, J.F.: The temperature of rubbing surfaces. Wear, 2 (1958/59) 438.

/26/ Nagaraj, H.S., Sanborn, D.M. and Winer, W.O.:
Direct surface temperature measurement by infrared radiation in elastohydrodynamic contacts and the correlation with the Blok flash temperature theory. Wear, 49 (1978) 43.

/27/ Heinz, R.: Betriebs- und Laborprüftechniken für reibungs- und verschleißbeanspruchte Bauteile, in: Reibung und Verschleiß von Werkstoffen, Bauteilen und Konstruktionen (H. Czichos u.a.) Grafenau: Expert-Verlag, 1982, S. 109-148.

/28/ Roth, K.H.: Konstruieren mit Konstruktionskatalogen, Berlin: Springer-Verlag, 1982, S. 102-107.

/29/ Benzing, R., Goldblatt, I., Hopkins, V., Jamison, W., Mecklenburg, K., Peterson, M., Friction and Wear Devices, Park Ridge: American Society of Lubrication Engineers (ASLE) 2nd edition, 1976.

/30/ Winter, H. and Weiss, T.: Some factors influencing the pitting, micro-pitting (frosted areas) and slow speed wear of surface hardened gears.
Trans ASME, Journal of Mechanical Design, Paper 80 - C 2/DET-89.

/31/ Dies, K.: Die Vorgänge beim Verschleiß bei rein gleitender trockener Reibung, VDI-Z. 84 (1939) 307.

Dynamische Änderung der Viskosität
Abschlußbericht

von

Prof. Dr.-Ing. Wilfried J. Bartz
und Dipl.-Ing. N. Haddad

Technische Akademie Esslingen
Ostfildern

Förderkennzeichen: 01 ZT 137/520 A und DGMK 255
Laufzeit: 01.07.1978 bis 30.06.1982

1. Einleitung

Angesichts der steigenden Anforderungen der Belastbarkeit geschmierter Maschinen-Elemente kann auf eine möglichst weitgehende Berechenbarkeit der Schmierungszustände an der Kontaktstelle nicht mehr verzichtet werden. Insbesondere im Getriebebau sollen die Erkenntnisse der elastohydrodynamischen Schmierung als Grundlage zur Auslegung der Zahnräder und des Schmierstoffs dienen. Im Gegensatz zur Gleitlagerschmierung, wo meist verhältnismäßig geringe Schmierstoffdrücke auftreten, können bei elastohydrodynamischen Kontakten die Ölfilmdrücke über 20 000 bar erreichen.

Der flüssige Schmierstoff soll in diesem Fall als berechenbares Maschinen-Element angesehen werden. Für die Anwendung der EHD-Theorie müssen die physikalischen Kennwerte des Öles bekannt sein. Die Viskosität und deren Abhängigkeiten sind hierbei von allergrößter Bedeutung. Gerade die Druckabhängigkeit der Viskosität beeinflußt die Ausbildung des Schmierfilms im kontraformen, hoch belasteten Kontakt.

2. Zielsetzung

Die Viskosität eines belasteten Schmierstoffes wird von einer Vielzahl von physikalischen und betriebsbedingten Größen beeinflußt. Bei der Beurteilung des Einflusses der Molekülstruktur auf das Viskositäts-Druckverhalten stellte Professor KUSS /1/ fest, daß für den Druckkoeffizienten die Kettenlänge des Moleküls kaum eine Rolle spielt, während die Zahl und Stellung von Seitengruppen - also die Nahordnung der Moleküle - einen sehr großen Einfluß auf den Druckkoeffizienten haben.

Die versuchsunabhängige Abschätzung des Viskositätsverhaltens von Schmierstoffen ist also wegen der häufig unbekannten Molekülstruktur der Einzelkomponenten und wegen der Kompliziertheit des Vielkomponentensystems aus verschiedenen Bestandteilen der Mineralöle sehr viel schwieriger als bei chemisch definierten einheitlichen Substanzen. Aus diesen Gründen ergibt sich die Forderung, die Abhängigkeit der Viskosität von Temperatur und Druck experimentell zu bestimmen, da bisher kein Rechenmodell existiert, welches alle Einflußgrößen mathematisch erfassen kann. Die zur Erfassung der Druck- und Temperaturabhängigkeit der Viskosität aufgestellten Beziehungen von ROELANDS mit 4, RODERMUND mit 5 und WITT mit 9 bzw. 12 Materialkonstanten erwiesen sich zum Teil als zu aufwendig /2/, in den Konstanten nicht interpretierbar. Die Exponentialdarstellung mit den Konstanten <u>Bild 1</u>

Barus
$$\eta_p = \eta_o \exp(ap)$$

Crook
$$\eta_p = \eta_o \exp(ap - \beta (T - T_o))$$

Kuss
$$\eta_p = \eta_o \exp(ap + \beta p^2)$$

Witt
$$\eta = A \exp\left[\frac{a_0 - a_2 T}{a_1 + T}\right] \exp(((a_3 + a_4 p + a_{44} p^2) \exp\left[-\frac{T}{a_5 + a_6 p + a_{66} p^2}\right] + a_7 + a_8 p + a_{88} p^2) p)$$

Cameron
$$\eta_p = K_1 \exp\left(\frac{K_1 + A \cdot p}{T + K_3}\right)$$

Rodermund
$$\ln\frac{\eta}{A} = \ln\frac{\eta_o}{A}\left(\frac{p}{2000} + 1\right)^{D + E . \ln\frac{\eta_o}{A}}$$

Roelands
$$\lg\eta + 1.2 = \frac{G}{\left(1 + \frac{T}{135}\right)^{s}} \cdot \left(1 + \frac{p}{2000}\right)^{-C \cdot \lg\left(1 + \frac{T}{135}\right) + D}$$

$$2 \div 6 \qquad S \sim 1 \qquad D \sim 1 \qquad C \sim \pm 10$$

<u>Bild 1</u>: Die wichtigsten Gleichungen zur Wiedergabe der Druck- und Temperaturabhängigkeit der Viskosität

$$\alpha \text{ und } \beta \quad \eta_p = \eta_o \, e^{\alpha p + \beta p^2}$$

sowie die Gleichung von Witt sind für Extrapolation gänzlich ungeeignet, da sie wegen des Überwiegens der Korrekturglieder im höheren Druckbereich Viskositätsmaxima mit anschließendem Abfall der Viskosität bei steigendem Druck erwarten lassen. Näherungsweise wird im allgemeinen zur Beschreibung der tatsächlichen Viskosität die exponentiale Beziehung von BARUS

$$\eta_p = \eta_o \, e^{\alpha p}$$

eingesetzt werden mit α, dem Viskositäts-Druckkoeffizienten, der das Viskositäts-Druckverhalten der Schmierstoffe kennzeichnet. Man erhält α, ebenfalls temperaturabhängig, aus der halblogarithmischen Darstellung der Viskositätsisothermen über den Druck.

Es gilt

$$\alpha = \frac{1}{p} \left(\frac{d\,p}{dp}\right) \quad T = \text{const.}$$

und damit

$$\alpha = \frac{1}{p} \ln \frac{\eta_p}{\eta_o}$$

Im Bereich der höheren Drücke über 2 000 bar stellten mehrere Veröffentlichungen die Unzulänglichkeiten dieser Exponentialdarstellung mit einem druck-unabhängigen Viskositätseffizienten fest.

Eine weitere Ungenauigkeit dieser Vorgehensweise bestand darin, daß die Kompressionsgeschwindigkeit - sie ist die Geschwindigkeit, mit der ein Schmierstoff-Element an der Kontaktstelle belastet wird - keine Berücksichtigung fand. Im EHD-Kontakt erfolgen die Drucksteigerungen in sehr kurzen Zeiten. So können die Drücke - zum Beispiel in unserem Fall - auf den bis zu 10 000fachen Wert innerhalb von ca. 2.10^{-4} sec steigen. Mehrere Wissenschaftler fanden heraus, daß die unter statischen Bedingungen erwartete Viskosität nicht erreicht wird /3/, /4/. Außerdem haben Berechnungen des Druckverlaufs im EHD-Schmierfilm gezeigt, daß die Rechenergebnisse nur dann mit den gemessenen Werten übereinstimmen, wenn bei der Berechnung ein kleinerer

Wert als bei Atmosphärendruck eingesetzt wird /5/.

Man kann daraus folgernd sagen, daß

1. der Viskositäts-Druckkoeffizient α temperatur- und druckabhängig ist,

2. durch statische Messungen der Viskosität die Verhältnisse im instationär belasteten Schmierkontakt nicht mit der erforderlichen Vergleichbarkeit simuliert werden können, d. h., Viskositätsmessungen bis 2 000 bar können nicht ohne weiteres auf höhere Druckbereiche extrapoliert werden.

Ziel dieser Arbeit ist die experimentelle Untersuchung einiger bekannter Schmierstoffe - Referenzöle -, um deren Viskositätsverhalten in einem dynamischen Vorgang bei Drücken bis zu 10 000 bar zu erfassen und mit der extrapolierten Viskosität der statisch gemessenen Werte zu vergleichen, also die phenomenologische Erfassung der Viskosität. Dadurch kann ein Beitrag zur Entwicklung von Methoden geliefert werden, die zur Ermittlung der dynamischen Viskosität führen können.

3. Ermittlung der Viskosität

Die Viskosität wird einmal nach Auflösung der Bewegungs- und der Kontinuitätsgleichung und zum zweiten über die Newtonsche Definition der Viskosität berechnet. Bild 2 zeigt die methodische Vorgehensweise und Bild 3 die Resultate der Lösungen der mathematischen Gleichungen.

Bei der Bestimmung der dynamischen Viskosität aus Reibungsmessungen (Methode II) müssen folgende Einschränkungen vorgenommen werden:

1. Es herrschen isotherme EHD-Bedingungen im Bereich, wo der Zusammenhang zwischen Reibkraft und Schlupfgeschwin-

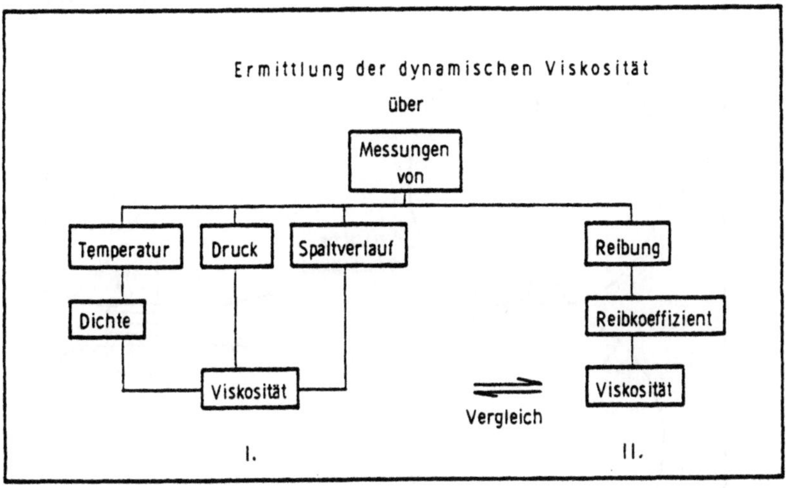

Bild 2: Vorgehensweise bei der Ermittlung der Viskosität

I. Viskosität an der Stelle $x = k$

$$\eta_k = \frac{(dp/dx)_k \cdot h_k^3 \cdot \dot{g}_k}{\frac{g_{k-1}}{\eta_{k-1}} \cdot (dp/dx)_{k-1} \cdot h_{k-1}^3 + \frac{u_2 + u_1}{2} \left(g_k h_k - g_{k-1} \cdot h_{k-1}\right) \cdot 12}$$

II. Reibungskoeffizient

$$f = 0{,}88 \cdot \varepsilon_r^{-0{,}16} \cdot R_r^{-0{,}3} \cdot \alpha^{-0{,}6} \cdot \eta_o^{-0{,}7} \cdot u^{-0{,}7} \cdot u_g \cdot \sigma_{HZ}^{-0{,}74} \cdot \int_0^1 \eta(\bar{x})\, d\bar{x}$$

Bild 3: Die mathematischen Gleichungen für die Ermittlung der dynamischen Viskosität

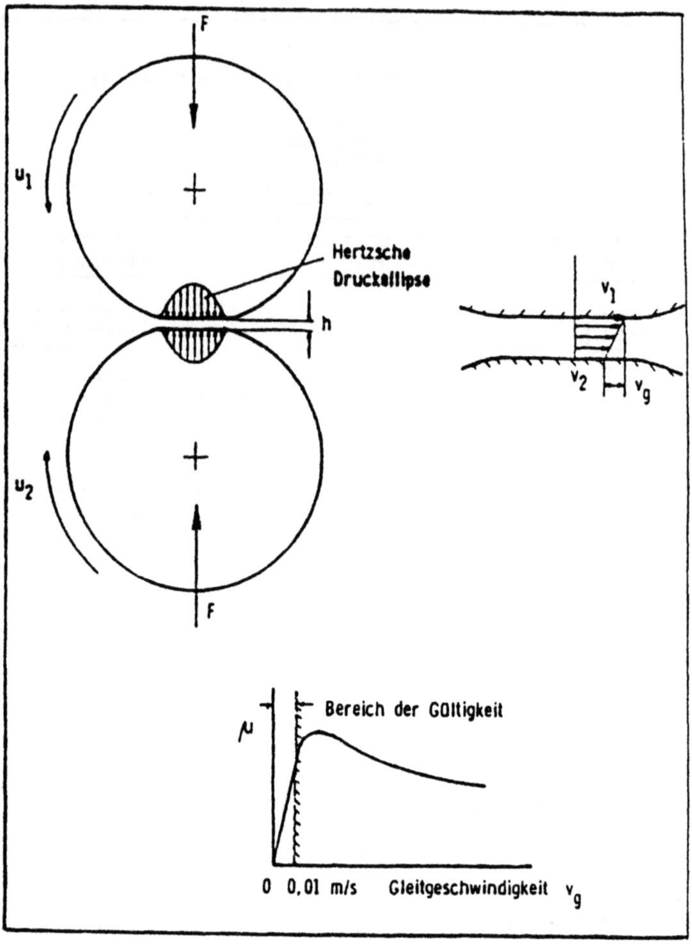

Bild 4: Bedingungen zur Ermittlung der Viskosität aus Reibungsmessung

digkeit kleiner als 0,01 m/s ist, Bild 4.

2. Der Schmierfilm wird als paralleler Spalt mit einer Höhe von 1,15 h_{min} angenommen.

3. Die Druckverteilung und die Berührungsbreite der

Kontaktstelle werden nach Hertzscher Theorie angenommen.

4. Die Geschwindigkeitsverteilung wird als linear betrachtet.

5. Hieraus ist nur ein integraler Wert der Viskosität ermittelbar.

Für diese Berechnungen müssen die Spaltparameter bekannt sein. Daher sollen die Druck-, die Temperatur- und die Spaltverläufe für die Vorgehensweise I gemessen werden, während bei Methode II die mittlere Reibungszahl μ_M an der Kontaktstelle ermittelt werden muß.

4. Prüfeinrichtungen

4.1 Aufbau des Zweischeibenprüfstandes

Die experimentellen Ermittlungen der genannten Parameter erfolgen an einem Zweischeibenprüfstand. Das Bild 5 zeigt eine Draufsicht der Scheiben.

Die Entscheidung für die Scheiben als Prüfkörper erfolgte wegen:

1. Der größeren Freizügigkeit bei der Gestaltung der Prüfkörper

2. Der leichteren und genaueren Herstellung der Prüfkörper

3. Der vielfältigen Kombinations-Möglichkeiten von Wälz- und Gleitgeschwindigkeit

Eine Prüfscheibe ist auf einer aerostatisch gelagerten Welle montiert. Die Spalthöhe der Lagerbüchsen beträgt in unbelastetem Zustand 20 µm. Die Spalthöhe, der Luftdruck und die Düsenabmessungen sind so aufeinander abgestimmt, daß die Stabilität des Lagers gesichert wird. Um eventuelle Verunreinigungen der Düsen

Bild 5: Die Prüfscheiben und die aerostatischen Lager

zu verhindern, wurden mehrere Feinstfilter in Reihe geschaltet. Durch diese aerostatische Lagerung der Meßwelle wird die Lagerreibung so klein gehalten, daß das an der Welle gemessene Reibmoment nur von der Reibung an der Kontaktstelle der Scheiben verursacht wird. Um einen metallischen Kontakt der Lagerbüchsen bei hoher Belastung zu verhindern, wird in der Büchse als Verbindung zwischen Lager und Welle ein Pendelrollenlager eingebaut, welches die Durchbiegung der Welle aufnimmt und während der Versuche stillsteht.

Die zweite konventionell gelagerte Welle ist auf einem Rolltisch montiert, so daß die auf dieser Welle aufgesetzte Gegenscheibe allmählich gegen die Prüfscheibe gepreßt werden kann. Außerdem ermöglicht diese Konstruktion ein rasches Wechseln der Prüfscheiben.

Die beiden Scheiben sollen nicht nur aufeinander abwälzen, sondern auch gleiten. Außerdem sollte das Verhältnis von Wälzgeschwindigkeit zu Gleitgeschwindigkeit sowie der Absolutgeschwindigkeit veränderlich sein.

Beide Wellen werden von einem gemeinsamen Zahnradwechselräder-Getriebe angetrieben. Die beiden Antriebswellen sind über elastische Kupplungen zum Ausgleich von Fluchtungsfehlern und von Längenänderungen mit den Prüfwellen verbunden.

Eine flexible Kupplung verbindet die Antriebswelle des Zahnradgetriebes mit einem stufenlos regelbaren ölhydraulischen Getriebe.

Der stufenlos einstellbare Drehzahlbereich beträgt 0 bis 1 320 U/min. Ein 11-kW-Elektromotor mit einer Nenndrehzahl von 1 500 U/min dient als Antriebsmaschine.

Die hydraulisch erzeugte Anpreßkraft wird über eine Kraftmeßdose gemessen. Eine Anpreßvorrichtung, bestehend aus Kugel, Wälzring und Führungsbuchse, sorgt dafür, daß nur in Richtung der Zylinderachse die Kraft auf die Meßdose übertragen wird, Bild 6.

Bild 6: Die Belastungsvorrichtung des Zweischeibenprüfstandes

Eine Ölumlaufanlage gewährleistet die Spritzschmierung der Prüfscheiben. Das Ölbad im Ölbehälter ist durch einen eingebauten

Mantelheizleiter zwischen 20 °C und 100 °C temperierbar. Der Heizleiter ist durch einen Transformator stufenlos in seiner Heizleistung einzustellen. Ein Kontakt-Thermometer kontrolliert die gewünschte Temperatur des Öles im Ölbehälter und steuert den Mantelheizleiter.

Die Versuchsringe wurden mikro-finish bearbeitet, so daß die Laufflächen äußerst niedrige Rauhigkeiten aufweisen ($R_t \leqq 0{,}1$ µm; $R_a \leqq 0{,}04$ µm). Obwohl der Aufwand hierbei groß ist, überwiegen die Vorteile, weil dadurch

a) die Meßwertaufnehmer auch bei hohen Belastungsdrücken vor Zerstörung durch große Rauhigkeitsspitzen weitgehend geschützt werden,

b) eine deutliche Rundlaufverbesserung erzielt wird,

c) der Reibanteil - verursacht durch Rauhigkeiten - extrem niedrig gehalten wird.

4.2 Meßverfahren

Die zu untersuchenden Vorgänge laufen zwischen zwei belasteten Flächen ab, deren Ausdehnung in Bewegungsrichtung unter 1 mm beträgt. Der trennende Zwischenraum zwischen den rotierenden Körpern liegt in der Größenordnung von ungefähr 0,5-5 µm. Ein durch diesen Bereich hindurchwandernder Punkt befindet sich im ungünstigsten Fall nur ca. 25 µs in der Kontaktzone. Die mittlere Hertzsche Pressung ziwschen den Flächen kann Werte bis p_M = 10 000 bar annehmen.

Die Messungen der Spaltparameter erfolgen über Meßwertaufnehmer, die die Kontaktstelle durchlaufen. Um Informationen über die Änderungen und Größe dieser Parameter zuverlässig und exakt übertragen zu können, werden an die Meßwertaufnehmer sehr hohe Anforderungen gestellt, so zum Beispiel eine ausreichende mechanische Standfestigkeit auch bei hohen Drücken, die Linearität und vor allem minimale Beeinflussung des Schmierfilmaufbaus.

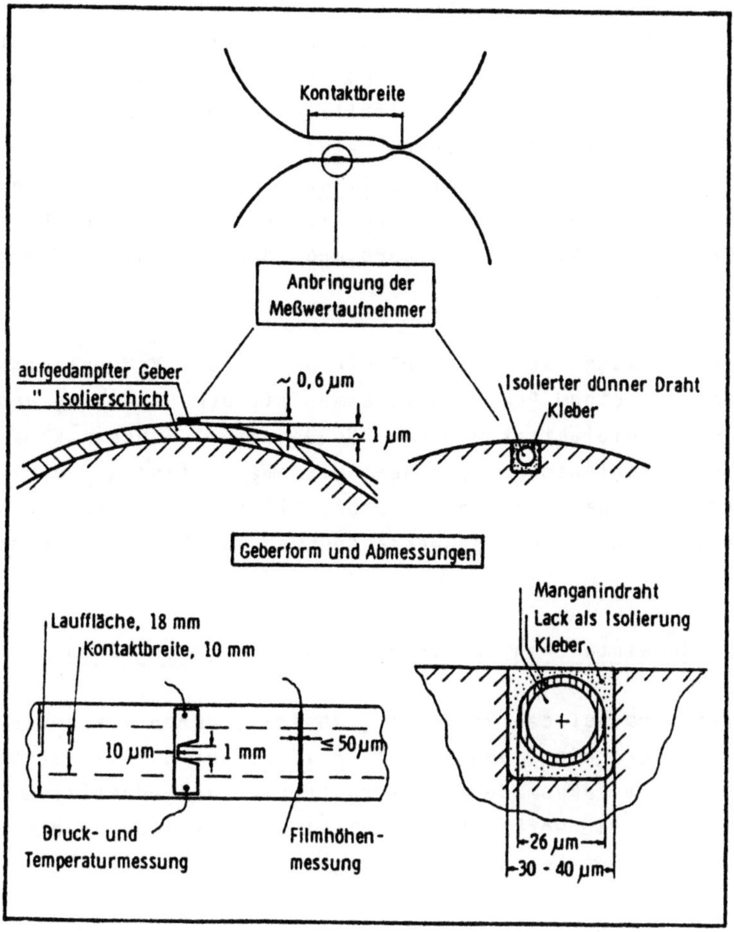

Bild 7: Die verwendeten Meßwertaufnehmer

4.2.1 Technologie der Meßwertaufnehmer

Wegen der großen Bedeutung der Aufnehmer-Herstellung als Voraussetzung zur Durchführung sicherer Mikromessungen im EHD-Kontakt wurde intensiv daran gearbeitet, die verschiedenen Systeme und Formen zu untersuchen. Der Schwerpunkt der Arbeit konzentrierte sich dabei auf zwei verschiedene Typen von Meßwert-Aufnehmern; so werden einerseits dünne metallische Schichten (<1 μm) aufgebracht und andererseits feine Metalldrähte isoliert in die Prüfkörperoberfläche eingebettet, Bild 7. Bei beiden Arten beruht die Ermittlung der Druck- und Temperaturverläufe auf dem Prinzip der Messung der elektrischen Widerstands-Änderung der Aufnehmer-Werkstoffe.

Bei der Messung der Spaltverläufe bildet der Meßwertaufnehmer auf bzw. in einem Prüfring zusammen mit dem Gegenring und dem Ölfilm als Dielektrikum einen "Kondensator", dessen Kapazität sich beim Kontaktdurchlauf des Aufnehmers ständig ändert und gemessen wird. Das bedeutet, daß bei allen Meßverfahren eine geeignete Isolation den Meßwertaufnehmer vom Prüfring trennen muß.

4.2.2 Meßwertaufnehmer durch Beschichtungsverfahren

Hierbei wird auf den Prüfring (Substrat) durch Vakuumverdampfung eine Isolierschicht angebracht, Bild 8. Auf der Isolierschicht wird dann im Vakuum der Meßwertaufnehmer aufgedampft. Einzelheiten über die Werkstoffe und Schichtdicke sind in der Tabelle 1 ausgeführt. Der Beschichtungsvorgang erfolgt wie folgt:

Die abgeschiedenen Atome des isolierenden Werkstoffes kondensieren auf der Oberfläche und bilden einen Oxidfilm von ca. 0,6 μm Dicke. Auf diesem Isolierfilm wird der Meßwertaufnehmer mit Hilfe einer Maske im Vakuum aufgedampft. Die Schichtdicke ist eine Funktion der Zeit, Bild 9. Für eine optimale Haftfestigkeit der Schichten auf dem Prüfring müssen die Atome des Schichtaufbau-Materials in engen Kontakt mit jenen des Substratwerkstoffes gelangen. Die Bindung der Schicht am Substrat wird um so fester sein, je dichter die "Bekeimung" und je geringer die Größe der

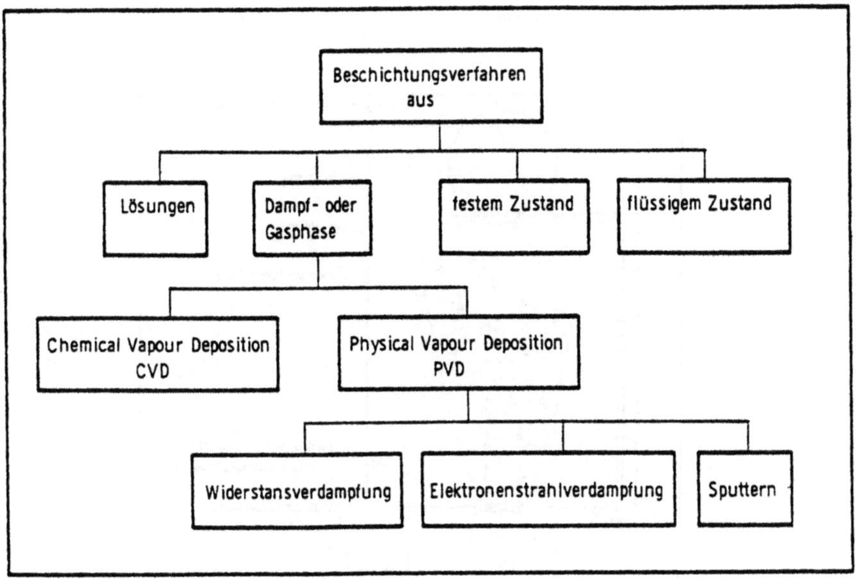

Bild 8: Beschichtungsverfahren

Meßgröße	Art der Messung	Isolationsschichten		Meßwertaufnehmer		
		Material	Höhe	Material	Höhe	Breite
Druck	Elektrischer Widerstand abhängig vom Druck	Al_2O_3	$\leq 0,6\,\mu m$	Manganin	0,6 μm	<20 μm
Temperatur	Elektrischer Widerstand abhängig von der Temp.			Titan	0,1 μm	20 μm
Spalthöhe	Kapazitätsänderung abhängig von der Spalthöhe			Manganin	<0,1 μm	50 μm

Tabelle 1: Werkstoffe und Schichtdicken bei aufgedampften Meßwertaufnehmern

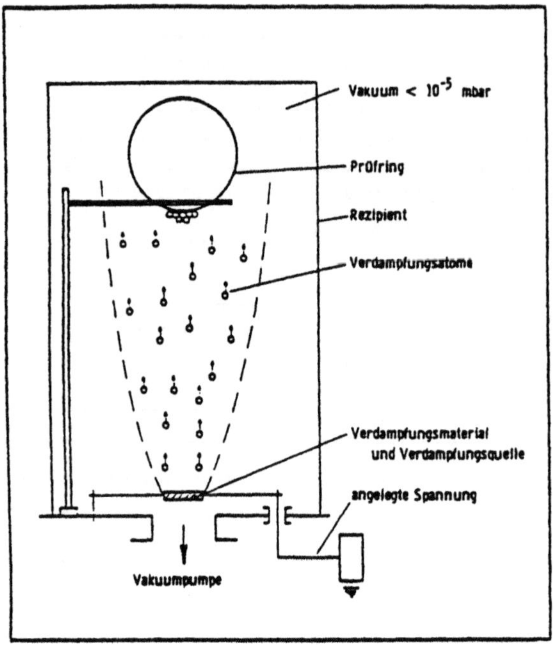

Bild 9: Prinzip der verwendeten Widerstandsverdampfung

zu Inseln angewachsenen Keime ist, bevor sie zu einem geschlossenen Film koalisierten /6/. Bei der Auswahl der aufzudampfenden Substanzen müssen einerseits deren mechanisch-elektrische Eignung für das Meßproblem und andererseits die Verdampfbarkeit berücksichtigt werden.

Grundvoraussetzung für einen erfolgreichen Beschichtungsvorgang ist zunächst eine möglichst vollständige Reinigung des Prüfkörpers und der Aufdampfmaterialien. Verunreinigungen wie Oxide, Sulfide, Fette, Wasser etc. verhindern den angestrebten innigen Kontakt in der Anfangsphase des Schichtaufbaues und schwächen die Haftkräfte. Die Art der Zwischenschicht oder Übergangszone (Substrat/Isolierschicht/Aufnehmerschicht) ist oft bestimmend für den Bruchmechanismus des Verbundes.

Um eine genügende Haftfestigkeit der aufeinander aufgebrachten

Schichten zu erzielen, sollen die Spannungen zwischen den Grenzübergängen - verursacht zum Beispiel durch unterschiedliche Wärmeausdehnungs-Koeffizienten, verschiedene Gitterparameter - gleichmäßig auf der zu beschichtenden Oberfläche verteilt werden. Von großer Bedeutung sind weiterhin für die Produzierbarkeit von funktionsfähigen Meßwertaufnehmern die Herstellung geeigneter Masken, die Bestimmung der Beschichtungsrate, die Erprobung verschiedener Aufdampfmaterialien, der Anschluß der Aufnehmer an die Meßapparatur und so weiter. Alle Parameter - siehe Tabelle 2 - müssen aufeinander abgestimmt werden, um mit Erfolg einen Aufnehmer einsetzen zu können - was mit einem erheblichen Aufwand verbunden ist. Bild 10 zeigt einen aufgedampften, kontaktierten Meßwertaufnehmer.

Prüfring
Feinste Oberflächenbearbeitung
völlig frei von Verunreinigungen
Isolierschicht
Hohe Durchschlagspannung
Ausreichendes Isoliervermögen
Ausreichende Härte
Hohe mechanische und thermische Widerstandsfähigkeit
Hohe Haftfestigkeit auf der Prüfscheibe
Meßwertaufnehmer
Gute elektrische Eigenschaften
Rasche Reaktion auf Zustandsänderungen
Keine Einflußnahme auf den Ölfilmaufbau
Keine Eigenschaftsänderungen während der Kontaktdauer
Hohe Haftfähigkeit auf der Isolierschicht

Tabelle 2: Die wichtigsten Kriterien bei aufgedampften Meßwertaufnehmern

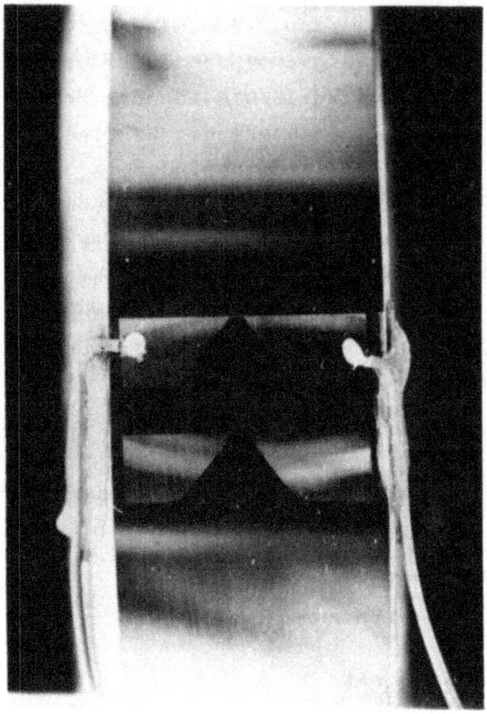

Bild 10: Aufgedampfter und kontaktierter Meßwertaufnehmer

4.2.3 Eingebettete Meßwertaufnehmer

In diesem Fall wird in eine schmale Nut auf der Prüfkörperoberfläche ein sehr feiner Draht isoliert eingelegt, der die Zustandwerte in elektrische Signale umwandelt. Grundvoraussetzung zur Erstellung einer solchen Meßanordnung ist zunächst das Vorhandensein eines möglichst dünnen Drahtes mit den gewünschten Eigenschaften.

Die Wahl von geeigneten Drähten kann sich nur an den am Markt befindlichen, herstellbaren Drähten orientieren. Es wurden Drähte aus Manganin (86 % Cu, 12 % Mn, 2 % Ni) Ø 20 μm CrNi-Legierung Ø 12,5 µm mit und ohne Isolierlack und Ni-Spezial Ø 50 µm untersucht, Tabelle 3.

Werkstoff	Ausführung	Durchmesser [µm]	Isolierung	Bemerkung
Manganin	Blankdraht	20	Kleber X 60	alle geeignet für Druck- und Spaltmessung, aber mech. und elekt. Eigenschaften von der Verarbeitung abhängig
	einfachlackiert	~ 32	Polyimid	
	zweifachlackiert	~ 44	Polyimid	
	Draht mit lötbarem Lack	30	Lötlack	
CrNi-Legierung	Blankdraht	10	Kleber X 60	stabile mechanische Eigenschaften
	lackiert	~ 13	Polyimid	
Nickel-Spzial	einfachlackiert	~ 50	Kleber X 60	für Temperatur-Messung, Druck-unabhängig

Tabelle 3: Daten der in schmaler Nut eingelegten Meßwertaufnehmer

Verfahren	Werkzeug	Nutbreite [µm]	Nutform	Bemerkung
Elektroerosiv	Stahlfolie	25 - 30		rauhe Nutoberfläche
	Cu-Folie	35 - 40		
Einritzen	geschliffner Diamant	abhängig von der Diamantspitze		glatte Oberfläche

Tabelle 4: Herstellverfahren und Formen der schmalen Nut

Die Einbettung und elektrische Isolation des Drahtes wird mit einem Zweikomponentenkleber durchgeführt. Zur Aufnahme von Isolation und Aufnehmer wird in die Metalloberfläche eine Nut von ca. 35 bzw. 70 µm Breite und 40 bzw. 60 µm Tiefe eingearbeitet. Die Nut kann elektro-erosiv oder durch Ritzen mit einem geschliffenen Diamanten hergestellt werden. In Tabelle 4 sind die verwendeten Ausführungen dargestellt. Bild 11 zeigt eine praktische Ausführung eines eingelegten Drahtaufnehmers. In der Tabelle 5 sind die wichtigsten Parameter für dieses Verfahren zusammengefaßt.

Bild 11: Eingelegter Drahtaufnehmer

4.3 Kalibrierung der Meßwertaufnehmer

4.3.1 Kalibrierung der Meßwertaufnehmer für den Spaltverlauf

Um eine qualitative Aussage über den Verlauf des Kontakt-Abstandes bzw. der Filmhöhe erstellen zu können, muß zunächst eine Beziehung zwischen Filmdicke und Kapazität in Abhängigkeit der Betriebsbedingungen - zum Beispiel der Öltemperatur - gefunden

<u>Dünne Drähte</u>
Durchmesser $\approx$ 30 μm
elektrische Leitfähigkeit
stabile elektrische Eigenschaften
rasche Reaktion auf Zustandsänderungen
<u>Nutherstellung</u>
Sauberkeit
Tiefe
Breite
Form
Geradlinigkeit
<u>Bindemittel</u>
Feinheit
Homogenität
Topfzeit
Ablösmöglichkeit
mechanische Stabilität
elektrische Isolationsfähigkeit

<u>Tabelle 5</u>: Die wichtigsten Kriterien beim Verfahren des eingebetteten Draht-Meßwertaufnehmers

werden. Dieses ist nur experimentell möglich, weil auf diese Weise die unvermeidbaren Streukapazitäten erfaßt und berücksichtigt werden können. Es wurde daher eine Vorrichtung entwickelt und angefertigt, <u>Bild 12</u>. Mit dieser Vorrichtung kann ohne Rotation der Prüfkörper das Meßproblem simuliert werden.

Der Rahmen der Vorrichtung besteht aus zusammengeschweißtem U-Stahl. Die Längsverschiebbarkeit eines der beiden Prüfringe wird durch die Anwendung von Längsführung gewährleistet. Bindeglied

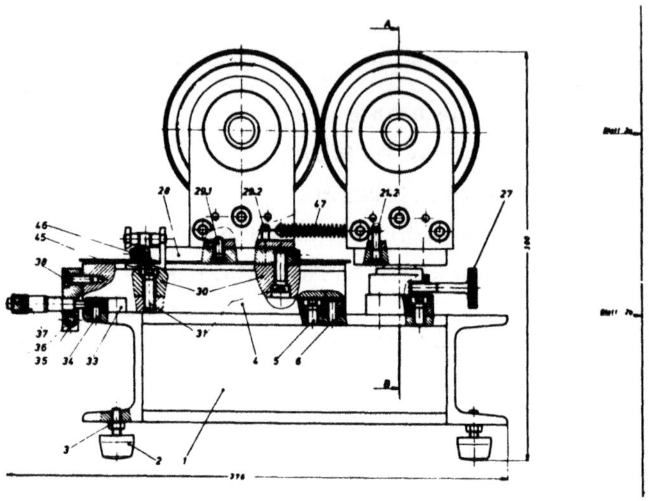

Bild 12: Schematischer Aufbau der Justiervorrichtung für die kapazitive Abstandsmessung

zwischen Längsführungen und Rahmen sind die Spannschienen (4). Dei beiden Prüfringe sind gegeneinander elektrisch isoliert.

Die Einstellbarkeit kleinster Kontaktabstände ist mit Hilfe einer Mikrometerschraube (37) möglich, die in einem Klemmhalter (35) befestigt ist. Der Taststift der Meßschraube stützt sich an einem Druckstück (33) ab. Die beiden Zugfedern (47) bewirken, daß der Taststift der Mikrometerschraube stets am Druckstück anliegt, so daß eine exakte Einstellung des Kontaktabstandes möglich ist. Um die Meßgenauigkeit bei der Bestimmung des Kontaktabstandes zu erhöhen, wurde noch eine induktive tastlose Wegmeßeinrichtung eingebaut.

Die Kalibrierung der kapazitiven Schaltung erfolgt durch eine induktive, während die Kalibrierung der induktiven über eine Mikroschraube durchgeführt wird.

Zunächst wurde die Kalibrierkurve der induktiven Meßkette erstellt. Der zu erwartende lineare Zusammenhang zwischen dem Kontaktabstand h und der Anzeige φ ist bestätigt worden, so daß sich ein konstanter Umrechnungsfaktor ergibt. Anschließend wird die kapazitive Meßkette wie folgt kalibriert: Eine Veränderung des Kontaktabstandes bewirkt eine Änderung der Kapazität zwischen den beiden Prüfringen, so daß sich eine Änderung des kapazitiven Blindwiderstandes ergibt, die mit Hilfe eines hierfür angefertigten Vorsatzgerätes noch verstärkt werden kann. Die Änderung des kapazitiven Blindwiderstandes bewirkt eine kleine Verstimmung der nach Betrag und Phase abgeglichenen Brückenschaltung des Trägerfrequenz-Meßverstärkers, so daß am Ausgang der Brückenschaltung eine der Brückenverstimmung proportionale Meßspannung entsteht, die im Meßverstärker linear um ein Vielfaches verstärkt und gleichgerichtet und dem Anzeige-Instrument zugeführt wird. Vergleicht man die am Anzeige-Instrument abzulesenden Meßwerte, die den Kontaktabstand nur qualitativ wiedergeben mit den zugehörigen, zuvor kalibrierten Meßwerten der induktiven Wegmessung, so ist dann eine quantitative Bestimmung des Kontaktabstandes mit Hilfe der Kapazitätsmessung möglich.

Um bei der Kalibrierung der beiden Parameter Ölviskosität und -temperatur zu berücksichtigen, wurden die Messungen mit zwei Ölen im Temperaturbereich um 20-70 ^{o}C durchgeführt.

Die Bilder 13, 14, 15 zeigen einige Ergebnisse des Meßsystems Scheibe/Öl/Scheibe. Die Abhängigkeit der Kapazität von der Schmierfilmhöhe entsprechend der theoretischen Erkenntnisse konnte bestätigt werden.

4.3.2 Kalibrierung der Meßwertaufnehmer für die Temperaturmessung

Für die Temperaturmessung müssen der dünne Draht oder die Aufdampfmaterialien folgende Eigenschaften aufweisen:

1. elektrische Leitfähigkeit
2. schnelle Reaktion auf eine Temperaturänderung, also großer Temperatur-Koeffizient,
3. sehr kleiner Druckkoeffizient.

Nach dem Gesetz von MATTHIESEN setzt sich der spezifische Wider-

Bild 13:
Gemessene Kapazität in Abhängigkeit von Abstand und Temperatur

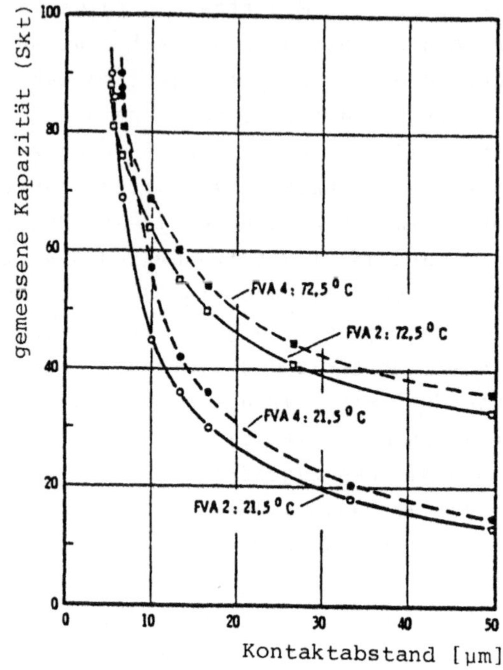

Bild 14:
Gemessene Kapazitäts-Abstandsabhängigkeit vom Versuchsöl FVA 2

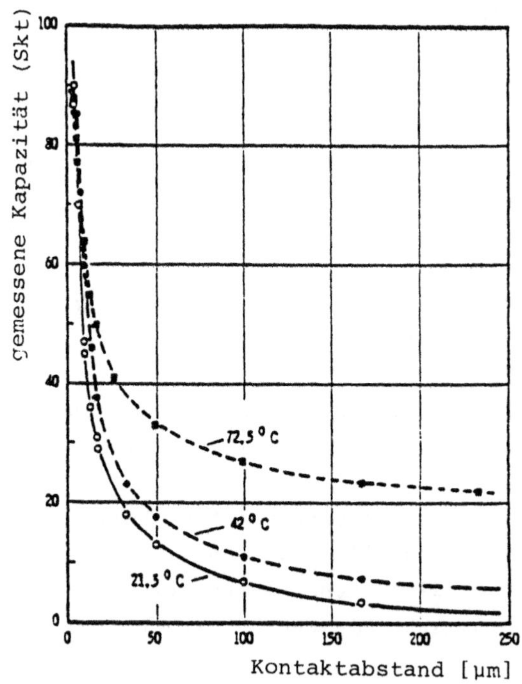

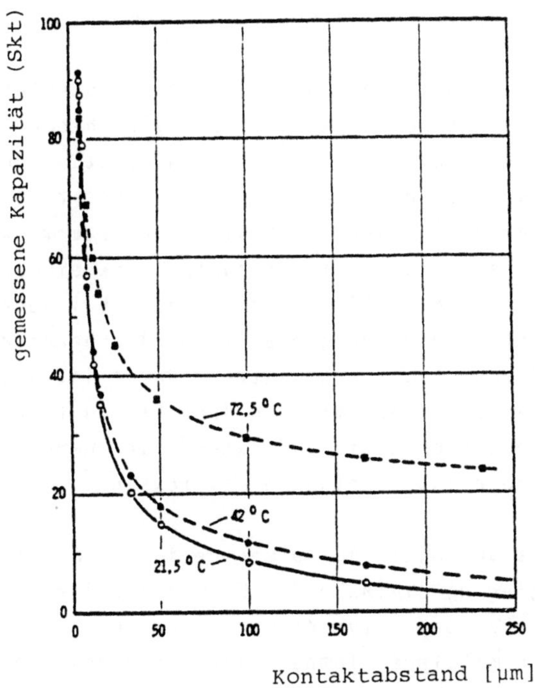

Bild 15: Gemessene Kapazitäts-Abstands-abhängigkeit vom Versuchsöl FVA 4

stand von elektrischen Leitermaterialien bei konstantem Druck aus zwei Teilen zusammen:

$$\sigma = \sigma_{th} + \sigma_{str}$$

wobei σ_{th} der thermische Teil ist; er ist eine Funktion der Temperatur und wobei σ_{str} der strukturelle Teil ist.

Dieser ist eine Funktion der Verunreinigungen im Material. Auch Legierungselemente können in dieser Hinsicht als Verunreinigungen betrachtet werden. Das ist der Grund dafür, daß der Temperaturkoeffizient von Legierungen viel kleiner sein kann als die Temperaturkoeffizienten der einzelnen reinen Komponenten. In der

Regel wird der spezifische Widerstand von Metallen größer bei Temperaturerhöhung. Der Grund hierfür liegt darin, daß die mittlere Amplitude der Temperaturbewegung zunimmt.

Durch ein genaues Dosieren von Legierungskomponenten ist es möglich, einen sehr kleinen - ja fast Null gleichenden - Druckkoeffizienten zu erhalten. Der elektrische Widerstand des Werkstoffes ist dann nur noch eine Funktion der Temperatur. Dünne Drähte aus solcher Legierung eignen sich als Temperaturmeßwert-Aufnehmer und können bei veränderlichem hohen Druck eingesetzt werden. Umgekehrt ist es auch möglich, Legierungen, bei denen der Temperaturkoeffizient über einen großen Temperaturbereich sehr klein ist, für die Druckmessung einzusetzen. Damit ist die Möglichkeit gegeben, im elastohydrodynamischen Kontakt, wo Temperatur und Druckänderungen gleichzeitig auftreten, die Temperatur- und Druckverläufe getrennt voneinander zu messen.

Der als Temperaturmeßwert-Aufnehmer geeignete Draht war eine Widerstandslegierung CuNiMaFe der Firma Isabellen-Hütte - ein sogenannter Nickel Spezialdraht mit 50 µm Durchmesser. Dieser Draht hat einen mittleren Temperaturbeiwert des elektrischen Widerstandes bei 20 ^{o}C von 0,00618 $^{o}C^{-1}$. Bei diesem Draht wirkt sich aber der kleine spezifische elektrische Widerstand (ca. 42 Ohm pro Meter) nachteilig aus, die effektive Meßbreite der Scheibe beträgt nur 4,6 mm. Ein spezieller Verstärker mußte aus diesem Grund entwickelt und angefertigt werden, damit die sehr niedrig ausfallenden Spannungssignale verwertet werden können.

Der Aufnehmer bildet einen Zweig einer Wheatstone-Brückenschaltung und ist über entsprechende Kontakte und einen Quecksilberdrehübertrager mit der Restbrücke verbunden. Vor Beginn der Messung wird jeder Meßwert-Aufnehmer kalibriert und die Brücke abgeglichen. Bild 16 zeigt eine Kalibrierkurve. Die später auftretende Verstimmung der Brücke ist dann ein Maß für die auftretende Temperatur. Die Einspritztemperatur wird mit Hilfe eines Temperaturfühlers kurz vor Eintritt des Schmierstoffes gemessen.

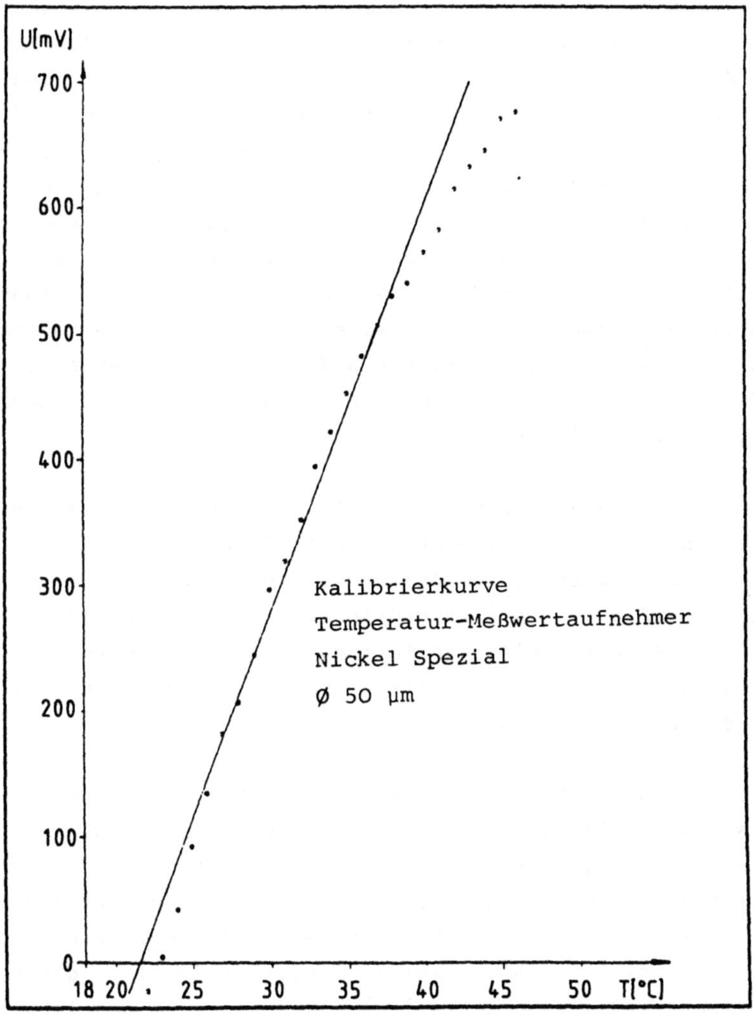

Bild 16: Kalibrierkurve eines Temperatur-Meßwertaufnehmers

4.3.3 Kalibrierung der Meßwertaufnehmer für die Druckmessung

Bei der Auswahl der Werkstoffe für die Druckmeßwert-Aufnehmer gilt im Prinzip das vorher Geschilderte unter 4.3.2. Hier muß der Werkstoff aber einen großen Druckkoeffizienten und einen sehr kleinen Temperaturbeiwert aufweisen. Hierzu erwiesen sich zwei Legierungen als geeignet, eine Nickel-Chrom Ni80Cr20 und eine Manganin-Legierung. Beide haben einen sehr niedrigen Temperaturbeiwert von $\pm$ 0,000001 ^{o}C bei 20 ^{o}C und hohen spezifischen elektrischen Widerstand (CrNi $\sigma \approx 11300$ Ω/m, CuMg12Ni $\sigma \approx 1370$ Ω/m). Der Manganin-Draht besitzt aber eine niedrige Zugfestigkeit, was bei der Verarbeitung zu größeren Schwierigkeiten führte. Das Einbetten eines Drahtwiderstandes ist mit einer mehr oder weniger starken Verformung des Widerstandsdrahtes verbunden. Schon durch eine einfache Biegung werden mechanische Spannungen im Draht erzeugt, die auf den elektrischen Widerstand nicht ohne Einfluß sind und die durch eine Wärmebehandlung möglichst weitgehend abgebaut werden sollten.

Die Beseitigung der Spannungen erfolgt um so schneller und gründlicher, je höher die angewendete Alterungstemperatur ist. Die Höhe der Alterungstemperatur ist jedoch weitgehend von der Hitzebeständigkeit der verwendeten Isolation abhängig. Die Herstellerfirma empfiehlt, den fertigen Widerstand mindestens 24 Stunden bei ca. 140 ^{o}C zu altern, um wenigstens einen Teil der inneren Spannung zu lösen.

Um aus der Widerstandsänderung des Aufnehmers ein analoges Meßsignal zu erhalten, werden die Druckmeßwert-Aufnehmer in eine Brückenschaltung integriert. Die durch das Signal verursachte Brückenverstimmung wird durch einen integrierten Schaltkreis verstärkt. Brücke, Abgleichvorrichtung und Verstärker befinden sich auf einer Platine direkt am feststehenden Teil des Drehübertragers. Das verstärkte Signal kann auf dem Oszilloskop dargestellt und abfotografiert werden. Zur Auswertung der so erhaltenen Drucksignale müssen deren absolute Beträge ermittelt werden. Eine besondere Kalibriervorrichtung hierfür wurde nicht angefertigt, stattdessen wurde das Prinzip der direkten Kalibrierung gewählt. Dabei läßt sich aus der Identität zwischen dem planimetrierten Kurvenverlauf und dem Integral der zugehörigen Hertzschen Druckverteilung des trockenen Kontaktes ein Maßstabsfaktor bestimmen.

5. Versuchsdurchführung

Im Rahmen der vorliegenden Untersuchungen wurden ausschließlich flüssige Newtonsche Schmierstoffe eingesetzt. Um Schmierstoffe mit deutlich unterschiedlichen Viskositäts-Druckkoeffizienten einbeziehen zu können und um ein eventuell abweichendes Verhalten herauszufinden, ist auch ein synthetischer Schmierstoff eingesetzt worden. In Tabelle 6 sind die wichtigsten Daten der Versuchsschmierstoffe zusammengefaßt.

		FVA - Referenzöle			Mobil
Bezeichnung		2	3	4	SHC
Art		Solventraffinat Kernfraktion ohne Additive		Brightstock ohne Additive	synthetisch SAE 20W-50
	Einheit				
kinematische Viskosität bei 40 °C	mm^2/s	30	98,5	499	140
bei 100 °C	mm^2/s	5,12	11,0	31,7	18,06
Dichte bei 15 °C	kg/m^3	867	880	902	882
Viskositäts-Druckkoeffizient α bei 25 °C	10^{-8} 1/Pa	1,941	2,164	2,372	2,014
Dynamische Viskosität η_0 bei 25 °C	mPa s	52,72	208	1303	245

Tabelle 6: Die wichtigsten Daten der Versuchsöle

Bild 17 zeigt die Viskositätsdruckveräufe der Versuchsöle bis 2 000 bar bei 25 °C; in Bild 18 sind die Verläufe der Viskositäts-Druckkoeffizienten bei atmosphärischem Druck in Abhängigkeit von der Temperatur aufgezeichnet. Statische Viskositätsmessungen von Prof. KUSS lagen hierbei zugrunde. Um das Viskositätsdruckverhalten zu untersuchen, wurden diejenigen Referenzöle (FVA-Öle) ausgesucht, die deutlich unterschiedliche Druckkoeffizienten aufweisen. Neben dem Schmierstoff wurden die Hertzsche

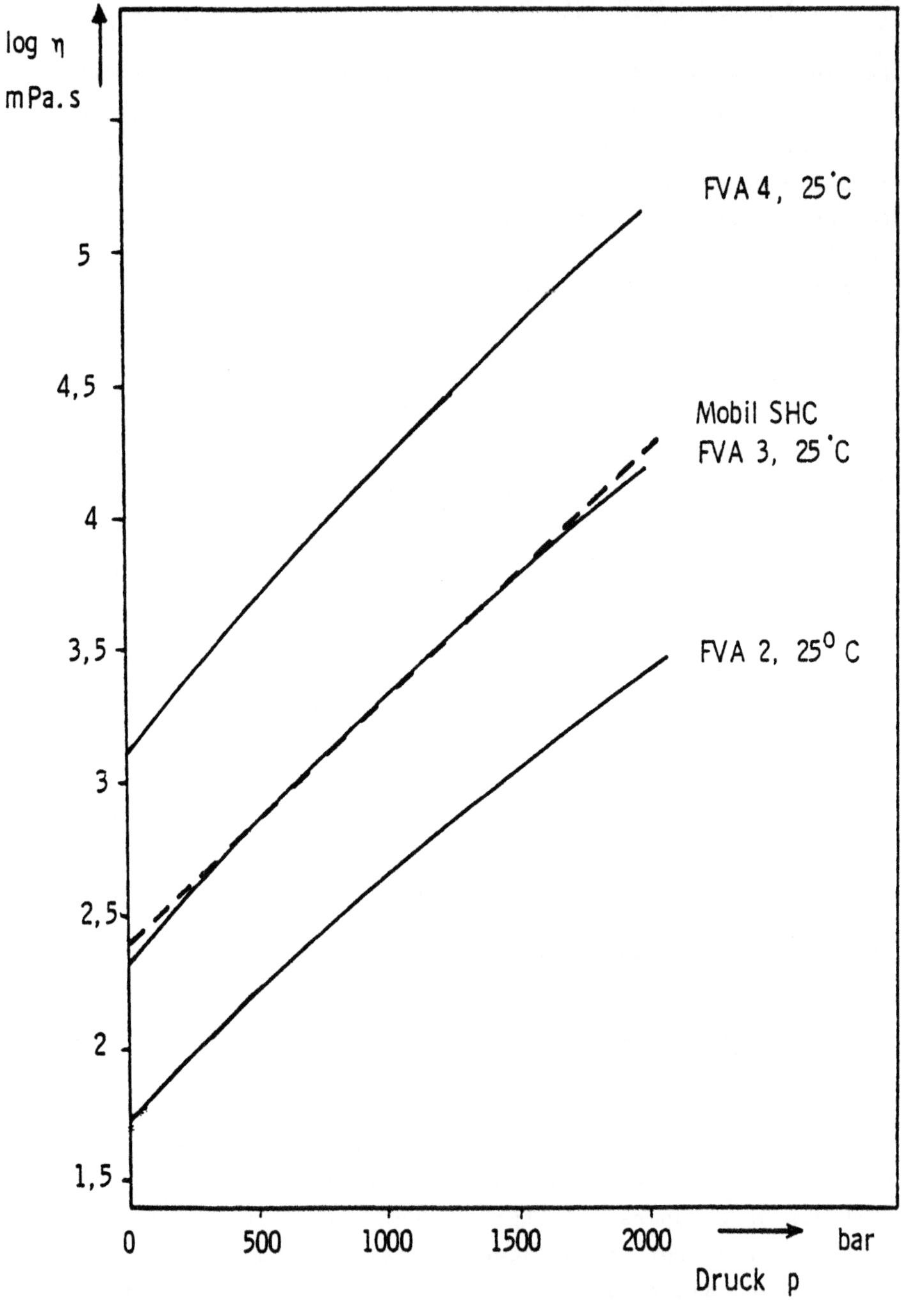

Bild 17: Viskositäts-Druckisotherme der Testöle aus statisch gemessenen Werten

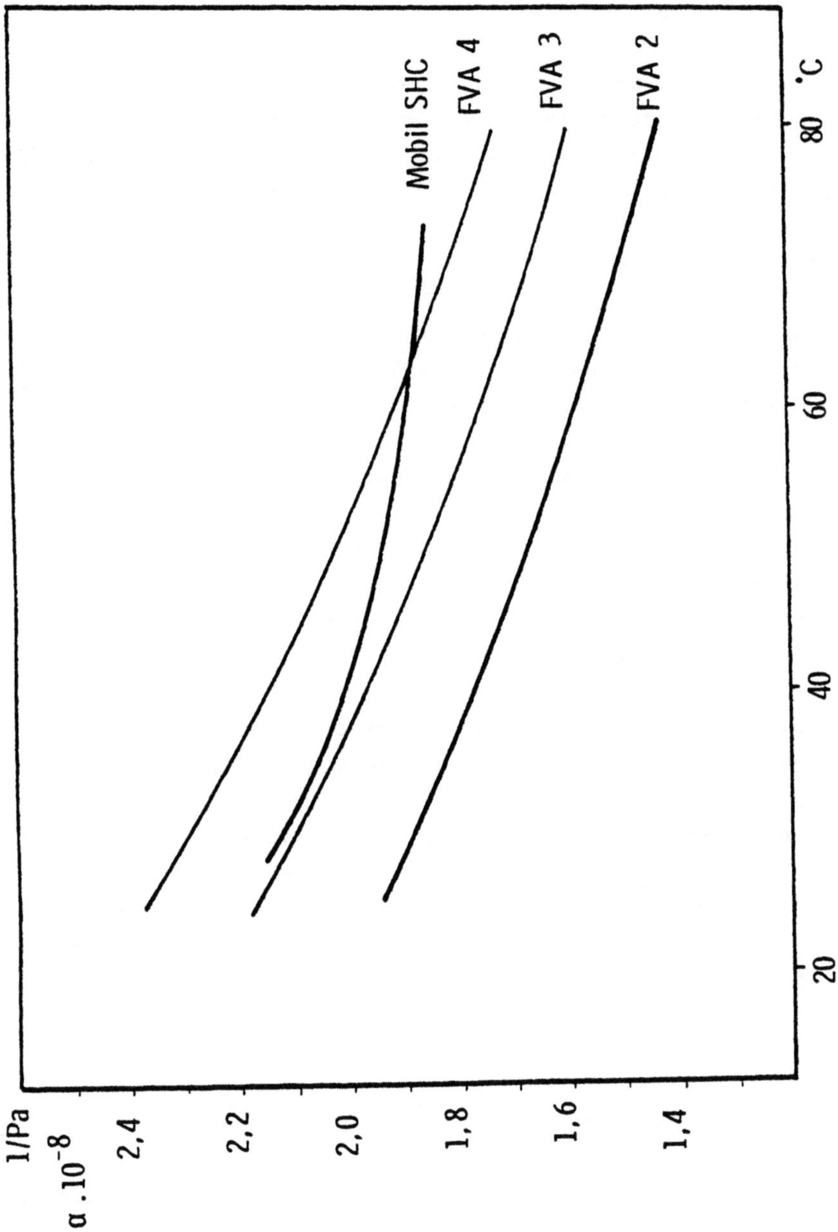

Bild 18: Viskositäts-Druckkoeffizienten in Abhängigkeit von der Temperatur der untersuchten Öle

Pressung, die Umfangs- und Gleitgeschwindigkeit sowie die Einspritztemperatur verändert.

Damit die Forderung nach isothermen EHD-Bedingungen - also dort, wo der Schlupf sehr klein ist - erfüllt wird, wurde eine Reihe von Versuchsscheiben mit fein abgestuften Durchmessern angefertigt und die Drehzahlübersetzung 1 : 1 konstant gehalten.

Unter Beibehaltung der

- Makrogeometrie der kontraformen Kontaktflächen
- Mikrogeometrie der Oberflächen
- Elastizität der Prüfkörper

sind die wichtigsten Versuchsparameter:

- mittlere Hertzsche Pressung	bis 9 000 bar
- Umfangsgeschwindigkeit	bis 7,5 m/s
- Schlupf	bis 0,5 %
- Temperaturbereich	25 °C bis 40 °C

Die Öleintrittstemperatur wurde direkt vor der Kontaktstelle gemessen. In Tabelle 7 sind die Versuchsbedingungen zusammengefaßt.

Das Konstanthalten der Temperatur und damit der Viskosität des eingespritzten Versuchsöles hat eine große Bedeutung für die Messungen. Daher wurde großer Wert darauf gelegt, während des Versuchsablaufs mittels Heizung und Kühlung die Einspritztemperatur konstant zu halten.

6. Versuchsauswertung

Durch die präzisere und kontinuierliche Messung der Einspritztemperatur T_E konnte für die Berechnung der dynamischen Viskosität während der Versuchsdauer eine konstante Anfangsviskosität erreicht werden. Somit ist die Vergleichbarkeit der Ergebnisse untereinander gegeben.

Parameter	Bereich
Mittlere Hertzsche Pressung	bis 9 000 bar
Maximale Hertzsche Pressung	11 430 bar
Temperaturbereich	25 °C - 40 °C
Drehzahl	bis 1 200 U/min
Umfangsgeschwindigkeit	bis 7,53 m/s
Gleitgeschwindigkeit	bis 0,037 m/s
Schlupf	bis 0,5 %
Kontaktbreite	4,6 mm
Versuchsscheibe	Stahl / Stahl

Tabelle 7: Die Zusammenfassung der Versuchsbedingungen

6.1 Temperatur- und Druckmessung

Die Messungen der Temperatur- und Druckverläufe im Spalt konnten quantitativ nicht ausgewertet werden, da ein parasitärer, von der Drehzahl abhängiger Effekt die Meßsignale überlagerte. Dieser Induktionseffekt kann entweder durch die Verwendung einer entmagnetisierten Gegenscheibe oder durch die Einbettung einer Drahtschleife im Prüfkörper eliminiert werden. Die Bemühungen konzentrieren sich auf die zweite Möglichkeit, Bild 19. Durch die Schleifenbildung kann sich der Induktionseffekt gegenseitig aufheben. Im Berichtszeitraum war es aber nicht möglich, diese Überlegungen in die laufenden Untersuchungen einzubeziehen. Trotz dieses Umstandes wurden zahlreiche Messungen durchgeführt. Die Bilder 20, 21, 22, 23, 24 und 25 zeigen Temperaturverläufe und die Bilder 26, 27, 28, 29 und 30 Druckverläufe. Die Bedingungen, unter denen diese Signale aufgenommen worden sind, werden dort erläutert.

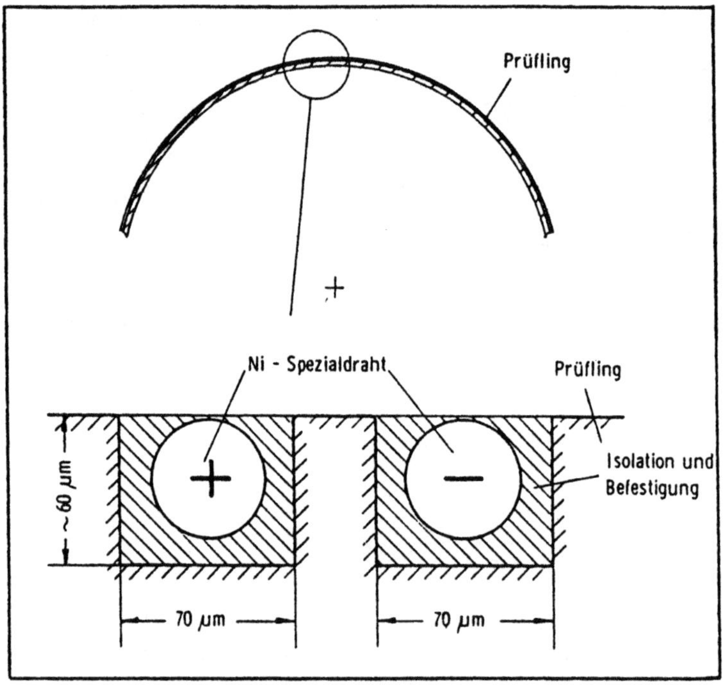

Bild 19: Eingelegte Drahtschleife - doppelte Nut

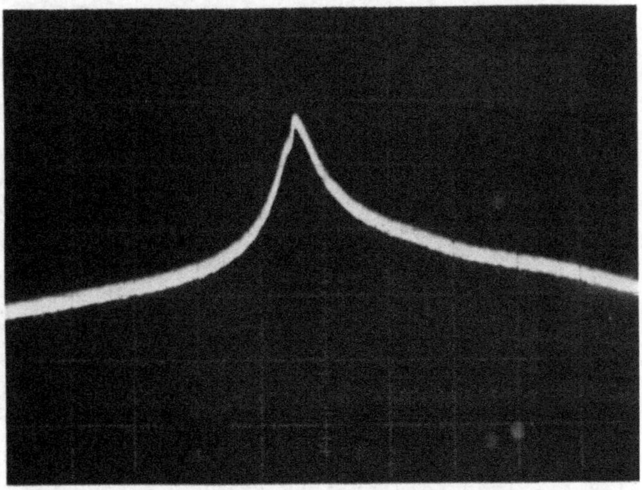

Bild 20: Temperaturmessung bei p_{HZ} = 1 bar
v = 3,75 m/s T_E = 23,1 °C

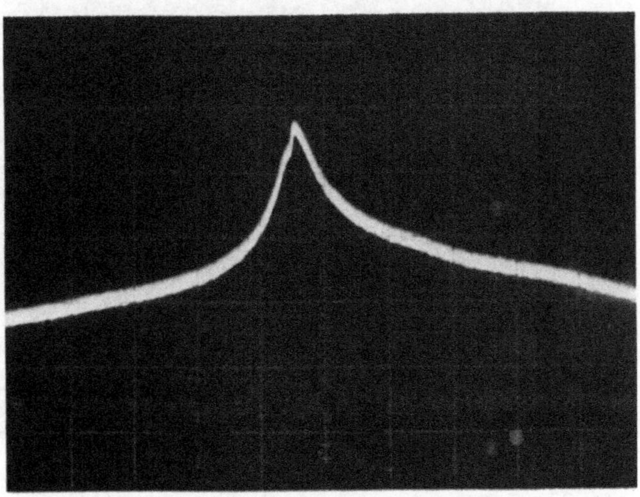

Bild 21: Temperaturmessung bei p_{HZ} = 3400 bar
v = 3,75 m/s T_E = 23,6 °C

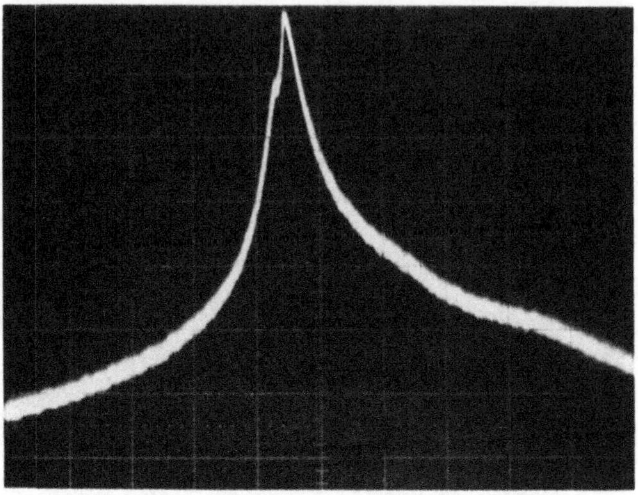

Bild 22: Temperaturmessung bei p_{HZ} = 4500 bar
v = 3,75 m/s T_E = 24,2 °C

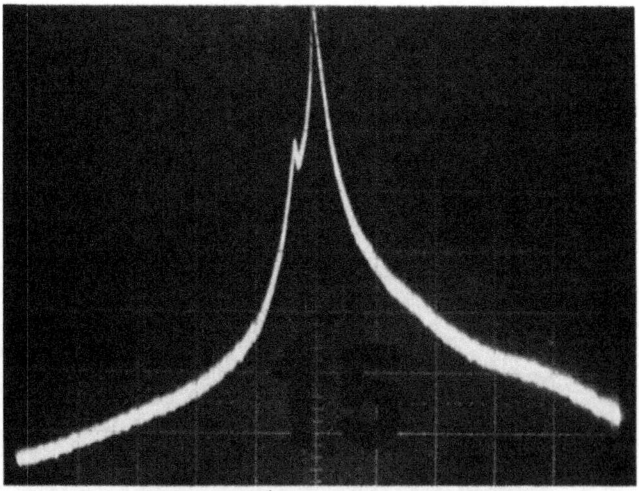

Bild 23: Temperaturmessung bei p_{HZ} = 8400 bar
v = 3,75 m/s T_E = 25,6 °C

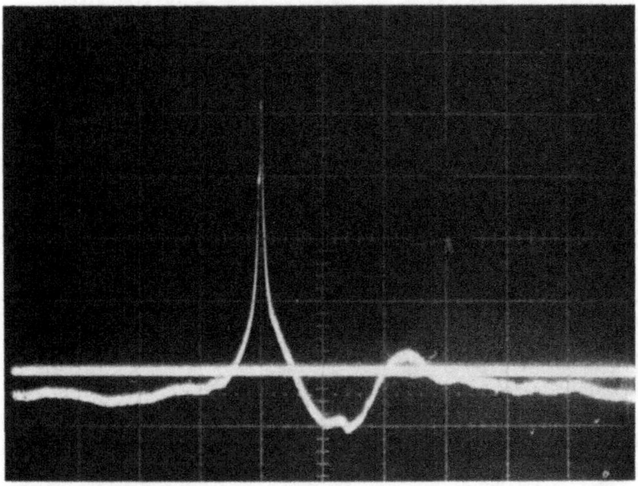

Bild 24: Temperaturmessung bei p_{Hz} = 8800 bar
v = 2,5 m/s T_E = 22 °C

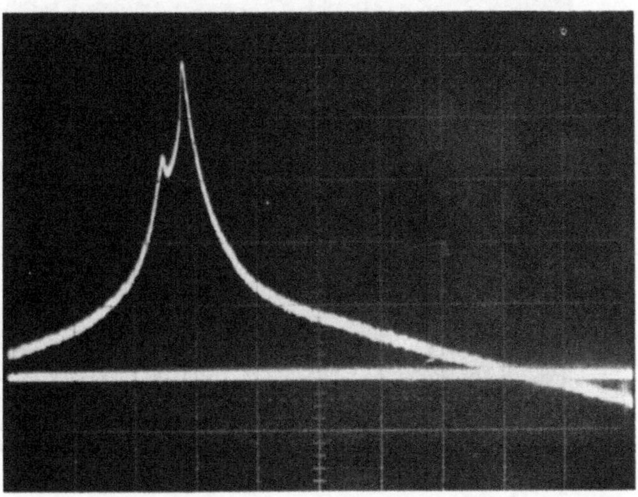

Bild 25: Temperaturmessung bei p_{Hz} = 8800 bar
v = 2,5 m/s T_E = 21,8 °C 10-fach gespreitzt

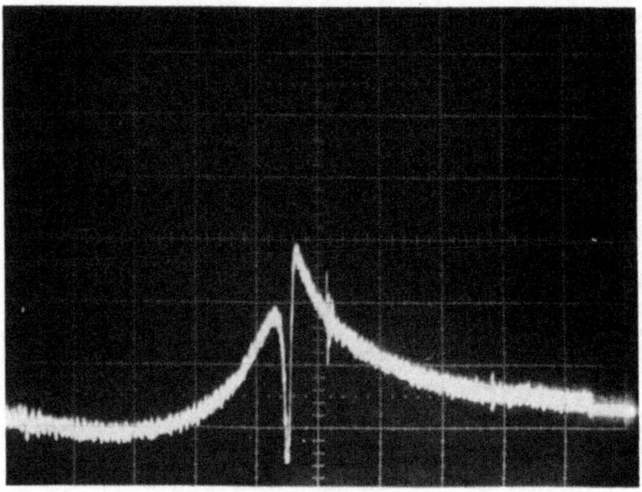

Bild 26: Druckmessung bei p_{Hz} = 3500 bar
v = 2,5 m/s T_E = 23,1 °C

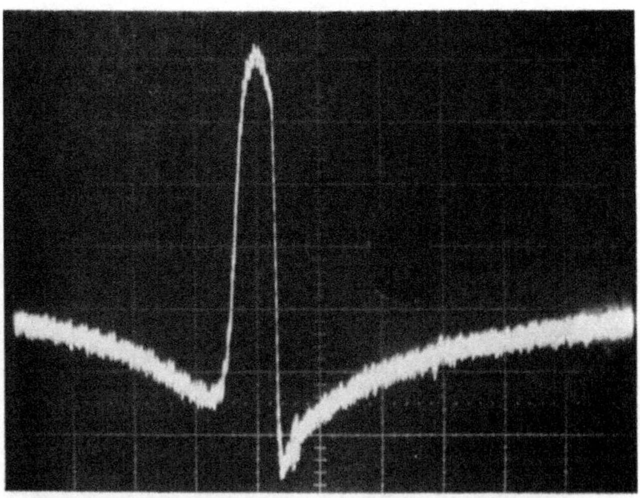

Bild 27: Druckmessung bei p_{Hz} = 5800 bar
v = 2,5 m/s T_E = 24,4 °C

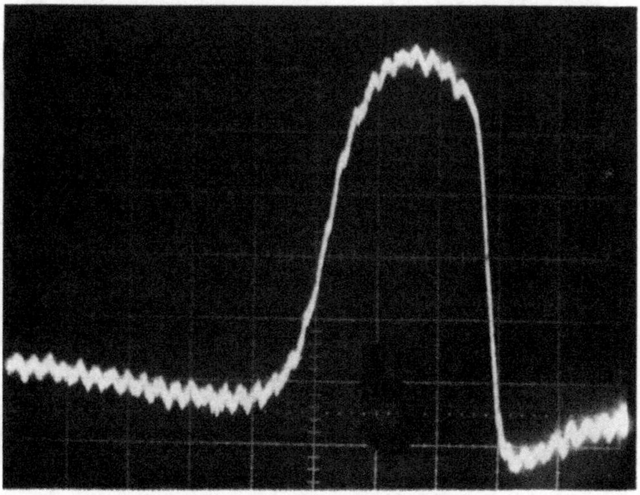

Bild 28: Druckmessung bei p_{Hz} = 5800 bar
v = 2,5 m/s T_E = 24,4 °C

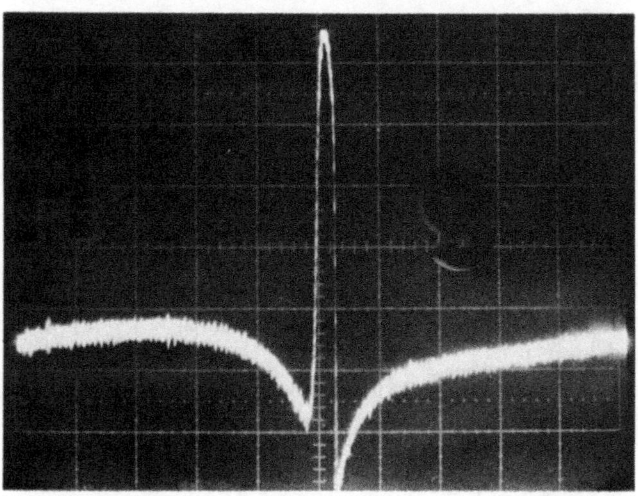

Bild 29: Druckmessung bei p_{Hz} = 6800 bar
v = 2,5 m/s T_E = 24,5 °C

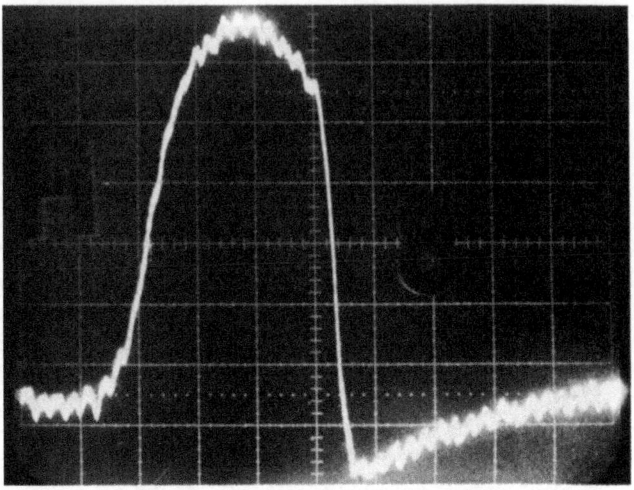

Bild 30: Druckmessung mit Cr-Ni-Meßwertaufnehmer bei p_{Hz} = 6800 bar v = 2,5 m/s T_E = 24,5 °C mehrfach gespreitzt

6.2 Reibungsmessungen

Wie eingangs erwähnt wurde, kann die dynamische Viskosität über die Messung der an der Kontaktstelle herrschenden Reibkraft ermittelt werden. Hierbei wird der Reibungskoeffizient μ als Mittelwert über der Kontaktbreite als Quotient von Reibkraft F_R und Anpreßkraft F_0 gemessen.

$$F_R = \mu_M \cdot F_0$$

Zur Bestimmung der Reibkraft wird an der aerodynamisch gelagerten Welle das Reibungsmoment gemessen.

$$M_R = F_R \cdot r$$

Die Reibung im EHD-Schmierfilm ist eine integrale Größe aus der entlang des Schmierspaltes veränderlichen Druckentwicklung. Eine

Auswertung auf die Viskositäts-Druck-Abhängigkeit kann deshalb nur einen mittleren Wert für den Viskositäts-Druckkoeffizienten α liefern.

Mit Hilfe des Newtonschen Gesetzes kann unter den obenerwähnten Voraussetzungen berechnet werden:

$$F_r = \int_{-b}^{b} \tau \cdot L \cdot dx$$

mit

$$\tau = \eta_{(x)} \cdot \frac{du}{dz} \approx \eta_{(x)} \cdot \frac{Vg}{h}$$

und

$$h = 1{,}15\ h_{min}$$

$$\mu_M = 0{,}543 \cdot Vg \cdot \left(\frac{L}{F_o}\right)^{0,87} \cdot \alpha_p^{-0,6} \cdot \eta_o^{-0,7} \cdot E_R^{-0,03} \cdot R_R^{0,43} u^{-0,7} \cdot \int \eta_{(x)} \cdot dx \qquad (1)$$

Für die Auswertung der Reibungsmessungen wurde ein Rechenprogramm entwickelt. Zur Ermittlung des variablen Druckkoeffizienten wird die exponentielle Viskositätsgleichung zugrunde gelegt. Eine analytische Lösung der Gleichung (1) ist nicht möglich. Mit Hilfe eines Iterationsverfahrens kann aber α ermittelt werden.

Zwei Gleitgeschwindigkeitsbereiche wurden untersucht; der 1. Bereich, wo $V_g < 0{,}01$ m/s ist, also wo die Vorgänge im EHD-Kontakt als isotherm betrachtet werden, und im 2. Bereich, wo $V_g > 0{,}01$ m/s liegt.

Bei vier Variationen der Umfangsgeschwindigkeiten bei konstantem Schlupf wurden die Reibungsmessungen durchgeführt.

In allen Gleitgeschwindigkeitsbereichen wurde festgestellt, daß

1. die Reibungszahl mit der Belastung ansteigt
2. die Reibungszahl mit der Umfangsgeschwindigkeit abfällt
3. die Reibungszahl mit abnehmender Anfangsviskosität abnimmt
4. die Reibungszahl mit zunehmendem Schlupf ansteigt

Das Versuchsöl SHC zeigte erwartungsgemäß gegenüber den Grundölen in allen Bereichen ein besseres Reibungsverhalten - kleinere Reibungszahlen-.

Die Bilderreihe A zeigt die Abhängigkeit der Reibung von der Belastung, Gleitgeschwindigkeit, Schlupf, Temperatur und Anfangsviskosität.

Der Abfall von α mit zunehmender Belastung ist eindeutig. Eine merkliche Änderung von α ergibt sich erst bei Drücken um 4 000 bar. Die Abnahme des Viskositäts-Druckkoeffizienten erreicht bei Erhöhung auf 9 000 bar und Einspritztemperatur von 25 ^{o}C ca. 45 % des Ursprungswertes. Bei größerer Einspritztemperatur ist die relative Abnahme geringer.

Auch mit zunehmender Kompressionsgeschwindigkeit verringert sich der α-Wert. Die Verringerung aber verlangsamt sich mit Erhöhung der Kompressions- bzw. Belastungsgeschwindigkeit. Der Abfall von α mit zunehmender Belastung und Geschwindigkeit ist dort am stärksten, wo α einen großen Anfangswert hat: hier bei FVA 4. Das synthetische Versuchsöl SHC - vergleichbar bei 25 ^{o}C mit dem FVA 3 - zeigt eine deutlichere Abnahme als das Grundöl. Die Bilderreihe B zeigt die Änderung des Viskositäts-Druckkoeffizienten in Abhängigkeit von Belastung, Geschwindigkeit, Temperatur, Schlupf und Anfangsviskosität.

Die Abnahme von α bedeutet, daß im logη-p Diagramm die Viskositäts-Druck-Isotherme des untersuchten Schmierstoffes degressiv zur Druckachse verlaufen. Bei Zugrundelegung dieses kleineren Wertes für α kann die Diskrepanz bei der Berechnung von Schmierfilmhöhe zur tatsächlichen Filmhöhe reduziert werden.

Die Bilderreihe C zeigt die daraus ermittelten integralen Werte für die Viskosität in Abhängigkeit von den obengenannten Parametern.

Die Viskositätserhöhung bei zunehmendem Druck liegt weit unter der Viskosität, berechnet mit konstantem Wert für den Druckkoeffizienten; zum Vergleich ist der Viskositätsverlauf bei α = const mit eingezeichnet.

Die Ursachen für diese Viskositätsminderung gegenüber statisch gemessenen Viskositätswerten sind vielfältig:

a. Zeitabhängigkeit der Viskosität, d. h. Einfluß der Verweilzeit des Schmierstoffes in der Druckzone
b. Schmierstoff enthält Wirkstoffe, die zu temporärem Viskositätsabfall führen kann
c. Temperaturerhöhung durch die Kompression
d. Schmierstoff enthält Luft in gelöster und in ungelöster Form

Diese Faktoren, die in der Praxis nicht zu vermeiden sind, bewirken eine erhebliche Viskositätsminderung. Die Diskrepanz kann zwischen errechneten Werten von η mit konstantem α und mit gemessenen variablen α Faktoren um 10^3 und mehr erreichen.

7. Zusammenfassung

Für die Ermittlung der dynamischen Änderung der Viskosität ist ein Zweischeibenprüfstand mit aerostatischen Lagern konstruiert und aufgebaut. Ein Schwerpunkt der Arbeit ist es, Meßverfahren und Systeme zu entwickeln, die die Vorgänge im elastohydrodynamischen Kontaktbereich erfassen können. Hierbei spielt die Technologie der Anbringung geeigneter Meßwertaufnehmer eine essentielle Rolle. Dazu sind spezielle Justiervorrichtungen und Hilfsinstrumente entwickelt und konstruiert worden.

Die Untersuchungen haben gezeigt, daß sich

1. der Wert des Viskositäts-Druckkoeffizienten mit wachsender Umfangsgeschwindigkeit und Belastung verringert,
2. die Schmierstoff-Viskosität, die unter dynamischen Bedingungen bestimmt wird, wesentlich von der Viskosität, die ausgehend von statischen Messungen

extrapoliert wurde, unterscheidet. Die Kompressions- bzw. die Belastungsgeschwindigkeit übt in nicht unerheblichem Maße Einfluß auf die Viskosität aus.

8. Schrifttum

/1/ Kuss, E. — Die Bedeutung der Viskositäts-Druckabhängigkeit in der klassischen und der elastohydrodynamischen Theorie der Schmierung. Mineralöl-Technik 18 (1973), 7-8

/2/ Hölte, F. — Zur Frage des Einflusses der Schmiermittelviskosität im EHD-Kontakt. Dissertation, Hannover, 1976

/3/ Paul, G. und A. Cameron — Absolute optical measurement of the oil entrapment in a dropping ball. Tribology Convention 1972, Paper C 95/72

/4/ Paul, G. — Time dependent viscosity following a pressure rise measured on an Impact Viscometer. ASLE Transactions, Vol. 19 (1976) 1, 17-22

/5/ Schouten, M.J.W. — Elastohydrodynamische Schmierung. Forschungsheft 40 des FKM Frankfurt, 1976

/6/ Hintermann, H.E. und H. Bovin — Verschleißfeste dünne Schichten. Die Technik (1978), 7, 387-395

Bilderreihe A: Abhängigkeit der REIBUNGSZAHL von Belastung, Gleitgeschwindigkeit, Schlupf, Temperatur und Anfangsviskosität.

Bilderreihe B: Abhängigkeit des VISKOSITÄTS-DRUCKKOEFFIZIENTEN von Belastung, Gleitgeschwindigkeit, Schlupf, Temperatur und Anfangsviskosität.

Bilderreihe C: Abhängigkeit der DYNAMISCHEN VISKOSITÄT von Belastung, Gleitgeschwindigkeit, Schlupf, Temperatur und Anfangsviskosität.

ERLÄUTERUNGEN ZUM BILDTEIL

Bild A1	Öl	FVA 3	T = 25° C	S = 0,0534 %
Bild A2		FVA 3	T = 40° C	S = 0,0534 %
Bild A3		Mobil SHC	T = 25° C	S = 0,0534 %
Bild A4		FVA 4	T = 25° C	S = 0,0534 %
Bild A5		FVA 3	T = 25° C	S = 0,4919 %

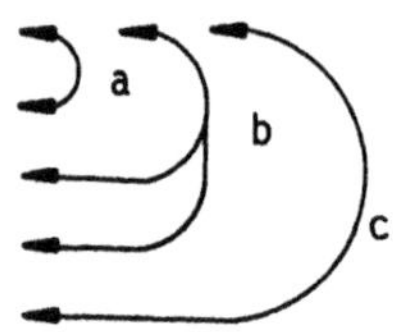

Bild B1, C1	FVA 3	T = 25° C	S = 0,0534 %
Bild B2, C2	FVA 3	T = 40° C	S = 0,0534 %
Bild B3, C3	Mobil SHC	T = 25° C	S = 0,0534 %
Bild B4, C4	FVA 3	T = 25° C	S = 0,4919 %

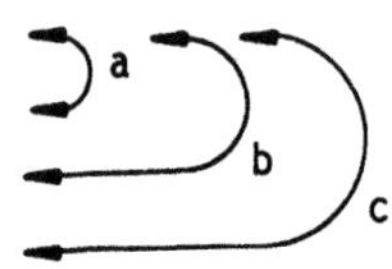

A = Reibzahl über Druck
B = Druckkoeffizient über Druck
C = Viskosität über Druck

a = Temperaturunterschied
b = Ölunterschied
c = unterschiedlicher Schlupf

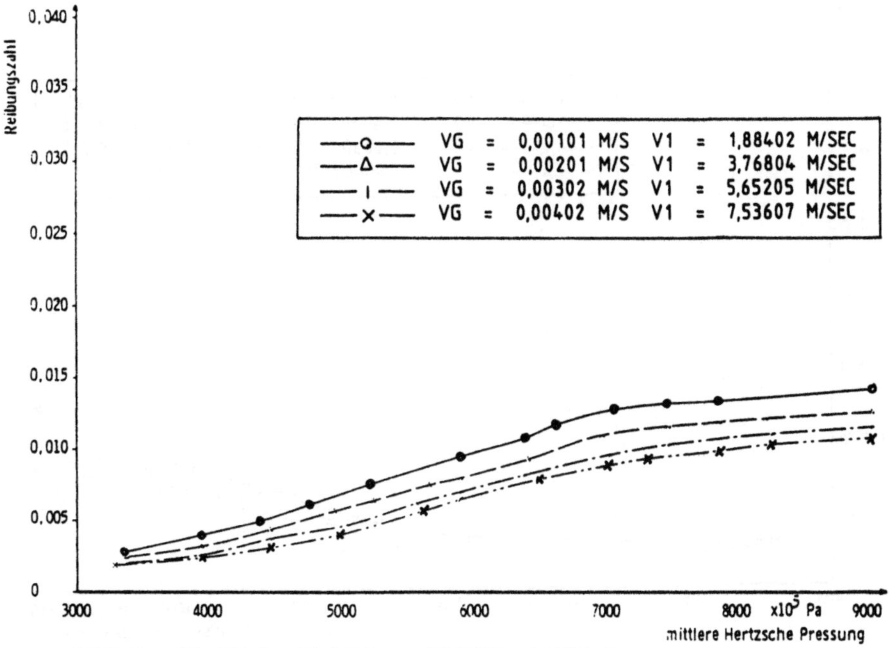

BILD A1 OEL FVA 3 25.GRD C SCHLUPF = 0,0534 %

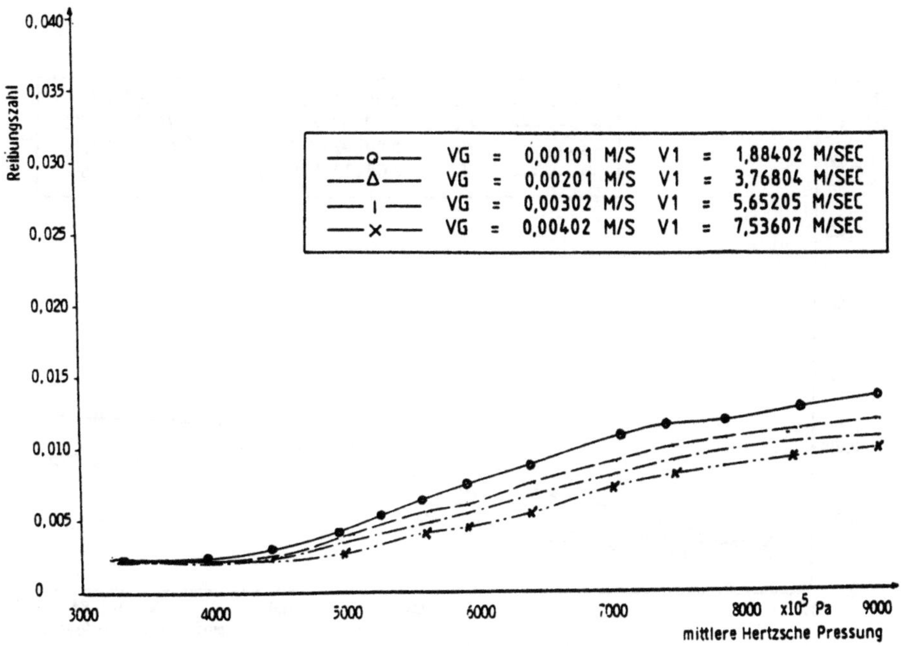

BILD A2 OEL FVA 3 40.GRD C SCHLUPF = 0,0534 %

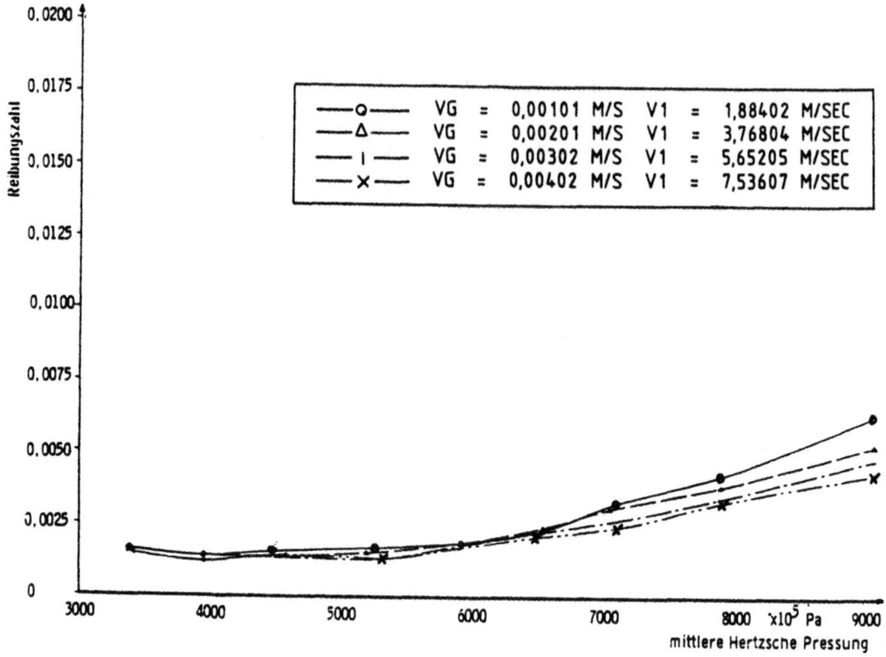

BILD A3 OEL MOBIL 25.GRD C SCHLUPF = 0,0534 %

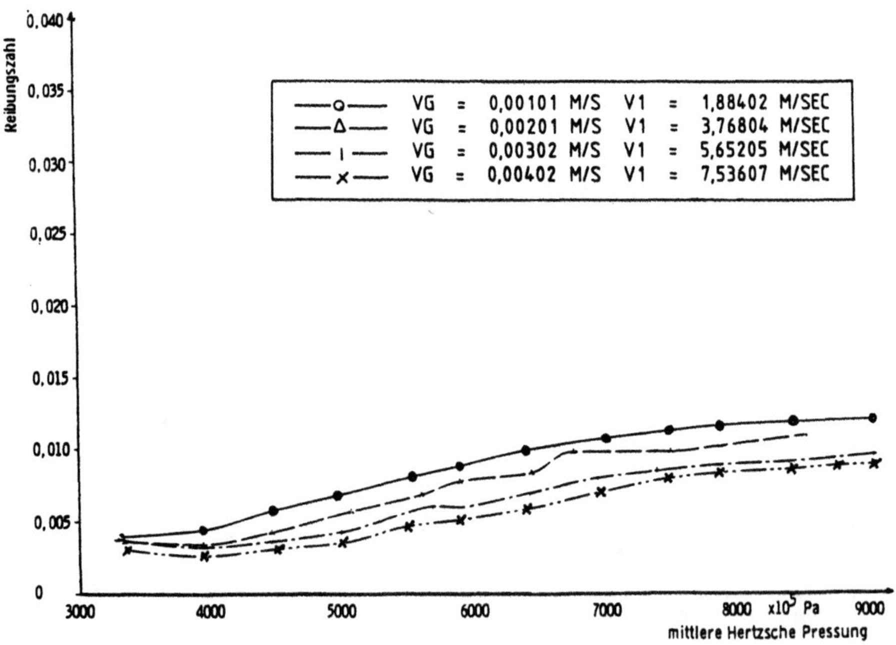

BILD A4 OEL FVA 4 25.GRD C SCHLUPF = 0,0534 %

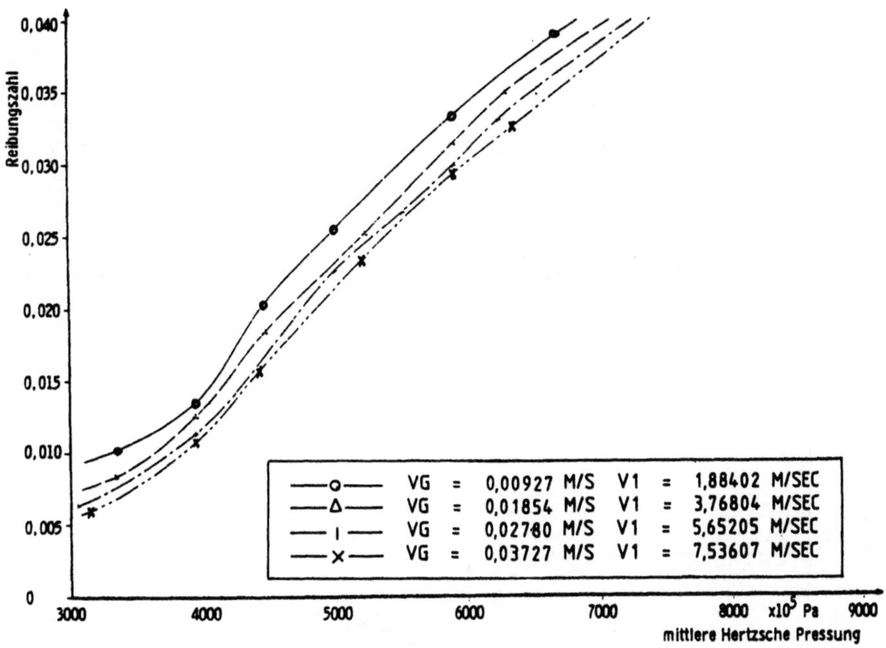

BILD 5A OEL FVA 3 25.GRD C SCHLUPF = 0,4919 %

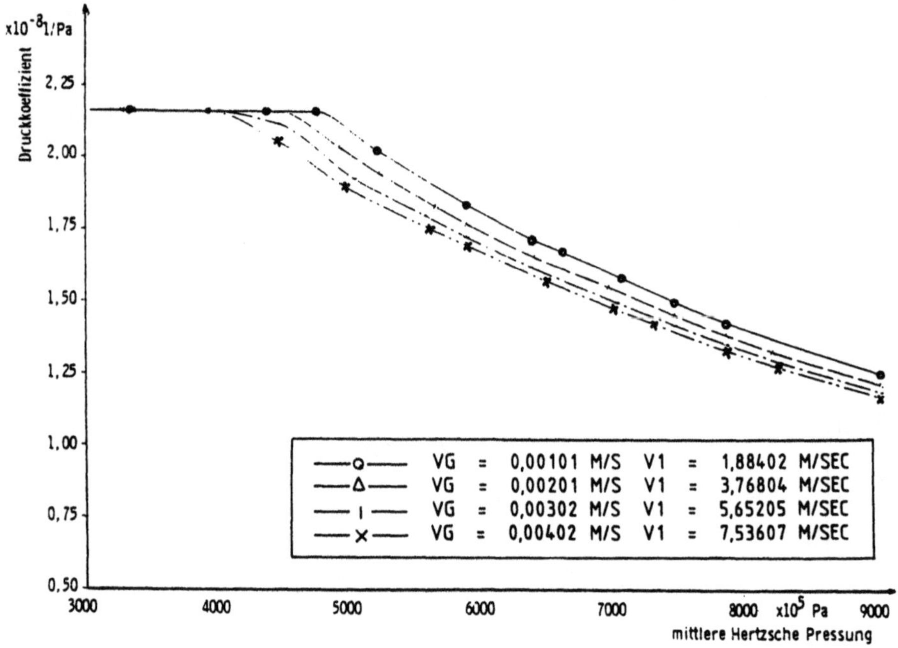

BILD B1 OEL FVA 3 25.GRD C SCHLUPF = 0,0534 %

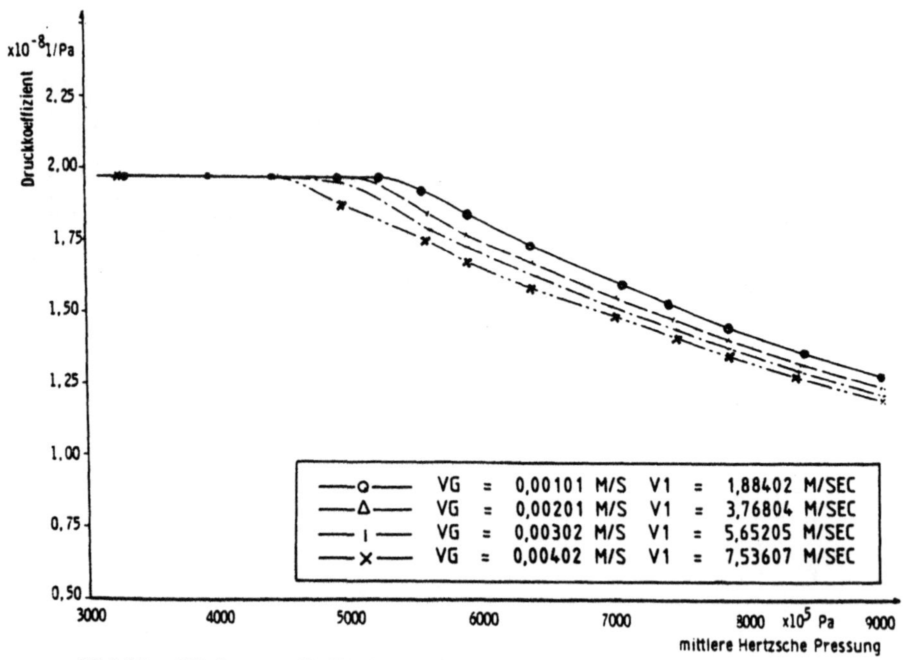

BILD B2 FVA 3 40.GRD C SCHLUPF = 0,0534 %

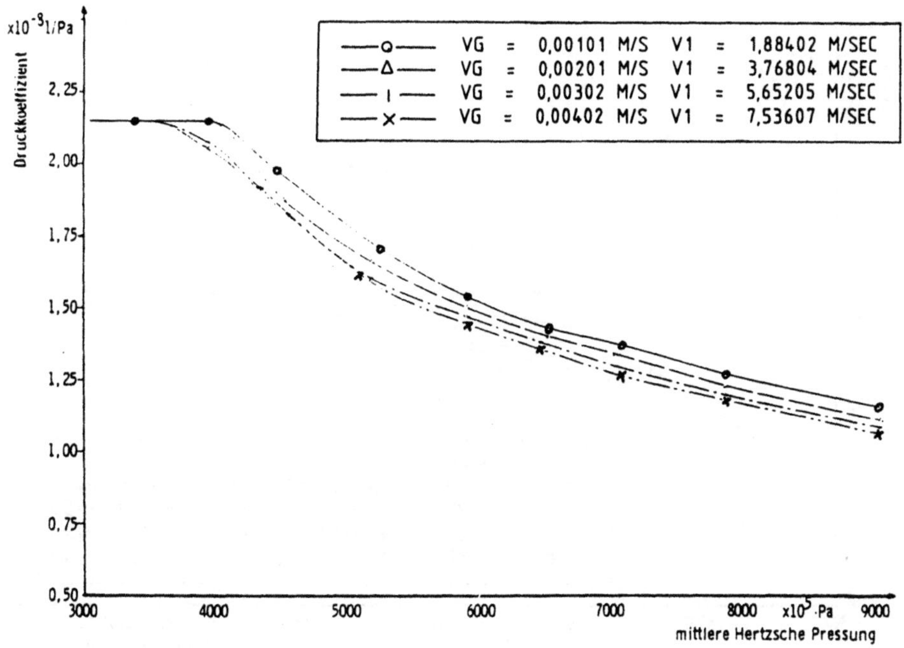

BILD B3 OEL MOBIL 25.GRD C SCHLUPF = 0,0534 %

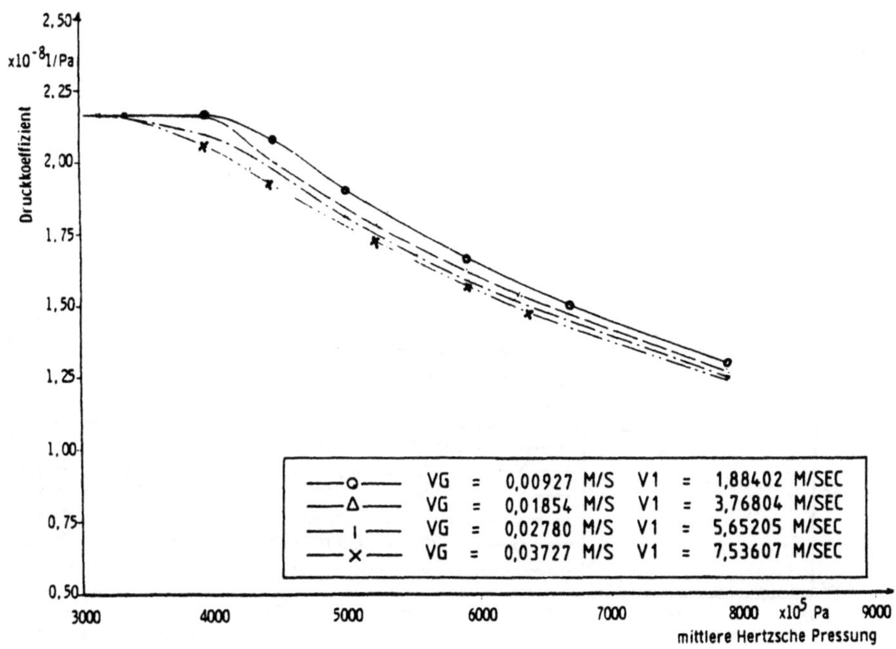

BILD B4 OEL FVA 3 25.GRD C SCHLUPF = 0,4919 %

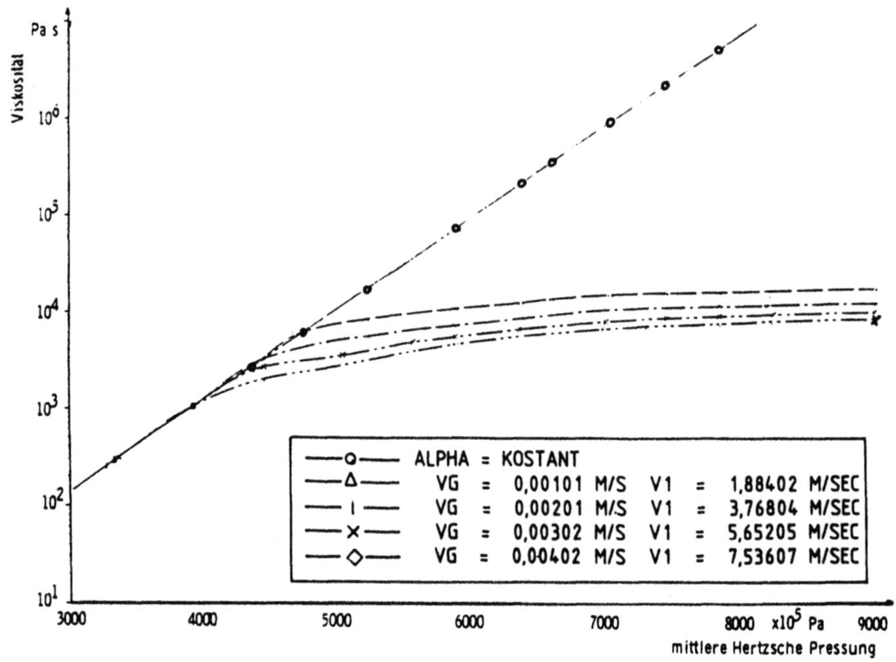

BILD C1 OEL FVA 3 25.GRD C SCHLUPF = 0,0534 %

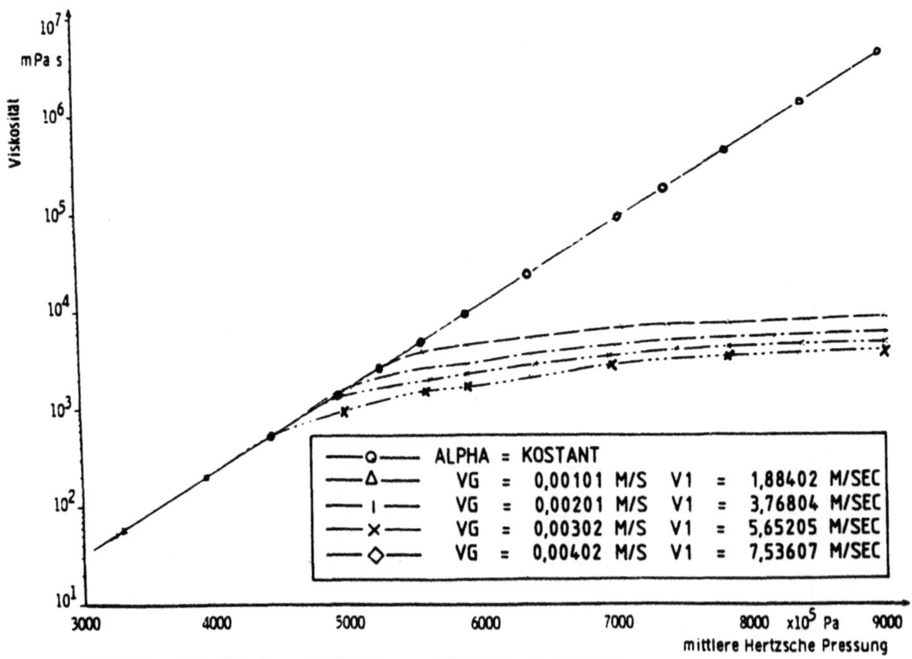

BILD C2 OEL FVA 3 40.GRD C SCHLUPF = 0,0534 %

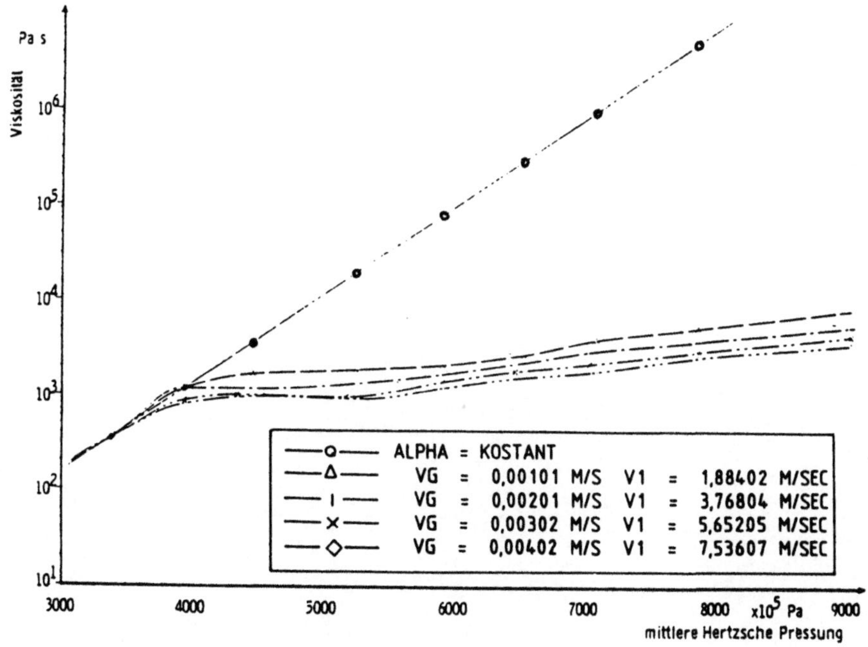

BILD C3 OEL MOBIL 25.GRD C SCHLUPF = Q0534 %

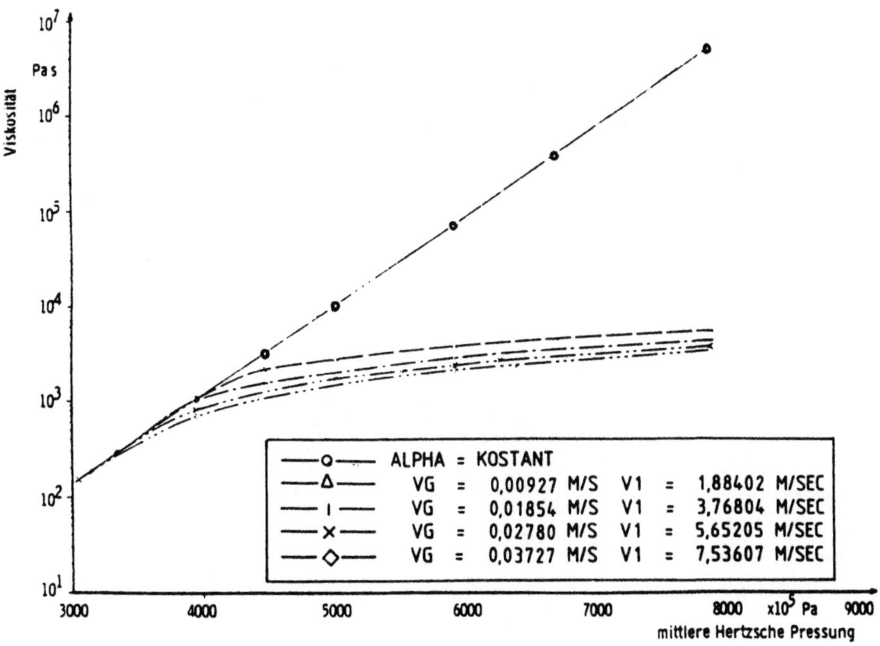

BILD C4 OEL FVA 3 25.GRD C SCHLUPF = 0,4919 %

Einfluß der Verzahnungsgeometrie und der Betriebsgröße auf die Ausbildung eines tragfähigen Schmierfilms und das Reibungsverhalten von Evolentenverzahnungen

von

Prof. Dr.-Ing. Jörn Holland

Dipl.-Ing. Michael Wallinger

Institut für Reibungstechnik und Maschinenkinetik

der Technischen Universität Clausthal

Förderkennzeichen: 01 ZT 209-ZA/NT/NTS 1017

Laufzeit: 01.10.1979 - 31.12.1983

Inhaltsverzeichnis

1. Einführung

1.1 Problemstellung

Evolventenverzahnungen gehören zu den wichtigsten Maschinenelementen und werden in allen Bereichen der Technik zur Übertragung von niedrigen bis hohen und höchsten Leistungen eingesetzt.

Durch die große Zahl von Zahnradgetrieben kommt, angesichts begrenzter Rohstoff- und Energiereserven, der im Hinblick auf Fertigungsaufwand, Wirkungsgrad und Lebensdauer optimierten Auslegung von Verzahnungen eine besondere Bedeutung zu.

Voraussetzung für eine reibungs- und verschleißfreie Kraftübertragung in Verzahnungen ist das Vorhandensein eines tragfähigen Schmierfilms, der die Flanken der miteinander kämmenden Zahnräder trennt. Die optimale Auslegung von Verzahnungen erfordert demgemäß eine sorgfältige Abstimmung von Verzahnungsdaten und Schmierstoffeigenschaften durch den Konstrukteur.

Bei den Auslegungsrichtlinien wird dieser Tatsache allerdings bislang kaum Rechnung getragen. Dort stützt man sich weitgehend auf empirische Untersuchungen an Zahnrad- und Scheibenprüfständen und auf die Auswertung von Beobachtungen an ausgeführten Getrieben. Damit können aber die sehr verwickelten physikalischen Vorgänge, die die Schmierfilmbildung in Verzahnungen bewirken, nicht erschlossen werden. Außerdem bleiben wichtige Parameter, wie z.B. bestimmte physikalische Eigenschaften der Schmierstoffe, deren Einfluß sich erst aus der theoretischen Analyse ergibt, gänzlich unberücksichtigt.

Zur optimalen Auslegung von Verzahnungen ist deshalb ein auf theoretischen Grundlagen aufgebautes Berechnungsverfahren erforderlich. Diese Grundlagen wurden durch die Entwicklung der Elastohydrodynamischen Theorie (EHD-Theorie) in den letzten Jahrzehnten geschaffen.

Der konsequenten Anwendung der EHD-Theorie bei der Getriebeberechnung stehen allerdings eine Reihe von Schwierigkeiten entgegen. Diese sind zum einen in der komplizierten Kinematik der hier ausschließlich betrachteten Evolventenverzahnungen begründet, die zu einer instationären Schmierfilmbildung mit zum Teil beträchtlicher Wärmeentwicklung führt. Zum anderen ist das Verhalten der Schmierstoffe unter den im Zahneingriff möglichen Bedingungen, nämlich hoher Druck, hohe Temperatur und hohes Schergefälle nur sehr unzureichend erforscht.

Zur Entwicklung eines allgemein anwendbaren, auf der EHD-Theorie basierenden Berechnungsverfahrens für Zahnradgetriebe muß deshalb noch eine ganze Reihe von Fragen in zum Teil aufwendigen Forschungsarbeiten geklärt werden.

Das vorliegende Forschungsprojekt soll hierzu einen kleinen Beitrag leisten. Im Mittelpunkt steht die Entwicklung eines Verfahrens, das die Berechnung von Schmierfilmdicke und Reibung im Zahnkontakt mit einem auch in der Praxis zu realisierenden Aufwand ermöglicht.

Um den Umfang des Projektes zu begrenzen, waren jedoch einige Einschränkungen erforderlich.

So wird ausschließlich die Schmierfilmbildung bei Getrieben mit geradverzahnten Evolventen-Stirnrädern betrachtet. Der Zahneingriff wird als quasistationär angesehen, d.h. der Einfluß instationärer Vorgänge wird, vorerst, nicht berücksichtigt. Desweiteren beschränkt sich die Betrachtung auf das Geschehen im Schmierspalt selbst. Die Auswirkungen von Schmierfilmdruck, Schubspannungen an den Kontaktflächen und Wärmestrom auf Beanspruchung und Schadensentwicklung von Verzahnungen werden nicht qualitativ untersucht.

1.2 Stand der Forschung

Rückblick

Auf die Entwicklung der EHD-Theorie, für die die Problematik der Schmierung von Zahnradgetrieben ein entscheidender Anstoß war, soll nicht näher eingegangen werden. Hierzu sei auf die umfangreichen Darstellungen in der Literatur, z.B. in /1/ und /2/ verwiesen.

Die EHD-Theorie, deren Fortschritt in den letzten drei Jahrzehnten weltweit durch eine Vielzahl von Veröffentlichungen dokumentiert wird, hat insbesondere in der Bundesrepublik Deutschland bislang nur wenig Eingang in die Praxis des Konstrukteurs gefunden. Dies führte dazu, daß die von GÜMBEL /3/ 1916 auf der Grundlage der "klassischen" hydrodynamischen Theorie formulierte Hypothese, in Evolventenverzahnungen könne sich kein tragender Schmierfilm aufbauen, bis in die Gegenwart hinein von vielen Autoren als richtig angesehen wurde. Die in der Verzahnung auftretende Reibung wurde folgerichtig als Mischreibung qualifiziert und dem Schmierfilm im Extremfall nur noch eine Bedeutung als Medium zur Kühlung bzw. als Träger chemischer Zusatzstoffe beigemessen.

In anderen Ländern verlief die Entwicklung gegensätzlich. In den USA z.B. berichtete DUDLEY, Autor eines Standardwerkes zur Getriebeauslegung /4/, 1965 über Beobachtungen an ausgeführten Getrieben /5/, auf deren Radsätzen nach mehrjähriger Laufzeit noch deutlich die von der Fertigung herrührenden Schleifmarken zu erkennen waren. Da dies ein sicherer Beleg für einen fast völlig verschleißfreien Betrieb ist, schloß DUDLEY, daß die Zahnflanken im Betrieb wirklich durch einen vollständigen Schmierfilm getrennt waren, wie dies von der EHD-Theorie für einen weiten Bereich der Getriebeschmierung vorhergesagt wird.

In der Folgezeit erschien, vorwiegend im angelsächsischen Sprachraum, eine Reihe von Veröffentlichungen über die Anwendung der EHD-Theorie auf die Problematik der Getriebeschmierung. Allerdings beschränkten sich die meisten Autoren darauf, die Schmierfilmdicke im Wälzpunkt, in dem bei geradverzahnten Stirnrädern keine Gleitbewegung auftritt, mit einer der bekannten Näherungsformeln von v. MOHRENSTEIN-ERTEL/GRUBIN /6,7/ bzw. von DOWSON/HIGGINSON /8,9/ zu berechnen und mit den Rauheiten der Zahnflanken zu vergleichen. Der Quotient aus der Schmierfilmdicke im Wälzpunkt und der Summenrauheit, die sogenannte spezifische Filmdicke wird, in Abhängigkeit von der Umfangsgeschwindigkeit, als Kenngröße für das Auftreten von Freßverschleiß angesehen /10/. Andere Autoren /11/ bestreiten allerdings die Zuverlässigkeit dieses "Scoring-Faktors".

Nichtisotherme EHD-Theorie

Die Ausdehnung der EHD-Anwendung auf die gesamte Eingriffsstrecke ist eng mit der Problematik der nicht-isothermen EHD-Theorie verknüpft. Die hohen Gleitgeschwindigkeiten können zu einer starken Erwärmung des Schmiermittels führen, was bei der Berechnung von Schmierfilmdicke und Reibung nicht vernachlässigt werden kann.

Aufwendige numerische Lösungen des nicht-isothermen EHD-Problems wurden von verschiedenen Autoren vorgelegt /12, 13, 14, 15, 16/. Eine Übertragung der Ergebnisse auf praktische Maschinenelemente wurde jedoch nicht vorgenommen.

Ein speziell für Verzahnungen geeignetes Verfahren zur Berechnung von Schmierfilmdicke und Reibung längs der Eingriffsstrecke wurde von RODERMUND /17/ entwickelt. Es beruht auf einer geschlossenen Lösung von Bewegungs- und Energiegleichung, die jedoch eine Reihe von Vereinfachungen, wie z.B. die Annahme eines linearen Anstiegs der Wandtemperatur in der Hertz'schen Zone erforderte.

Instationäre EHD-Theorie

Bei der Analyse der Schmierfilmbildung in Verzahnungen müssen zwei voneinander unabhängige instationäre Vorgänge unterschieden werden: Zum einen befindet sich der einzelne Zahn nur kurzzeitig im Eingriff, so daß bei jedem neuen Eingriff ein tragender Schmierfilm durch Verdrängung des größten Teils des auf der Zahnflanke befindlichen Schmierstoffes aufgebaut werden muß. Zum anderen ändern sich während des Eingriffs mit Belastung, Tangentialgeschwindigkeiten und Krümmungsradien Parameter, die entscheidenden Einfluß auf die Schmierfilmdicke haben.

Instationären Vorgängen im EHD-Bereich - als weiteres Beispiel sei hier das Problem der Änderung der Schmierfilmdicke bei stoßartig erhöhter Belastung genannt - sind in der Literatur nur wenige Arbeiten gewidmet.

Allgemeine Überlegungen zur Lösung der Reynold'schen Differentialgleichung bei Verdrängungsströmung finden sich u. a. bei /18, 19, 20/, experimentelle Ergebnisse über das Filmprofil bei der Annäherung einer Kugel an eine Ebene wurde in /21/ mittels optischer Methoden gewonnen.

Eine Näherungsformel zur Berechnung der Schmierfilmdicke bei reiner Verdrängungsströmung bzw. bei Überlagerung von Schleppströmung und Verdrängungsströmung wurde von HOLLAND /22/ abgeleitet. Die Anwendung dieser Gleichung zur Berechnung der Schmierfilmdicke längs der Eingriffsstrecke einer Verzahnung unter isothermen und nicht-isothermen Bedingungen wurde in /23, 24/ gezeigt. Die Berechnung von Reibung und Erwärmung erfolgte dabei in Anlehnung an das Verfahren von RODERMUND /17/.

Schwierigkeiten bereitet hierbei aber noch die Berechnung der bei Eingriffsbeginn auftretenden Schmierfilmdicke, für die bislang kein überzeugender Ansatz gefunden wurde.

2. Grundlagen der EHD-Theorie

In EHD-Kontakten werden große Kräfte bei kleinen Kontaktabmessungen übertragen. Die daraus resultierenden hohen Drücke bewirken eine elastische Deformation der Kontaktflächen und beeinflussen die Viskosität und andere physikalische Eigenschaften der Schmierstoffe.

Zur Beschreibung der Schmierfilmbildung in EHD-Kontakten sind Aussagen über die Schmierstoffströmung, die elastische Deformation der Kontaktflächen, die Erwärmung des Schmiermittels und über die Abhängigkeit der physikalischen Eigenschaften der Schmierstoffe von Druck, Temperatur, Schergefälle usw. erforderlich.

In den folgenden Abschnitten werden diese Grundbeziehungen der EHD-Theorie, soweit sie für die vorliegende Arbeit von Bedeutung sind, kurz erläutert. Ausführliche, weitergehende Darstellungen sind in der Literatur, z.B. /1, 2/, zu finden.

Die nachstehenden Ausführungen beziehen sich immer auf EHD-Kontakte mit Linienberührung, wie sie bei Zahnradgetrieben, Nockentrieben und Reibradgetrieben üblicherweise vorliegen. Auf EHD-Kontakte mit Punktberührung, die z.B. bei Rillenkugellager und stufenlos verstellbaren Reibradgetrieben auftreten, wird nicht eingegangen.

2.1 Schmierstoffströmung

Die Bewegung eines Volumenelementes innerhalb einer zähen (d.h. reibungsbehafteten) Strömung als Folge der wirksamen Kräfte wird durch die bekannten Navier-Stoke'schen Gleichungen beschrieben, die einen Spezialfall des allgemeinen Impulssatzes darstellen /25/.

Bei der Anwendung dieser Beziehungen auf elastohydrodynamisch geschmierte Kontakte mit Linienberührung können ohne nennenswerten Verlust an Genauigkeit eine Reihe von vereinfachenden Annahmen getroffen werden.

Im EHD-Kontakt mit Linienberührung ist die in Bewegungsrichtung gemessene Spaltlänge (x-Koordinate in Bild 1) sehr klein gegenüber der Spaltbreite, so daß der Seitenabfluß vernachlässigt und eine zweidimensionale Analyse durchgeführt werden kann. Des weiteren wird der Druck in Spalthöhenrichtung (y-Koordinate) als konstant angesehen und die Geschwindigkeitskomponente in dieser

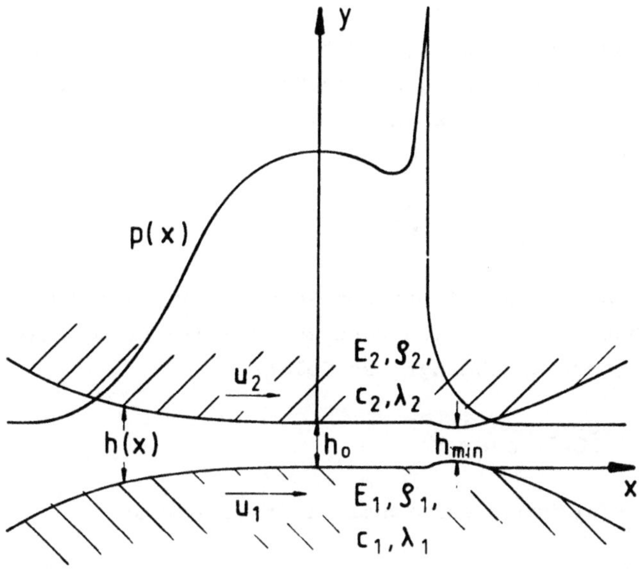

Bild 1: Bezeichnungen im EHD-Kontakt

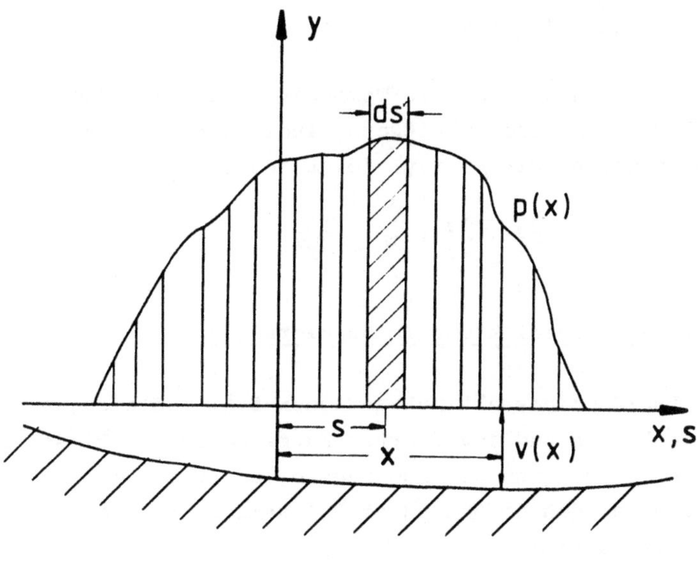

Bild 2: Zur Berechnung der elastischen Deformation

Richtung vernachlässigt. Mit einigen weiteren Vereinfachungen, wie der Vernachlässigung von Trägheits- und Volumenkräften, gelangt man zu der bekannten eindimensionalen Form der Bewegungsgleichung:

$$-\frac{dp}{dx} = \frac{\partial}{\partial y} \left(\eta \cdot \frac{\partial u}{\partial y}\right) \tag{2.1}$$

Nimmt man für die isotherme Rechnung an, daß die Temperatur in Spalthöhenrichtung konstant ist und die Viskosität nur von Druck und Temperatur abhängt, so folgt:

$$-\frac{dp}{dx} = \eta \cdot \frac{\partial^2 u}{\partial y^2} \tag{2.2}$$

Durch Einführung der Kontinuitätsgleichung

$$\frac{\partial}{\partial x} \int_0^h \rho \cdot u(y) \cdot dy = 0 \tag{2.3}$$

ergibt sich die bekannte Reynolds'sche Differentialgleichung:

$$\frac{dp}{dx} = 12\eta \cdot \bar{u} \left(\frac{h - h_o}{h^3}\right) \tag{2.4}$$

In Wirklichkeit ist die Temperatur in Spalthöhenrichtung, vor allem bei höheren Gleitgeschwindigkeiten, erheblichen Änderungen unterworfen. Mit $\eta = f(y)$ folgt aus (2.1)

$$-\frac{dp}{dx} = \frac{\partial \eta}{\partial y} \cdot \frac{\partial u}{\partial y} + \eta \cdot \frac{\partial^2 u}{\partial y^2} \tag{2.5}$$

2.2 Wärmeentwicklung im Schmierspalt

Im EHD-Schmierspalt muß an jeder Stelle Gleichgewicht zwischen zugeführter und abgeführter Wärme bestehen. Dieses Gleichgewicht wird durch die sogenannte "Energiegleichung" beschrieben, die unter den im Abschnitt 2.1 gemachten Voraussetzungen folgende Form annimmt:

$$\eta \cdot \left(\frac{\partial u}{\partial y}\right)^2 + \left(\frac{\partial \frac{1}{\varrho}}{\partial \vartheta}\right)_p \cdot u \cdot \vartheta \cdot \frac{dp}{dx} = \lambda \cdot \frac{\partial^2 \vartheta}{\partial y^2} + \varrho \cdot c \cdot u \cdot \frac{\partial \vartheta}{\partial x} \qquad (2.6)$$

Wärmeerzeugung durch viskose Reibung

Wärmeerzeugung durch Kompression

Wärmeabfuhr durch Wärmeleitung quer zum Spalt

Wärmeabfuhr durch Konvektion

Die Größenordnung der einzelnen Glieder dieser Gleichung im EHD-Kontakt läßt sich am besten an Hand eines praktischen Beispieles veranschaulichen:

Für den Eingriffspunkt einer Verzahnung gelte u_1 = 2,6 m/s, u_2 = 1,3 m/s; der Ersatzkrümmungsradius R = 8 mm; die Belastung pro Längeneinheit betrage F_N/B = 1500 N/20 mm und die Massentemperatur ϑ_M = 60 °C.
Für ein Volumenelement in der Nähe der Spaltmitte ergibt sich nach dem in der vorliegenden Arbeit vorgestellten Verfahren: ϑ = 89,8 °C; u = 1,92 m/s, p = 5669 bar, η = 6,709 Pas und ϱ = 951,9 kg/m³.

Die Differenzenquotienten sind auf Grund der kleinen Abmessungen des EHD-Kontaktes sehr hoch und betragen: $\Delta u/\Delta y = 7{,}78 \cdot 10^6$ 1/s und $\Delta p/\Delta x = 3{,}8 \cdot 10^{13}$ N/m² · m.

Für die einzelnen Größen der Energiegleichung folgt daraus:

Wärmeerzeugung durch viskose Reibung:
$q_\eta = 4{,}016 \cdot 10^{14}$ W/m³ ≙ 99,05 % der Gesamtwärmemenge

Wärmeerzeugung durch Kompression:
$q_\varrho = 3{,}88 \cdot 10^{12}$ W/m³ 0,95 % der Gesamtwärmemenge

Ist diese Wärmemenge ausschließlich durch Konvektion abzuführen (adiabate Wand), wie dies z.B. bei der Auslegung von Gleitlagern zugrundegelegt wird, so ist dazu ein so hoher Temperaturgradient erforderlich, daß die Temperatur pro Mikrometer in x-Richtung um 112 °C ansteigen würde. Begrenzt man dagegen den Temperaturanstieg willkürlich auf 1 °C pro 10 µm ergibt sich eine mögliche Wärmeabfuhr:

$q_c = 3{,}66 \cdot 10^{12}$ W/m³ ≙0,89 % der Gesamtwärmemenge.

Für die Wärmeabfuhr durch Wärmeleitung folgt bei einer Wandtemperatur von ϑ_{W1} ≙71,1 °C und ϑ_{W2} = 74,1 °C,
$q_\lambda = 4{,}03 \cdot 10^{14}$ W/m³ ≙99,11 % der Gesamtwärmemenge.

Das Zahlenbeispiel zeigt, daß die konvektive Wärmeabfuhr, wie in der EHD-Literatur allgemein üblich, vernachlässigt werden kann. Auch die Wärmeerzeugung durch Kompression ist vergleichsweise unbedeutend und braucht, insbesondere bei höheren Gleitgeschwindigkeiten nicht unbedingt berücksichtigt zu werden. Dies ist auch deshalb von Vorteil, da für handelsübliche Schmierstoffe kaum Datenmaterial über die Abhängigkeit der Dichte von Druck und Temperatur vorliegt.

Die Werte machen im übrigen ein wesentliches Merkmal des EHD-Kontaktes deutlich, nämlich die außerordentlich hohe Leistungskonzentration, die bei dem gewählten Beispiel in der Größenordnung von 10^{14} W/m³ liegt.

2.3 Der Wärmeübergang zwischen Schmierfilm und Kontaktflächen

Die im Schmierfilm zwischen zwei miteinander kämmenden Zahnrädern erzeugte Wärme wird über die Zahnflanken an die Radkörper geleitet und über das Schmieröl und die Wellen an das Gehäuse und die Umgebung abgeführt. Die Art und der Verlauf des Wärmetransportes hängen von der jeweiligen Konstruktion des Getriebes ab, wobei auch die Wärmerzeugung in den Lagerungen und Wärmeeinleitungen durch Kraft- oder Arbeitsmaschinen von Bedeutung sein können.

Der Wärmeübergang zwischen Schmierfilm und Kontaktfläche und damit die Wandtemperatur selbst, kann nach dem in der Literatur zur EHD-Theorie üblicherweise verwendeten Verfahren aus dem Temperaturgradienten an der Wandfläche berechnet werden.

Für einen sich mit der Geschwindigkeit u_1 bewegenden Punkt x der Kontaktfläche 1 gilt nach CARLSLAW-JAEGER /26/ (s = Hilfskoordinate):

$$\vartheta_1 \; (x,1) = \frac{\lambda_{\ddot{O}l}}{\sqrt{\pi \cdot \varrho_1 \cdot c_1 \cdot u_1 \cdot \lambda_1}} \cdot$$

$$\cdot \int_{x_e}^{x} \frac{\partial \vartheta}{\partial y} \; (s,1) \; \frac{1}{\sqrt{x - s}} \cdot ds + \vartheta_M$$

wobei ϑ_M die Massentemperatur des entsprechenden Körpers ist.

2.4 Berechnung der elastischen Deformation

2.4.1 Deformation infolge einer Flächenlast

Die Berechnung der durch eine Flächenlast an der Oberfläche eines elastischen Körpers hervorgerufenen Deformation v (x) ist eines der grundlegenden Probleme der EHD-Theorie, für das bis heute keine einheitliche Lösung gefunden wurde. Am häufigsten wird in der Literatur /1, 2, 15/ folgende, aus der Airy'schen Spannungsfunktion abgeleitete Beziehung für eine am sogenannten "Elastischen Halbraum" zwischen den Punkten x_1 und x_2 angreifende Flächenlast p(s) verwendet (Bild 2).

$$v_{(x)} = \frac{2 \; (1 - \nu^2)}{\pi \cdot E'} \int_{x_1}^{x_2} p(s) \cdot \ln |x-s| \; ds \qquad (2.8)$$

Diese Gleichung kann nur im Bereich der Hertz'schen Zone angewendet werden /27/. Für größer werdende Werte von x wird die Deformation negativ und strebt schließlich gegen ∞, während sie in Wirklichkeit in hinreichend großem Abstand von der Lastangriffsstelle verschwinden müßte.

Für das hier vorgestellte Näherungsverfahren ist diese Tatsache allerdings ohne Bedeutung.

2.4.2 Das Funktionsmodell "Starrer Zylinder - Elastischer Halbraum"

Zur Untersuchung der Schmierfilmbildung an einem bestimmten Punkt der Eingriffsstrecke werden die Zahnflanken gedanklich durch zwei Zylinder mit gleichem Elastizitätsmodul und für diesen Eingriffspunkt geltenden Werten für Krümmungsradius, Tangentialgeschwindigkeiten und Belastung ersetzt.

Für den ungeschmierten bzw. ruhenden Kontakt läßt sich dann die Länge der Hertz'schen Abplattung (Bild 3)

$$l_H = \sqrt{\frac{8\,F_N \cdot R}{(1-\nu^2)\cdot\pi\cdot E'\cdot b}} \tag{2.9}$$

die innerhalb dieser Zone auftretende Druckverteilung

$$p_{(x)} = p_H \cdot \sqrt{1-\bar{x}^2} \tag{2.10}$$

mit der dimensionslosen Abszisse $\bar{x} = x/l_H$ und der maximalen Hertz'schen Pressung

$$p_H = \sqrt{\frac{F_N \cdot E'}{2\pi\cdot b\cdot R\,(1-\nu^2)}} \tag{2.11}$$

bestimmen, wobei die Radien der beiden Zylinder zum Ersatzkrümmungsradius

$$\frac{1}{R} = \frac{1}{r_1} + \frac{1}{r_2} \tag{2.12}$$

und die Elastizitätsmoduln zu

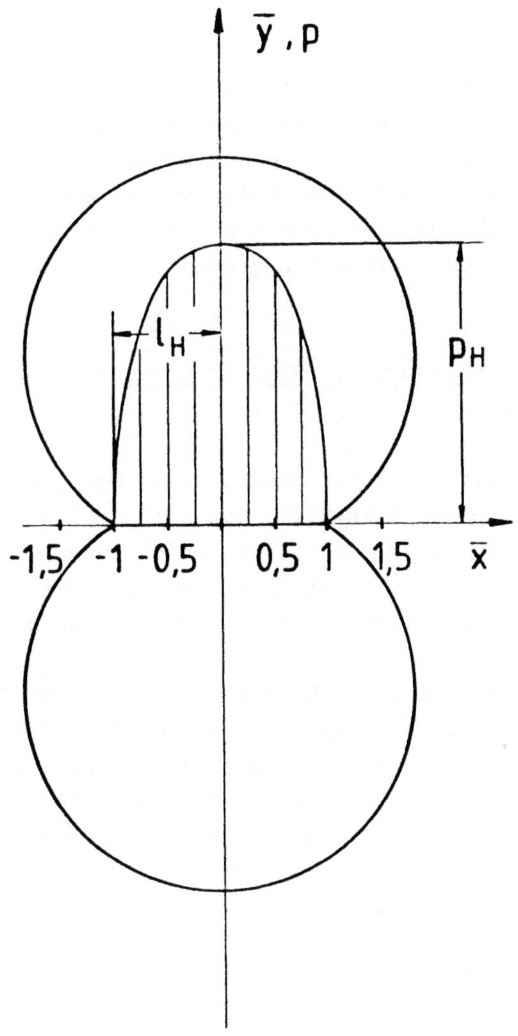

Bild 3: Hertz'sche Abplattung

$$\frac{1}{E'} = \frac{1}{2} \left[\frac{1 - \nu^2}{E_1} + \frac{1 - \nu^2}{E_2} \right] \qquad (2.13)$$

zusammengefaßt werden.

Zur Berechnung der Deformationen im EHD-Kontakt wird als mechanisches Funktionsmodell anstelle der beiden elastischen Zylinder die Berührung eines ruhenden unendlich breiten, starren Zylinders mit dem elastischen Halbraum betrachtet (Bild 4). Zur weiteren Vereinfachung der Rechnung wird außerdem die Kontur des Zylinders durch eine Parabel angenähert /1/.

2.4.3 Das Funktionsmodell "Starrer Stempel - Elastischer Zylinder"

Ein anderes Funktionsmodell ergibt sich, wenn man einem Vorschlag von v. MOHRENSTEIN-ERTEL folgend, der in jüngster Zeit von CHRISTENSEN /28, 29/ wieder aufgegriffen wurde, den Kontakt der beiden elastischen Zylinder auf den Kontakt eines starren Stempels mit einem elastischen Zylinder zurückführt (Bild 4).

Zur Beschreibung dieses Funktionsmodells ist, im Gegensatz zum vorigen Modell, neben Ersatzkrümmungsradius und reduziertem Elastizitätsmodul als dritte Größe die dimensionslose Kennzahl δ erforderlich, die die Lage der Stempelkante zur Berührungsnormalen bei unverformter Zylindergeometrie wiedergibt.

δ folgt aus der Beziehung:

$$l_2 = (\tfrac{1}{2} - \delta) \cdot L; \qquad (2.14)$$

die Bedeutung der einzelnen Größen wird aus Bild 5 ersichtlich.

Die Druckverteilung über der Kontaktzone ergibt sich aus /27/:

$$p_{(x^*)} = \frac{E' \cdot L}{4 \cdot R} \sqrt{(x^* (x^* - 1)} \quad (1 + \frac{\delta}{x^*}) \qquad (2.15)$$

mit der dimensionslosen Koordinate $x^* = x/L$.

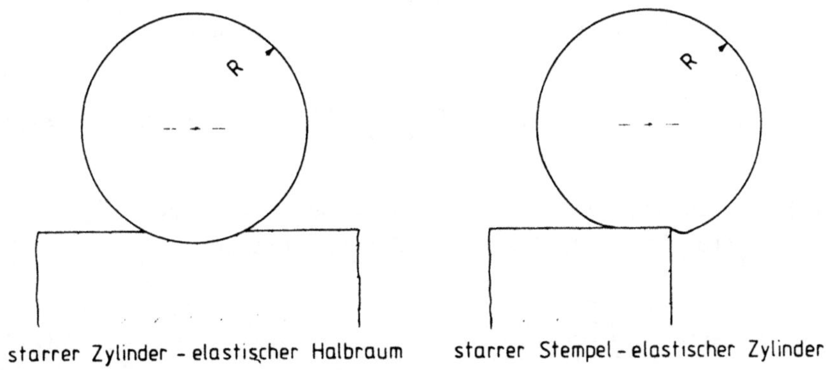

Bild 4: Funktionsmodelle

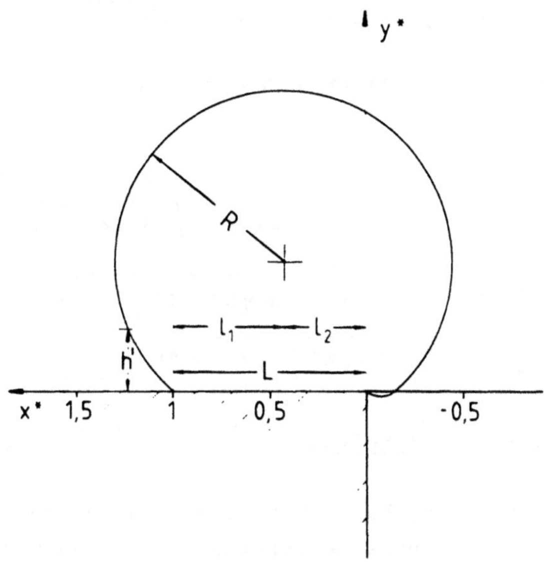

Bild 5: Bezeichnungen im Funktionsmodell
"Starrer Stempel - Elastischer Zylinder"

Durch Integration der Druckverteilung läßt sich die im elastischen Kontakt übertragene Normalkraft berechnen:

$$\frac{F_N}{B} = \int_0^L p_{(x^*)} \cdot dx^* = \frac{\pi \cdot E' \cdot L^2}{32 \cdot R} (1 + 4 \cdot \delta) \qquad (2.16)$$

Nach Einführung des dimensionslosen Lastparameters $F^* = F_N/(B \cdot E' \cdot R)$ folgt für die Spaltlänge:

$$L = R \cdot \sqrt{\frac{32 \cdot F^*}{1 + 4\delta}} \qquad (2.17)$$

Nähert man die Kontur des unverformten Zylinders durch eine Parabel an, so ergibt sich für die Spaltkontur außerhalb der Berührungsfläche für $x^* > 1$

$$h'_{(x^*)} = \frac{L^2}{4\ R} \cdot \Big\{(2\ x^* - 1 + 4\ \delta) \cdot \sqrt{x^*\ (x^* - 1)} - \frac{1}{2} \ln \left(2\ x^* - 1 + 2 \sqrt{x^*\ (x^* - 1)}\right) - 4 \cdot \delta \cdot \ln \left(\sqrt{x^*} - \sqrt{x^* - 1}\right)\Big\} \qquad (2.18)$$

und für $x^* < 0$

$$h'_{(x^*)} = \frac{L^2}{4\ R} \cdot (1 - 2\ x^* - 4\delta) \cdot \sqrt{x^*\ (x^* - 1)} - \frac{1}{2} \ln \left(1 - 2\ x^* + 2 \sqrt{x^*\ (x^* - 1)}\right) - 4 \cdot \delta \cdot \ln \left(\sqrt{-x^*} + \sqrt{1 - x^*}\right) \qquad (2.19)$$

2.5 Schmierstoffeigenschaften

Die Bestimmung der physikalischen Eigenschaften der Schmierstoffe unter den im EHD-Kontakt auftretenden Bedingungen ist eines der schwierigsten Probleme bei der Analyse der EHD-Schmierung und eine der wesentlichen Ursachen dafür, daß die EHD-Theorie bei der Auslegung von Maschinenelementen bis heute nicht die ihr zukommende Bedeutung erlangt hat.

Von diesem Problem sind alle theoretischen und experimentellen Untersuchungen im EHD-Bereich betroffen, da es keinen Schmierstoff gibt, für den die maßgebenden Eigenschaften wie Viskosität, Dichte, Wärmeleitfähigkeit usw. im gesamten in Frage kommenden Druck- und Temperaturbereich bekannt sind.

Die optimale Lösung wäre ein aus molekulartheoretischen Betrachtungen abgeleiteter Zusammenhang zwischen Zustandsgrößen (Druck, Temperatur, Dichte) und Transportgrößen (Viskosität, Wärmeleitfähigkeit), der es erlauben würde, auf Grund der Messung einzelner Größen bzw. nach der Bestimmung von entsprechenden Parametern, die gesuchten Werte zu berechnen. Solange dies nicht gelungen ist, ist es erforderlich, die einzelnen Größen für die im EHD-Bereich eingesetzten Schmierstoffe durch sehr aufwendige Messungen zu ermitteln und zur rechnerischen Erfassung der Ergebnisse geeignete Approximationsformeln anzuwenden.

2.5.1 Viskosität

Die Viskosität der im EHD-Bereich verwendeten Schmierstoffe hängt vom Druck, von der Temperatur und - bei entsprechender Zusammensetzung - auch vom Schergefälle der Flüssigkeitsströmung ab. Die Änderung der Viskosität mit dem Schergefälle wird im folgenden allerdings nicht berücksichtigt sondern immer ein newton'sches Verhalten der Flüssigkeiten, d.h. die Gültigkeit der Beziehung $\tau = \eta \cdot$ (du/dy) mit $\neq f$ (du/dy) vorausgesetzt.

Im EHD-Schmierspalt lassen sich zwei Wirkungen der Viskosität (die sich natürlich gegenseitig bedingen) unterscheiden. Zum einen sorgt die Viskosität für den Aufbau hoher Schubspannungen und ermöglicht damit den Transport des Schmierstoffs in den unter hohen Druck stehenden Spalt ("Reibungspumpe"). Je höher die Viskosität des Schmiermittels, desto größer ist die in den Spalt geförderte Menge und umso dicker wird auch der Schmierfilm. Zum anderen nimmt mit der Viskosität auch die Reibung und damit die im Schmierspalt in Wärme umgesetzte Reibleistung zu, wobei die Reibung allerdings wiederum von der Schmierspalthöhe beeinflußt wird.

Während für den Transport des Schmierstoffs in den Schmierspalt und damit für die Schmierfilmdicke die Viskosität im Eintrittsbereich, also bei geringeren Drücken, wesentlich ist, muß zur Berechnung der Reibung die Viskosität im gesamten Schmierspalt bekannt sein. Daraus ergibt sich die Notwendigkeit, die Viskosität innerhalb des in Frage kommenden Druck- und Temperaturbereiches möglichst exakt darzustellen.

Ergebnisse der Viskositätsmessungen von Schmierstoffen sind in der Bundesrepublik bislang nur im Druckbereich bis 2000 bar veröffentlicht worden /29, 30/. Erst in neuester Zeit wird an verschiedenen Forschungsstätten versucht, derartige Messungen auch bei höheren Drücken durchzuführen /31, 32/.

Die vorliegende Arbeit stützt sich deshalb, wie die meisten Veröffentlichungen zur EHD-Theorie, auf Viskositäts- und Dichtemessungen, die im Auftrag der ASME im Bereich bis 10.300 bar durchgeführt wurden /33/.

Es sei aber darauf hingewiesen, daß die Ergebnisse dieser Viskositätsmessungen mit gewisser Skepsis zu betrachten sind, da das verwendete Meßverfahren (Körperfall-Viskosimeter) bei hohen Temperaturen und kleiner Viskosität zu erheblichen Fehlern führen kann /31/.

2.5.2 Analytische Darstellung des Viskositätsverhaltens

Während für die Abhängigkeit der Viskosität von der Temperatur mit der Vogel'schen Gleichung /34/:

$$\eta = A \cdot e^{\frac{B}{\vartheta + C}} \qquad (2.20)$$

ein auch molekulartheoretisch begründbarer Ansatz zur Verfügung steht /35/, ist ein ähnlicher Zusammenhang für die Abhängigkeit vom Druck noch nicht gefunden worden. Es wurden deshalb von verschiedenen Autoren Näherungsformeln entwickelt /z.B. 12, 17,

36, 37/, die je nach Aufbau und Aufwand unterschiedlich für die Anwendung bei Rechnungen im EHD-Bereich geeignet sind (Übersicht und Vergleich s. /37, 38/).

Die einfachste, auch zur Ableitung der Formeln für die Schmierfilmdicke (s. Kap. 2.6) verwendete Beziehung ist:

$$\eta_p = \eta_o \cdot e^{\alpha \cdot (p-p_o)} \tag{2.21}$$

Diese Gleichung ergibt in der zur graphischen Darstellung der Viskositäts-Druck-Abhängigkeit üblichen einfach-logarithmischen Auftragung eine Gerade, was aber vor allem im oberen Druckbereich zu erheblichen Abweichungen von u. U. mehr als einer Zehnerpotenz führen kann.

Bei den anderen Näherungsgleichungen fallen die Abweichungen wesentlich geringer aus, es sind aber auch hier im oberen Druckbereich Fehler von teilweise über 100 % festzustellen, die auf Grund der logarithmischen Auftragung im Diagramm aber als weniger schwerwiegend erscheinen.

In der vorliegenden Arbeit wird deshalb ein Verfahren benutzt, bei dem die Abhängigkeit der Viskosität vom Druck rein mathematisch mit einem im Exponenten der e-Funktion stehenden Polynom dritten Grades angenähert wird. Diese Methode hat den Vorteil hoher Genauigkeit, ist aber nur bei Verwendung einer Rechenanlage und - darauf sei ausdrücklich hingewiesen - nur zur Interpolation, nicht aber zur Extrapolation von Meßdaten brauchbar.

Das Verfahren kann angewandt werden, wenn im fraglichen Druck- und Temperaturbereich mindestens drei (möglichst aber mehr) Druckviskositäts-Isothermen gemessen wurden.

Für jede dieser Isothermen ϑ_i wird mit Hilfe der Ausgleichsrechnung (Methode der Kleinsten Fehlerquadrate) die von ϑ abhängigen Koeffizienten η_o, α_1, α_2, α_3 der Nänerungsfunktion:

$$\eta_{(p)} = \eta_o \cdot e^{\alpha_1 \cdot (p-p_o) + \alpha_2 (p-p_o)^2 + \alpha_3 (p-p_o)^3} \tag{2.22}$$

bestimmt.

Die in einer Tabelle (ähnlich einer Matrix) zusammengefaßten Koeffizienten ergeben dann ein Bild der Druck- u n d Temperaturabhängigkeit der Viskosität des entsprechenden Schmierstoffs.

$$\begin{matrix} \vartheta_1 & \eta_{0,1} & \alpha_{1,1} & \alpha_{2,1} & \alpha_{3,1} \\ \vartheta_2 & \eta_{0,2} & \alpha_{1,2} & \alpha_{2,2} & \alpha_{3,2} \\ \vartheta_i & \eta_{0,i} & \alpha_{1,i} & \alpha_{2,i} & \alpha_{3,i} \end{matrix} \qquad (2.23)$$

Die Viskosität beim Druck p und der Temperatur ϑ läßt sich dann folgendermaßen berechnen:

Zunächst wird mit Hilfe der Näherungsfunktion (2.22) und den Koeffizienten (2.23) die Viskosität $\eta_{p1}, \eta_{p,2} \cdots \eta_{p,i}$ beim Druck p und den Temperaturen $\vartheta_1, \vartheta_2 \ldots \vartheta_i$ bestimmt. Aus den Viskositätswerten werden dann die für diesen Druck geltenden Konstanten A, B, C der Gl. (2.20) errechnet. Sind mehr als drei Isothermen gemessen worden, geschieht dies wiederum mit Hilfe der Ausgleichsrechnung; bei nur drei bekannten Druck-Isothermen kann Gl. (2.20) direkt aufgelöst werden. Durch Einsetzen der Temperatur ϑ in Gl. (2.20) erhält man dann die gesuchte Viskosität $\eta(p,\vartheta)$.

Obwohl das Verfahren auf den ersten Blick ziemlich aufwendig zu sein scheint, erweist es sich bei Rechnungen im EHD-Bereich als durchaus vorteilhaft:
Bei der iterativen Lösung des nicht-isothermen EHD-Gleichungssystems (s. Kap. 3) muß die in y-Richtung veränderliche Viskosität bei konstantem x-Wert fortlaufend neu berechnet werden. Da der Druck in y-Richtung als gleichbleibend anzunehmen ist, braucht man die Konstanten der Gleichung (2.20) für jede senkrechte Durchschneidung nur einmal zu berechnen, um den für die Bestimmung der Reibung wichtigen Zusammenhang zwischen Temperatur- und Viskositätsänderungen im Spalt zu erfassen.

In den Bildern 6 bis 8 ist das Druck-Viskositätsverhalten einiger Schmierstoffe aus /33/ wiedergegeben. Die Punkte kennzeichnen die Meßdaten, die Kurvenzüge sind mit einer Rechenanlage bestimmt

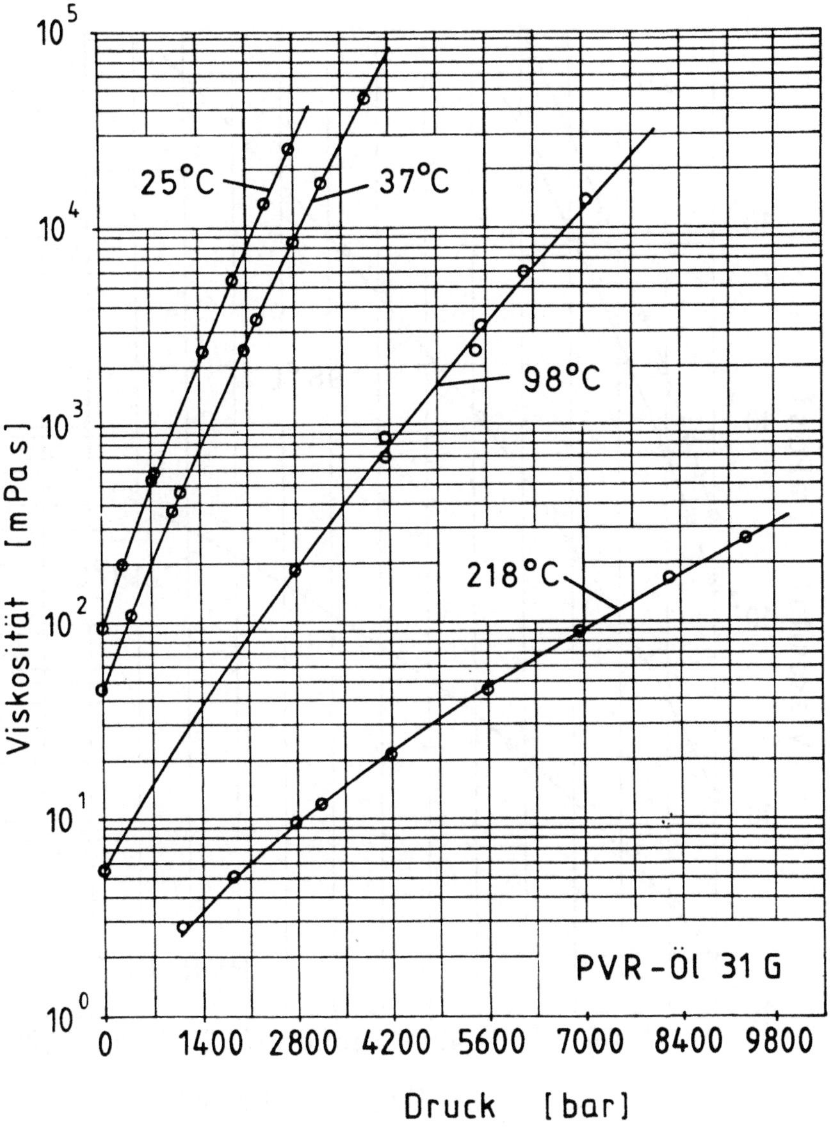

Bild 6: Viskositäts-Druckverhalten für das Öl 31 G aus /33/

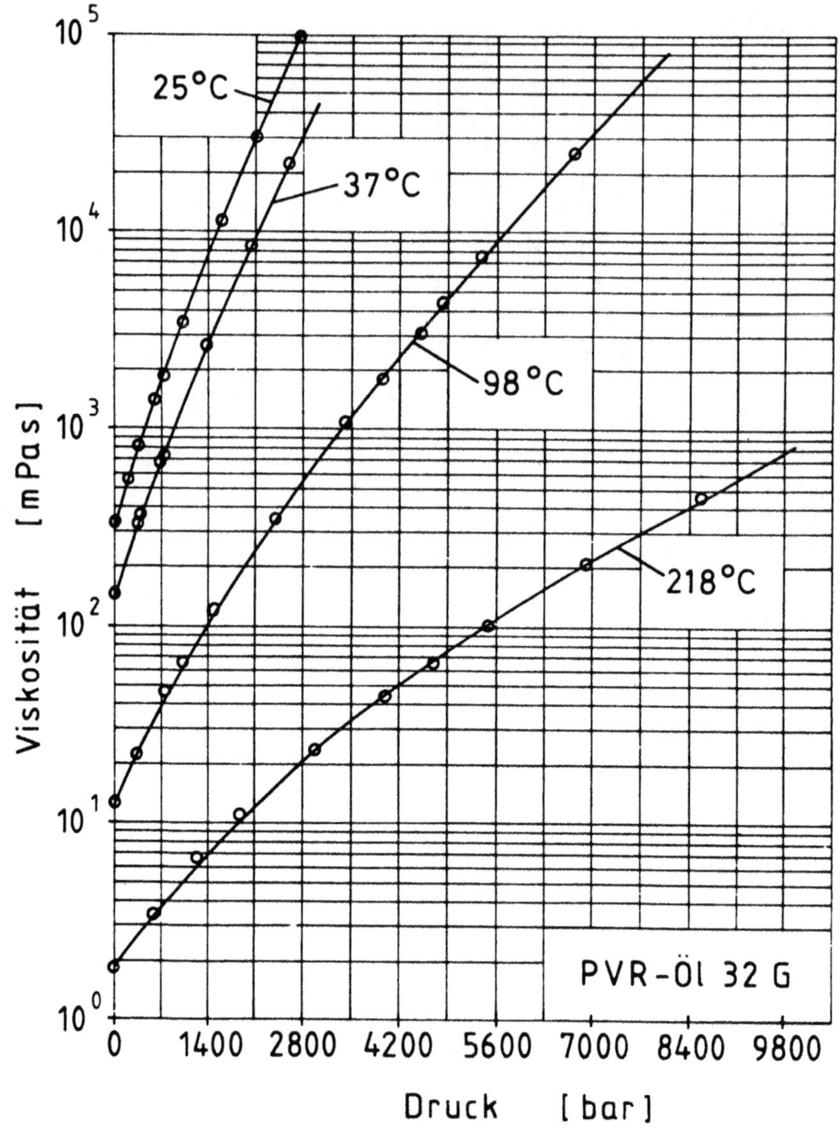

Bild 7: Viskositäts-Druckverhalten für das Öl 32 G aus /33/

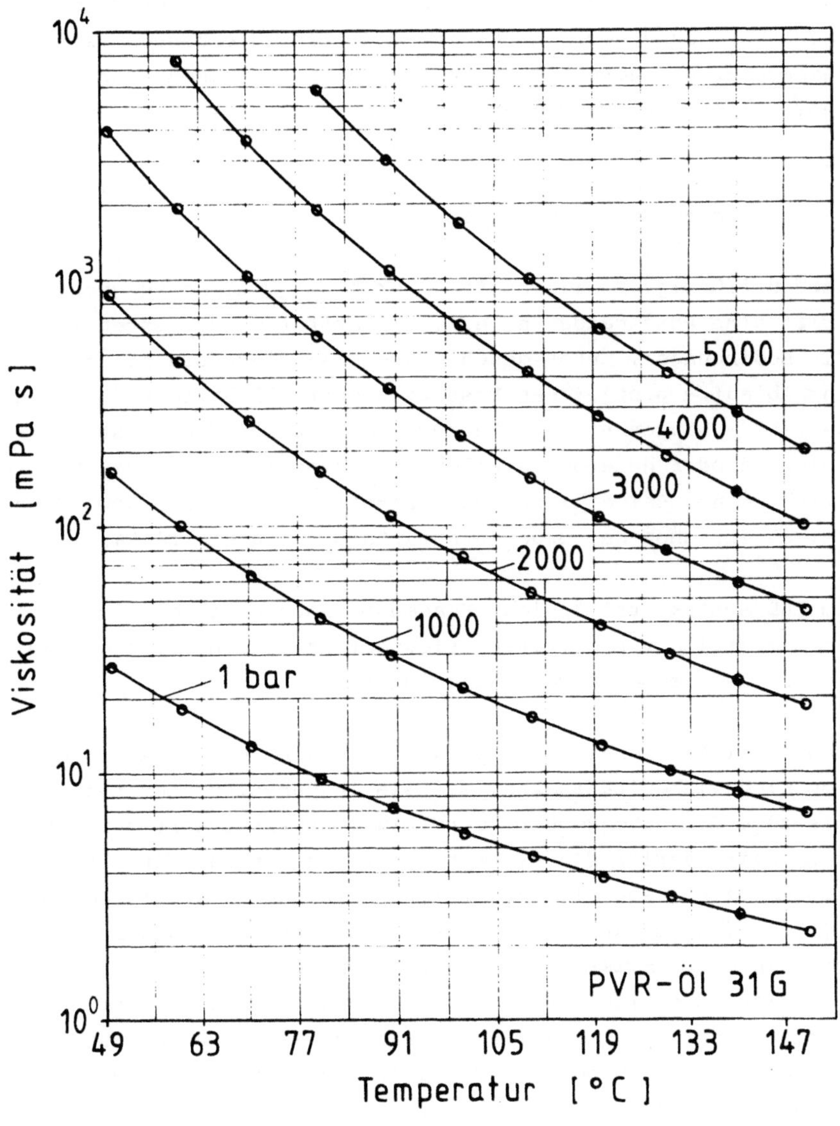

Bild 8: Viskositäts-Temperaturverhalten für das Öl 31G aus /33/

und mit dem Plotter (automatisches Zeichengerät der Rechenanlage) gezeichnet worden. Es ist deutlich zu erkennen, wie gut gemessener und gerechneter Verlauf übereinstimmen; der mittlere Fehler liegt in der Größenordnung von 2 %.

2.5.3 Grenze des Viskositätsbegriffes

Werden flüssige Schmierstoffe sehr hohen Drücken ausgesetzt, tritt eine Phasenänderung ein; sie erstarren zu festen Körpern. Die Bedingungen, unter denen diese Umwandlung stattfindet und ihr Ablauf - plötzliches Erstarren oder allmähliches "Teigigwerden" - hängen von der Zusammensetzung des Schmierstoffs - homogene oder heterogene Molekülmischung - und von der Molekularstruktur ab. Bei einigen Schmierstoffen findet die Umwandlung bei 50 °C schon bei Drücken unterhalb 1 GPa statt /31/.

Im EHD-Kontakt tritt diese Phasenumwandlung jedoch nicht auf, da der steile Viskositätsanstieg sofort zu einer starken Reibungs- und Temperaturerhöhung führt.

Dennoch ist offensichtlich, daß eine rein formale Extrapolation von Druckviskositätsdaten, wie sie in der Literatur teilweise bis zu 4 GPa durchgeführt wird, zu Viskositätswerten führt, bei denen der Begriff Flüssigkeit nicht mehr angebracht ist. Berechnet man z.B. nach Gl. (2.21) für einen Schmierstoff, der bei 40 °C und Normaldruck eine Viskosität von $\eta_{40} = 0{,}2$ Pas (200 cP) und einen Druckviskositäts-Koeffizienten $\alpha_{40} = 2{,}0 \cdot 10^{-8}$ 1/Pa aufweist, die Viskosität bei 1 GPa und gleicher Temperatur, so ergibt sich: $\eta_{P,40} = 9{,}7 \cdot 10^{7}$ Pas $\hat{=} 97 \cdot 10^{9}$ cP und damit eine Größenordnung, in der der Viskositätsbegriff sicher nicht mehr sinnvoll verwendet werden kann.

Nach /31/ sollte man nicht mit Viskositätswerten arbeiten, die oberhalb der Größenordnung 10^3 Pas liegen.

Im folgenden wird deshalb nur mit Parameterkombinationen gerechnet, bei denen diese Grenze nicht überschritten wird.

2.5.4 Dichte

Die Änderung der Dichte mit Druck und Temperatur muß nur dann bekannt sein, wenn die Kompressibilität des Schmierstoffes im Rahmen einer vertieften Betrachtung berücksichtigt werden soll. In den meisten Fällen genügt jedoch, wie bei der Erläuterung der Energiegleichung gezeigt, der von einem inkompressiblen Schmierstoff ausgehende Rechenansatz.

Die Beschreibung der Abhängigkeit der Dichte vom Druck ist wesentlich einfacher als die der Viskosität, da die Dichte von Mineralölen bei einem Druckanstieg von 1 bar auf 10 000 bar nur um ca. 20 - 30 % zunimmt, während die Viskositätsänderung mehrere Zehnerpotenzen betragen kann.

Als Näherungsfunktion für die Berechnung der Dichte-Änderung mit Druck und Temperatur wird die von WITT /37/ angegebene Beziehung verwendet.

$$\varrho = \left\{ E_o \; 1 - \left\{ \exp \; - \frac{p-1}{E_1} + E_2 \; (p-1) \right\} \Big| + D \right\} \cdot \vartheta + \frac{\varrho_{o(o)}}{1 - C \cdot \log \frac{B-(p-1)}{B}} \tag{2.24}$$

mit den Konstanten ϱ_o, C, B, D, E_o, E_1', E_2.
Ergebnisse der Näherungsfunktion für ausgewählte Öle aus /33/ zeigen die Bilder 9 - 10.

2.5.5 Wärmeleitfähigkeit

Der Einfluß der Wärmeleitfähigkeit des Schmierstoffes auf den EHD-Kontakt wird häufig unterschätzt. Da die im EHD-Schmierspalt erzeugte Wärme fast ausschließlich über die Kontaktflächen, d.h. also durch Wärmeleitung in Spalthöhenrichtung abgeführt wird, bewirkt eine höhere Wärmeleitfähigkeit einerseits eine bessere Wärmeabfuhr und damit niedrigere Spalttemperaturen, andererseits aber durch die mit sinkender Temperatur ansteigende Viskosität auch eine größere Reibung.

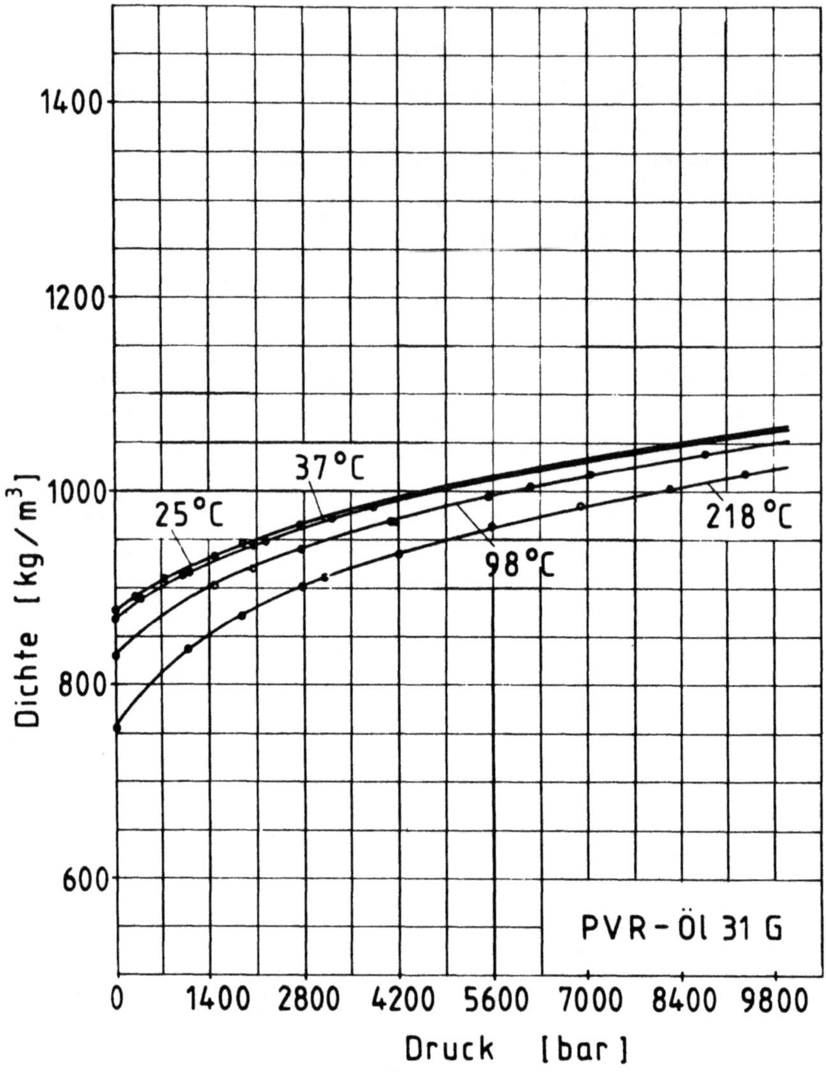

Bild 9: Dichte-Druckverhalten für Öl 31 G aus /33/

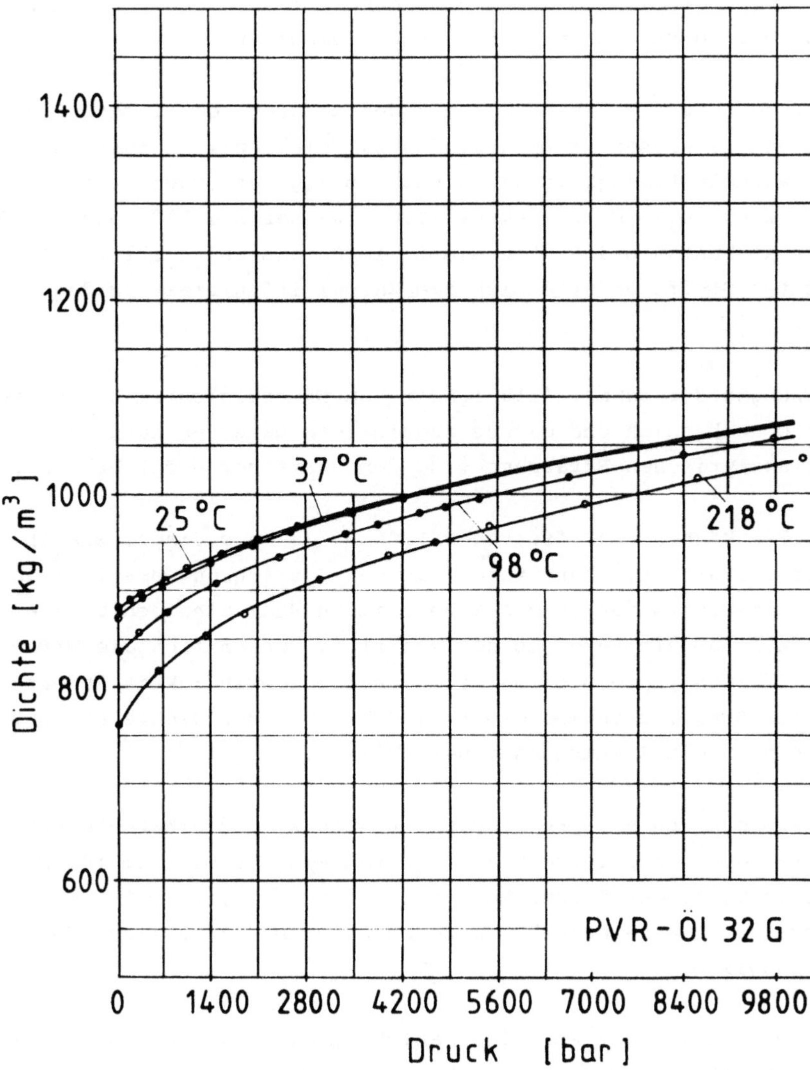

Bild 10: Dichte-Druckverhalten für Öl 32 G aus /33/

Die Wärmeleitfähigkeit ändert sich ebenfalls mit Druck und Temperatur; sie nimmt analog zur Dichte mit wachsendem Druck zu und verringert sich mit steigender Temperatur.

Messungen von BRIDGMAN /39/ mit definierten, chemischen Flüssigkeiten wie Wasser, Methanol, Äther, Toluol usw. zeigen, daß die Wärmeleitfähigkeit bei einem Anstieg des Drucks von 1 bar auf 12.000 bar um den Faktor 1,506 (Wasser bei 75°) bis 2,740 (Normal-Pentan bei 75°) zunimmt. Im Durchschnitt aller untersuchten Stoffe änderte sich die Wärmeleitfähigkeit um den Faktor 2.

Messungen der Wärmeleitfähigkeit von Mineralölen im entsprechenden Druckbereich und daraus abgeleitete Näherungsfunktionen zur analytischen Erfassung sind dem Verfasser nicht bekannt.

Abhilfe könnte hier die von BRIDGMAN /39/ aus einer, wie er selbst einräumt, stark vereinfachten Betrachtung des Energiegleichgewichts der in einem bestimmten Raum eingeschlossener Moleküle abgeleitete Aussage schaffen, wonach sich die Wärmeleitfähigkeit proportional zur Schallgeschwindigkeit ändert. Da die Schallgeschwindigkeit wiederum von der Dichte abhängt, wäre hier ein Zusammenhang herstellbar.

In Ermangelung entsprechender Meßdaten wird die Wärmeleitfähigkeit jedoch im folgenden als konstante Größe mit dem für Mineralöle geltenden Durchschnittswert von $\lambda = 0{,}15\ W/m^2 \cdot m\ °K$ eingesetzt, eine auch bei anderen Autoren /16/ übliche Vorgehensweise.

Da der Anstieg der Wärmeleitfähigkeit mit dem Druck durch die gleichzeitige Temperaturzunahme teilweise ausgeglichen wird, entsteht nur ein kleiner Fehler, der sich zudem immer in gleicher Weise auswirkt. Bei allen im folgenden durchgeführten Rechnungen ist die Spalttemperatur immer gerigfügig höher und die Reibung immer geringfügig niedriger als bei richtig eingesetzter Wärmeleitfähigkeit.

2.6 Das EHD-Gleichungssystem

Die Zusammenfassung der in diesem Kapitel vorgestellten Beziehungen führt zu einem Gleichungssystem, das die Schmierfilmbildung in stationären bzw. quasistationären EHD-Kontakten mit Linienberührung beschreibt.

2.6.1 Das isotherme EHD-Gleichungssystem

Bei Voraussetzung einer konstanten Temperatur im Schmierspalt entsteht das isotherme EHD-Gleichungssystem aus:

- Reynold'scher Differentialgleichung (2.4)
- Deformationsgleichung (2.8)
- Druck-Viskositäts-Beziehung (2.21)

Unter Verwendung des Funktionsmodells "Starrer Stempel - Elastischer Zylinder" wurde von GRUBIN und ERTEL /6, 7/ aus diesem Gleichungssystem auf analytischem Weg eine Näherungsformel zur Berechnung der Schmierfilmdicke im EHD-Kontakt abgeleitet:

$$H_o = 1{,}95 \frac{(G \cdot U^*)^{8/11}}{F^{*\,1/11}} \tag{2.25}$$

mit

dimensionslose Filmdicke:	$H_o = h_o/R$	(2.26)
Werkstoffparameter :	$G = \alpha \cdot E'$	(2.27)
Geschwindigkeitsparameter:	$U^* = \bar{u} \cdot \eta_o/(E' \cdot R)$	(2.28)
Lastparameter:	$F^* = F_N/\ (B \cdot E' \cdot R)$	(2.29)

Weitere geschlossene Lösungen wurden u.a. von WEBER/SAALFELD /40/ für niedrigere Belastungen und DÖRR /41/ erarbeitet; eine ausführliche Darstellung der damit verbundenen Probleme gibt PEPPLER /42/.

Eine numerische Lösung, die auf dem Funktionsmodell "Starrer Zylinder - Elastischer Halbraum" basiert, wurde von DOWSON/HIGGINSON /1, 8/ entwickelt: Für eine vorgegebene Druckverteilung läßt sich mit Gl. (2.8) die elastische Deformation berechnen. Die sich dadurch ergebende Spaltkontur wird in die Reynold'sche Differentialgleichung (2.4) eingesetzt und unter Beachtung der Gl. (2.21) eine neue Druckverteilung bestimmt, die Ausgangspunkt für den nächsten Iterationsschritt ist. Die Rechnung wird fortgesetzt, bis eine das Gleichungssystem befriedigende Druckverteilung und Spaltkontur gefunden ist.

Aus einer Vielzahl von derartigen Lösungen für unterschiedliche Betriebsbedingungen wurde eine Näherungsformel zur Berechnung der Filmdicke an der engsten Stelle des Schmierspaltes abgeleitet:

$$H_{min} = 1,6 \cdot \frac{G^{0,6} \cdot U^{*0,7}}{F^{*0,13}} \tag{2.30}$$

Löst man diese Formel nach den einzelnen Faktoren auf, ergibt sich jedoch ein Zusammenhang: $h_{min} \sim E'^{0,03}$, der im Widerspruch zur EHD-Theorie steht, da sich die Spaltweite mit größer werdendem Elastizitätsmodul verringern muß. Die Gleichung wurde deshalb später etwas umgestellt /9/:

$$H_{min} = 2,65 \cdot \frac{G^{0,54} \cdot U^{*0,7}}{F^{*0,13}} \tag{2.31}$$

bzw. nach der Auflösung mit dimensionsbehafteten Größen

$$h_{min} = 2,65 \cdot \alpha^{0,54} \cdot (\eta_0 \cdot \bar{u})^{0,7} \cdot R^{0,43} \cdot E'^{-0,03} \cdot (F_N/B)^{-0,13} \tag{2.32}$$

so daß $h_{min} \sim E'^{-0,03}$, d.h. im starren Fall ($E' \rightarrow \infty$) strebt die Schmierfilmdicke gegen Null.

Obwohl die Voraussetzung einer konstanten Temperatur am ehesten bei Kontakten mit reiner Rollbewegung erfüllt ist, zeigen Versuchsergebnisse, z.B. CROOK /43/ auch bei Kontakten mit überlagerter Gleitgeschwindigkeit noch eine gute Übereinstimmung zwischen den gemessenen und den mit den obigen Formeln berechneten Filmdicken, wenn die für die Viskositätsbestimmung maßgebende Temperatur, die Massentemperatur der Kontaktkörper, richtig erfaßt wird.

2.6.2 Nichtisothermes Gleichungssystem

Bei Berücksichtigung der im Spalt immer - auch bei reiner Rollbewegung - auftretenden Temperaturerhöhung, ergibt sich das folgende nicht-isotherme EHD-Gleichungssystem:

- Bewegungsgleichung (2.5)
- Kontinuitätsgleichung (2.3)
- Energiegleichung (2.6)
- Deformationsgleichung (2.8)
- Wandtemperaturgleichung (2.7)
- $\eta = f(p, \vartheta)$ (2.20, 2.22)
- $\eta = f(p, \vartheta)$ (2.24)

Lösungen des nicht-isothermen Gleichungssystems finden sich bei /12, 13, 14/, wobei allerdings Bewegungsgleichung und Kontinuitätsgleichung zu einer um thermische Korrekturfaktoren erweiterte Reynolds'schen Differentialgleichung zusammengefaßt wurden; vollständige Lösungen wurden u.a. von /15, 16/ vorgelegt. Während erstere praktisch mit den isothermen Lösungsverfahren identisch sind, muß bei letzteren durch weitere, sehr aufwendige Iterationen die Strömung durch den Spalt unter Berücksichtigung der Temperatur- und Viskositätsänderung berechnet werden. Die Spaltkontur ist so zu bestimmen, daß Druckverteilung und elastische Deformation im Gleichgewicht stehen und die Kontinuitätsgleichung erfüllt wird. Diese zusätzliche Bedingung führt zu einer Vervielfachung des Rechenaufwandes gegenüber der isothermen bzw. der vereinfachten nicht-isothermen Lösung, bei denen die Einhaltung der Kontinuität durch die Reynold'sche

Differentialgleichung immer gegeben ist, und beeinträchtigt vor allem die Konvergenz des numerischen Verfahrens.

So konnte in LIESEGANG /15/bei Belastungen mit $p_H \geqslant 0{,}22$ GPa in keinem Fall Konvergenz erzielt werden. Auch SCHOUTEN /16/ teilt nur für ein einziges Beispiel Ergebnisse mit.

Der hohe numerische Aufwand und die sehr unsichere Konvergenz lassen diese Verfahren deshalb weitgehend ungeeignet für praktische Anwendungen erscheinen.

Im folgenden Kapitel wird deshalb ein Verfahren vorgestellt, mit dem Schmierspaltkontur und Reibung in EHD-Kontakten durch eine mit entsprechenden Vereinfachungen erfolgende Lösung des nicht-isothermen EHD-Gleichungssystems mit geringerem Aufwand und sehr zuverlässiger Konvergenz bestimmt werden können.

3. Verfahren zur Berechnung von Schmierspaltkontur und Reibung in stationären EHD-Kontakten mit Linienberührung

Mit dem nachfolgend dargestellten Verfahren kann die Schmierspaltkontur und Reibung in allen stationären bzw. als quasistationären anzusehenden EHD-Kontakten mit Linienberührung berechnet werden. Es ist deshalb nicht nur bei Verzahnungen, sondern auch bei Reibradgetrieben, Nocken-Stößeltrieben usw. einsetzbar.

3.1 Übersicht über den Rechengang

Grundgedanke des Verfahrens ist eine weitgehende Trennung der Spaltprofil- und Reibungsrechnung.

Spaltkontur und Druckverteilung werden numerisch in Anlehnung an das von CHRISTENSEN /28/ beschriebene Verfahren, ausgehend vom Funktionsmodell "Starrer Stempel - Elastischer Zylinder" und unter Verwendung der Reynold'schen Differentialgleichung (2.4) bestimmt. Die in Gleichung (2.4) einzusetzende Viskosität wird mit dem sich für die jeweilige x-Koordinate ergebenden Mittelwert der Temperaturverteilung in Spalthöhenrichtung berechnet, eine als quasi-isotherm zu bezeichnende Vorgehensweise.

Für diese so bestimmte Spaltkontur wird, wiederum numerisch, das nicht-isotherme EHD-Gleichungssystem gemäß Kap. 2.6.2 ohne Berücksichtigung von Gl. (2.3) gelöst und die Geschwindigkeits-, Temperatur-, Viskositäts- und Schubspannungsverteilung ermittelt.

Die Temperaturwerte werden in Spalthöhenrichtung gemittelt und eine neue Schmierspaltkontur als Ausgangsbasis für den nächsten Iterationsschritt bestimmt.

Die Rechnung wird wiederholt, bis die Temperaturänderungen unterhalb einer gegebenen Genauigkeitsschranke liegen, wozu im allgemeinen 2 - 4 Iterationsschritte ausreichen.

Beim Übergang von der quasi-isothermen Spaltkontur-Berechnung zur nicht-isothermen Reibungsrechnung entstehen Abweichungen in der Kontinuität, die zwar kontrolliert, gemäß den Voraussetzungen des Verfahrens aber nicht korrigiert werden können. Wie die Erfahrung zeigt, sind diese Abweichungen aber so gering, daß sie keinen nennenswerten Einfluß auf das Geschwindigkeitsprofil und damit auch auf Wärmeerzeugung und Reibung haben.

Vergleich zu anderen Verfahren

Das vorgestellte Verfahren stellt hinsichtlich der Schmierfilmdickenberechnung eine Weiterentwicklung der in /6, 7/ und /27, 28/ gezeigten Verfahren dar. Der wesentliche Unterschied liegt - abgesehen von der zusätzlichen nicht-isothermen Lösung zur Ermittlung der Reibung - in der Berechnung der Druckverteilung und Spaltkontur im Eintrittsbereich.

V. MOHRENSTEIN-ERTEL/GRUBIN /6, 7/ bestimmen die Druckverteilung im Eintrittsbereich ohne Berücksichtigung der durch den hydrodynamischen Druckaufbau bewirkten elastischen Deformationen.

CHRISTENSEN/PRAKASH /27, 28/ beziehen diese elastischen Deformationen in den Rechengang ein, legen aber wie in /6, 7/ isotherme Verhältnisse zugrunde.

In der vorliegenden Arbeit wird nun dagegen der Einfluß der Erwärmung und der damit einhergehenden Viskositätsverminderung auf Druckverteilung, Spaltkontur und Schmierfilmdicke berücksichtigt.
Dadurch ist es möglich, die Auswirkung des sogenannten "Inlet-shear-heating" auf Spaltprofil und Schmierfilmdicke, die bislang zumeist mit einer Näherungsformel von MURCH/WILSON /44/ berechnet wurde, numerisch zu erfassen.

Verfahrensvarianten

Durch die weitgehende Trennung von Spaltprofil- und Reibungsberechnung ergibt sich zur Einsparung von Rechenzeit die Möglichkeit, je nach Fragestellung unterschiedliche Informationen über den untersuchten EHD-Kontakt zu erhalten, wozu bei entsprechendem Aufbau nur ein einziges Rechenprogramm benötigt wird:

1) Stehen Spaltform und Druckverteilung im Vordergrund des Interesses, so können diese durch die Voraussetzung isothermer Verhältnisse unter Verzicht auf die Reibungsrechnung bestimmt werden.

2) Werden nur Aussagen über Temperaturverteilung und Reibung benötigt (z.B. zur Berechnung des Wirkungsgrades) kann zur Vereinfachung auf die Berechnung der Spaltkontur verzichtet werden. Die nicht-isotherme Rechnung wird dann auf einen angenommenen Parallelspalt mit Hertz'scher Druckverteilung

angewandt, dessen Schmierfilmdicke mit Gl. (2.25) oder (2.31) bestimmt wird. Hierbei kommt es zwar zu größeren Abweichungen des Kontinuitätsintegrals im Ein- und Austrittsbereich, die aber die Gesamtreibung nicht wesentlich beeinflussen.

Bei der Interpretation der Ergebnisse ist jedoch zu berücksichtigen, daß die so berechneten Reibungszahlen um ca. 10 % größer sind als bei der vollständigen Rechnung. Ursache dafür sind die sich aus der Vernachlässigung der Erwärmung der Kontaktflächen im Eintrittsbereich ergebenden niedrigeren Wandtemperaturen.
Durch diese Vorgehensweise kann aber - insbesondere bei der Anwendung auf Verzahnungen - sehr viel Rechenzeit eingespart werden.

3) Zur vollständigen Analyse des EHD-Kontaktes wird die gesamte Rechnung durchgeführt.

Neben Spaltprofil, Reibungszahl und Wandtemperaturen ergibt sich dann aus der Druckverteilung und aus den an den Kontaktflächen berechneten Schubspannungen die Beanspruchung der Kontaktkörper und aus dem Wärmeübergang Schmierfilm - Kontaktflächen die in die Kontaktkörper fließende Wärmemenge.

Bei der Anwendung des Verfahrens ist allerdings - darauf sei ausdrücklich hingewiesen - zu berücksichtigen, daß sich die Rechnung auf einen idealisierten EHD-Kontakt bezieht. Das heißt, daß neben den zur Ableitung des Verfahrens vorgenommenen Vereinfachungen, Einflüsse, wie sie z.B. von Oberflächenfeingestalt, Fertigungstoleranzen und dynamischen Zusatzkräften herrühren, nicht berücksichtigt werden können.

3.2 Berechnung von Schmierspaltkontur und Druckverteilung

3.2.1 Funktionsmodell

Bei der Übertragung des mechanischen Modells "Starrer Stempel - elastischer Zylinder" auf den EHD-Kontakt lassen sich drei Bereiche unterscheiden (Bild 11):

1. Eintrittszone

Die Eintrittszone umfaßt den vor und am Anfang der Berührungszone liegenden Bereich. In dieser Zone wird das an den Kontaktflächen haftende Öl in Richtung des Schmierspaltes gefördert. Durch die Spaltverengung baut sich ein Druck auf, der ungefähr die Hälfte des maximalen Hertz'schen Druckes für den ungeschmierten bzw. ruhenden Kontakt erreicht.

Die starke Spaltverengung bei noch nicht sehr hoher Viskosität führt gemäß Gl. (2.4) zu einem steilen Druckgradienten dp/dx. Das Geschwindigkeitsprofil entspricht deshalb weitgehend der Hagen-Poiseuille-Strömung, wobei die Geschwindigkeit in der Spaltmitte oder deren Nähe auch negative Werte (Rückströmung aus dem Spalt) annehmen kann.

2. Druckzone

In Entsprechung zum mechanischen Modell wird der Spalt in der Druckzone als parallel angesehen (Stempelfläche). Da der Spaltverlauf im wirklichen Kontakt nicht exakt parallel sein kann, entsteht dadurch ein geringfügiger Fehler in der Größenordnung von etwa ein Prozent.
In der Druckzone sind Druck und Viskosität hoch und Druckgradient dp/dx klein. Das Strömungsprofil ist nahezu identisch mit dem der Couette-Strömung.

3. Austrittszone

In der Austrittszone kommt es durch den steilen Druckabfall zu einer Einschnürung mit einer davor auftretenden Druckspitze.

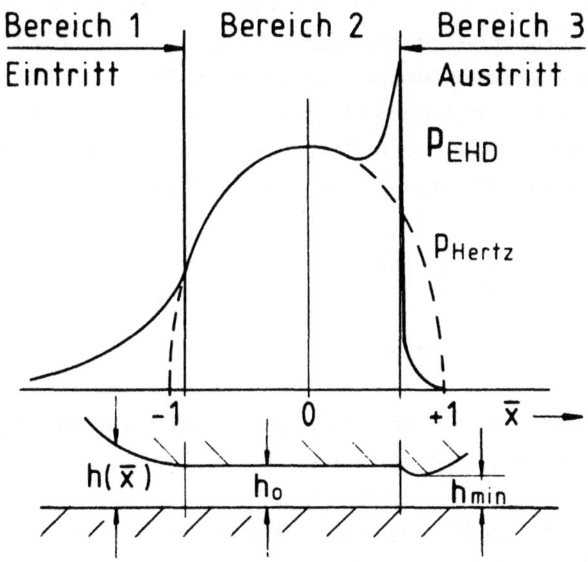

Bild 11: Einteilung der Bereiche im EHD-Kontakt

Im mechanischen Modell wird dies durch die Kante des Stempels dargestellt. Aufgrund des hohen Druckgradienten und der sich stark vermindernden Viskosität ist als Strömungsform wieder die Hagen-Poiseuille-Strömung vorherrschend. Die Lage der Druckspitze und damit die Stelle des Überganges von der Druckzone zur Austrittszone hängt von den Betriebsbedingungen ab und wird im Verlauf der Rechnung bestimmt.

Die Grenze zwischen Eintrittszone und Druckzone wird willkürlich gelegt, wobei gemäß der Definition der beiden Zonen der Anteil von Druckströmung und Scherströmung an der Gesamtströmung als Unterscheidungsgröße dient. So soll die Eintrittszone beendet sein, wenn der Anteil der Druckströmung auf unter 1 % der Gesamtströmung sinkt, d.h. wenn gilt

$$\frac{dp}{dx} \cdot \frac{h_o^2}{12 \cdot \eta \cdot \bar{u}} \leqslant 0{,}01 \qquad (3.1)$$

3.2.2 Numerische Lösung

Der Algorithmus zur Berechnung von Druckverteilung und Spaltform ist in Bild 12 dargestellt.

Der numerischen Lösung liegt ein dimensionsloses Koordinatensystem gemäß Bild 5 mit $x^* = x/L$ zugrunde, dessen Ursprung mit der Stempelkante des mechanischen Modells zusammenfällt und dessen positive x-Achse in Richtung der Eintrittszone weist.

Zwischen $x^* = 0$ und $x^* = 1$ werden n_1 ($n_1 \geqslant 50$) (s. Bild 13) äquidistante Stützstellen x_i^* mit dem Abstand s_1 festgelegt und beginnend mit $i = 0$ für $x^* = 0$ fortlaufend numeriert.

Zu Beginn der Iteration muß δ_o (Lage der Stempelkante) (Bild 5) vorgegeben werden; zweckmäßig ist ein Wert im Bereich $0 < \delta_o < 0{,}3$. Mit δ_o kann nach Gl. (2.17) die Spaltlänge und nach Gl. (2.15) die Druckverteilung in der Druckzone, d.h. im Bereich $s_1 \leqslant x^* \leqslant 1$ bzw. $1 \leqslant i \leqslant n_1$ berechnet werden. Weiter-

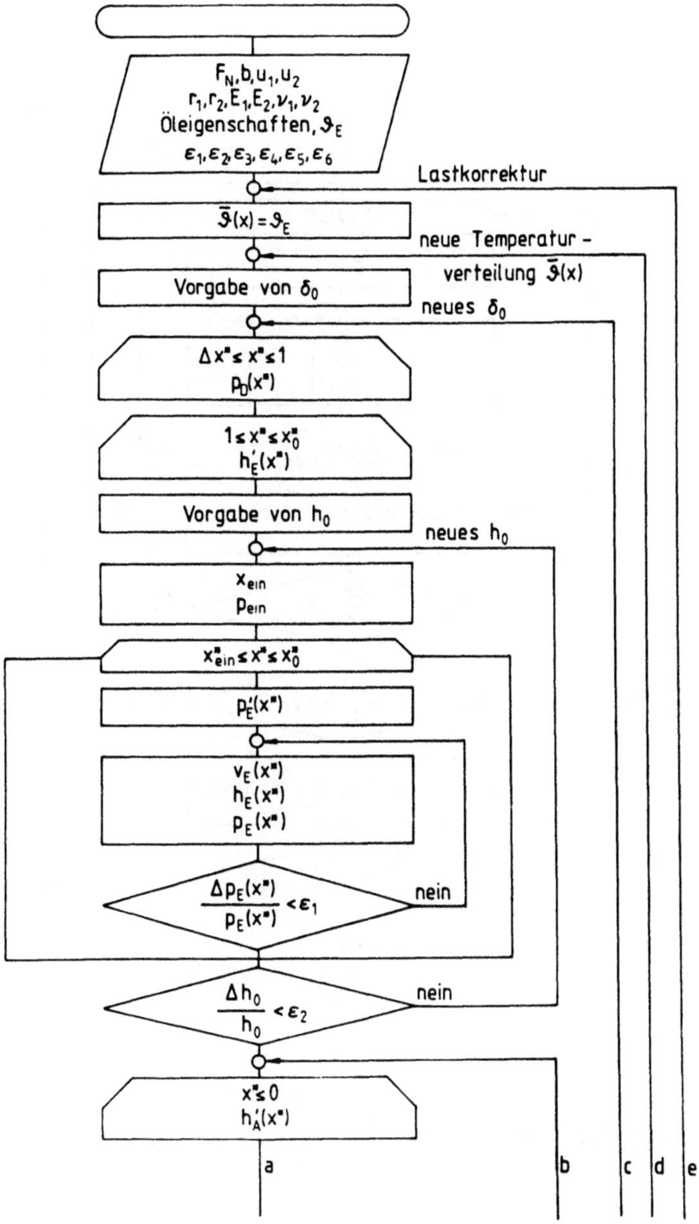

Bild 12: Algorithmus zur Berechnung von Druckverteilung und Spaltform

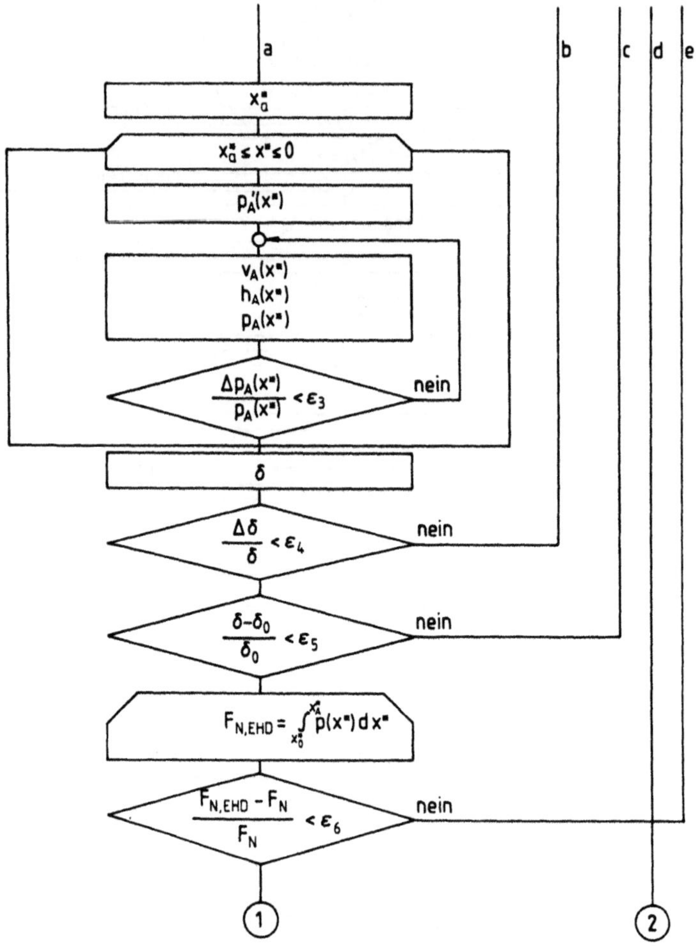

Bild 12: Fortsetzung

hin ergibt sich nach Gl. (2.18) und (2.19) die Spaltkontur $h'_E(x^*)$ und $h'_A(x^*)$ im Ein- und Austrittsbereich, zu denen allerdings noch die elastischen Deformationen infolge des hydrodynamischen Druckaufbaus addiert werden müssen.

Bestimmung von h_0

Die Bestimmung von h_0 ist mathematisch gesehen eine Nullstellensuche. Bei der Wahl des Lösungsverfahrens ist zu berücksichtigen, daß keine explizite Funktion für h_0 und somit auch keine Ableitungen verfügbar sind. Die Berechnung kann sowohl iterativ mit einem nach Gl. (2.25) bzw. Gl. (2.31) zu bestimmenden Startwert oder rein formal durch eine Intervallschachtelung mit einem genügend groß gewählten Ausgangsintervall, erfolgen.

In beiden Fällen muß zunächst für den vorgegebenen Wert von h_0 das Eintrittsende nach der Ungleichung (3.1) bestimmt werden. Beginnend mit $i = n_1$, d.h. $x^* = 1$, werden h_0 und der in Differenzenform umgeschriebene Druckgradient $(p_{i-1} - p_i)/\Delta x$ in Gl. (3.1) eingesetzt, bis die Ungleichung erfüllt und das Eintrittsende gefunden ist. Diese Stelle wird mit x^*_{ein} und der Stützstellennummer i_{ein}, der Druck als Eintrittsenddruck p_{ein} bezeichnet.

Das Spaltprofil im Eintrittsbereich h_E ergibt sich zunächst, d.h. ohne Berücksichtigung der zusätzlichen elastischen Deformationen, zu:

$$h_E(x^*) = h'_E(x^*) + h_o \quad (3.2)$$

Mit der Spaltkontur wird Gl. (2.4) numerisch integriert.

Bei einer nur isotherm durchgeführten Rechnung und beim ersten Durchlauf der nicht-isothermen Rechnung kann die Viskosität mit Gl. (2.21) bestimmt werden, da der Druck im Eintrittsbereich nicht sehr hoch ist. Ansonsten wird die Abhängigkeit der Viskosität von Druck und Temperatur nach dem im Kap. 2.5.2 gezeigten Verfahren bestimmt.

Randbedingung für die Druckberechnung ist der Umgebungsdruck p_o am Punkt x_o^* in genügender Entfernung von der Druckzone. Wie die Erfahrung zeigt, genügt wegen des sich rasch erweiternden Spaltes (das Kennzeichen kontraformer Kontakte) ein Abstand von der einfachen bis zweifachen Länge der Druckzone. Die numerische Integration beginnt dann bei $x^* = 2$ oder $x^* = 3$ und wird mit der gleichen Schrittweite durchgeführt wie die Berechnung der Druckverteilung innerhalb der Druckzone, so daß sich eine Gesamtschrittzahl $n_{ges} \geq 100$ ergibt. Als Ergebnis folgt die Druckverteilung $p_E'(i)$ für $i_{max} \leq i \leq i_{ein}$.

Die durch die Druckverteilung im Bereich $x_0^* \leq x^* \leq x_{ein}^*$ hervorgerufenen Deformationen werden im nächsten Schritt punktweise durch numerische Integration der Gl. (2.8) berechnet. Im Bereich der Berührungszone $1 \leq x^* \leq x_{ein}^*$ ist die Differenz zwischen dem hydrodynamisch berechneten Druck und der Druckverteilung des mechanischen Modells einzusetzen. Die Konstante in Gleichung (2.8) wird so bestimmt, daß die Deformation im Punkt x_{ein}^* (Beginn des Parallelspaltes) verschwindet. Die Deformationen $v_E(i)$ werden unter Beachtung des Vorzeichens zur bisherigen Spaltfunktion addiert:

$$h_E(i) = h_E'(i) + v_E(i) + h_o \tag{3.3}$$

Mit dieser Spaltfunktion können die Druckverteilung und die daraus resultierenden elastischen Deformationen erneut berechnet werden. Der Vorgang wird wiederholt, bis die Änderung der Druckverteilung zwischen zwei Durchgängen unterhalb einer gegebenen Grenze liegt, wozu im allgemeinen 3 bis 5 Durchläufe erforderlich sind.

Nun wird der durch die Integration an der Stelle x_{ein}^* bestimmte Druck $p_E(x_{ein}^*)$ mit dem sich aus der Druckverteilung innerhalb der Druckzone an der gleichen Stelle ergebenden Druck p_{ein} verglichen. Ist $p_E(x_{ein}^*)$ größer als p_{ein}, war das gewählte h_o zu klein und muß im nächsten Durchlauf vergrößert werden, im umgekehrten Fall ist h_o zu verkleinern. Die Bestimmung von h_o erfordert nur wenige Wiederholungen, in denen aber die iterative

Bestimmung der Druckverteilung jeweils neu durchgeführt werden muß. Um einen für praktische Anwendungen viel zu kleinen absoluten Fehler von 10^{-11} m zu erreichen, werden ungefähr 20 Iterationen benötigt, bei einer für praktische Zwecke ausreichenden Grenze von 10^{-9} m verringert sich diese Zahl entsprechend.

Lage der Stempelkante

Der Berechnung von Druckverteilung und Spaltkontur im Eintrittsbereich wurde ein willkürlich gewählter Wert für δ_o zugrundegelegt. Der korrekte Wert für δ_o ergibt sich aus der Bestimmung von Druckverteilung und Spaltprofil in der Austrittszone.

Aufgrund der geringen Ausdehnung der Austrittszone ist der Einfluß der hier auftretenden Reibung auf die Gesamtreibung sehr gering und kann demzufolge weitgehend vernachlässigt werden. Die Rechnung wird deshalb nur isotherm unter Berücksichtigung der Druck-Viskositätsgleichung (2.21) durchgeführt.

Aus Gl. (2.4) folgt mit Gl. (2.21) und H = h/R

$$1 - e^{-\alpha \cdot p} = \frac{12}{R} \cdot \alpha \cdot \eta_o \cdot \bar{u} \int_{x_a^*}^{0} \frac{H - H_o}{H^3} \, dx^* \qquad (3.4)$$

An der Stelle $x^* = 0$, d.h. bei der Druckspitze wird der Druck p einen großen Wert annehmen, so daß gilt:

$$1 - e^{-\alpha \cdot p_{(x^*=0)} - p_o} \approx 1 \qquad (3.5)$$

(Beispiel: bei $p_{(x^*=0)}$ = 16 Pa und = $2 \cdot 10^{-8}$ 1/Pa = $1 - e^{\alpha\, p_{(x^*=0)}}$ = 0.999 999 997)

Zunächst wird die aufgrund der Belastung in der Druckzone entstehende, von δ_o abhängige Spaltkontur h'_A gemäß Gleichung (2.19) berechnet. Durch eine einfache Nullstellensuche läßt sich daraus die Stelle x_a^* ermitteln, bei der die Einschnürung zu Ende, d.h. $h'_{A(x^*)} = 0$ ist. Zwischen $x^* = 0$ und $x^* = x_a^*$ werden n_2

Stützstellen ($n_2 \geq 30$) festgelegt. Beginnend bei x_a^* mit $p_A = p_o$ läßt sich die Druckverteilung $p_A'(x^*)$ durch numerische Integration der Gleichung (3.4) berechnen. Dabei muß h_A^* für die jeweiligen Stützstellen aus der Beziehung

$$h_A = h_A' + h_o \tag{3.6}$$

bestimmt werden.

Die punktweise numerische Integration der Gl. (2.8) mit der Druckverteilung p_A' liefert dann die elastischen Deformationen v_A und damit die neue Spaltkontur

$$h_A = h_A' + h_o + v_A \tag{3.7}$$

mit der die Druckverteilung $p_A(x^*)$ berechnet wird.

Sind $p_A(x^*)$ und $h_A(x^*)$ nach mehrmaliger Wiederholung mit ausreichender Genauigkeit bestimmt, wird mit Hilfe der für $x^* = 0$ geltenden Näherung überprüft, inwieweit der zunächst angenommene Wert für δ_o richtig war.

Die gesamte Rechnung im Austrittsbereich wird, beginnend mit der Ermittlung der Spaltkontur h_A' und der Stelle x_a^*, so lange wiederholt, bis mit der gewünschten Genauigkeit bestimmt ist. Da δ von mehreren Parametern beeinflußt wird, ist es relativ schwierig, einen geeigneten neuen Wert vorzugeben. Es empfiehlt sich deshalb, δ durch eine mit der sogenannten Intervallschachtelung durchgeführten Nullstellensuche mit einer fest vorgegebenen Anzahl von Durchläufen zu bestimmen.

Die so ermittelte Größe δ ist der Ausgangswert für eine erneute Berechnung der Druckverteilung in Druck- und Eintrittszone. Danach muß die Rechnung in der Austrittszone zur Bestimmung von $p_A(x^*)$, $h_A(x^*)$ und δ erneut durchgeführt werden.

Die gesamte Iteration wird wiederholt, bis δ_o mit der gewünschten Genauigkeit ermittelt ist.

Anschließend muß durch Integration über die Druckverteilung die Tragfähigkeit des Kontaktes bestimmt werden. Da bei der Rechnung zunächst davon ausgegangen worden war, daß die Gesamtbelastung von der in der Druckzone herrschenden Druckverteilung getragen wird, muß die als Eingangsgröße dienende Last in einem erneuten Durchlauf der gesamten Rechnung entsprechend vermindert werden, bis auch hier Übereinstimmung erzielt wird.

Damit sind die Druckverteilung und die Spaltkontur für den Kontakt bestimmt. Bei einer nur isotherm durchgeführten Rechnung ist der Rechengang hiermit beendet; bei der nicht-isothermen Rechnung sind die ermittelten Werte Ausgangsgrößen für die Reibungsrechnung und müssen nach Berechnung der Temperaturverteilung erneut bestimmt werden.

3.3 Berechnung der Reibung

Während bei der Berechnung von Druckverteilung und Spaltprofil eine wechselseitige numerische Integration von Reynold'scher Differentialgleichung und Verformungsgleichung zum Ergebnis führt, muß zur Bestimmung der Reibung ein komplexes Differentialgleichungssystem gelöst werden.

Die Lösung erfolgt mit Hilfe des Differenzenverfahrens. Dazu wird ein Rechteckgitter in den Schmierspalt gelegt, dessen oberer und unterer Rand mit den Konturen der Kontaktflächen zusammenfallen (Bild 13). Außerhalb der Druckzone, d.h. außerhalb des Parallelspaltes, muß die Spaltform transformiert werden, um Übereinstimmung zwischen Spaltkontur und Gitter zu erreichen. Die transformierte Spaltkoordinate ergibt sich zu:

$$y' = y \cdot \frac{h_o}{h(x)} \qquad (3.8)$$

Die Transformation ist bei den in y-Richtung gebildeten Ableitungen zu berücksichtigen.

Die senkrechten Gitterlinien werden so gelegt, daß sie mit den

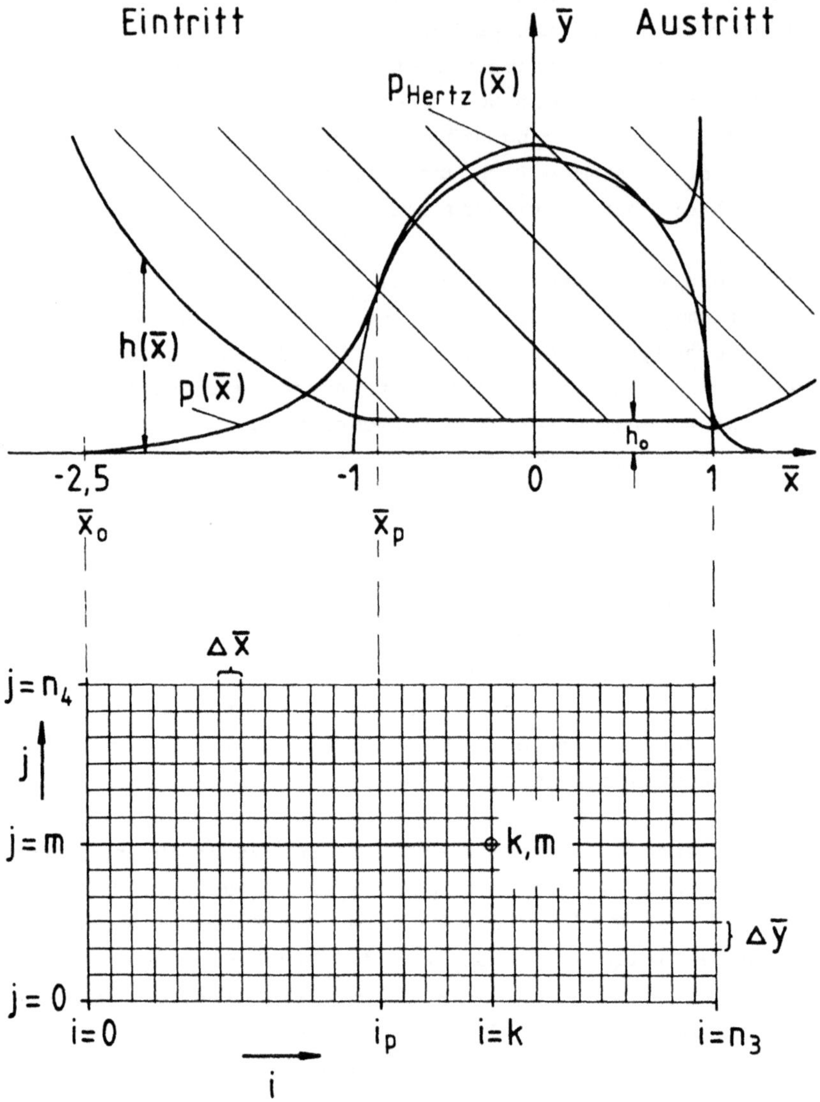

Bild 13: Rechteckgitter zur Anwendung des Differenzenverfahrens

zur Berechnung der Druckverteilung im Bereich $x_o^* \leq x^* \leq 0$ verwendeten Stützstellen zusammenfallen.

3.3.1 Randbedingungen

Ausgangsdruckverteilung

Die nach Kap. 3.2 bestimmte Druckverteilung kann nicht ohne weiteres zur Berechnung der Reibung verwendet werden. Ursache dafür ist die Druckspitze, die in einer derartigen scharfen Ausprägung nur in dem der Rechnung zugrundeliegenden idealisierten EHD-Kontakt auftritt. Im wirklichen Kontakt wird die Höhe der Druckspitze durch mehrere Mechanismen verringert:

- der wirkliche Kontakt verhält sich nicht ideal-elastisch, wie bei der Rechnung vorausgesetzt
- die Viskosität folgt dem steilen Druckanstieg nur mit einer gewissen Verzögerung (Relaxationszeit)
- der Schmierstoff ist, was in der Gl. (2.4) nicht berücksichtigt wurde, kompressibel.

Da der Bereich der Druckspitze die Gesamtreibung aufgrund seiner geringen Ausdehnung nur wenig beeinflußt, wird die Druckspitze bei der Reibungsrechnung vernachlässigt; hier wird dann statt des hydrodynamisch berechneten Drucks der sich nach Hertz ergebende Druckverlauf eingesetzt.

Durch diese Maßnahme wird die Konvergenz des Verfahrens, die ansonsten nur sehr schwer erreichbar wäre, entscheidend verbessert.

Koordinatensystem

Bei Vernachlässigung der Druckspitze ist es günstiger, ein Koordinatensystem zu wählen, dessen Ursprung mit dem Mittelpunkt der Hertz'schen Zone zusammenfällt. Dadurch wird es auch möglich, vollständige und vereinfachte Lösung mit dem gleichen

Rechenprogramm durchzuführen.
Die Koordinaten der Stützstellen müssen dann in das $\bar{x},\bar{y}$-Koordinatensystem mit $\bar{x} = x/l_H$ umgerechnet werden:

$$\bar{x} = 2 \cdot \sqrt{\frac{F_N}{F_N' \, (1 + 4\delta_o)} \, (x^* + \delta - \frac{1}{2})} \qquad (3.9)$$

Gleichzeitig werden die Stützstellen neu numeriert. Die Numerierung beginnt mit i = 0 am Eintrittsbeginn $\bar{x}_o$ (im x*-System die Stelle x_o^*) und wird fortlaufend bis zur letzten vor $\bar{x} = 1$ liegenden Stützstelle mit der Numerierung $i = n_3$ durchgeführt. Der Beginn des Parallelspaltes wird mit i_p bezeichnet. Im davorliegenden Eintrittsbereich $0 \leq i \leq i_p$ ändert sich die Schmierfilmdicke mit $\bar{x}$, hier ist der Spalt gemäß Gl. 3.8 zu transformieren, d.h. die veränderliche Schrittweite in Spalthöhenrichtung ist zu berücksichtigen. Im Bereich $i_p \leq i \leq n_3$ ist der Spalt gemäß den gemachten Voraussetzungen parallel, Druckspitze und Einschnürung entfallen.

In senkrechter Richtung werden n_4 äquidistante Gitterlinien gewählt, wobei sich eine Schrittzahl $15 \leq n_4 \leq 30$ als günstig erwiesen hat. Die Gitterlinien j = 0 und $j = n_4$ fallen mit den Kontaktflächen zusammen.
Als Randbedingung für die Geschwindigkeitsverteilung folgt damit:

$$u_{1,0} = u_1 \qquad u_{1,n_4} = u_2 \qquad (3.10)$$

Als weitere Randbedingung wird die Temperatur im Spalteintritt bei i = 0 benötigt; hier wird eine konstante Einlauftemperatur

$$\vartheta_{(0,j)} = \vartheta_E \qquad (3.11)$$

wobei ϑ_E der Massentemperatur der Kontaktkörper ϑ_M entspricht, vorausgesetzt.

3.3.2 Simultane Lösung von Bewegungs- und Energiegleichung

Übergang zu Differenzengleichungen

Zur Anwendung des Differenzenverfahrens müssen die in den Differentialgleichungen enthaltenen Differentialquotienten in Differenzenquotienten umgewandelt werden. Die Differenzenquotienten sind so zu wählen, daß die Lösung sukzessive in Richtung der x-Achse durchgeführt werden kann. Damit folgt:

$$\frac{dp}{dx} = \frac{1}{\Delta x}(p_i - p_{i-1});$$

$$\frac{\partial u}{\partial y} = \frac{1}{2\Delta y}(u_{i,j+1} - u_{i,j-1});$$

$$\frac{\partial^2 u}{\partial y^2} = \frac{1}{\Delta y^2}(u_{i,j+1} - 2\,u_{i,j} + u_{i,j-1}) \qquad (3.12)$$

$$\frac{\partial \vartheta}{\partial y} = \frac{1}{2\Delta y}(\vartheta_{i,j+1} - \vartheta_{i,j-1})$$

$$\frac{\partial^2 \vartheta}{\partial y^2} = \frac{1}{\Delta y^2}(\vartheta_{i,j+1} - 2\vartheta_{i,j} + \vartheta_{i,j-1})$$

$$\frac{\partial \eta}{\partial y} = \frac{1}{2\Delta y}(\eta_{i,j+1} - \eta_{i,j-1})$$

Aus der Bewegungsgleichung (2.5) ergibt sich dann:

$$\frac{1}{\Delta x}(p_i - p_{i-1}) = \frac{1}{\Delta y^2}(u_{i,j+1} - 2\,u_{i,j} + u_{i,j-1})$$
$$\frac{1}{2\Delta y}(\eta_{i,j+1} - \eta_{i,j-1}) \cdot \frac{1}{\Delta y}(u_{i,j+1} - u_{i,j-1}) \qquad (3.13)$$

Multipliziert man mit $4\,\Delta y^2$ und ordnet die Gleichung um, folgt:

$$(\eta_{i,j-1} + 4\eta_{i,j+1}) \cdot u_{i,j-1} - 8\eta_{i,j} \cdot u_{i,j} + (\eta_{i,j+1} + 4\eta_{i,j} - \eta_{i,j-1}) \cdot u_{i,j+1} = 4\,\frac{\Delta y^2}{\Delta x}(p_i - p_{i-1}) \qquad (3.14)$$

Mit der Energiegleichung wird analog verfahren. Hier ergibt sich:

$$\frac{1}{\Delta y^2} \cdot \lambda \cdot (\vartheta_{i,j+1} - 2\vartheta_{i,j} + \vartheta_{i,j-1}) + \frac{1}{4\Delta y^2} \cdot \eta_{i,j}(u_{i,j+1}-u_{i,j-1})$$

$$+ \varrho_{i,j} \; \frac{(\frac{1}{\varrho})_{i-1,j+1} - (\frac{1}{\varrho})_{i-1,j-1}}{\vartheta_{i-1,j+1} - \vartheta_{i-1,j-1}} \cdot u_{i,j} \cdot \vartheta_{i-1,j}$$

$$\cdot \frac{1}{\Delta x} (p_i - p_{i-1}) = 0 \qquad (3.15)$$

woraus nach Multiplikation mit $4 \frac{\Delta x}{\Delta y^2}$ und Umordnung folgt:

$$- 4\lambda \vartheta_{i,j-1} + 8\lambda\vartheta_{i,j} - 4\lambda\vartheta_{i,j+1} = \frac{4\Delta y^2}{\Delta x} \varrho_{i,j}$$

$$\frac{(\frac{1}{\varrho})_{i-1,j+1} - (\frac{1}{\varrho})_{i-1,j-1}}{\vartheta_{i-1,j+1} - \vartheta_{i-1,j-1}} \cdot u_{i,j} \cdot \vartheta_{i-1,j} \cdot (p_i - p_{i-1})$$

$$+ \eta_{i,j} (u_{i,j+1} - u_{i,j-1})^2 \qquad (3.16)$$

Übersicht über den Lösungsweg

Zur simultanen Lösung von Bewegungs- und Energiegleichung wird folgendermaßen verfahren:

Gesucht ist die Geschwindigkeits- und Temperaturverteilung bei einer Durchschneidung i_k = const.

Als erstes werden die Koeffizienten der Gl. (2.20) nach Kap. 2.5.2 bestimmt und die Viskositätswerte an den Gitterpunkten $\eta_{k,0 \leq j \leq n_4}$ mit der aus der vorigen Durchschneidung ermittelten Temperaturverteilung $\vartheta_{k-1,0 \leq j \leq n_4}$ berechnet.

Die Viskositätswerte werden in die Bewegungsgleichung (3.14) eingesetzt und es entsteht ein lineares Gleichungssystem, das aufgrund der für j = 0 und j = u_4 gegebenen Randbedingungen (3.10) lösbar ist.

Die so bestimmten Geschwindigkeiten werden in die Energiegleichung eingesetzt. Es entsteht wiederum ein lineares Gleichungssystem, das mit vorgegebenen Randbedingungen für $\vartheta_{k,0}$ und ϑ_{k,n_4} gelöst wird.

Aus der damit ermittelten Temperaturverteilung wird mit Gl. (2.20) eine neue Viskositätsverteilung berechnet, mit der dann die Geschwindigkeitsverteilung erneut bestimmt wird.

Die Iteration wird wiederholt, bis keiner der Temperatur- und Viskositätswerte um mehr als einen gegebenen Betrag von der vorhergehenden Iteration abweicht.

Durch numerische Integration der Gl. (2.7) werden aus der Temperaturverteilung die Wandtemperaturen $\vartheta_{k,0}$ und $\vartheta_{k,4}$ bestimmt, und die gesamte Iteration mit diesen neuen Randbedingungen wiederholt, bis auch hier keine nennenswerte Abweichung mehr auftritt.

Die Iteration zur Berechnung der Geschwindigkeits- und Temperaturverteilung erweist sich als besonders rechenintensiv; hier werden teilweise über 100 Durchläufe benötigt. Für die übergeordnete Iteration zur Bestimmung der Wandtemperaturen sind dagegen im allgemeinen nur 3 - 5 Wiederholungen erforderlich.

Nach Abschluß der Rechnung ist die Geschwindigkeits-, Temperatur- und Viskositätsverteilung für alle Gitterpunkte bekannt.

Durchführung der Lösung

Aus der Bewegungsgleichung ergeben sich bei der Durchschneidung i = k folgende Gleichungen für die verschiedenen Schichten des Schmierspaltes:

j = 1:

$$\underbrace{(\eta_{k,0} + 4\eta_{k,1} - \eta_{k,2})}_{a_{1,0}} u_{k,0} - \underbrace{8\eta_{k,1}}_{a_{1,1}} + \underbrace{(\eta_{k,2} + 4\eta_{k,1} - \eta_{k,0})}_{a_{1,2}} u_{k,2} \qquad (3.17)$$

$$= \underbrace{4 \frac{y^2}{x} (p_k - p_{k-1})}_{c_1}$$

$j = m$

$$\underbrace{(\eta_{k,m-1} + 4\eta_{k,m} - \eta_{k,m+1})}_{a_{m,m-1}} \cdot u_{k,m-1} - \underbrace{8\eta_{k,m}}_{a_{m,m}} \cdot u_{k,m}$$

$$+ \underbrace{(\eta_{k,m+1} + \eta_{k,m} - \eta_{k,m-1})}_{a_{m,m+1}} \cdot u_{k,m+1} = \underbrace{4 \frac{\Delta y^2}{\Delta x} (p_k - p_{k-1})}_{c_m}; \qquad (3.18)$$

Dieses Gleichungssystem kann als Matrizengleichung

$$A \cdot \bar{u} = \bar{c} \qquad (3.19)$$

mit der Koeffizientenmatrix A, dem Lösungsvektor $\bar{u}$, den Unbekannten $u_{k,1} \ldots u_{k,m-1}$ und dem Zielvektor $\bar{c}$ geschrieben werden. Da die unbekannten Geschwindigkeitswerte jeweils durch die Geschwindigkeitswerte der danebenliegenden Gitterpunkte ausgedrückt werden, ist die Matrix A eine Tridiagonalmatrix, d.h. nur Hauptdiagonale und die benachbarten Nebendiagonalen sind besetzt. Der Aufbau der Matrix A ist in Bild 14 dargestellt.

Der unbekannte Lösungsvektor $\bar{u}$ läßt sich nun sehr einfach berechnen, indem in der n_{4-1}-ten Zeile des Gleichungssystems die Unbekannte u_{n4-1} durch u_{n4} (Randbedingung $u_{n4} = u_2$) u_{n4-2} und c_{n4} ausgedrückt und das Gleichungssystem durch fortlaufendes Einsetzen der bereits ermittelten Unbekannten unter Einbeziehung der zweiten Randbedingung ($u_o = u_1$) aufgelöst wird.

In gleicher Weise wird mit der Energiegleichung verfahren. Auch hier entsteht, wenn Gl. (3.16) für die einzelnen Gitterpunkte in Spalthöhenrichtung ausgeschrieben wird, ein lineares Glei-

n_4+1 Spalten

n_4-1 Zeilen

$a_{1,0}$	$a_{1,1}$	$a_{1,2}$	0	.	.	.	.	0	0
0	$a_{2,1}$	$a_{2,2}$	$a_{2,3}$		.	.	.	0	0
.	.	.	.	.	.	.	.	.	.
.	.	0	$a_{m-1,m-2}$	$a_{m-1,m-1}$	$a_{m-1,m}$	0	.	.	.
.	.	.	0	$a_{m,m-1}$	$a_{m,m}$	$a_{m,m+1}$	0	.	.
.	.	.	.	.	.	.	.	.	.
0	0	.	.	.		a_{n_4-2,n_4-3}	a_{n_4-2,n_4-2}	a_{n_4-2,n_4-1}	0
0	0	.	.	.	.	0	a_{n_4-1,n_4-2}	a_{n_4-1,n_4-1}	a_{n_4-1,n_4}

<u>Bild 14</u>: Koeffizientenmatrix zur Berechnung der Geschwindigkeits- und der Temperaturverteilung

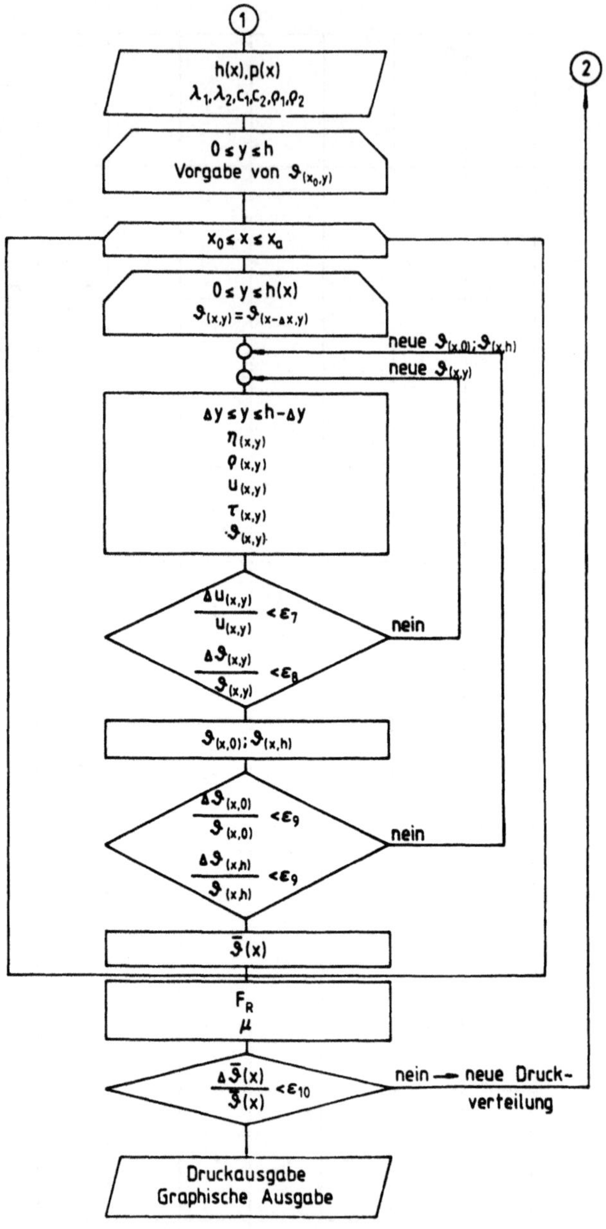

Bild 15: Algorithmus zur Berechnung der Reibung

chungssystem, dessen Koeffizienten ebenfalls als Tridiagonalmatrix angeordnet werden können.

Die als Randbedingungen zur Lösung des Gleichungssystems erforderlichen Wandtemperaturen werden mit den Gleichungen:

$$\vartheta_{k,0} = 2\vartheta_{k-1,0} - \vartheta_{k-2,0}$$
$$\vartheta_{k,n_4} = 2\vartheta_{k-1,n_4} - \vartheta_{k-2,n_4} \qquad (3.20)$$

für $k \geqslant 3$ vorgegeben und in einer übergeordneten Iteration nach Gl. (2.7) bestimmt.

Die Iteration wird von $i = 1$ (für $i = 0$ gilt die Randbedingung (3.11) bis $i = n_3$ durchgeführt. Aus den berechneten Geschwindigkeits- und Temperaturwerten wird mit der Gleichung:

$$\tau_{k,m} = \eta_{k,m} \cdot \frac{1}{2\Delta y} (u_{k,m+1} - u_{k,m-1}) \qquad (3.21)$$

Die Schubspannungsverteilung im Spalt bestimmt.
Aus der numerischen Integration der Schubspannungen ergibt sich die gesuchte Reibkraft und als Quotient aus Reibkraft und Normalkraft die Reibungszahl. Den Algorithmus zur Berechnung der Reibung zeigt Bild 15.

3.4 Rechenprogramm

Der dargestellte Algorithmus zur Berechnung von Spaltkontur und Reibung führt zu einem verhältnismäßig umfangreichen, numerisch recht aufwendigen Rechenprogramm. Es ist deshalb stark strukturiert aufgebaut und ist sowohl zur Berechnung der EHD-Kontakte in Zahn- als auch in Reibradgetrieben lauffähig. Mit geringfügigen Änderungen kann es auch bei anderen hochbelasteten Maschinenelementen eingesetzt werden, solange quasistationäre Schmierverhältnisse vorausgesetzt werden können.

Das Programm wurde auf der Großrechenanlage der TU Clausthal entwickelt, ist grundsätzlich aber auch auf kleinen Rechenan-

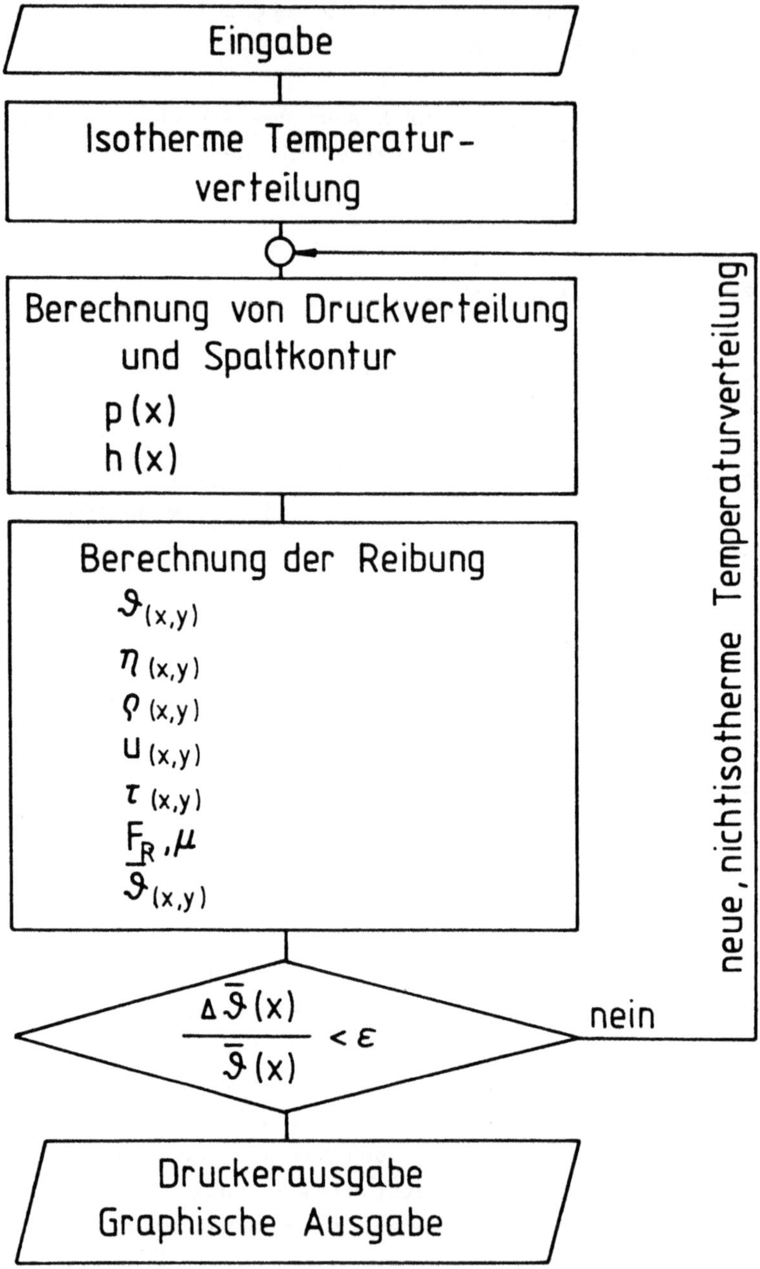

Bild 16: Übersicht über die Berechnung von Spaltkontur und Reibung

lagen lauffähig, wobei dann jedoch längere Rechenzeiten in Kauf zu nehmen sind.

Der numerische Ablauf entspricht der in Bild 16 gezeigten Übersicht.

Für die häufig erforderlichen, vorstehend nicht näher erläuterten, numerischen Integrationen werden die bekannten Verfahren nach HERMITE bei kleiner Stützstellenzahl und nach SIMPSON bei größerer Stützstellenzahl angewandt.

3.5 Ergebnisse des Rechenprogramms

3.5.1 Vorbemerkung

Die nachfolgend gezeigten Ergebnisse wurden alle mit 105 Durchschneidungen in x-Richtung und 20 Durchschneidungen in y-Richtung, d.h. einer Gesamtzahl von 2.100 Gitterpunkten, berechnet.

Die hohe Zahl der Gitterpunkte führt zu einer großen Datenmenge, da für jeden dieser Punkte Temperatur, Viskosität, Geschwindigkeit und Schubspannungen bestimmt werden müssen. Zusammen mit den anderen Daten folgt daraus eine Zahl von fast 10.000 Einzelergebnissen für den Kontakt.

Die Darstellung der Ergebnisse muß sich deshalb auf einige Beispiele beschränken.

Ein besonderes Problem stellt sich bei der Bewertung der Ergebnisse:

Für die Druckverteilung im EHD-Kontakt liegen zwar einzelne Meßergebnisse in der Literatur vor /16/, aufgrund der Abmessungen der Geber, bei denen eine gewisse Größe nicht unterschritten werden kann und der schwierigen Kalibrierung, ergibt sich jedoch eine sehr unscharfe Abbildung der tatsächlichen Druckverteilung, so daß Lage und Höhe der Druckspitze nicht genau zu bestimmen sind. Das gleiche gilt für die Messung von Spaltprofil und Oberflächentemperatur. Gänzlich unmöglich ist die experimentelle Bestimmung der Geschwindigkeits- und Temperaturverteilung im Spalt selbst.

Die Bewertung der Ergebnisse kann deshalb, im derzeitigen Entwicklungsstadium der EHD-Theorie, nur im Hinblick auf ihre Logik erfolgen, d.h. es muß überprüft werden, ob die ermittelten Werte im Vergleich zu den vorhandenen Erfahrungen sowie fremden und eigenen experimentellen Untersuchungen sinnvoll sind.

3.5.2 Ergebnisse für den einzelnen Kontakt

Die dargestellten Ergebnisse beziehen sich, mit einer näher erläuterten Ausnahme, ausschließlich auf die geometrischen Verhältnisse der in Kap. 6 und 7 beschriebenen Versuchsstände.

Bild 17 zeigt als Beispiel Spaltprofil und Druckverteilung, berechnet für den in Kap. 6 beschriebenen Vier-Scheiben-Prüfstand mit der für den EHD-Bereich typischen Druckspitze. Die Druckspitze wird mit zunehmender Geschwindigkeit höher und verlagert sich mehr zur Spaltmitte (Bild 18). Die gleiche Wirkung hat eine Zunahme der Viskosität. Ein Anstieg der Belastung führt zur Abnahme der Druckspitze; die Druckverteilung nähert sich dann immer mehr dem Hertz'schen Druckverlauf. Bei höchsten Belastungen (s. Kap. 4) verschwindet die Druckspitze fast vollständig.

In Bild 19 sind für einige Durchschneidungen die berechnete Temperatur- und Geschwindigkeitsverteilung bei einem aus dem Verzahnungsbereich entnommenen Beispiel dargestellt.

Die Geschwindigkeitsverteilung zeigt im Eintrittsbereich einen starken Einfluß der Druckströmung. Im Inneren der Druckzone ist dagegen, wie bei der Berechnung der Spaltkontur angenommen, die Couette-Strömung vorherrschend.

Die hohe Gleitgeschwindigkeit, die für Verzahnungen typisch ist, führt, wie aus der Temperaturverteilung deutlich wird, zu einer

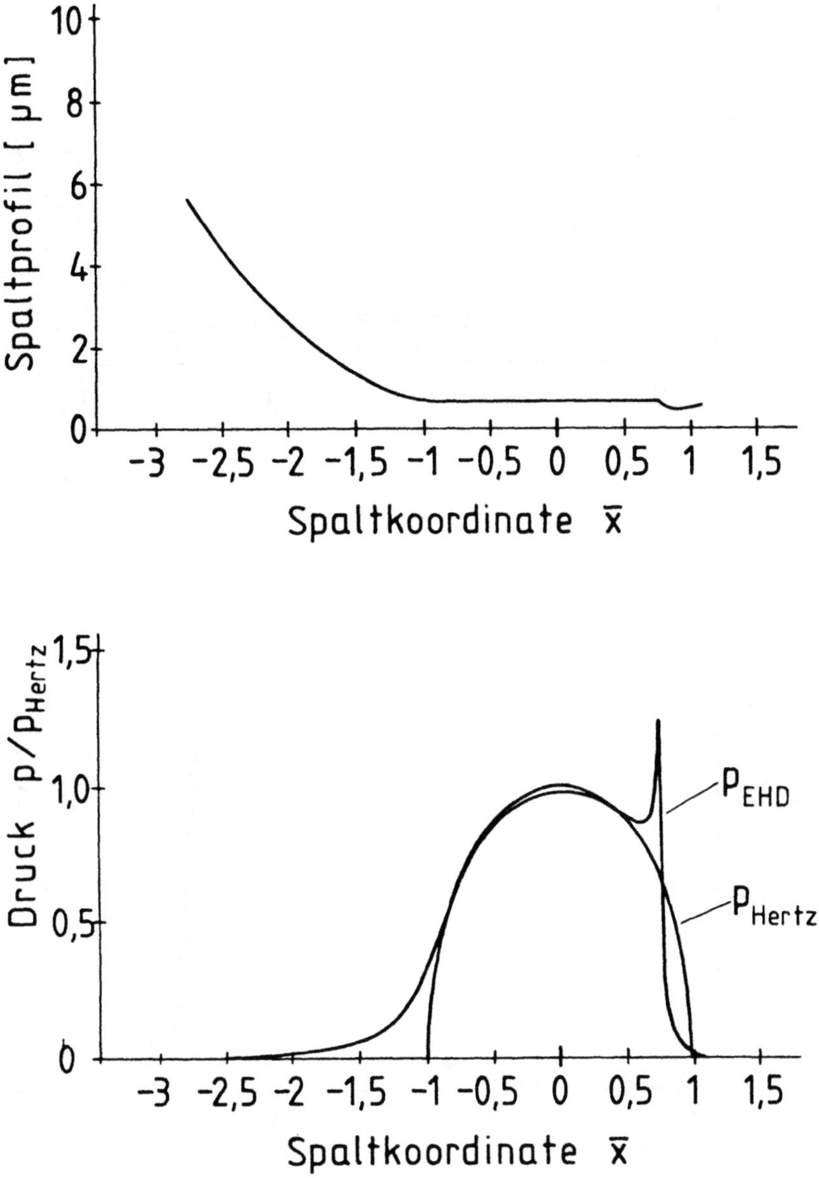

Bild 17: Spaltkontur und Druckverteilung; Öl 31 G, p_H = 7200 bar, ϑ_o = 60°, R = 10,5 mm

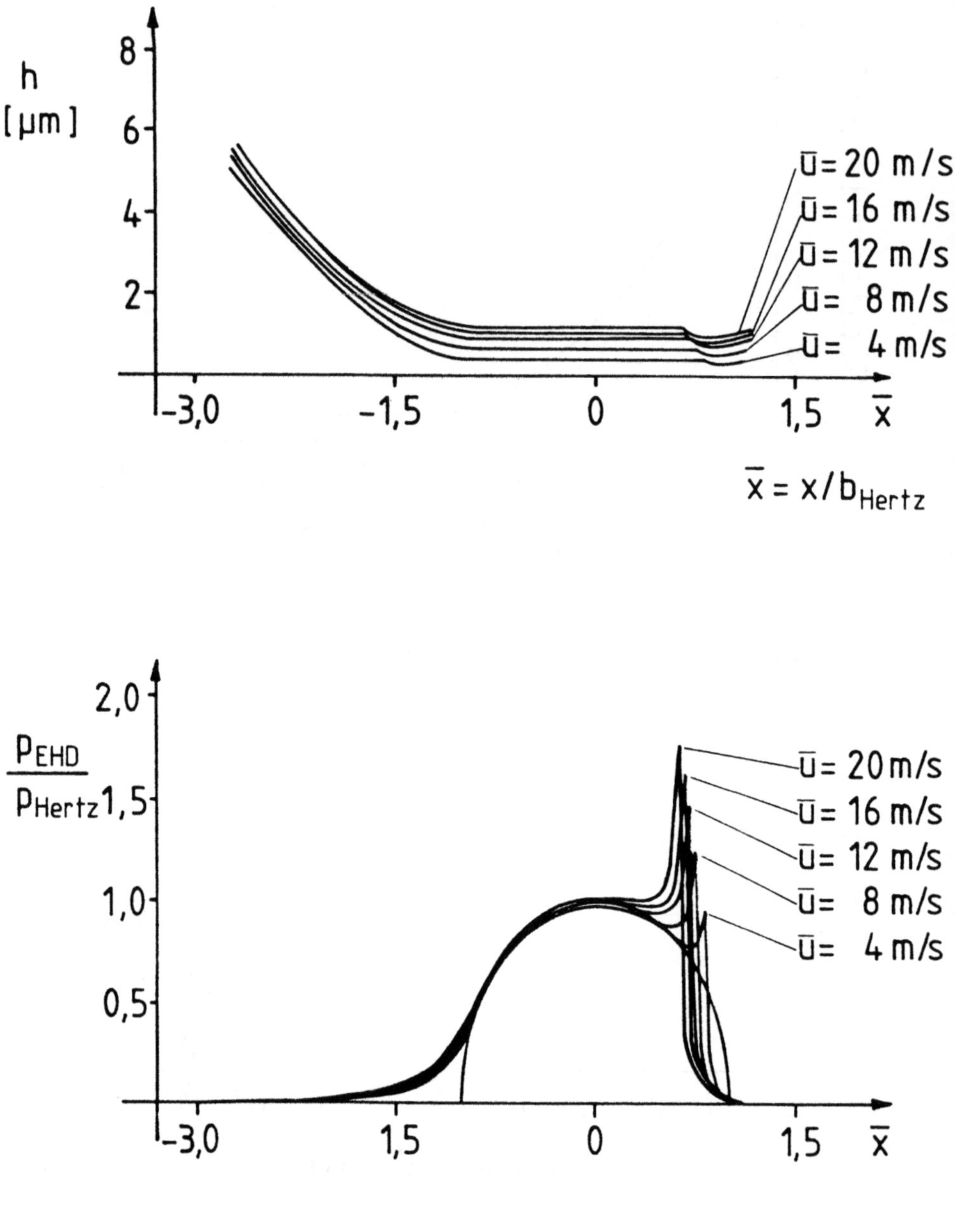

Bild 18: Spaltkontur und Druckverteilung bei Variation der Geschwindigkeit, p_H = 7200 bar, Oel 31 G

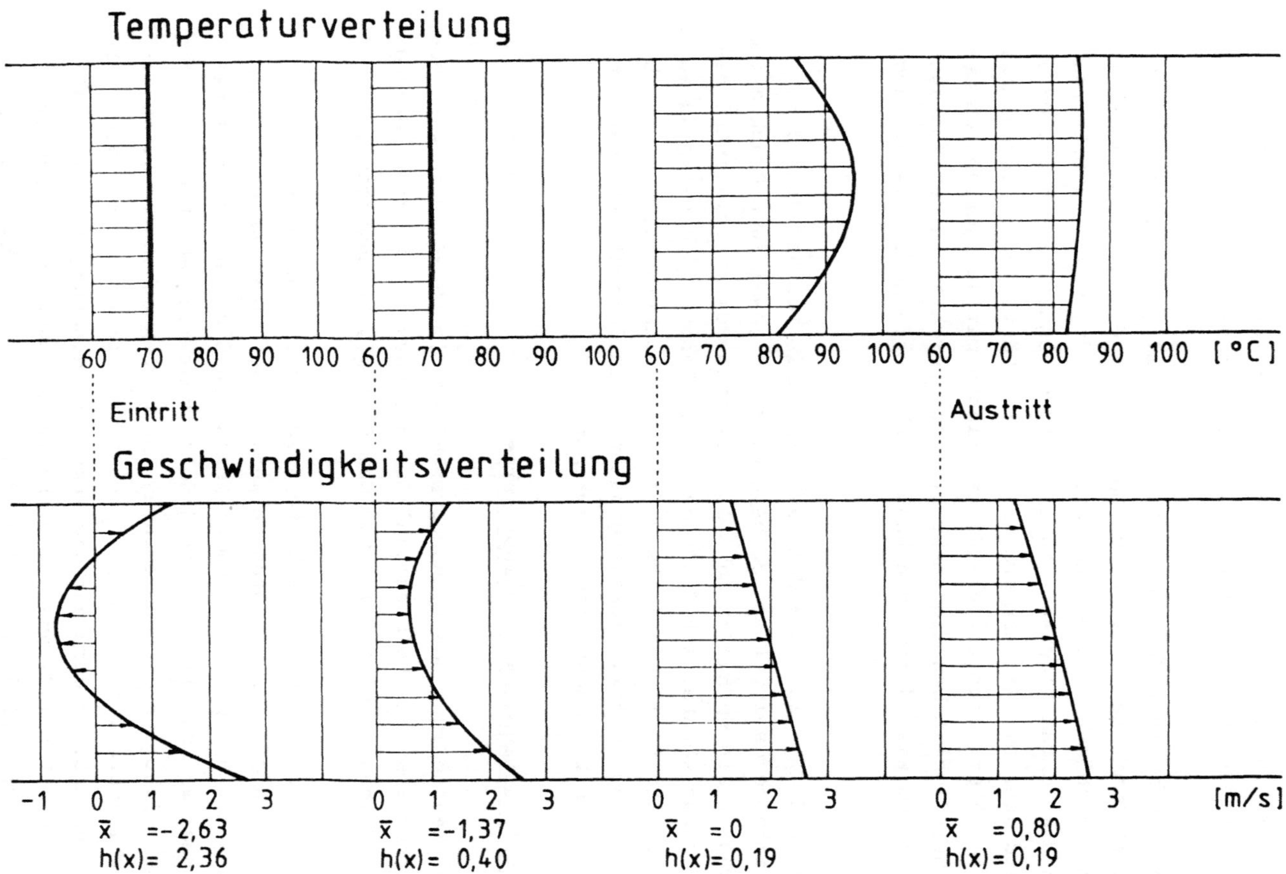

Bild 19: Temperatur- und Geschwindigkeitsverteilung innerhalb eines EHD-Kontaktes
Öl 31 G, ϑ_M = 70 °C, u_1 = 1,3 m/s, u_2 = 2,6 m/s, F_N/B = 75 N/mm

erheblichen Erwärmung des Öls im Schmierspalt. Dies ist auch in Bild 20 ersichtlich, wo der Verlauf von Wand- und Spaltmittentemperatur über den Kontakt aufgetragen ist.

Das Maximum der Spaltmittentemperatur liegt etwas hinter dem Mittelpunkt der Hertz'schen Zone und wird durch die Wärmeleitung in Spalthöhenrichtung und insbesondere durch den Wärmeübergang in die Kontaktflächen verhältnismäßig schnell abgebaut. Dadurch wird aber die Wandtemperatur weiter erhöht, so daß deren Maximum später auftritt. Die Kontaktfläche mit der geringeren Geschwindigkeit benötigt mehr Zeit zum Durchlaufen der Kontaktzone und wird dementsprechend stärker aufgeheizt als die andere Wand.

In Bild 20 ist außerdem das Verhältnis von der über der Spalthöhe gemittelten Schubspannung zum jeweiligen Druck aufgetragen, ein Wert, den man als örtlichen Reibkoeffizienten bezeichnen könnte. Auf Grund der hohen Geschwindigkeitsgradienten im Spalteintritt ergibt sich hier ein hoher Wert, der mit abnehmenden Geschwindigkeitsgradienten zurückgeht und erst innerhalb der Druckzone wieder anwächst.

3.5.3 Reibungszahl-Schlupf-Kurve

Zur Beurteilung des Reibungsverhaltens im EHD-Bereich wird üblicherweise die Reibungszahl-Schlupf-Kurve, d.h. die Änderung der Reibungszahl mit zunehmendem Schlupf, herangezogen.

In Bild 21 ist die berechnete Reibungszahl-Schlupf-Kurve für unterschiedliche Belastungen aufgetragen. Die Kurven steigen zunächst entsprechend dem Newton'schen Schubspannungsansatz linear an und flachen dann jedoch immer mehr ab. Dies ist jedoch nicht auf eine Abweichung vom newton'schen Verhalten zurückzuführen, das ja als Voraussetzung im Rechenverfahren enthalten ist, sondern auf die Temperaturerhöhung im Spalt, die zu einer Verminderung der Viskosität innerhalb der Druckzone führt. Dies wird aus Bild 22 deutlich, wo als Maßstab für die

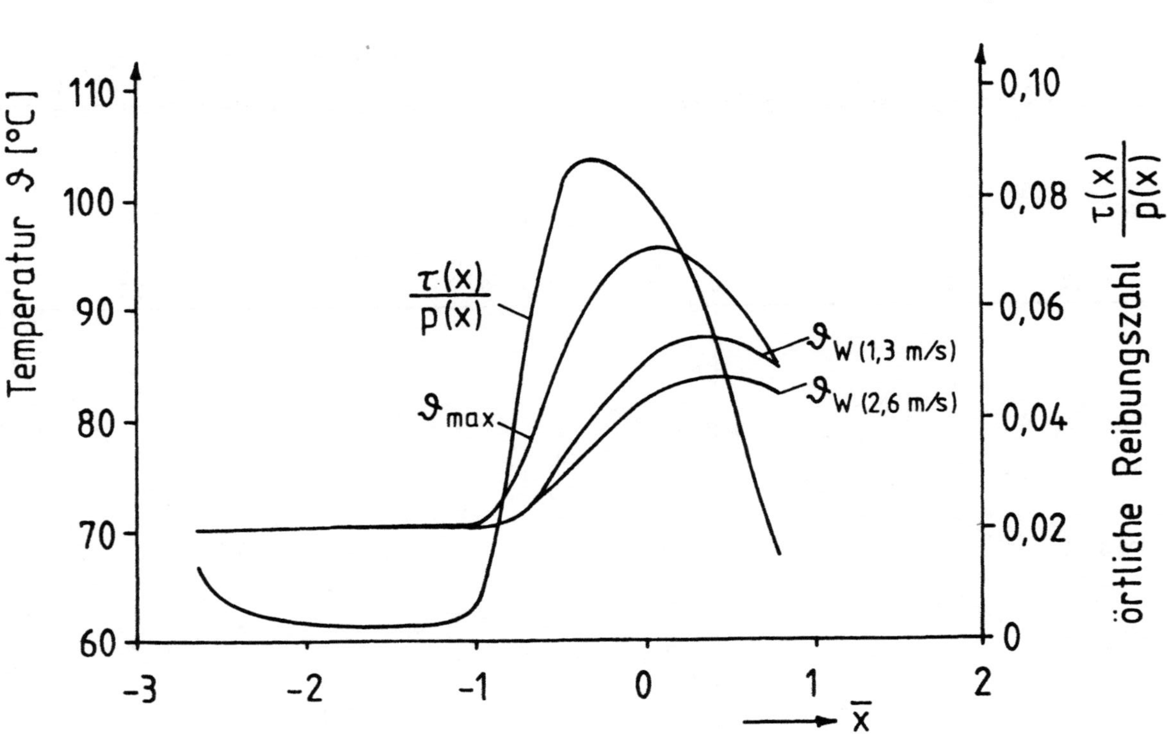

Bild 20: Wand- und Spaltmittentemperatur zu Bild 19

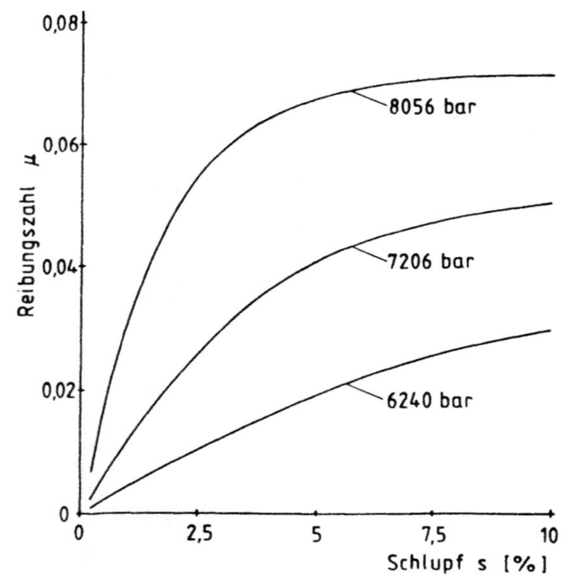

Bild 21: Reibungszahl-Schlupf-Kurve, Öl 32 G, $\bar{u}$ = 2,6 m/s 70° Öleintrittstemperatur

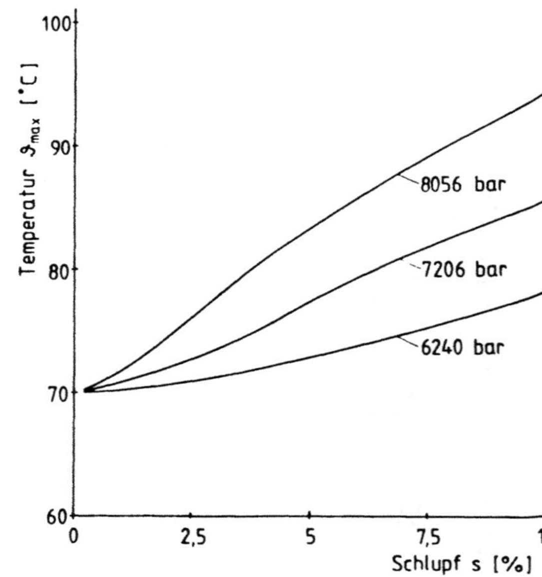

Bild 22: Maximale Spalttemperatur zu Bild 21

Temperaturerhöhung die maximale im Spalt auftretende Temperatur wiedergegeben ist.

4. Anwendung der EHD-Theorie auf Verzahnungen

4.1 Isotherme Berechnung der Schmierfilmdicke

4.1.1 Berechnung der Schmierfilmdicke im Wälzpunkt

Im Wälzpunkt einer geradverzahnten Evolventenverzahnung tritt keine Gleitbewegung auf. Es ist deshalb naheliegend, die Schmierfilmdicke an dieser Stelle mit einer der isothermen Näherungsformeln zu berechnen.

Die in die Gleichung einzusetzenden Größen können aus der Verzahnungsgeometrie abgeleitet werden:

Mit: $$r_1 = \overline{T_1C} = r_{b1} \cdot \sin\alpha_b = a \cdot \frac{1}{i+1} \cdot \sin\alpha_b \qquad (4.1)$$

$$r_2 = \overline{T_2C} = r_{b2} \cdot \sin\alpha_b = a \cdot \frac{1}{1+1} \cdot \sin\alpha_b \qquad (4.2)$$

folgt: $$R = a \cdot \frac{1}{(i+1)^2} \cdot \sin\alpha_b \qquad (4.3)$$

Die mittlere Geschwindigkeit ist:

$$\bar{u} = \frac{1}{2} \cdot (u_1 + u_2) \qquad (4.4)$$

Mit $$u_1 = u_2 = \omega_1 \cdot \overline{T_1C} \qquad (4.5)$$

ergibt sich:

$$\bar{u} = \omega_1 \cdot \frac{1}{i+1} \cdot \sin\alpha_b \qquad (4.6)$$

Daraus folgt, daß die Verzahnungsgeometrie nur mit Achsabstand, Betriebseingriffswinkel und Übersetzung in die Berechnung der Schmierfilmdicke eingeht.

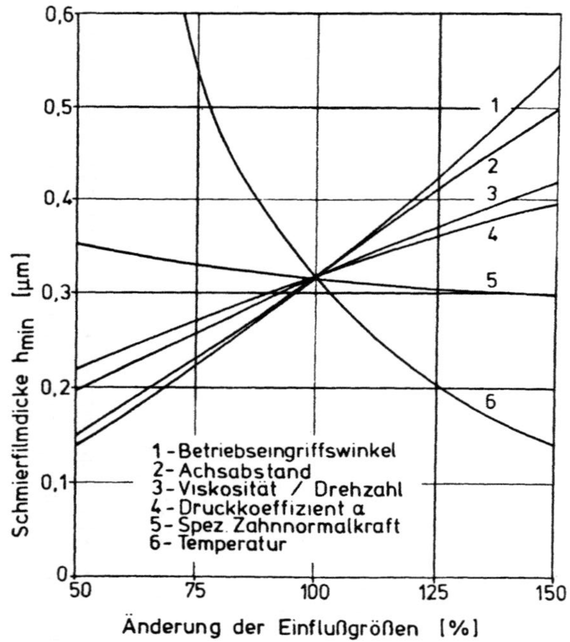

<u>Bild 23</u>: Schmierfilmdicke im Wälzpunkt bei Variation der Einflußgrößen F_N/B 229 N/mm, Öl FVA 3, 60 °C

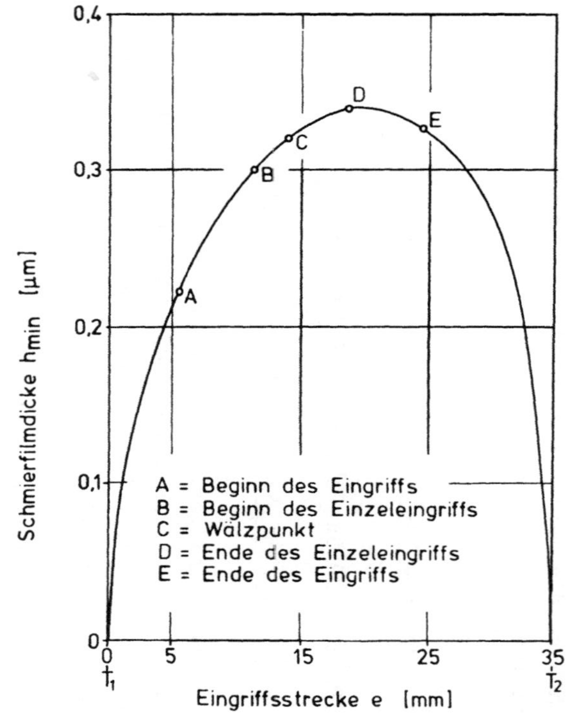

<u>Bild 24</u>: Verlauf der Schmierfilmdicke längs der Eingriffsstrecke F_N/B = 206 N/mm, Öl FVA 3, x_1 = 0,3

In Bild 23 ist für ein Beispiel die Änderung der im Wälzpunkt berechneten Schmierfilmdicke bei Variation der einzelnen Einflußgrößen dargestellt, wobei sich allerdings in einigen Fällen auch die in der Verzahnung übertragene Leistung ändert.

Beim Getriebeentwurf sind aber in der Regel Ein- und Ausgangsdrehzahlen sowie das zu übertragende Drehmoment vorgegeben. Durch Umformen von Gl. (2.32) erhält man eine Beziehung zur Berechnung der Schmierfilmdicke im Wälzpunkt, die dem im Getriebebau üblichen Vorgehen entspricht:

$$h_{min} = \frac{2,62}{E'^{0,03}} \cdot \alpha^{0,54} \cdot \eta^{0,7} \cdot \frac{\omega_1^{0,7} \cdot i^{0,43}}{M_{t_1}^{0,13} \cdot (1+i)^{1,69}} \cdot a^{1,26} \cdot (\sin\alpha_b)^{1,13} \cdot B^{0,13} \quad (4.7)$$

Bei der Ableitung dieser Gleichung wurde der Ausdruck $(\cos\alpha_b)^{0,13} = 0,99$ gesetzt, wodurch kein nennenswerter Verlust an Genauigkeit entsteht.

4.1.2 Berechnung der Schmierfilmdicke längs der Eingriffsstrecke

Die Schmierfilmdicke längs der Eingriffsstrecke wird, bei Voraussetzung isothermer Verhältnisse, außer von Betriebsbedingungen und Öleigenschaften ebenfalls nur von Achsabstand, Eingriffswinkel, Übersetzung und Zahnbreite bestimmt. Die Auswirkung weiterer konstruktiver Einzelheiten, wie Modul und Aufteilung der Profilverschiebung, wird hier aber durch den für die jeweilige Verzahnung gültigen Bereich sichtbar.

Bild 24 zeigt die Änderung der Schmierfilmdicke längs der Eingriffsstrecke bei Annahme einer konstanten Normalkraft mit den für ein gegebenes Beispiel geltenden Eingriffspunkten.

Der Einfluß der Übersetzung auf den Filmdickenverlauf ist in Bild 25 zu sehen. In diesem Diagramm wird besonders deutlich,

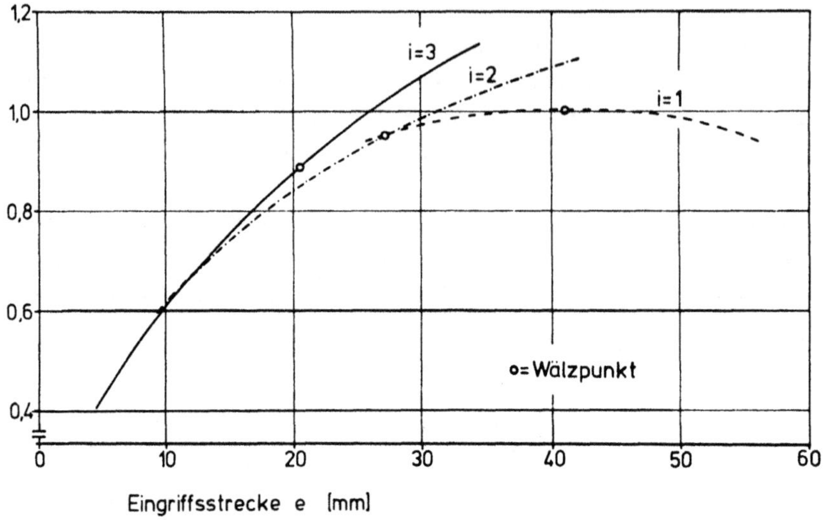

Bild 25: Schmierfilmdicke längs der Eingriffsstrecke bei Änderung der Übersetzung (a = 240 mm, v_c = 19 m/s, m ≈ 6 mm)

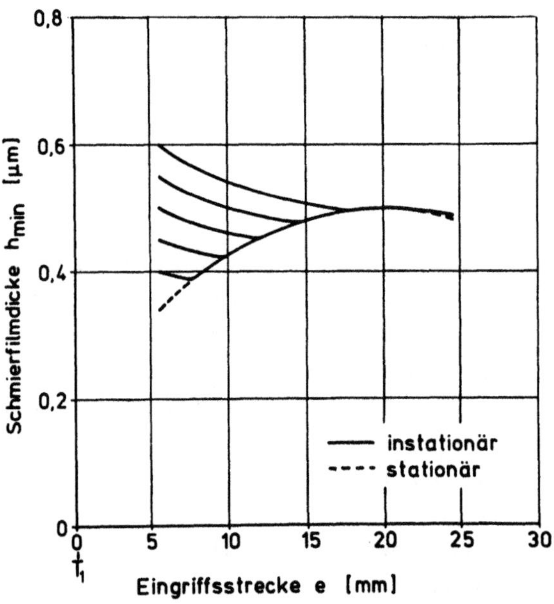

Bild 26: Schmierfilmdicke längs der Eingriffsstrecke bei instationärer Rechnung bei Variation des Startwertes von 0,4 - 0,6 µm

daß die im Wälzpunkt berechnete Schmierfilmdicke keinen repräsentativen Kennwert für die zu erwartende minimale Schmierfilmdicke darstellt.

4.1.3 Instationäre Vorgänge

Die Schmierverhältnisse in Verzahnungen sind in zweifacher Weise instationär. Zum einen ist die Zahnradschmierung immer ein diskontinuierlicher Vorgang, denn der einzelne Zahn ist nur kurzfristig an der Kraftübertragung beteiligt. Zum anderen ändern sich, wie bereits dargelegt, während des Zahneingriffs Parameter, die die Schmierfilmbildung beeinflussen. Als Folge dieser Vorgänge ändern sich Schmierfilmdicke und Reibung längs der Eingriffsstrecke. Eine Steigerung der Tragfähigkeit ist an den Stellen zu erwarten, an denen die Schmierfilmdicke abnimmt, da sich hier die Wirkungen von Schlepp- und Quetschströmung überlagern. Dies ist am Beginn des Eingriffs, wenn die auf der unbelasteten Zahnflanke vorhandene Ölschicht teilweise verdrängt wird, und nach dem Überschreiten des Maximums der Schmierfilmdicke der Fall.

Eine, isotherme Verhältnisse voraussetzende, Näherungsformel zur Berechnung der Schmierfilmdicke in instationären EHD-Kontakten wurde von HOLLAND /22/ abgeleitet.

$$H_{min} = 1{,}86 \cdot \frac{G^{0,4} \cdot V^{0,467}}{F^{*0,0867}} \qquad (4.8)$$

V ist der Verdrängungsparameter:

$$V = \frac{\eta_0 \cdot \frac{dh}{dt}}{E' \cdot R}$$

der die unbekannte Annäherungsgeschwindigkeit dh/dt enthält.

Diese Formel gilt zunächst nur für reine Quetschströmung. Bei gleichzeitigem Auftreten von Quetsch- und Schleppströmung wird die Änderung der Schmierfilmdicke durch Überlagerung der einzelnen Tragkraftanteile ermittelt.

Ausgehend von einem Startwert h_s wird zunächst mit der entsprechend umgeformten Gl. (2.31) die Tragkraft der Schleppströmung berechnet und aus der Differenz

$$F_{NV} = F_N - F_{NS} \tag{4.09}$$

mit der ebenfalls umgeformten Gl. (4.08) die Änderungsgeschwindigkeit der Schmierfilmdicke bestimmt.

Probleme bereitet dabei vor allem die Bestimmung von h_s. Der Startwert hat wesentlichen Einfluß auf die Schmierfilmdicke, wie Bild 26 zeigt, in dem die Änderung der Filmdicke längs der Eingriffsstrecke für unterschiedliche Werte von h_s dargestellt ist.

Dies gilt insbesondere bei der Anwendung auf Verzahnungen, da die Verhältnisse beim Beginn des Eingriffs nur schwer zu erfassen sind.

Die sich aus der Kinematik der Verzahnung ergebende Annäherungsgeschwindigkeit der Zahnflanken kurz vor dem Eingriff läßt sich zwar einfach berechnen, es ist aber sehr schwierig, die Belastungsverhältnisse, d.h. die Aufteilung der Belastung, auf die im Eingriff befindlichen Zahnpaare und eventuell auftretende dynamische Zusatzkräfte korrekt zu erfassen. Die Gleitgeschwindigkeit ist außerdem beim Eingriffsbeginn besonders hoch, so daß dem Einfluß der Erwärmung möglicherweise eine wesentliche Bedeutung zukommt.

Spaltprofil im Eingriffsbeginn

Eine Vorstellung, wie der Schmierfilmaufbau in Verzahnungen beim Eingriffsbeginn vonstatten gehen könnte, sollen folgende Überlegungen vermitteln:

Bei reiner Quetschströmung bilden sich, da der Schmierstoff nach beiden Seiten abströmt, zwei Einschnürungen, die in Bild 27 schematisch nach HERREBRUGH /20/ dargestellt sind.

Wird der Quetschströmung eine Schleppströmung überlagert, wird sich in etwa das in Bild 28 gezeigte Spaltprofil einstellen. Im linken Teil des Spaltes addieren sich Quetschströmung und Schleppströmung, so daß sich die Abströmung des Schmierstoffs aus dem Spalt beschleunigt und die Einschnürung zunimmt. Im rechten Teil des Spaltes wirken Schlepp- und Quetschströmung entgegengesetzt, wodurch die Abströmung verzögert und die Schmierfilmdicke vergrößert wird.

Die stark verminderte Spaltweite im Austrittsbereich des im Eingriffsbeginn entstehenden EHD-Kontaktes kann zu einer Gefährdung der Verzahnung führen.

So konnte bei den nachfolgend beschriebenen experimentellen Untersuchungen bereits bei relativ geringen Lasten von F_N/B = 75 N/mm bei Eingriffsbeginn ein kurzzeitiger Durchschlag bei der Filmdickenkurve festgestellt werden, der auf eine starke Annäherung oder sogar auf eine kurzzeitige Berührung an dieser Stelle des Schmierspaltes hindeutet.

Da dadurch die Tragfähigkeit einer Verzahnung beeinflußt wird, erscheint eine weitere Untersuchung der instationären Vorgänge geboten.

Auf Grund der sehr verwickelten Vorgänge ist hier aber kaum eine theoretische Analyse möglich, so daß einer experimentellen Untersuchung der Vorzug zu geben wäre. Diese kann aber nicht an einem Verzahnungsprüfstand durchgeführt werden. Das Doppeleingriffsgebiet einerseits und die hohe Gleitgeschwindigkeit andererseits verhindern zum einen die Anwendung der direkten Methode (Zahnflanken als Geber) und zum anderen die Verwendung aufgedampfter Geber zur Messung der Schmierfilmdicke.

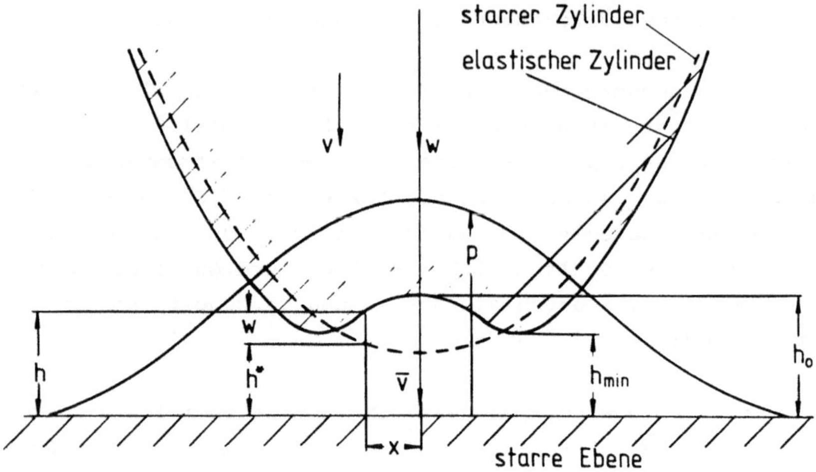

Bild 27: Spaltkontur bei Quetschströmung nach HERREBRUGH /20/

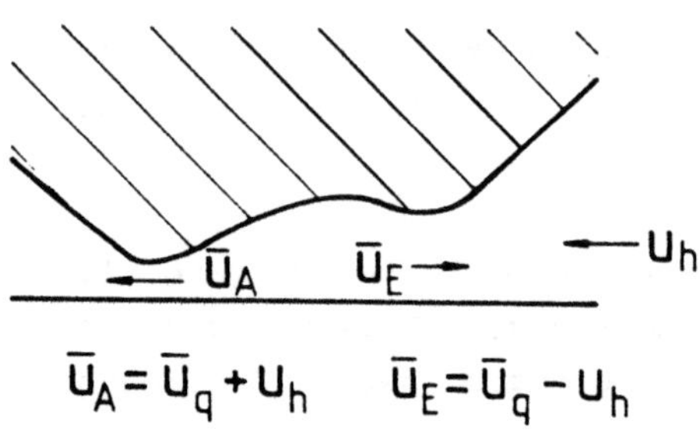

Bild 28: Mögliche Spaltkontur im Eingriffsbeginn (u_q = Quetschströmung)

Zu denken wäre vielmehr an einen Zwei-Scheiben-Prüfstand mit stufenlos einstellbaren Umfangsgeschwindigkeiten, bei dem die Normalkraft durch eine geeignete Vorrichtung, zum Beispiel einem entsprechenden hydraulischen System, schlagartig erhöht werden kann.

4.1.4 Bewertung der isothermen Verfahren

Bei einer korrekten Berechnung der Schmierfilmdicke längs der Eingriffsstrecke kann, durch Vergleich mit den Rauheiten, einigermaßen zuverlässig beurteilt werden, in welchem Bereich der Schmierung die Verzahnung arbeitet. Außerdem ist ein Hinweis auf eine eventuelle Gefährdung der Verzahnung durch Flankenschäden zu erwarten.

Von Nachteil ist jedoch, daß Reibungszahl und Verlustleistung nicht berechnet werden können, und somit weder Informationen über den Wirkungsgrad noch über die zu erwartende Erwärmung zur Verfügung stehen. Dabei hat vor allem die Erwärmung einen wesentlichen Einfluß auf die Tragfähigkeit des EHD-Kontaktes.

Wird in einem hydrodynamisch geschmierten Maschinenelement, z.B. einem Radialgleitlager, die Belastung erhöht, so verringert sich die Filmdicke nach der Beziehung /47/:

$$H_{min} = 4{,}9 \cdot \frac{U^*}{F^*} \qquad (4.10)$$

umgekehrt proportional zur Belastung, d.h. bei Verdopplung der Belastung wird die Filmdicke halbiert.

Bei einer Laststeigerung im EHD-Kontakt erhöht sich die Kontaktlänge (nach Hertz gilt $l_H \sim \sqrt{F_N}$), der maximale Druck und damit auch die Viskosität. Der den EHD-Bereich kennzeichnende Mechanismus, das Zusammenwirken von elastischer Deformation und Druckviskosität, wirkt somit der Abnahme der Filmdicke bei einer Erhöhung der Belastung entgegen. Daraus ergibt sich der in Gl. (2.31) erfaßte Zusammenhang:

$$h_{min} \sim 1/F^{*0,13} \quad , \qquad (4.11)$$

der besagt, daß die Filmdicke bei doppelter Belastung nur um 8,6 % abnimmt.

In Wirklichkeit nimmt aber, z.B. im Getriebe, bei einer Steigerung der Belastung auch die Verlustleistung zu. Die Massentemperatur wird höher, und infolge der dadurch bedingten Abnahme von Viskosität und Druckviskositätskoeffizient, wird die Schmierfilmdicke stärker verringert, als dies in Gl. (2.31) zum Ausdruck kommt.

Daraus folgt, daß auch die isotherm berechnete Filmdicke immer im Zusammenhang mit den in Wirklichkeit nicht-isothermen Schmierverhältnissen gesehen werden muß.

Es erscheint deshalb, speziell bei der Anwendung in Verzahnungen, trotz des größeren Aufwandes günstiger, von vornherein die nicht-isothermen Schmierverhältnisse zu berücksichtigen und damit die ganze Breite der mit der EHD-Theorie möglichen Aussagen in die Getriebeauslegung einzubeziehen.

4.2 Anwendung des nicht-isothermen Verfahrens

4.2.1 Rechengang

Zur Anwendung des nicht-isothermen Verfahrens müssen beim derzeitigen Entwicklungsstand quasi-stationäre Schmierverhältnisse vorausgesetzt werden. Man kann deshalb die nicht-isotherme Analyse auf eine verhältnismäßig geringe Zahl von Eingriffspunkten beschränken.

Liegt der Wälzpunkt innerhalb des Eingriffs, wird die Eingriffsstrecke in vier Bereiche eingeteilt, anderenfalls genügen drei Bereiche. Auf und zwischen den Bereichsgrenzen werden, wie in Bild 29 zu sehen, die Eingriffspunkte festgelegt, die zur

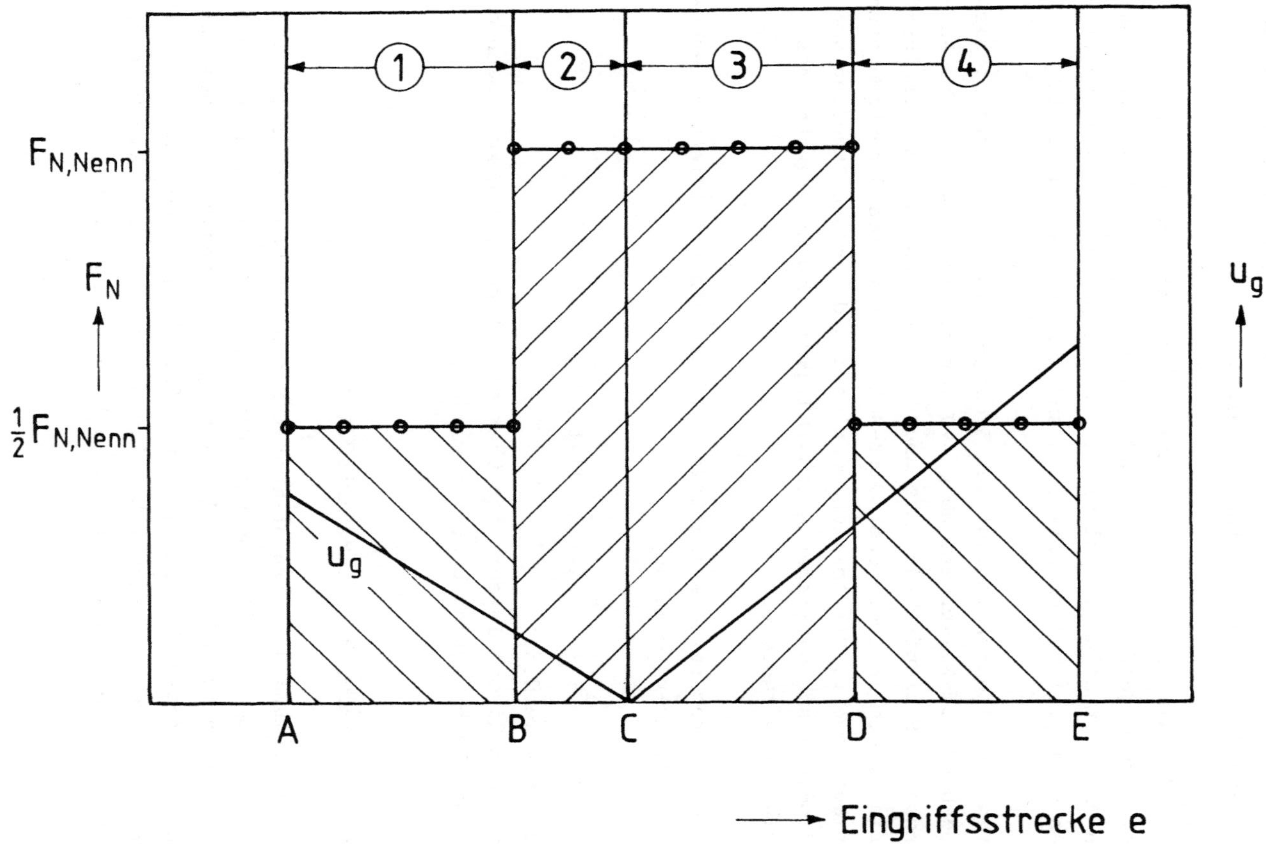

<u>Bild 29</u>: Mögliche Festlegung von Rechenpunkten auf der Eingriffsstrecke

Rechnung herangezogen werden. Dabei wird man im allgemeinen, falls nicht gegenteilige Gründe vorliegen, innerhalb der einzelnen Bereiche gleiche Abstände wählen.

Für jeden dieser Punkte wird die nicht-isotherme Rechnung nach Kap. 3 durchgeführt. Damit sind in den gewählten Eingriffspunkten Druckverteilung, Spaltprofil, Schubspannung an den Oberflächen sowie Temperaturverteilung und Reibungszahl bekannt.

Durch den linearen Verlauf der Gleitgeschwindigkeit ergibt sich, ausgehend vom Wälzpunkt, wo $\mu = 0$ vorausgesetzt wird, eine Reibungszahl-Schlupf-Kurve, die abgesehen vom Sprung im Normalkraftverlauf, dem im Zwei- oder Vier-Scheiben-Prüfstand beobachteten Verlauf ähnelt. Die Abweichungen werden durch die Änderung von hydrodynamisch wirksamer Geschwindigkeit und Ersatzkrümmungsradius hervorgerufen.

Mit den berechneten Reibungszahlen kann die Reibleistung punktweise nach der Beziehung:

$$P_{R(e)} = \mu_{(e)} \cdot F_{N(e)} \cdot u_{g(e)}$$

berechnet werden.
Durch numerische Integration über die Flankenlänge kann dann die gesamte Reibleistung bestimmt werden.

4.2.2 Bestimmung der Massentemperatur

Zur Bestimmung der Massentemperatur muß die Gesamt-Wärmebilanz des Getriebes erstellt werden. Dabei sind die Reibungsverluste von Verzahnung und Lager als wichtigste Wärmequelle grundsätzlich zu berücksichtigen. Im Einzelfall können aber auch weitere Verluste, wie z.B. Plantschverluste und die aus Kraft- oder Arbeitsmaschine eingeleitete Wärme bedeutsam werden.

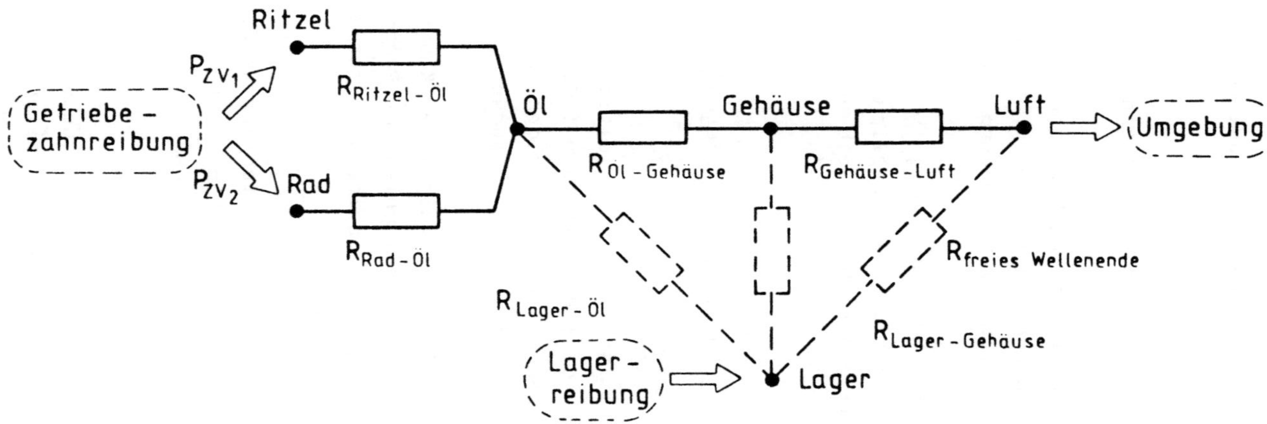

Bild 30: Thermisches Netzwerk zur Berechnung der Massentemperatur nach DIN 3990

Innerhalb des Getriebes erfolgt der Wärmeübergang durch Leitung in den Wellen und hauptsächlich durch den Schmierstoff, wobei hier aber nicht die geringe, im Spalt befindliche Ölmenge, sondern das auf Seiten- und Flankenflächen auftreffende Spritzöl entscheidend ist.

Da die physikalischen Gegebenheiten bei den einzelnen Wärmeübergängen äußerst verwickelt sind und zudem von Getriebekonstruktion, Betriebsbedingungen und Umgebung abhängen, kann weder theoretisch, noch auf Grundlage der an Laborprüfständen gewonnenen Erkenntnisse, ein Verfahren zur Berechnung der Massentemperatur abgeleitet werden.
Der Konstrukteur muß deshalb beim Getriebeentwurf ein thermisches Netzwerk gemäß DIN 3990 /48/(Bild 30) erstellen und daraus mit den für Verzahnung und Lager berechneten Reibverlusten die Massentemperatur berechnen.

4.2.3 Ablauf eines auf der EHD-Theorie basierenden Getriebeentwurfs

Wie in Kap. 1 dargestellt, ist es beim derzeitigen Stand des Wissens nicht möglich, ein Getriebe allein auf Grundlage der EHD-Theorie auszulegen. Dennoch soll nachfolgend beschrieben werden, wie ein solcher Entwurf in Zukunft aussehen könnte.

Der mögliche Ablauf ist in Bild 31 gezeigt. Der Konstrukteur bzw. das Rechenprogramm erstellt nach überschlägiger Rechnung einen Vorentwurf, wählt einen geeignet erscheinenden Schmierstoff und schätzt die Massentemperatur ab.

Durch Anwendung des nicht-isothermen Verfahrens werden die Kenngrößen der Schmierung und der Beanspruchung bestimmt und die angenommene Massentemperatur überprüft und gegebenenfalls abgeändert.

Dann werden Schmierfilmdicke, Flankenbeanspruchung und Temperaturwerte mit entsprechenden, aus experimentellen und theoreti-

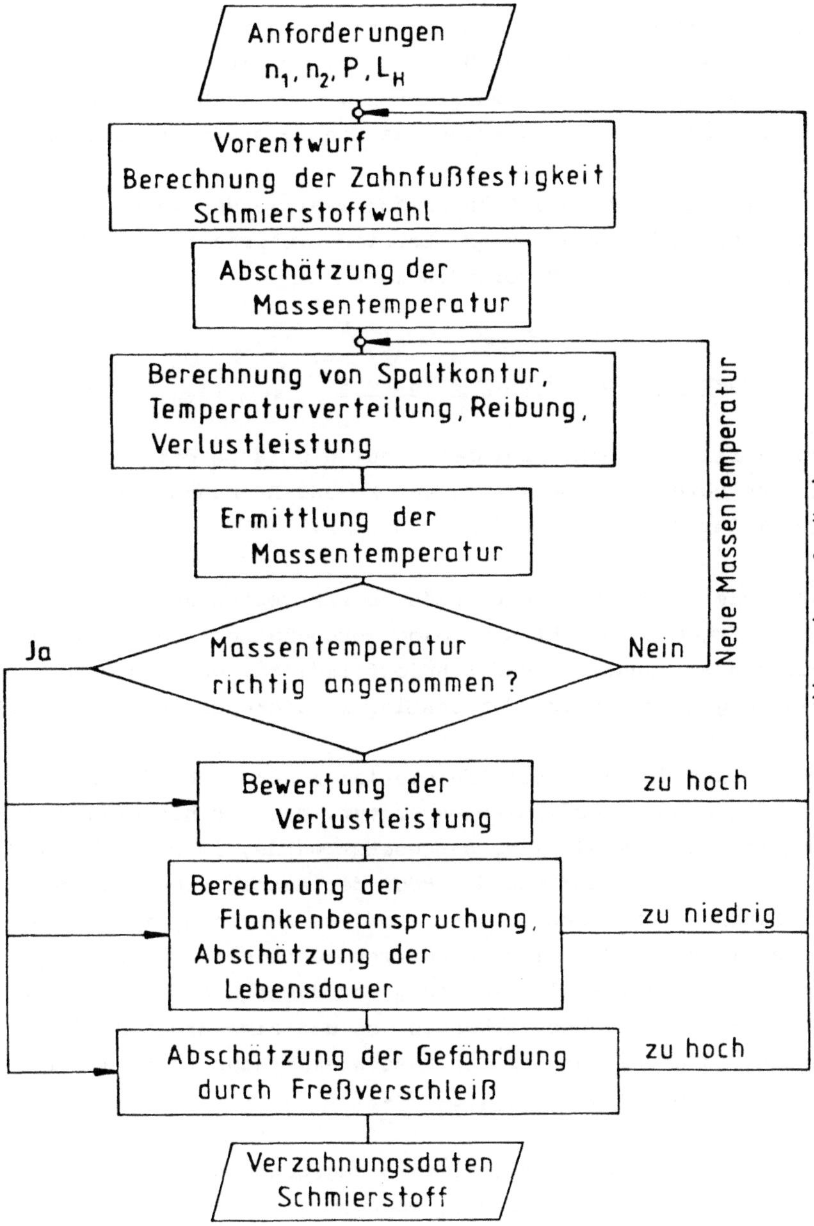

Bild 31: Getrieberechnung mit der EHD-Theorie

schen Untersuchungen gewonnenen Kriterien verglichen, die heute allerdings noch nicht verfügbar sind, um eine eventuelle Gefährdung der Verzahnung zu erkennen, und gegebenenfalls z.B. eine notwendige Additivierung des Schmierstoffs vorzusehen.

Der Vorentwurf und die Schmierstoffwahl werden verbessert, bis eine bezüglich Wirkungsgrad, Betriebssicherheit und Lebensdauer optimierte Verzahnung gefunden ist.

4.3 Ergebnisse des Rechenverfahrens

Den Einfluß einzelner Parameter auf die längs der Eingriffsstrecke berechnete Schmierfilmdicke und Reibungszahl zeigen die Bilder 32 - 37.

Durch die angenommene gleichmäßige Lastverteilung im Doppeleingriffsgebiet ergibt sich eine sprunghafte Änderung im Verlauf von Reibungszahl und Schmierfilmdicke, wobei sich die Belastungsänderung bei der Schmierfilmdicke nur wenig auswirkt.

Der Verlauf der Schmierfilmdicke längs der Eingriffsstrecke wird bei konstanter Massentemperatur, die zur besseren Vergleichbarkeit der Ergebnisse vorausgesetzt wurde, im wesentlichen nur von der Drehzahl und von der Höhe der Massentemperatur bestimmt. Der Einfluß von Belastung und Profilverschiebung ist gering. Tatsächlich ist die sich im Getriebe einstellende Massentemperatur aber von der Verlustleistung und damit auch von Belastung und Profilverschiebung abhängig, so daß eine Erhöhung der Belastung zu einem Anstieg der Massentemperatur führt als in Bild 33 zu sehen ist (vgl. Bild 42).

Der Verlauf der Reibungszahl wird dagegen wesentlich stärker von der Belastung beeinflußt, wogegen sich die Änderung der Drehzahl hier weniger stark auswirkt und wiederum im Zusammenhang mit der Massentemperatur gesehen werden muß.

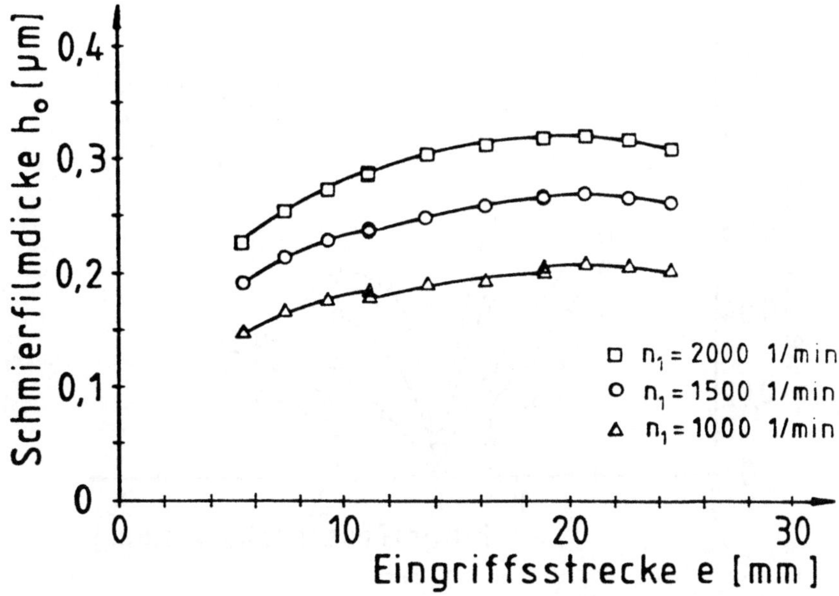

Bild 32: Änderung der Schmierfilmdicke längs der Eingriffsstrecke
Öl 32 G, ϑ_M = 90°, F_N/B = 75 N/mm, x_1 = 0,3

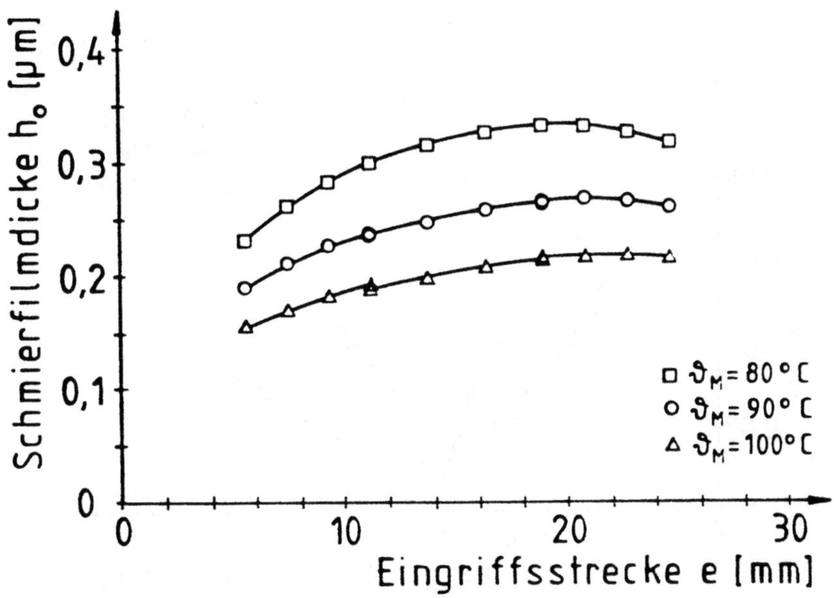

Bild 33: Änderung der Schmierfilmdicke längs der Eingriffsstrecke
n_1 = 1500 min^{-1}, andere Daten wie Bild 32

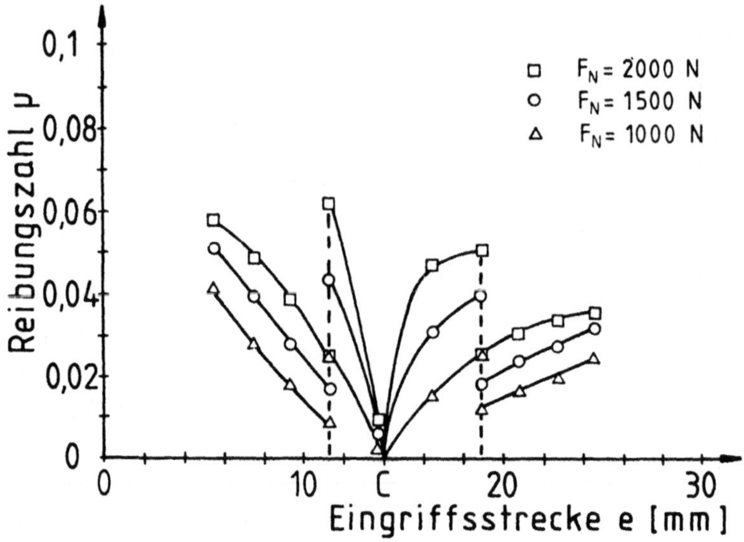

Bild 34: Änderung der Reibungszahl längs der Eingriffsstrecke bei Variation der Belastung, Daten wie oben

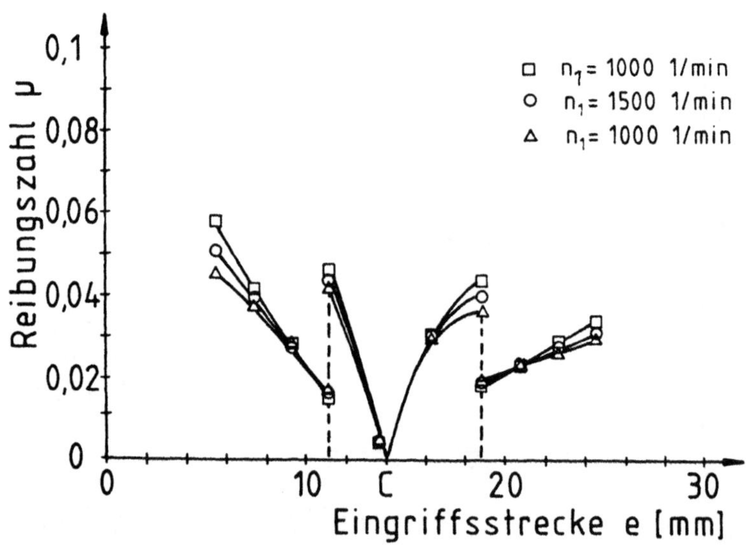

Bild 35: Änderung der Reibungszahl längs der Eingriffsstrecke bei Variation der Drehzahl, Daten wie oben

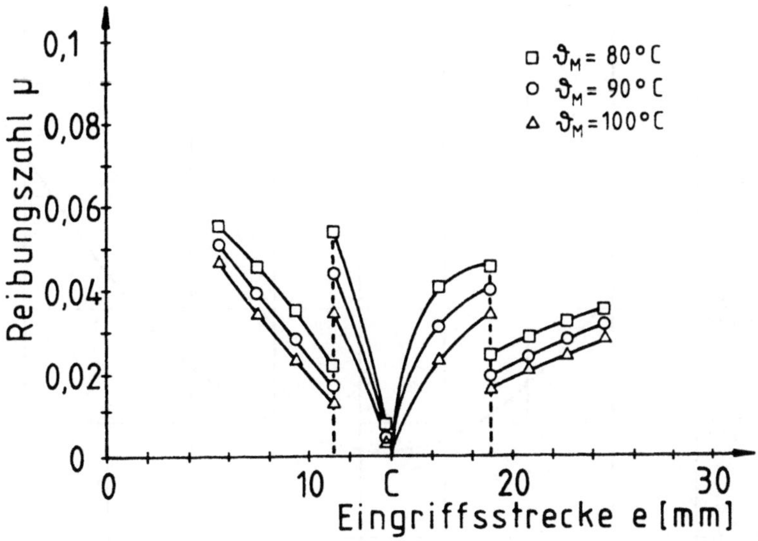

Bild 36: Änderung der Reibungszahl längs der Eingriffsstrecke bei Variation der Massentemperatur. Andere Daten wie oben

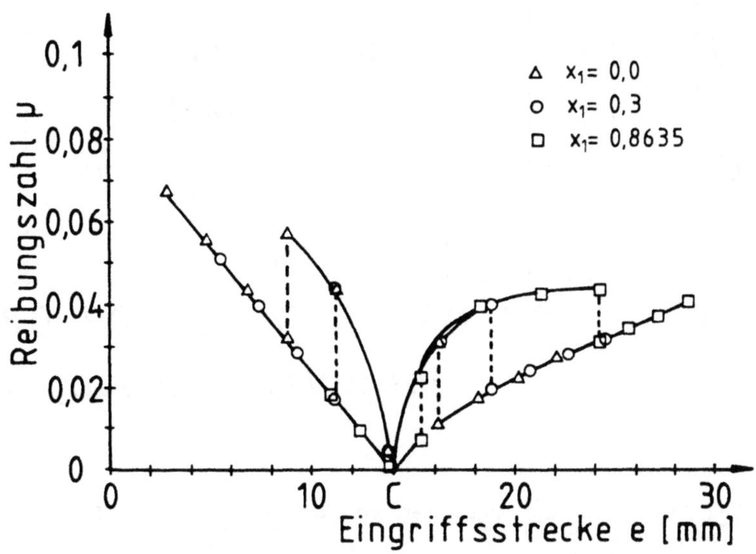

Bild 37: Änderung der Reibungszahl längs der Eingriffsstrecke bei Variation der Profilverschiebung. Andere Daten wie oben

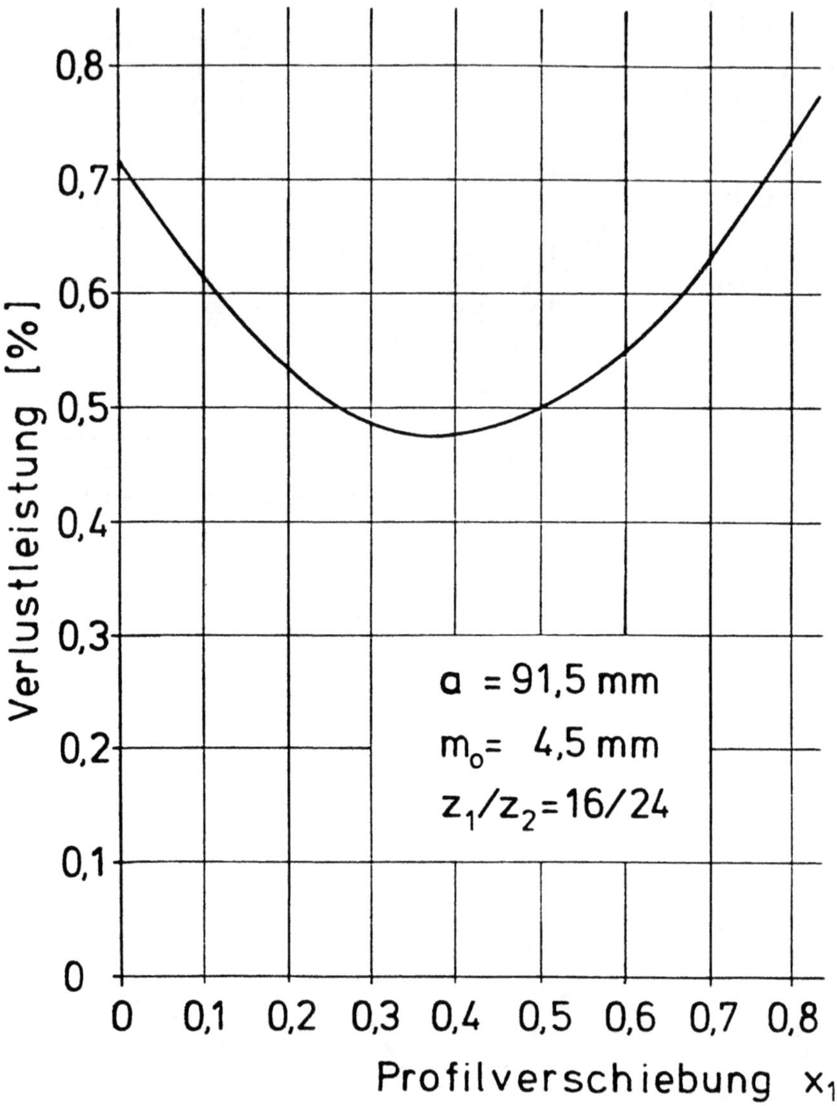

Bild 38: Zusammenhang zwischen Verlustleistung und Profilverschiebung, Öl 31 G; $_M$ = 90°; F_N/B = 75 N/mm; u_1 = 1500 min^{-1}

Während Belastungs- und Temperaturänderungen die Reibungszahlkurven zu höheren oder niedrigeren Werten verschieben, bleibt die Reibungszahlkurve bei der Variation von Profilverschiebung und Modul (nicht im Bild dargestellt) konstant. Hier ändert sich nur der für die jeweilige Verzahnung gültige Bereich, und, bei der hier angenommenen Lastverteilung, die Stelle des Sprungs im Normalkraftverlauf.

Bei einer Vergrößerung des Moduls bzw. bei stark einseitiger Profilverschiebung werden die hohen Reibungszahlwerte mit erfaßt, wodurch sich eine Erhöhung der Verlustleistung ergibt. Der Zusammenhang zwischen Profilverschiebung und berechneter Verlustleistung ist in Bild 38 dargestellt.

4.3.1 Nachrechnung eines Freßlasttests

Zur Überprüfung der Anwendbarkeit des Rechenverfahrens auch bei höchsten Belastungen wurde ein mit legiertem Öl durchgeführter Freßlasttest nachgerechnet.

Da der in Kap. 5 beschriebene Versuchsstand nicht für so hohe Belastungen ausgelegt ist, wurde auf eine in der Literatur veröffentlichte /SEITZINGER /71// ausführliche dokumentierte, experimentelle Untersuchung zurückgegriffen.

Der Versuchsablauf ist in Bild 39 dargestellt. Die Belastung wurde bei einer konstant gehaltenen Öleinspritztemperatur von 90 °C stufenweise bis zum Auftreten von Freßverschleiß erhöht. Die Laufzeit betrug bei jeder Laststufe 20 Minuten, so daß ein stationärer Wert der Zahndauertemperatur erreicht wurde.

Der Rechnung wurde das Öl 32 G zugrundegelegt, das ähnliche Eigenschaften wie das bei dem Versuch verwendete Öl aufweist. Der Einfluß der Additive wurde nicht berücksichtigt, da sie, wie eigene Versuche zeigen, die Schmierfilmbildung und die Reibung nicht wesentlich beeinflussen.

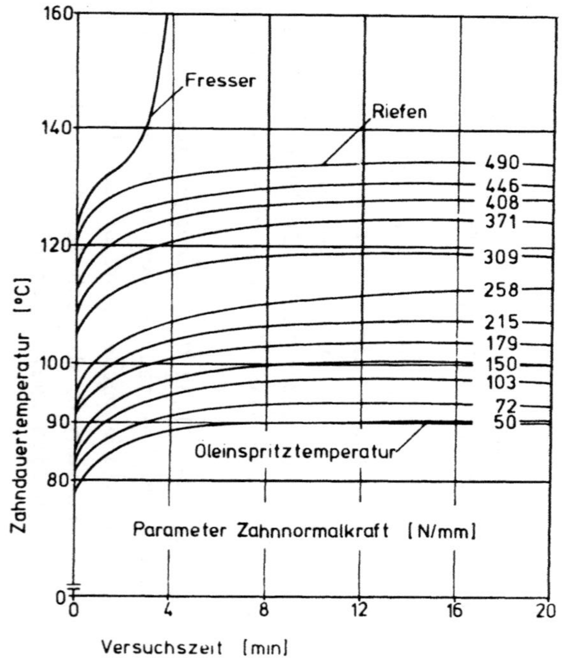

Bild 39: Änderung der Zahndauertemperatur während eines Freßlasttests nach /71/

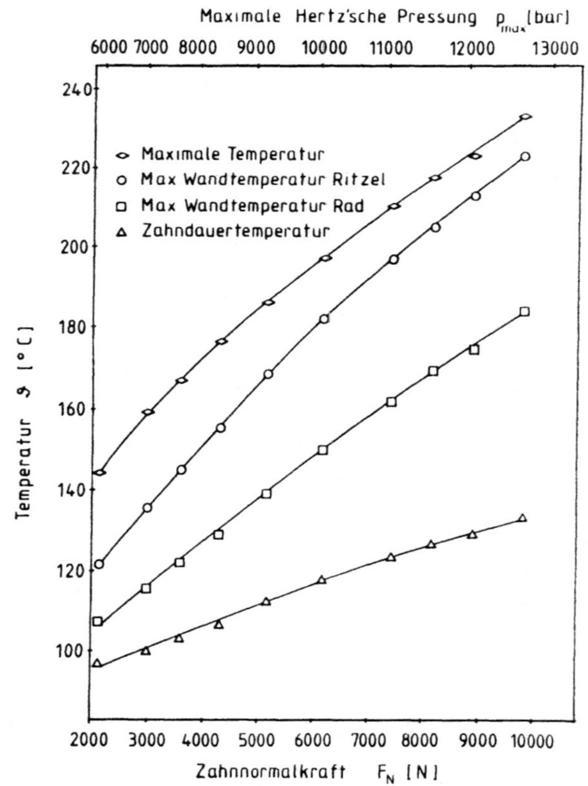

Bild 40: Berechnete Maximaltemperaturen auf der Eingriffsstrecke

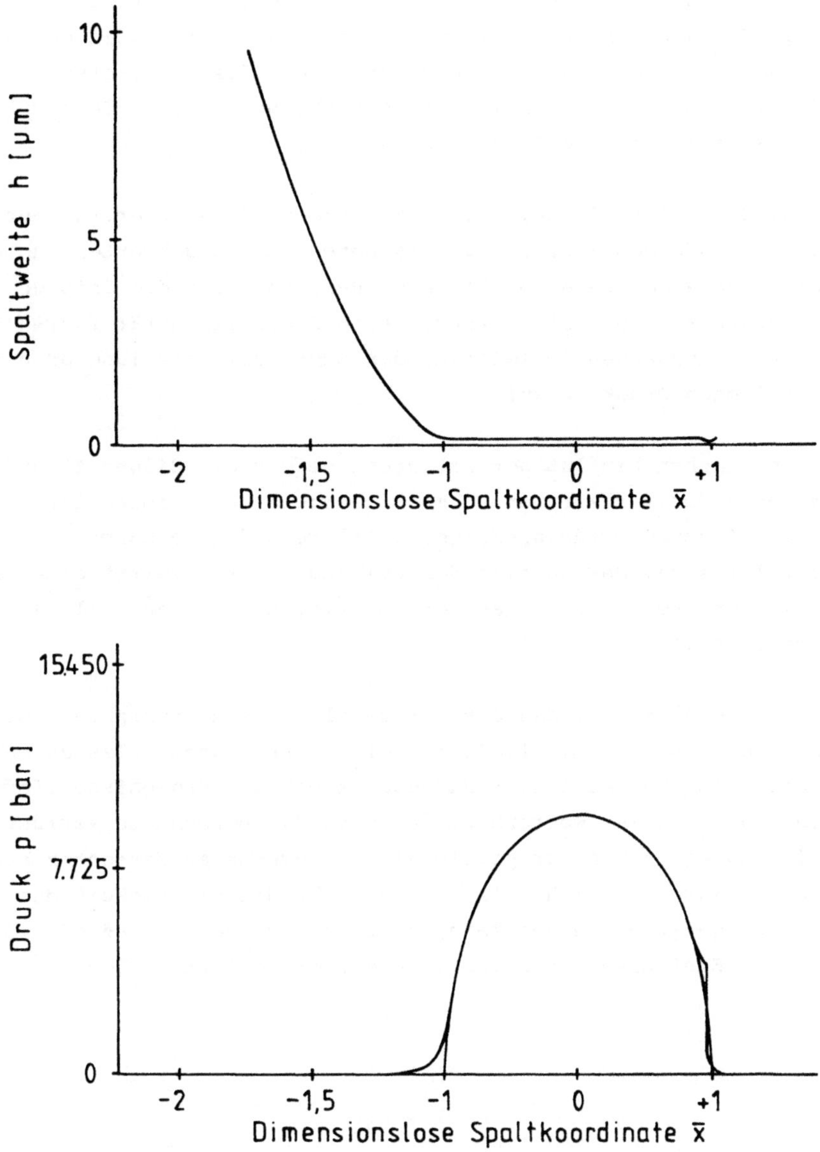

Bild 41: Spaltkontur und Druckverteilung am Ende des Einzeleingriffs, F_N = 8170 N/20 mm

Die Rechnung wurde für alle Laststufen durchgeführt. Bild 40 zeigt die jeweils ermittelten Maximaltemperaturen, die durchweg am Ritzelkopf, also am Ende des Eingriffs, auftreten. Die für das Ende der Einzeleingriffsstrecke berechneten Temperaturen sind aber nur geringfügig niedriger.

In Bild 41 ist die bei höchster, ohne Schädigung ertragener Last am Ende des Einzeleingriffs berechnete Druckverteilung und Spaltform wiedergegeben. Die hohe Belastung und die infolge des Temperaturanstiegs stark verminderte Druckviskosität führen zu einer weitgehenden Angleichung der EHD-Druckverteilung an den Hertz'schen Druckverlauf.

Einen starken Einfluß der Belastung zeigen die Bilder 42 und 43, in denen der Verlauf von Schmierfilmdicke und Reibung längs der Eingriffsstrecke für niedrige, mittlere und hohe Normalkraft dargestellt sind. Der Anstieg der Reibungszahlen bewirkt eine Zunahme der prozentualen Zahnverlustleistung, wie aus Bild 44 ersichtlich ist.

Das Beispiel zeigt, daß das vorgestellte Rechenverfahren auch bei höchsten, nur mit legierten Ölen ertragbaren Belastungen anwendbar ist und auch hier durchaus sinnvolle Ergebnisse liefert. Von Bedeutung ist weiterhin, daß sich die berechnete Verlustleistung weitgehend proportional zur gemessenen Massentemperatur ändert, was zwar nicht als Nachweis für die Richtigkeit des Verfahrens gewertet werden kann, aber dennoch zeigt, daß die wichtigsten Einflüsse offensichtlich korrekt erfaßt werden.

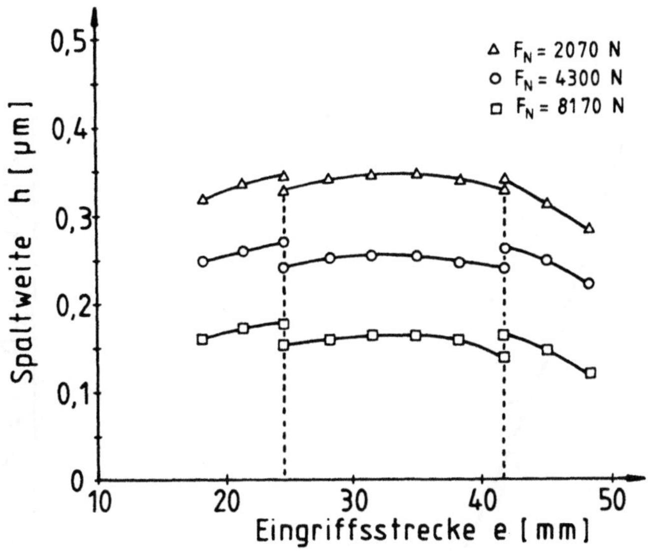

Bild 42: Schmierfilmdicke längs der Eingriffsstrecke

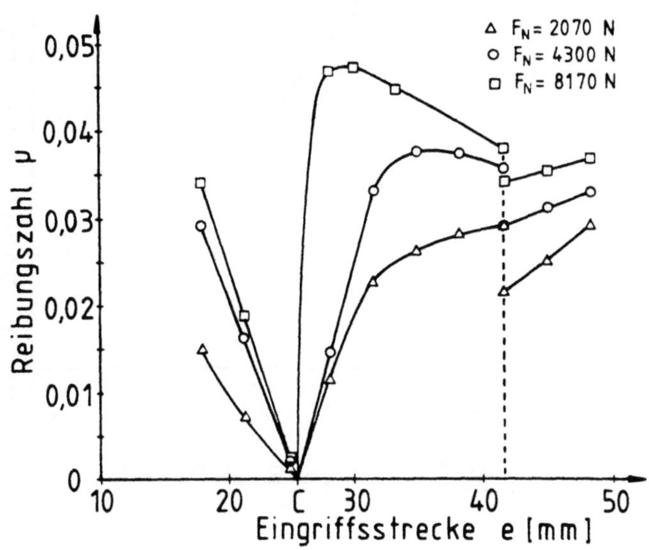

Bild 43: Reibungszahl längs der Eingriffsstrecke

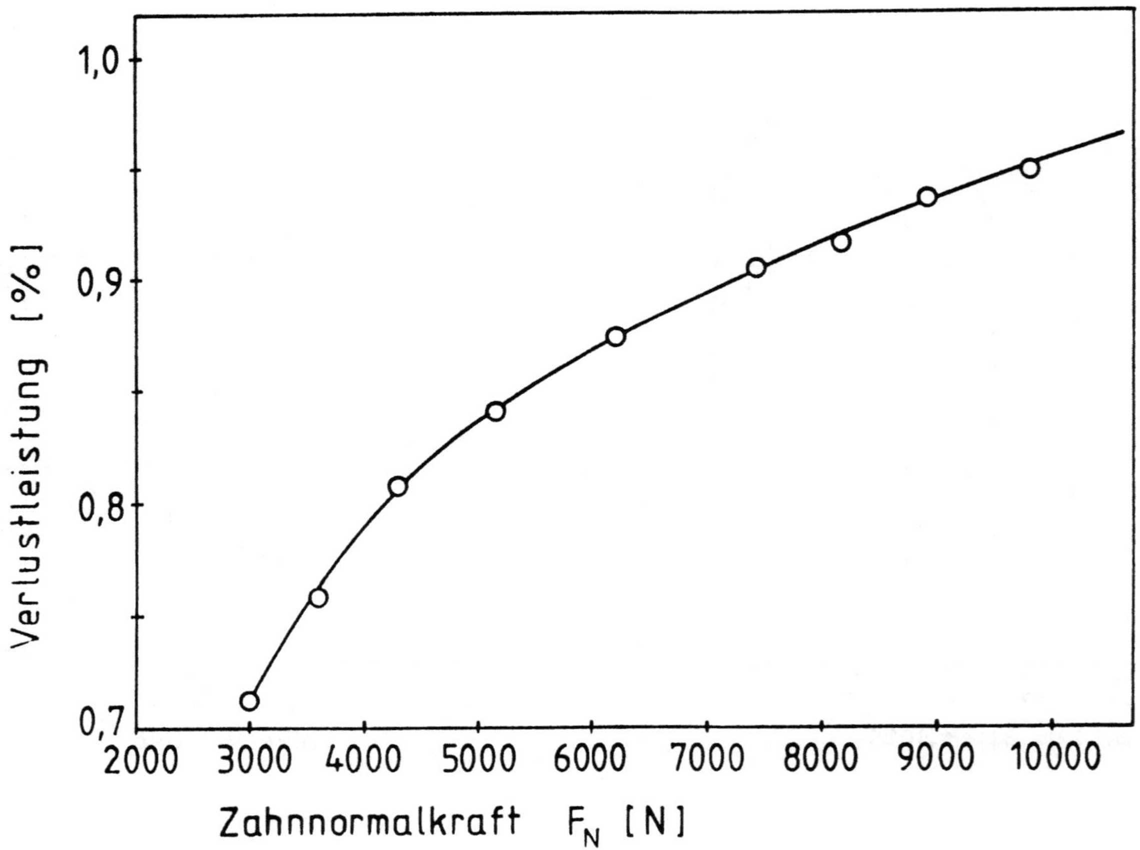

Bild 44: Berechnete prozentuale Zahnverlustleistung

5. Experimentelle Untersuchung am EHD-Verzahnungsprüfstand

5.1 Versuchsstand

Der Verzahnungsprüfstand mit dem Achsabstand 91,5 mm wurde von RODERMUND für die Messung von Schmierfilmdicke und Reibung entwickelt. Im Rahmen der vorliegenden Arbeit wurden einige konstruktive Umgestaltungen vorgenommen, die jedoch das Gesamtkonzept nicht verändern.

Aufbau

Der Aufbau des Prüfstandes wird aus Bild 45 ersichtlich.
Die beiden hydrostatisch gelagerten Innenwellen sind über eine Hilfsverzahnung miteinander verbunden und werden von einer Gleichstrommaschine mit stufenlos veränderbarer Drehzahl angetrieben.

Die Versuchsverzahnungen sitzen auf Hohlwellen, die ebenfalls als hydrostatische Lager ausgebildet sind und durch Bohrungen in den Innenwellen mit Drucköl versorgt werden.

Die Belastung der Versuchszahnräder geschieht nach dem Verspannungsprinzip. Dazu ist auf der ritzelseitigen Hohlwelle ein Drehkolben vorgesehen, der mit dem durch die Innenwellen zugeführten Drucköl beaufschlagt wird und damit ein vom Zuführdruck abhängiges Verspannungsmoment erzeugt.

Die Hohlwellen werden über die Reibungsmeßnabe angetrieben, die fest mit der einen Innenwelle verbunden ist. Hohlwellen und Innenwellen rotieren mit der gleichen Drehzahl, so daß eine weitgehend reibungsfreie Lagerung der Versuchsverzahnungen erreicht wird. Das durch die Reibungsmeßnabe übertragene Moment entspricht deshalb in etwa dem Gesamtreibmoment beider Verzahnungen.

Zur Messung der Schmierfilmdicke sind beide Räder gegenüber der Hohlwelle, den Ritzeln und dem übrigen Versuchsstand isoliert eingebaut.

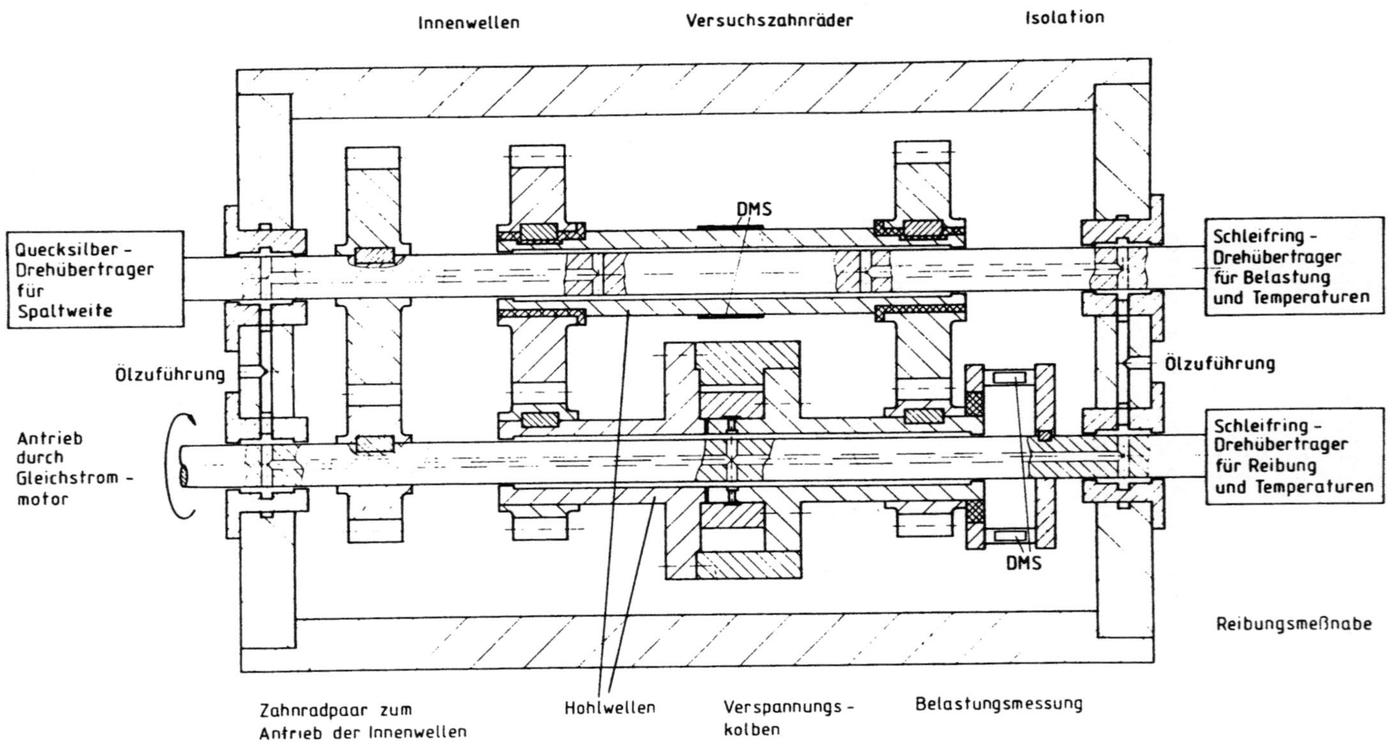

Bild 45: Prinzipdarstellung des EHD-Zahnradprüfstandes

Versuchszahnräder

Die Versuchszahnräder sind aus 20 MnCr5 ausgeführt, im Einsatz gehärtet und geschliffen. Die Abmessungen ergeben sich aus Tabelle 5.1.

5.2 Meßverfahren

5.2.1 Messung der Schmierfilmdicke

Meßprinzip und Meßaufbau

Die Schmierfilmdicke wird kapazitiv gemessen. Dazu werden die im Eingriff befindlichen, elastisch verformten Zahnflanken als Kondensatorplatten und das dazwischen befindliche Öl als Dielektrikum angesehen. Der prinzipielle Aufbau der Meßeinrichtung ist in Bild 46 zu sehen. Der als Kondensator wirkende EHD-Kontakt bildet den Zweig einer Wechselstrombrücke, die von einem Trägerfrequenz-Meßverstärker mit einer Trägerfrequenz von 480 kHz betrieben wird. Die Meßsignale werden mittels eines Quecksilberdrehübertragers von den Verzahnungen zur Trägerfrequenz-Meßbrücke übertragen.

Die kapazitive Schmierfilmdicken-Messung ist nur im Einzeleingriffsgebiet aussagefähig. Im Doppeleingriffsgebiet wird die Summe der Kapazität beider Eingriffe gemessen, so daß eine Zuordnung für den einzelnen Eingriff nicht möglich ist.

Probleme bereitet es vor allem, die längs der Eingriffsstrecke veränderliche Schmierfilmdicke während der sehr kurzen Zahneingriffsdauer zu messen. Werden z.B. bei einer Zahneingriffszeit von 1 ms 50 Meßpunkte aufgenommen, so ergibt sich ein zeitlicher Abstand der einzelnen Messungen von 20 µs, was einer Meßfrequenz von 50 kHz entspricht.

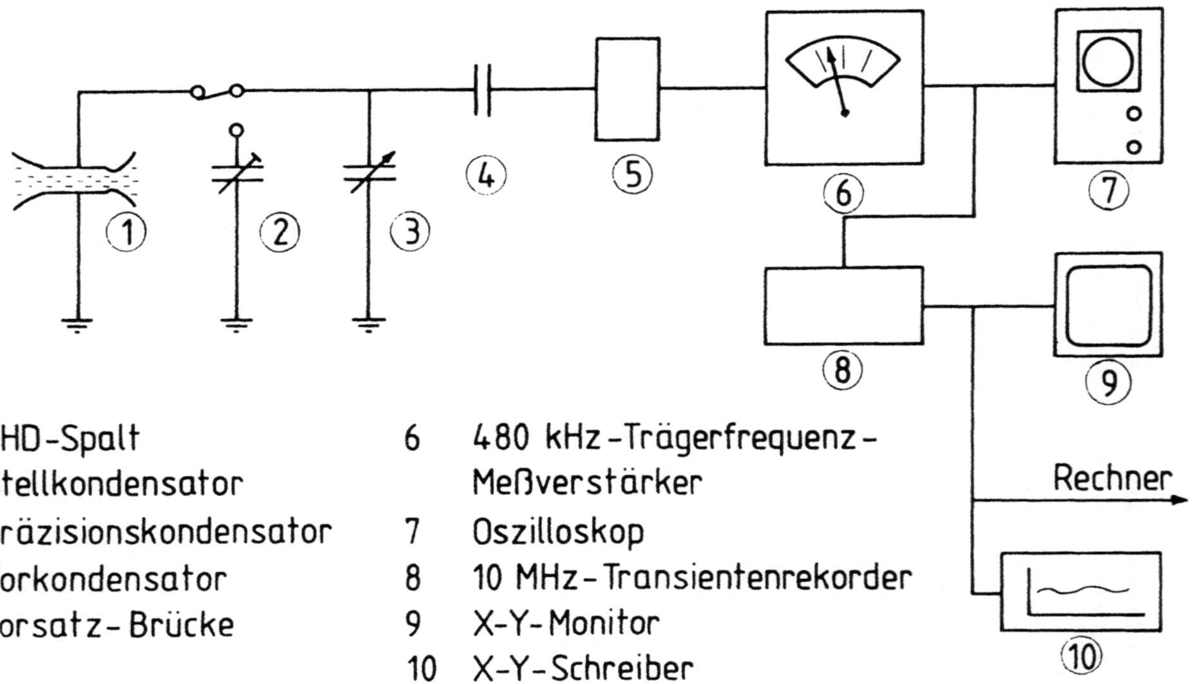

Bild 46: Meßaufbau für die Spaltweitenmessung

Zähnezahl:	z_1	= 16
	z_2	= 24
Übersetzung:	i	= 1,5
Achsabstand:	a	= 91,5 mm
Eingriffswinkel:	α_o	= 20°
	α_b	= 22,5°
Modul:	m_o	= 4,5 mm
Radbreite:	B	= 20 mm
Profilverschiebungssumme:	x_{ges}	= 0,3635
Profilverschiebung:		
Verzahnung (1)	x_1	= 0,0000
" (2)	x_1	= 0,2000
" (3)	x_1	= 0,3000
" (4)	x_1	= 0,4500
" (5)	x_1	= 0,5325
" (6)	x_1	= 0,6500
" (7)	x_1	= 0,8635

Tabelle 5.1: Versuchsdaten

Für den Meßverstärker, der mit der hohen Trägerfrequenz von 480 kHz arbeitet, ist diese Meßfrequenz unproblematisch. Schwierigkeiten treten jedoch bei der Weiterverarbeitung der Meßwerte auf. Als optimale Lösung erwies sich hier die Verwendung eines Transientenrekorders.

Ein Transientenrekorder ist ein besonders schneller Analog-Digital-Wandler mit einem als Schieberegister aufgebauten, nachgeordneten Meßwertspeicher, der Meßwerte sehr schnell aufnimmt, speichert und sie dann langsam an einen x-y-Schreiber oder einen Rechner ausgibt.

Im vorliegenden Fall wurde ein 10 MHz-Gerät mit einer Auflösung von 10 bit und einer Speichertiefe von 2048 Meßwerten benutzt, mit dem pro Zahneingriff mehrere hundert Meßpunkte erfaßt werden können.

Im Meßaufbau ist kein Filter vorgesehen. Dadurch wird eine unverfälschte Wiedergabe des Meßsignals und eine bessere Beurteilung der Schmierfilmbildung erreicht, da Schmierfilm-Durchbrüche deutlich sichtbar sind. Andererseits ist es jedoch nicht möglich, eventuelle, dem Meßsignal überlagerte elektrische Störungen auszufiltern.

Auf die elektrische Abschirmung der Meßeinrichtungen mußte deshalb besondere Sorgfalt verwandt werden.

Kalibrierung

Zur Kalibrierung der Schmierfilmdicken-Messung muß am Prüfstand der Zusammenhang zwischen der Kapazität des Schmierspaltes und der Verstimmung des Trägerfrequenz-Meßverstärkers bestimmt werden.

Die gemessene Gesamtkapazität setzt sich aus der Spaltkapazität und aus den dazu parallel liegenden Grundkapazitäten des Prüfstandes und der Zuführungen zusammen. Die Gesamtkapazität ergibt sich durch Addition der Einzelkapazitäten

$$C_{ges} = C_{Sp} + C_{Pr} + C_L \,.$$

Die Spaltkapazität wird unendlich groß, wenn sich die Zahnräder berühren und strebt gegen Null, wenn der Abstand groß wird.

Um den notwendigen Abstand zwischen den Zahnflanken von Ritzel und Rad zu erreichen, wurden PVC-Streifen unter Ausnutzung des Flankenspiels zwischen die Zahnoberfläche eingelegt. Dann konnte mithilfe des Präzisionskondensators die Kalibrierkurve punktweise aufgenommen werden. Da zur Weiterverarbeitung der Meßwerte ohnehin eine Rechenanlage erforderlich war, wurde numerisch aus den Punkten der Kalibrierkurve mit einer Approximationsfunktion (Polynom) ein analytischer Zusammenhang nach der Methode der kleinsten Fehlerquadrate bestimmt.

Die Kalibrierung wurde vor jeder Meßreihe durchgeführt. Die ermittelte Grundkapazität wurde auf den Stellkondensator eingestellt und konnte somit jederzeit auch während des Betriebes überprüft werden.

Auswertung

Der Zusammenhang zwischen Schmierspaltweite und gemessener Spaltkapazität muß durch eine verhältnismäßig aufwendige Rechnung bestimmt werden. Für diese Rechnungen müssen einige Annahmen getroffen werden /80/:

- Die Einlaufzone C_i (siehe Bild 47) ist vollständig mit Öl gefüllt
- Der Spalt C_h ist parallel
- Die Länge des Spaltes ist gleich der Länge der Hertz'schen Kontaktfläche
- Das elektrische Feld ist homogen
- Außerhalb des Schmierspaltes gelte die Geometrie der unverformten Rollen.

Die gesuchte Gesamtkapazität ergibt sich durch Integration der Einzelkapazitäten über den Spalt. Da sich daraus keine geschlossene Beziehung ableiten läßt, die man nach der gesuchten Schmierspalthöhe h auflösen könnte, wird die Integration numerisch mit Hilfe eines entsprechenden Rechenprogramms durch eine Iteration bestimmt.

Bild 48 zeigt eine mit dem Transientenrekorder aufgenommene Meßkurve, deren Aussehen vom Wechsel zwischen Einzeleingriffsgebiet (obere Linie) und Doppeleingriffsgebiet (untere Kurve) gekennzeichnet ist.

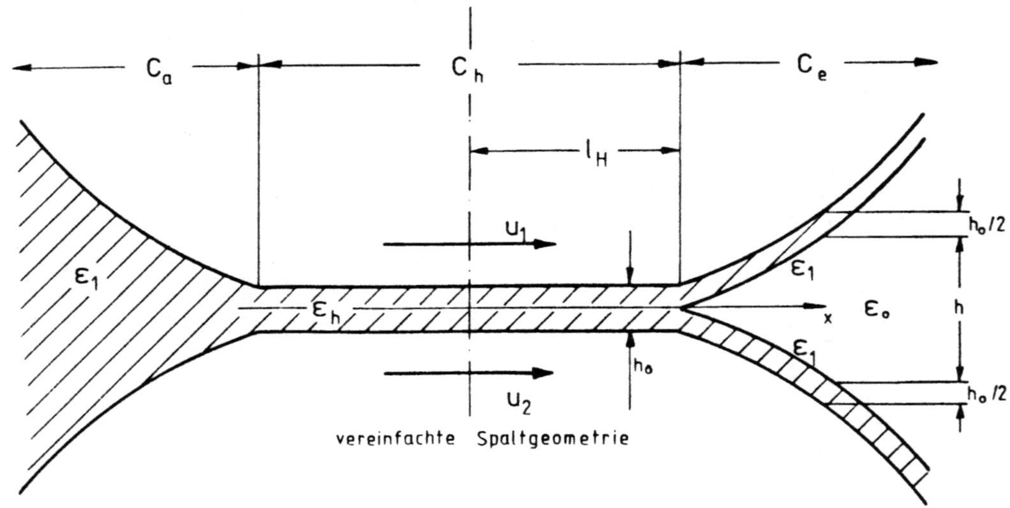

Bild 47: Zur Auswertung der Spaltweitenmessung

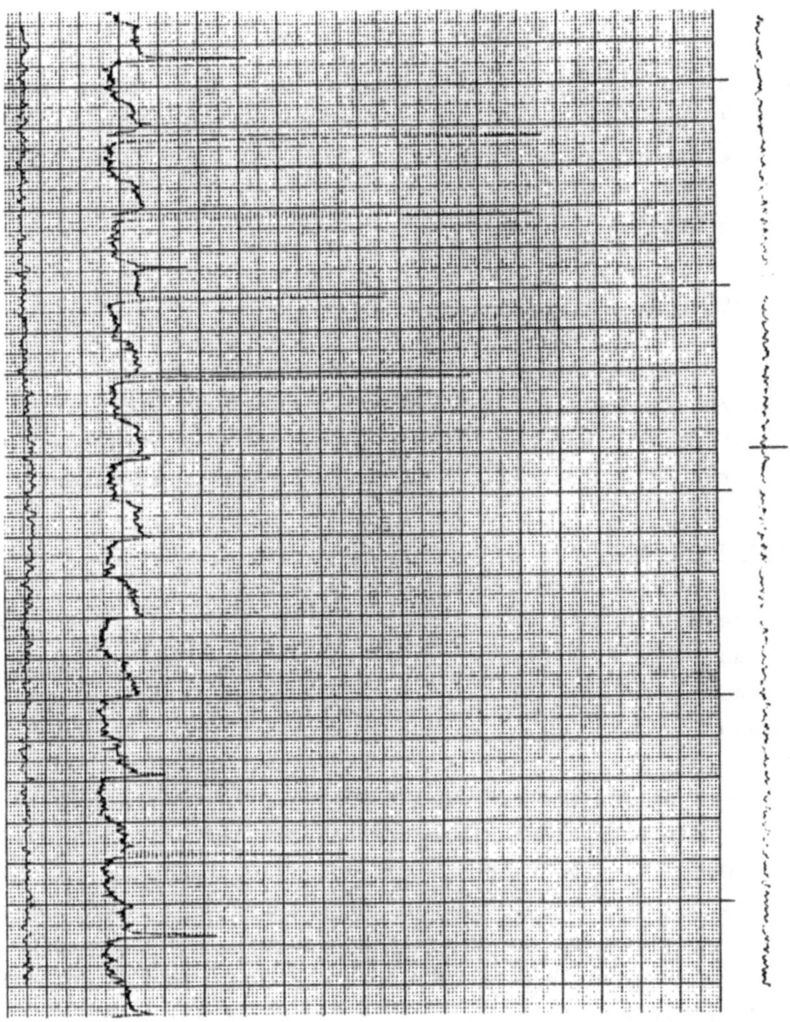

Bild 48: Mit dem Schreiber aufgenommenes Meßsignal

5.2.2 Reibungs- und Belastungsmessung

Zur Messung von Reibung und Belastung dienen Dehnmeßstreifen, die auf der Reibungsmeßnabe bzw. auf der radseitigen Hohlwelle angebracht sind. Für die Messung werden Meßverstärker mit 50 kHz Trägerfrequenz verwendet; als Verbindung zur Welle sind Schleifring-Drehübertrager eingesetzt.

Zur Aufnahme der Kalibrierkurve wurden Hohlwelle und Reibungsmeßnabe mit Wälzlagern abgestützt und über einen Hebel mit Gewichten belastet.

5.2.3 Drehzahlmessung und Triggereinrichtung

Drehzahlmessung

Für die Drehzahlmessung wird ein Magnetimpulsgeber eingesetzt. Die dazugehörige, auf der Motorwelle angebrachte Geberscheibe ist mit 60 Zähnen versehen, so daß auf einem elektronischen Zähler direkt die Drehzahl pro Minute abgelesen werden kann.

Triggereinrichtung

Bei der gewählten Zahl von 16 bzw. 24 Zähnen für Ritzel und Rad kommen nach jeweils drei Ritzelumdrehungen die gleichen Zähne zum Eingriff, so daß insgesamt 48 verschiedene Zahnpaare gebildet werden.

Zur Einstellung der Messung wird eine separate Triggerscheibe verwendet, die über einen kleinen Zahnriemen mit einem Drittel der Motordrehzahl angetrieben wird. Die Triggerscheibe ist mit einer Teilung von 1 - 48 versehen und erzeugt durch eine verstellbare Triggermarke und einen Magnetimpulsgeber einen elektrischen Impuls, der den Meßzyklus für einen zuvor festgelegten Zahneingriff startet.

5.3 Versuchsergebnisse

5.3.1 Schmierfilmdicke

Beispiele der Filmdickenmessung zeigen die Bilder 49 - 52. Bei der Filmdickenmessung zeigt sich ein deutlicher Einfluß der Temperatur. Die für den Schmierfilmaufbau maßgebende Massentemperatur, d.h. die Temperatur der Zahnflanken vor dem Durchlaufen des EHD-Spaltes ist höher als die im Versuch gemessene Zahndauertemperatur, wobei die Temperaturdifferenz mit wachsender (absoluter) Verlustleistung steigt. Bei größeren Verlustleistungen ist die Temperaturdifferenz so hoch, daß noch nach dem Abbremsen des Prüfstands zum Stillstand ein Ansteigen der Zahndauertemperatur zu beobachten war.

Berechnet man die maximale Schmierfilmdicke nach Gl. (2.31) mit der Viskosität bei Zahndauertemperatur, so ergeben sich im untersuchten Bereich Werte zwischen 2 und 5 µm. Tatsächlich treten diese Werte nur bei niedrigen Lasten auf, wobei hier aber eine gute Übereinstimmung festzustellen ist. Bei höheren Normalkräften ist die Lastabhängigkeit wesentlich stärker ausgeprägt als in Gl. (2.31), worauf bereits in Kapitel 4 eingegangen wurde. Dabei ist zu berücksichtigen, daß eine Temperaturerhöhung von wenigen Grad bereits zu einer deutlichen Abnahme der Viskosität und damit auch der Filmdicke führt, wie in Bild 23 sehr deutlich zu erkennen ist. Durch diese Erscheinung, die sich vor allem bei Messungen im unteren Temperaturbereich bemerkbar macht, wird der Vergleich zwischen Rechnung und Messung bei vielen Untersuchungen im EHD-Bereich erschwert, da die maßgebende Temperatur, die für die Bestimmung der in Gl. 2.31 einzusetzenden Viskosität benötigt wird, nicht direkt gemessen, sondern nur durch eine mit Unsicherheiten behaftete Korrektur aus der gemessenen Dauertemperatur abgeleitet werden kann.

Der Verlauf der Schmierfilmdicke entspricht im wesentlichen dem sich aus der quasi-stationären Rechnung ergebenden Verlauf. Ein Einfluß instationärer Vorgänge war im Einzeleingriffsgebiet im untersuchten Drehzahlbereich nicht festzustellen. Auch die bei

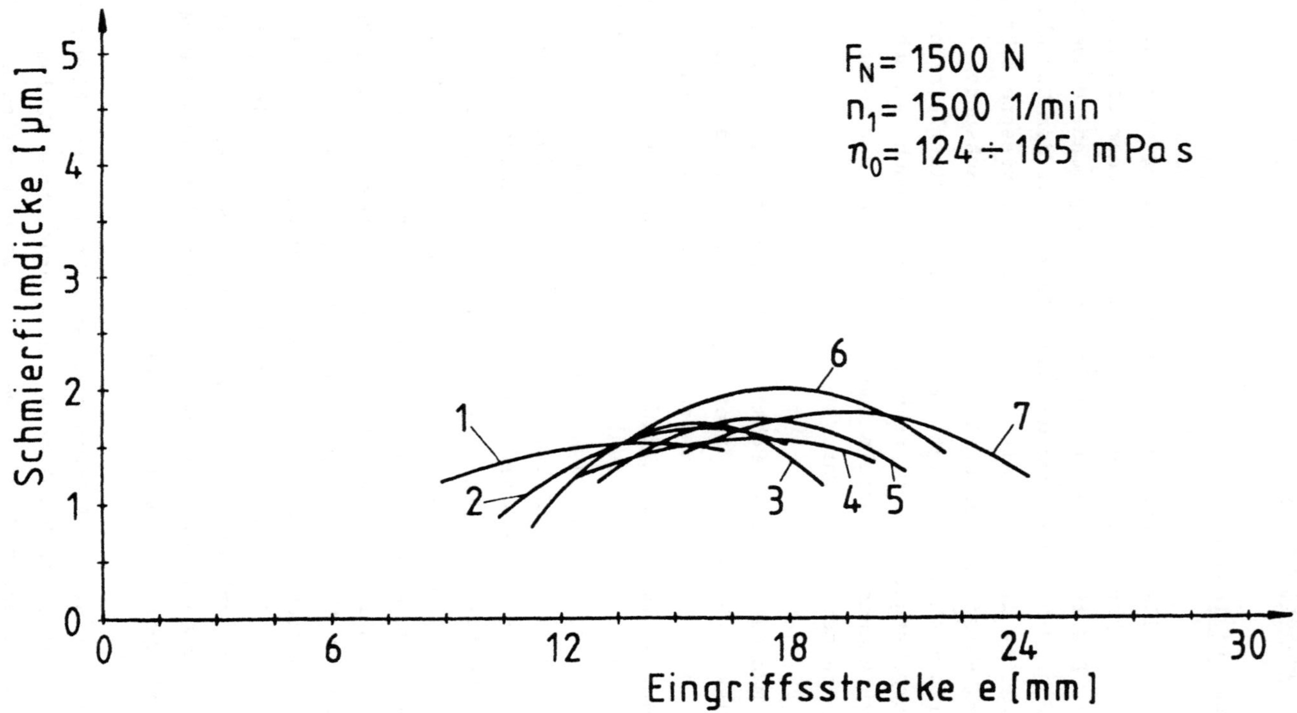

Bild 49: Gemessene Filmdicken für unterschiedliche Verzahnungen

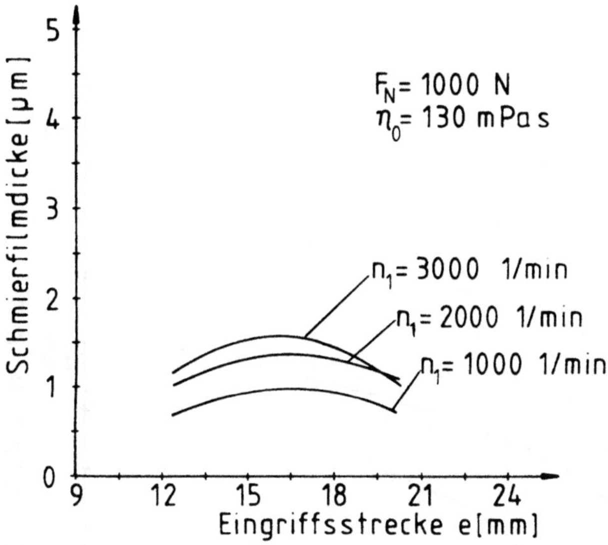

Bild 50: Einfluß der Drehzahl auf die gemessenen Filmdicken (Verzahnung 4)

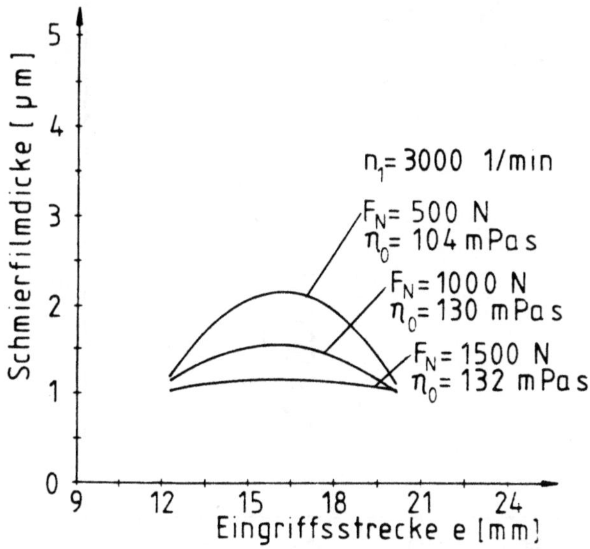

Bild 51: Einfluß der Belastung auf die gemessenen Filmdicken

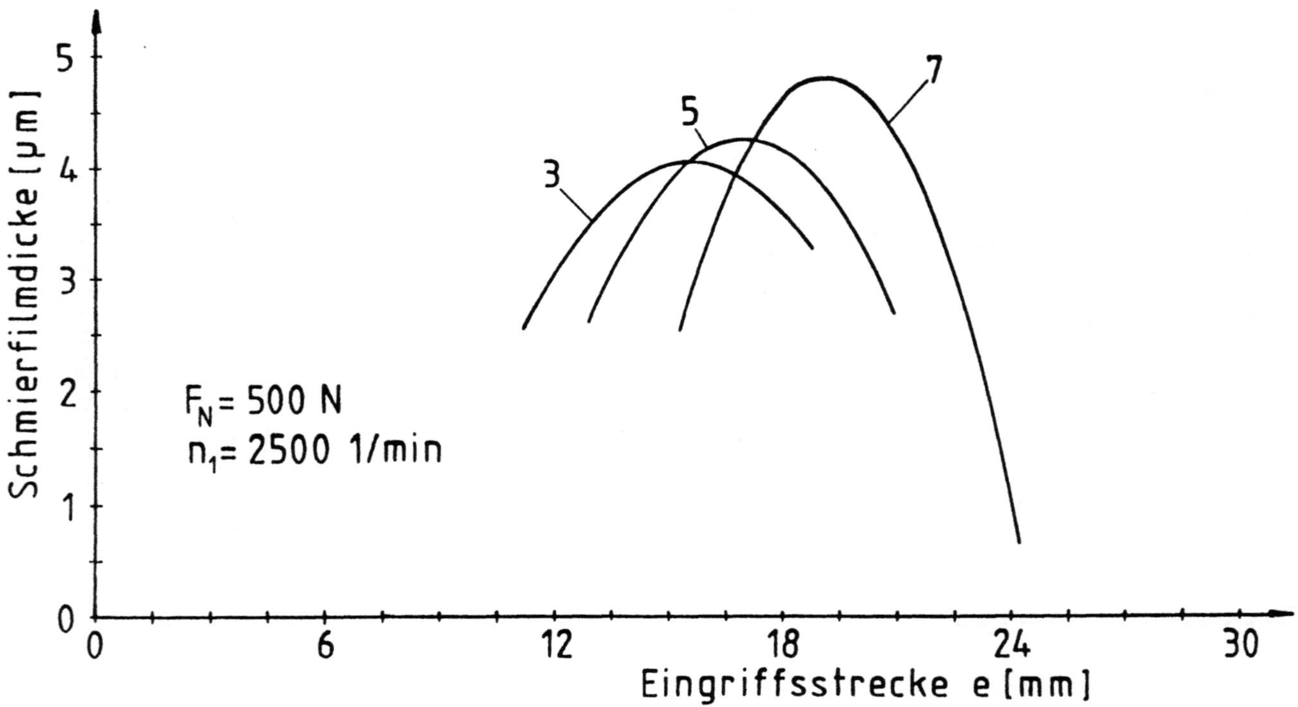

<u>Bild 52</u>: Filmdicken bei geringer Belastung, $\vartheta_o \approx 30$ °C, Öl FVA 3 (3; 5), Öl FVA 3 + 4 (7)

einem Zahnpaar vorgenommene Vergrößerung des Einzeleingriffsgebiets durch Abschleifen des vor bzw. nach dem untersuchten Eingriff liegenden Ritzels bzw. Zahnrades brachte hier keine weiteren Erkenntnisse.

Dies schließt jedoch nicht aus, daß diese Vorgänge bei Turbogetrieben mit ihren extrem kurzen Zahneingriffszeiten von wesentlicher Bedeutung sind. Tatsächlich wurde in /73, 74/ ein Zusammenhang zwischen der Durchlaufzeit eines Flankenpunktes durch den EHD-Kontakt und dem Auftreten von Fressen beobachtet. Eine Beziehung zur Berechnung der Durchlaufzeit wird in /88/ abgeleitet.

Bei niedrigen Drehzahlen konnte bei Eingriffsbeginn ein Durchbruch des Meßsignals festgestellt werden, der auf eine metallische Berührung oder auf eine stark verminderte Filmdicke an dieser Stelle hindeutet. Hier könnte, wie bereits in Kap. 4 dargelegt, der Einfluß der Quetschströmung wesentliche Ursache sein.

Zur Klärung des Sachverhaltes sind jedoch weitere experimentelle Untersuchungen unerläßlich.

5.3.2 Reibung

Mit der Reibungsmeßnabe wird ein Gesamtreibmoment gemessen, das die Summe der mittleren Reibmomente beider Verzahnungen darstellt.

Eine Aufteilung des Reibmomentes auf die beiden Verzahnungen und insbesondere auf die Eingriffsstrecke ist nicht möglich, so daß keine experimentelle Bestätigung für den in Kap. 4 berechneten Verlauf der Reibungszahl längs der Eingriffsstrecke gefunden werden kann.

Die aus dem Gesamtreibmoment zu bestimmende prozentuale Zahnreibleistung nimmt mit steigender Last zu. Der Einfluß der Profilverschiebung verläuft analog zu dem in Zwei- oder Vier-Scheiben-Prüfständen zu beobachtenden Verhalten.

Die höchste prozentuale Zahnverlustleistung, d.h. der niedrigste Wirkungsgrad, tritt bei den stark einseitig profilverschobenen Verzahnungen (1) und (7) auf, bei denen die hohe Gleitgeschwindigkeit am Anfang und Ende zu höheren Reibungszahlen und damit zu höherem Reibmoment führen. Die Verzahnung (7) ist aus diesem Grund auch besonders anfällig für Freßverschleiß und deshalb Standardverzahnung für Freßversuche. Den besten Wirkungsgrad weisen die Verzahnungen (3) und (4) auf, bei denen die Gleitgeschwindigkeiten am Anfang und Ende des Eingriffs in etwa gleich groß sind.

Damit ergibt sich die gleiche Rangfolge wie bei den theoretischen Berechnungen (s. Kap. 4) und den experimentellen Untersuchungen in /69/ und /89/.

Zur Erzielung eines guten Wirkungsgrades ist es deshalb günstig, einen kleinen Modul und eine ausgeglichene Profilverschiebung zu wählen. Der Verringerung des Moduls sind allerdings durch die gleichzeitige Abnahme der Zahnfußfestigkeit Grenzen gesetzt.

6. Zusammenfassung

Im Mittelpunkt der vorliegenden Arbeit steht die Frage, wie die Auslegung von elastohydrodynamisch geschmierten Verzahnungen auf theoretischer Grundlage aufgebaut werden kann.

Um die Anwendungsmöglichkeit der EHD-Theorie bei der Getriebeauslegung aufzuzeigen, wurde ein Verfahren entwickelt, mit dem Schmierfilmdicke und Reibung im Zahnkontakt unter Berücksichtigung der Wärmeentwicklung im Schmierspalt zu berechnen sind.

Als Funktionsmodell für die Bestimmung von Spaltform und Druckverteilung wird der Kontakt eines starren Stempels mit einem elastischen Zylinder betrachtet. Der Schmierspalt gliedert sich demgemäß in drei Bereiche, von denen der mittlere einen von der Wirklichkeit etwas abweichenden parallelen Verlauf aufweist.

Zu Beginn des iterativen Rechenganges werden Druckverteilung und Spaltkontur zunächst für isotherme Verhältnisse bestimmt. Der Schmierspalt wird transformiert und ein zweidimensionales Rechteckgitter festgelegt. Durch numerische Lösung der Strömungs- und Energiegleichung unter Berücksichtigung der Abhängigkeit der Viskosität des Schmiermittels von Druck und Temperatur läßt sich für jeden Gitterpunkt Geschwindigkeit, Temperatur, Viskosität und Schubspannung berechnen. Die Bestimmung der Wandtemperatur erfolgt nach der bekannten Beziehung von CARSLAW und JAEGER und ist in das Differenzenverfahren einbezogen.

Die ermittelte Temperaturverteilung ist Grundlage für eine erneute Berechnung von Druckverteilung und Spaltform, die als Ausgangsgrößen für die nächste Iteration dienen. Diese Rechnung wird wiederholt, bis in zwei aufeinanderfolgenden Durchläufen keine wesentlichen Änderungen mehr auftreten.

Die Integration der Schubspannungen ergibt dann die Reibkraft und die Reibungszahl des Kontaktes.

Das Verfahren wird auf mehrere Punkte längs der Eingriffsstrecke angewandt, wobei im Doppeleingriffsgebiet eine gleichmäßige Verteilung der Belastung auf beide Zahnpaare vorausgesetzt wird. Damit ist der Verlauf der Schmierfilmdicke und Reibkraft längs der Eingriffsstrecke bestimmt. Aus dem Reibkraftverlauf folgt dann die Verlustleistung und der Wirkungsgrad der Verzahnung.

Als Ergebnis dieses Verfahrens werden Druckverteilung, Spaltkontur, Reibungszahl-Schlupf-Kurve und der Einfluß einzelner Parameter auf den Verlauf von Schmierfilmdicke und Reibungszahl längs der Eingriffsstrecke der Verzahnung dargestellt. Durch Nachrechnung eines mit legiertem Öl durchgeführten Freßlasttests wird gezeigt, daß das Verfahren auch bei sehr hohen Belastungen sinnvolle Ergebnisse liefert.

Die experimentellen Untersuchungen am EHD-Zahnradprüfstand ergeben eine gute Übereinstimmung zwischen berechnetem und gemessenem Verlauf der Reibungszahl-Schlupf-Kurve und der Schmierfilmdicke längs der Eingriffsstrecke.

Rechnung und Messung machen außerdem deutlich, daß die charakteristische Krümmung der Reibungszahl-Schlupf-Kurve nicht notwendigerweise nur von dem nicht-newton'schen Verhalten der Öle hervorgerufen wird.

7.0 Literaturverzeichnis

/1/ D. DOWSON, G.R. HIGGINSON
Elastohydrodynamic Lubrication
Pergamon Press, London 1966

/2/ A. CAMERON
The Principles of Lubrication
Longmans, London 1966

/3/ L. GÜMBEL
Über geschmierte Arbeitsräder
Z. f. d. ges. Turbinenwesen 12 (1916), 205 - 209; 220 - 223; 225 - 241; 245 - 248; 258 - 272

/4/ D.W. DUDLEY
Practical Gear Design
McGraw-Hill Book Comp., New York (1954)

/5/ D.W. DUDLEY
Elastohydrodynamic Behaviour Observed in Gear Tooth Action.
Proc. Instn. Mech. Engrs. 1965-66, Vol. 180 Pt 3B

/6/ A. v. MOHRENSTEIN-ERTEL
Hydrodynamische Theorie der Schmierung mit neuen Hypothesen.
Z. für angewandte Mathematik und Mechanik (1939) (Angabe des Verfassers)
Deutsche Übers. des Verfassers

/7/ A.N. GRUBIN
Contact Stresses in toothed Gears and Worm Gears.
Cent. Sc. Res. Inst. f. Techn. Book Nr. 30 (1949)
DSIR Trans. Nr. 337

/8/ D. DOWSON, G.R. HIGGINSON
A Numerical Solution to the Elasto-Hydrodynamic
J. Mech. Eng. Vol. 1 (1959) S. 6 - 15

/9/ D. DOWSON
Elastohydrodynamics
Proc. Instn. Mech. Engrs. Vol. 180 Pt 3 B (1965 - 66)

/10/ E.J. WELLAUER, G.A. HOLLOWAY
Application of EHD-Oil Film Theory to Industrial Gear Drives.
Trans. ASME J. of Eng. f. Industry, May 1976, S. 626 - 634

/11/ E.F. FINKIN, A. GU, L. YUNG
A Critical Examination of the Elastohydrodynamic Criterium of Scoring of Gears
Trans. ASME J. Lubr. Techn. 1974, 418 - 425

/12/ D. DOWSON, A.V. WHITAKER
A numerical Procedure for the Solution of the Elastohydrodynamic Problem of Rolling and Sliding Contacts lubricated by a Newtonian Fluid.
Proc. Instn. Mech. Engrs. 1965-66, Vol. 180 Pt. 3B. 57-71

/13/ H.S. CHENG, B. STERNLICHT
A Numerical Solution for the Pressure Temperature and Film Thickness between Two Infinitly Long, Lubricated, Rolling and Sliding Cylinders under Heavy Load.
J. Basic. Eng. 1965, 695 - 707

/14/ H.S. CHENG
A Refined Solution to the Thermal-Elastohydrodynamic of Rolling and Sliding Cylinders
ASLE Trans. 8 (1965) 397 - 410

/15/ R. LIESEGANG
Der nicht-isotherme Schmierfilm zwischen hochbelasteten elastischen Walzen
Diss. Karlsruhe 1965

/16/ M.J.W. SCHOUTEN
Elastohydrodynamische Schmierung
FKM-Heft Nr. 24 (1973) Frankfurt/Main

/17/ H. RODERMUND
Beitrag zur Elastohydrodynamischen Schmierung von Evolventenzahnrädern.
Diss. TU Clausthal 1975

/18/ H. CHRISTENSEN
Elastohydrodynamics of Normal Approach
Proc. Instn. Mech. Engrs. 1967-68, Vol. 182 Pt 3A, 248 - 251

/19/ H. CHRISTENSEN
Elastohydrodynamic Theory of Spherical Bodies in Normal Approach.
Trans. ASME J. Lubr. Techn. (1970), 145 - 154

/20/ K. HERREBRUGH
Elastohydrodynamic Squeeze Films Between Two Cylinders in Normal Approach.
Trans. ASME J. Lubr. Techn. (1970) S. 292 - 302

/21/ D. DOWSON, D.A. JONES
An Optical-Interference of Measurement of Time-dependent Elastohydrodynamic Film Profiles.
Proc. Instn. Mech. Engrs. 182 (1967-68) Pt 3G, 49 - 52

/22/ J. HOLLAND
Die instationäre Elastohydrodynamik
Konstruktion 30 (1978), S. 363 - 369

/23/ M. WALLINGER
Überlegungen zur Ausbildung eines tragfähigen Schmierfilms zwischen zwei miteinander kämmenden Zahnrädern.
Diplomarbeit TU Clausthal 1977

/24/ J. HOLLAND, M. WALLINGER
Die Schmierverhältnisse zwischen zwei Zahnrädern.
VDI-Bericht 332 (1979) 143 - 148

/25/ L. PRANDTL
Strömungslehre.
Vieweg, Braunschweig (1965)

/26/ H.S. CARSLAW, J.C. JAEGER
Conduction of Heat in Solids.
Oxford University Press, Oxford (1959)

/27/ K. SPIEGEL
Beiträge zur Elastohydrodynamischen Schmierung von Nocken-Stößel-Paarungen.
Diss. TU Clausthal 1982

/28/ H. CHRISTENSEN
A Simplified Model of Elastohydrodynamic Lubrication of Rollers. The Central and Exit Solution.
ASLE Trans. 22 (1979), S. 323 - 332

/29/ J. PRAKASH, H. CHRISTENSEN
A Simplified Model of Elastohydrodynamic Lubrication of Rollers. - The complete Solution.
ASLE Trans. 24 (1981), S. 362 - 370

/30/ Referenzöle für Wälz- und Gleitlager-, Zahnrad und Kupplungsversuche.
Forschungsvereinigung Antriebstechnik, Heft Nr. 15 (1974)

/31/ E. KUSS
Über das Viskositätsdruckverhalten von Mineralölen.
Materialprüfung 2 (1960) Nr. 6, 189 - 197
und:
E.KUSS: Mündliche Mitteilungen

/32/ G. NOACK
Mündliche Mitteilungen

/33/ Viscosity and Density of over forty Lubricants.
ASME, New York 1953

/34/ H. VOGEL
Das Temperaturabhängigkeitsgesetz der Viskosität von Flüssigkeiten.
Vortr. Deutscher Physikertag, Jena, 18.-24.9.1921, veröföfentl. in Physik. Zeitschrift 23 (1921) S. 645 - 646

/35/ U. ROST
Das Viskositäts-Temperaturverhalten von Flüssigkeiten.
Kolloid-Zeitschrift, Bd. 142 (1955) S. 132 - 150

/36/ G. NOACK
Zur Erfassung der Viskositäts-Temperaturabhängigkeit von Schmierölen durch die Vogel'sche Gleichung.
Schmiertechnik 20 (1973) S. 74 - 80

/37/ K. WITT
Druckflüssigkeiten und thermodynamisches Messen.
Ingenieur-Digest. Frankfurt 1974

/38/ F.W. HÖTTE
Analytische Darstellung der Viskosität von Flüssigkeiten abhängig von Temperatur und Druck.
Schmiertechnik u. Tribologie 21 (1974) S. 55 - 60

/39/ P.W. BRIDGMAN
The Physics of High Pressure.
Strangways Press London (Neudruck) 1952, (1. Aufl. 1931), Neudruck m. Ergänzung 1949)

/40/ C. WEBER, K. SAALFELD
Schmierfilm bei Walzen mit Verformung.
Z. angew. Math. Mech. 34 (1954), S. 54 - 64

/41/ J. DÖRR
Schmiermitteldruck und Randverformungen des Rollenlagers.
Ing.-Arch. 22 (1954) S. 171 - 193

/42/ W. PEPPLER
Die Theorie der hydrodynamischen Schmierung unter besonderer Berücksichtigung physikalischer Erweiterungen.
VDI-Ber. Nr. 20 (1957) S. 13 - 31, 183 - 184

/43/ A.W. CROOK
The Lubrication of Rollers.
Phil. Trans. A, I: 250 (1958), S. 387; II: 254 (1961, S. 223; III: 254 (1961) S. 237; IV: 255 (1963) S. 281

/44/ L.E. MURCH, W.R.D. WILSON
A Thermal Elastohydrodynamic Inlet Zone Analysis.
Trans. ASME, J. Lubr. Techn. (1975), S. 212 - 216
siehe auch

/45/ J.A. GREENWOOD, J.J. KAUZLARICH
Inlet Shear Heating in Elastohydrodynamic Lubrication.

/46/ F.W. GRIESE
Diskussionsbeitrag zu /59/

/47/ J. HOLLAND
Vorlesung über Reibungstechnik.
TU Clausthal (1981/82)

/48/ DIN 3990
Grundlagen für die Tragfähigkeitsberechnung von Gerad- und Schrägstirnrädern.
Entwurf (März 1980)

/49/ G. NIEMANN, H. WINTER
Maschinenelemente.
Bd. 2, Springer, Berlin (1980)

/50/ E. BROSZEIT
Verschleiß durch Oberflächenzerrüttung an wälzbeanspruchten Bauteilen. Teil I.
Tribologie u. Schmierungstechnik 30 (1983) S. 85 - 91

/51/ G. VOGELPOHL
Verschleiß in Maschinen und die Möglichkeit seiner Verminderung mit Hilfe der auf Ölprüfgeräten gewonnenen Ergebnisse.
Erdöl u. Kohle, 14 (1961) S. 824 - 829

/52/ F.G. ROUNDS
Some Effects on Additives on Rolling Contact Fatique.
ASLE Trans. 10 (1967) S. 243 - 255

/53/ I. KOVED
The effect of Three Mineral Base Oils on Roller Bearing Fatique Life.
ASLE Trans. 9 (1966) S. 222 - 228

/54/ S. WAY
Pitting Due to Rolling Contact.
J. applied Mechanics, 2 (1935) S. 49 - 58

/55/ W.J. ANDERSON, T.L. CARTER
Effect of Lubricant Viscosity and Type of Ball Fatique Life.
ASLE Trans. 1 (1958) S. 266 - 272

/56/ J.B. MARTIN, A. CAMERON
Effect of Oil on the pitting of rollers.
J. Mech. Eng. Sci. 3 (1961) S. 148 - 152

/57/ G. NIEMANN, W. RICHTER
Versuchsergebnisse zur Zahnflankentragfähigkeit.
Konstruktion 12 (1960), Teil I, II, III, IV

/58/ P.H. DAWSON
Effect on metallic Contact on the Pitting of lubricated rolling Surface.
J. Mech. Eng. Sc. 4 (1962) S. 16 - 21

/59/ H. BÖER
Zusammenhänge zwischen Verschleißsicherheit verschiedener Getriebebauarten und bestimmten Schmierölеigenschaften.
Stahleisen, Sonderberichte 3 (1963), S. 39 - 45

/60/ D. REISTER
Der Einfluß der Ölviskosität auf die Tragfähigkeit von Zahnradgetrieben, ebenda S. 45 - 50

/61/ O. CHLÁDEK
Der Einfluß des Schmiermittels auf die Ermüdungsfestigkeit des Stahles bei Wälzbewegung.
Maschinenbautechnik 14 (1965) S. 221 - 223

/62/ J.C. SKURA
Elastohydrodynamic Lubrication of Roller Bearings.
J. Lubrication Techn. (1970) S. 281 - 291

/63/ F. ERDMANN-JESNITZER, K. WEIGEL
Untersuchungen zu pitting-Bildung.
Z. Werkstatt u. Betrieb 91 (1958) S. 461 - 469

/64/ H. SCHLICHT
Der Überrollungsvorgang in Wälzelementen.
Wälzlagertechnik (1970) S. 2 - 14

/65/ S. GOLL
Grübchenbildung bei gleit-wälzbeanspruchten einsatzgehärteten Bauteilen.
VDI-Bericht Nr. 195 (1973) S. 111 - 118

/66/ H. BLOK
Surface Temperatures under Extreme-Pressure Lubrications (in French).
2. Congr. maudial petr., Paris (1937), Vol. 3, S. 471-486

zitiert nach

/67/ H. BLOK
The Postulate About the Constancy of Scoring Temperatures.
Interdisciplinary Approach to the Lubrication of concentrated Contacts.
NASA SP-237 (1970) S. 153 - 248

/68/ J.P. DONOGHUE, A. CAMERON
Temperature at Scuffing.
Proc. Instn. Mech. Engrs. 1965-66, Vol. 180 Pt 3B, S. 85 - 94

/69/ G. LECHNER
Die Freßgrenzlast bei Stirnrädern aus Stahl.
Diss. TH München 1966

/70/ B.W. KELLEY, A.J. LEMANSKI
Lubrication of Involute Gears.
Proc. Inst. Mech. Engrs. (1967-68) Vol. 182 Pt 3 A, S. 173 - 184

/71/ K. SEITZINGER
Die Erwärmung einsatzgehärteter Zahnräder als Kennwert für ihre Freßtragfähigkeit.
Diss. TU München 1971

/72/ P.M. KU, H.E. STAPH, H.J. CARPER
On the critical Contact Temperature of lubricated sliding-rolling Disks.
Trans. ASLE, 21 (1978) S. 161 - 180

/73/ V.N. BORSOFF
On the Mechanism of Gear Lubrication.
Trans. ASME J. Basic Engr. 1959, S. 79 - 93

/74/ V.N. BORSOFF
Gear Lubrication, a descriptive Analysis.
Lubr. Engineering, 1962, S. 266 - 270

/75/ J.C. BELL, A. DYSON
The Effect of some operating Factors on the Scuffing of hardened Steel Discs.
Instn. Mech. Engrs. (1965-66), Vol. 180, Pt 3 B

/76/ L.S. AKIN
EHD-Lubricant Film Thickness Formulas for Power Transmission Gears.
J. Lubr. Techn. (1974) S. 426 - 431

/77/ MOBIL EHL-GUIDE BOOK
(Firmenschrift) (1980)

/78/ A. CAMERON
Die Theorie des Fressens von Zahnrädern.
Schmiertechnik 14, S. 136 - 139

/79/ K. FUJITA, F. OBATA, F. MATSUO
Instantenous Behaviour of lubricating Oil supplied on to the Tooth Flanks and its Influence on the Scoring Resistance of Spur Gears.
Trans. ASME, J. of Eng. f. Ind. (1976), S. 635 - 644

/80/ A. DYSON, H. NAYLOR, A.R. WILSON
The Measurement of Oil-Film-Thickness in Elastohydrodynamic Contacts.
Proc. Instn. Mech. Engrs. 1965-66, Vol. 180, Pt 3B, S. 119 - 134

/81/ J.W. KANNEL, J.C. BELL
Interpretations of the Thickness of Lubricant Films in rolling Contact. 1. Examination of Measurements obtained by X-Rays.

/82/ A. DYSON
Frictional Traction and Lubricant Rheology in Elastohydrodynamic Lubrication.
Phil. Trans. R. Soc. Lond., Vol. 266, A 1170 (1970), 1 - 33

/83/ M. WALLINGER
Über den Einfluß des Schmierstoffes auf die Belastbarkeit von gleit- und wälzbeanspruchten elastohydrodynamischen Kontakten.
DGMK-Bericht Nr. 222 (1982)

/84/ G. NOACK, F. SKIEBE
Messung der Viskosität von Mineralölen bei Drücken zwischen 0 und 4000 bar.
DGMK-Bericht Nr. 329 (1982)

/85/ M. WALLINGER
Messung von Reibungszahlen und Schmierfilmdicke im Vier-Scheiben-Prüfstand.
DGMK-Bericht Nr. 292 (1984)

/86/ siehe auch D. PLÄHN
Experimentelle Untersuchung an einem Vier-Scheiben-Prüfstand.
Diplomarbeit, TU Clausthal 1983

/87/ P. HÖRSTMANN
Experimentelle Untersuchung am EHD-Zahnradprüfstand.
Diplomarbeit, TU Clausthal (1981)

/88/ M. WALLINGER
Zur Berechnung der Schmierfilmdicke in Verzahnungen mittels der Elastohydrodynamischen Theorie.
Internationales Kolloquium: Schmierung von Industrie- und Kraftfahrzeuggetrieben, Eßlingen (1980)

/89/ H. OHLENDORF, W. RICHTER (Bearb.)
Stirnradgetriebe. Zahnreibung, Verlustleistung und Erwärmung.
Vieweg Braunschweig (1964)

Druck-, Temperatur- und Reibungsmessungen am Zweischeiben- und Nocken-Flachstößel-Prüfstand

von

Prof. Dr.-Ing. R. Haller
Dipl.-Ing. H. Baumann
Dipl.-Ing. D. Frey
Dipl.-Ing. W. Burger

Institut für Maschinenkonstruktionslehre
Universität Karlsruhe
Kaiserstraße 12

Förderkennzeichen: 01 ZT 157 / 01 ZT 138S
Laufzeit: 01.01.1978 - 31.12.1980 /
01.08.1978 - 31.07.1981

Zusammenfassung

Hochbeanspruchte elastohydrodynamische (EHD) Kontakte, die beispielsweise in Wälzlagern, Zahnradgetrieben und Nockentrieben zu finden sind, bereiten auch heute noch Schwierigkeiten hinsichtlich Schmierung und Verschleiß, insbesondere bei zunehmender Gleitung und daraus resultierendem Temperaturanstieg und bei instationären Bedingungen.

Das Ziel des Vorhabens war die Entwicklung geeigneter Meßwertaufnehmer und die Messung von Reibung, Druck und Temperatur in nichtisothermen und instationären EHD-Kontakten. Zu diesem Zweck wurden ein Scheibenprüfstand und ein Nocken-Flachstößel-Prüfstand neu konzipiert und gebaut. Der Scheibenprüfstand ist vor allem dazu geeignet, den Einfluß der Temperatur auf die Schmierverhältnisse im EHD-Kontakt zu untersuchen. Im Nocken-Flachstößel-Prüfstand kann ein instationärer EHD-Kontakt dargestellt werden, bei dem sich Belastung, Gleitgeschwindigkeit und Schmiegung (Krümmung) zeitlich ändern. Ein Schwerpunkt des Vorhabens war die Herstellung von aufgedampften Aufnehmern zur Messung von Druck und Temperatur, die auch bei hohen Scherbeanspruchungen und in instationären EHD-Kontakten über längere Zeit funktionsfähig sind, ein anderer der Aufbau einer leistungsfähigen, mikroprozessorgesteuerten Meßtechnik, mit deren Hilfe die schnellen und in großen Mengen anfallenden Meßsignale zuverlässig übertragen und verarbeitet werden können.

Die Aufdampftechnik zur Herstellung von Druck- und Temperaturaufnehmern, der Aufbau des Zweischeibenprüfstandes und des Nocken-Flachstößel-Prüfstandes sowie die Meßsignalerfassung und -verarbeitung werden beschrieben und einige Ergebnisse der Reibungsmessungen sowie der Druck- und Temperaturmessungen im Kontakt mitgeteilt.

Mit der entwickelten Meßtechnik können beispielsweise beim instationären EHD-Kontakt innerhalb von zwei Minuten 5000 Druck- oder Temperaturkurven mit jeweils 1000 Stützstellen aufgenommen, transferiert und gespeichert werden.

Inhaltsverzeichnis

1. Einleitung und Problemstellung

Unter elastohydrodynamischen Kontakten versteht man hochbelastete geschmierte Kontakte zwischen meist gegensinnig gekrümmten Maschinenelementen, in denen sich infolge der Relativbewegung der Kontaktpartner ein voll tragender hydrodynamischer Schmierfilm ausbildet, der die unmittelbare Berührung der Partner verhindert. Wegen der gegensinnigen Krümmung bzw. der großen Radiendifferenz bei gleichsinniger Krümmung ist die Druckentwicklung im Schmiermittel auf sehr kleine Bereiche beschränkt, in denen dann aber hydrodynamische Drücke bis 20 kbar auftreten können. Dabei verformen sich die Kontaktpartner elastisch, und die Viskosität des Schmiermittels nimmt unter der Druckbelastung um mehrere Größenordnungen zu. Dieser Zustand wird als elastohydrodynamische Schmierung (EHD) bezeichnet. Die Schmierfilmdicke liegt im Mikrometerbereich, bei hochbelasteten Kontakten auch unter einem Mikrometer. Bei reiner Abrollbewegung ändert sich die Temperatur im Schmierspalt nur wenig; sie steigt aber mit zunehmender Gleitbewegung beträchtlich an.

Ist die Bewegung der Kontaktpartner, die Krümmung im Kontaktbereich und die Belastung zeitlich konstant, spricht man von stationärer EHD. Bei den meisten technischen Anwendungen - man denke nur an Zahnrad- und Nockentriebe sowie an Wälzlager - sind diese Größen aber zeitlich veränderlich; man bezeichnet solche Kontakte als instationäre und die Schmierung als instationäre EHD. Schließlich spricht man von isothermer und nichtisothermer EHD, je nachdem, ob die Temperaturerhöhung im Spalt von Bedeutung ist oder nicht.

Die maßgebende Bewegungsgröße für den Aufbau des Schmierfilmdruckes infolge der Schleppwirkung ist die sogenannte hydrodynamisch wirksame Geschwindigkeit, die sich bei stationären EHD-Kontakten additiv aus den Tangentialgeschwindigkeiten der Partner im Kontaktbereich zusammensetzt und konstant ist. Bei instationären EHD-Kontakten geht auch noch die Geschwindigkeit des Spaltes selbst in die hydrodynamisch wirksame Geschwindigkeit ein. Dem Druckaufbau aufgrund der Schleppwirkung überlagert sich darüber hinaus ein Verdrängungsdruck, der sich infolge der Annäherung der Kontaktpartner in Normalenrichtung und ggf. der Krümmungsänderung aufbaut. Bei vielen instationären Kontakten schwankt die hydrodynamisch wirksame Geschwindigkeit zwischen einem positiven und einem negativen Maximalwert mit jeweils einem Nulldurchgang, bei dem die aufgrund der Schleppwirkung vorhandene Tragfähigkeit des Schmierfilmes zusammenbricht. Unter bestimmten Bedingungen kann der dabei im Schmierfilm sich aufbauende Verdrängungsdruck eine Trennung der Kontaktpartner kurzfristig aufrecht erhalten; Voraussetzung ist allerdings, daß die hydrodynamisch wirksame Geschwindigkeit schnell ihr Vorzeichen ändert.

In den vergangenen dreißig Jahren wurden zahlreiche theoretische Untersuchungen durchgeführt, deren wesentliches Ziel es war, die Schmierfilmdicke und den Druckverlauf bei stationären, isothermen EHD-Kontakten unter Berücksichtigung der druckabhängigen Viskosität und der elastischen Verformung der Kontaktpartner zu ermitteln (vergl. z.B. [1...5]). Cheng und Sternlicht [6], Dowson und Whitaker [7], Cheng [8] und Liesegang [9] berücksichtigten über die Energiegleichung auch den Einfluß der sich im Schmierspalt verändernden Temperatur; wegen der dabei auftretenden Konvergenzprobleme war eine Beschränkung auf schwach belastete Kontakte notwendig. Neben der Untersuchung der Reibungsvorgänge im stationären Schmierspalt (z.B. Stößel [10]), befassen sich mehrere experimentelle Arbeiten mit der Ermittlung der Schmierfilmdicke in EHD-Kontakten [11...14]. Den Druckverlauf im Spalt von Zweischeibenmaschinen ermittelten mit Hilfe von aufgedampften Meßwertaufnehmern Kannel [15], Cheng und Orcutt [16], Hamilton und Moore [17] und später Schouten [18], Ehlert [19] und Köhler [20]; Temperaturmessungen, ebenfalls mittels aufgedampfter Aufnehmer, führten Kannel und Bell [21], Schouten [18] und Köhler [20] durch.

Instationäre EHD-Kontakte findet man beispielsweise bei Nockentrieben. Die Einführung ruckfreier Nocken nach Kurz [22] führte zwar zu schwingungsarmen Nockentrieben, das Verschleißverhalten war allerdings unbefriedigend. Müller [23] erkannte die Bedeutung der hydrodynamisch wirksamen Geschwindigkeit für den Aufbau eines tragfähigen Schmierfilms. Er gab Hinweise, wie durch geeignete Formgebung der Nocken, der Nulldurchgang der hydrodynamisch wirksamen Geschwindigkeit schnell durchfahren werden kann. Eine schmiertechnische Optimierung von Nockentrieben mit Flachstößeln wurde von Deschler und Wittmann [24] über eine hydrodynamische Beurteilungskennzahl vorgenommen.

Aufbauend auf den Arbeiten von Dowson [25] und Herrebrugh [26] hat Holland [27], [28] durch Überlagerung der Tragkraft aus der Schlepp- und Verdrängungsströmung den isothermen, instationären EHD-Kontakt der Rechnung näherungsweise zugänglich gemacht. Der Verlauf der Normalkraft- und Reibkraft sowie der Schmierfilmdikke in Nocken-Flachstößel-Kontakten wurden von Spiegel [29], [30] und Fuhrmann [31], [32] experimentell ermittelt. Experimentelle Untersuchungen an Nocken-Rollenstößel-Kontakten führte Heinz [33] durch, wobei Druckverteilungen im Kontakt mit Hilfe von eingelegten Drahtaufnehmern gemessen wurden. Druck- und Temperaturmessungen im Nocken-Stößel-Kontakt mit Hilfe von aufgedampften Aufnehmern scheiterten an der ungenügenden Haltbarkeit bei den hohen Scherbeanspruchungen [34].

Das Ziel der vorliegenden Arbeit war es, Druck- und Temperaturaufnehmer herzustellen, die auch bei hohen Scherbeanspruchungen und in instationären EHD-Kontakten über längere Zeit funktionsfähig sind und eine leistungsfähige, mikroprozessorgesteuerte Meßtechnik aufzubauen, mit deren Hilfe die schnellen und in großen Mengen anfallenden Druck- und Temperatursignale zuverlässig übertragen und verarbeitet werden können. An dem neu konzipierten Zweischeiben- und Nocken-Flachstößel-Prüfstand sollte weiterhin der EHD-Kontakt möglichst weitgehend meßtechnisch erfaßt werden, d.h. es sollten die Reibungskräfte und -momente sowie die Druck- und Temperaturverläufe sowohl im Absolut- als auch bezüglich des mitbewegten Systems ermittelt werden.

2. Aufgedampfte Aufnehmer

2.1 Anforderungen an die Abmessungen der Aufnehmer

Elastohydrodynamische Kontakte weisen sehr geringe Abmessungen auf. Die Hertzsche Abplattungsbreite zweier zylindrischer Stahlscheiben von 100 mm Durchmesser beträgt beispielsweise bei Hertzschen Pressungen von 5000 bis 10000 bar nur etwa 0,4 bis 0,8 mm. Die aus der Gleitlager-Meßtechnik bekannten Druckaufnehmer sind wegen ihrer Größe für Messungen in EHD-Kontakten ungeeignet. Zur Erfassung der Druck- und Temperaturverteilungen von wenigen Zehntelmillimetern Breite müssen die Aufnehmer in der Richtung dieser Verteilungen sehr viel kleinere Abmessungen haben. Außerdem sollen die Aufnehmer die Geometrie und die Steifigkeit der Kontaktflächen möglichst nicht verändern, da sonst der Druckaufbau im Spalt beeinflußt werden würde.

2.2 Meßprinzip

Bei den ausgeführten Druck- und Temperaturaufnehmern wird als Meßeffekt die Änderung des elektrischen Widerstandes eines Metalls in Abhängigkeit von Druck oder Temperatur genutzt. Diese Effekte treten bei verschiedenen Metallen verschieden stark auf; es gibt einerseits reine Metalle, deren Widerstand vom Druck sehr wenig abhängt, andererseits Legierungen, z.B. für Präzisionswiderstände, deren Widerstand in weiten Bereichen nahezu temperaturunabhängig ist [35]. Man ist bestrebt, durch geeignete Auswahl der Metalle reine Temperatur- bzw. reine Druckaufnehmer herzustellen, d.h. den jeweils unerwünschten Effekt weitestgehend auszuschließen. Für die Herstellung von Druckaufnehmern kann z.B. Manganin, für Temperaturaufnehmer Titan verwendet werden. Die Aufnehmer werden als dünne Schichten auf einen der beiden Partner des EHD-Kontaktes aufgebracht. Zwischen der metallischen Oberfläche dieser Bauteile und dem metallischen Aufnehmer muß zur elektrischen Isolation eine Zwischenschicht aus einem nichtleitenden Werkstoff angeordnet werden.

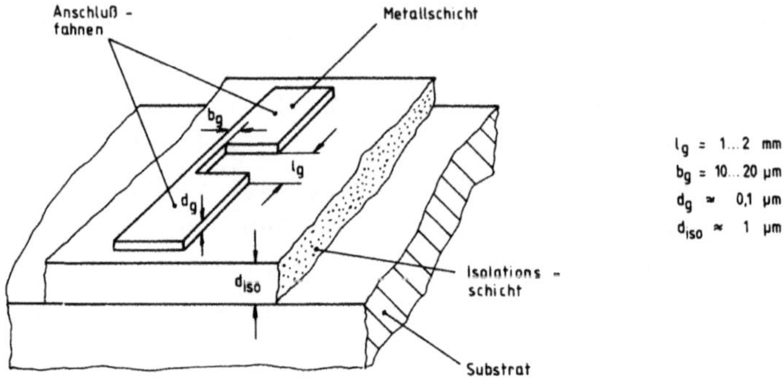

Bild 1: Abmessungen der verwendeten Druck- und Temperaturaufnehmer (Schutzschicht und Kontaktierung nicht dargestellt)

Die Abmessungen der verwendeten Aufnehmer sind aus Bild 1 ersichtlich. Mit der Aufnehmerbreite b_g von 10 bis 20 µm kann die Druck- bzw. Temperaturverteilung im Kontakt mit ausreichender Genauigkeit aufgelöst werden.

2.3 Beschichtungsverfahren

Die Aufnehmer werden durch thermische Verdampfung des jeweiligen Werkstoffs im Vakuum hergestellt. Bei der hier angewandten Widerstandsverdampfung befindet sich der zu verdampfende Stoff in einem wannenförmigen Behälter aus einem hochschmelzenden Metall (Schiffchen), der durch direkten Stromdurchgang beheizt wird. Dabei wird das Verdampfungsgut so weit erwärmt, daß es schmilzt und verdampft (Metalle), oder ohne zu schmelzen sublimiert (Siliziummonoxyd). Da dieser Vorgang im Vakuumbehälter bei einem Druck von 10^{-5} bis 10^{-4} mbar abläuft, breiten sich die Dampfteilchen wegen ihrer großen mittleren freien Weglänge von der Verdampfungsquelle radial aus und kondensieren auf dem zu beschichtenden Werkstück (Substrat), das etwa 100 bis 200 mm von der Quelle entfernt ist. Zunächst wird auf die sorgfältig gereinigte, microfinish-bearbeitete oder polierte Substratoberfläche großflächig eine Isolationsschicht von etwa 1 µm Dicke aufgebracht. Hierzu wird Siliziummonoxyd verwendet, das in einer Sauerstoffrestatmosphäre von 10^{-4} mbar reaktiv aufgedampft wird. Auf diese Isolationsschicht wird dann die wesentlich dünnere, etwa 0,1 µm dicke Metallschicht aufgedampft, wobei die gewünschte Aufnehmerkontur durch die Verwendung geeigneter Masken erzielt wird. Zur Erhöhung der Verschleißfestigkeit der Aufnehmer im Kontakt wird zuletzt eine 0,1 bis 0,5 µm dicke Schutzschicht aus reaktiv aufgedampftem Siliziummonoxyd aufgebracht. Um eine hohe Haftfestigkeit der Schichten zu erreichen, werden die Substrate während der Bedampfung auf etwa 200°C aufgeheizt.

2.4 Substrate

In der anfänglichen Erprobungsphase dieser Aufdampftechnik wurden als Substrate Endmaße verwendet, um die Herstellung von Probekörpern mit der erforderlichen Oberflächenqualität zu vermeiden. Bild 2 zeigt einen auf ein Endmaß aufgedampften Aufnehmer.

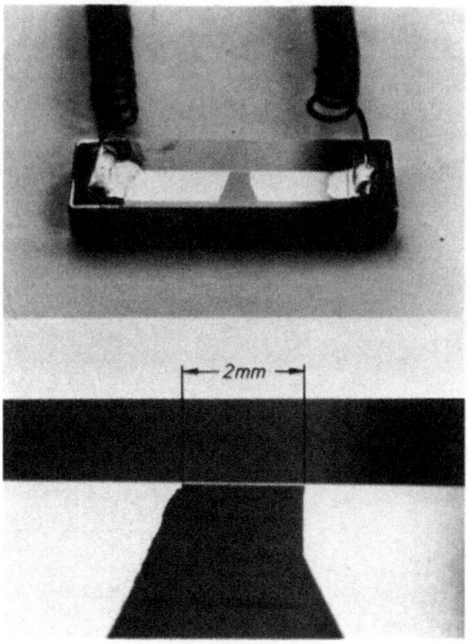

Bild 2: Temperaturaufnehmer auf Endmaß; unten: Ausschnitt

Die für die Messungen benötigten Aufnehmer wurden auf zylindrische Scheiben für den Scheibenprüfstand, Bild 3, bzw. auf Stößelplatten (für den Nocken-Flachstößel-Prüfstand), Bild 4, aufgedampft.

Bild 3: Zylindrische Scheibe für Scheibenprüfstand

Bild 4: Stößelplatte für Nocken-Flachstößel-Prüfstand mit aufgedampftem Aufnehmer

2.5 Masken

Um Aufnehmergeometrien nach Bild 1 zu realisieren, wurden zum Aufdampfen der Metallschichten mechanisch gefertigte Masken verwendet. Die Herstellung der Bedampfungsmasken wird schematisch in Bild 5 dargestellt. Die Maske besteht im wesentlichen aus

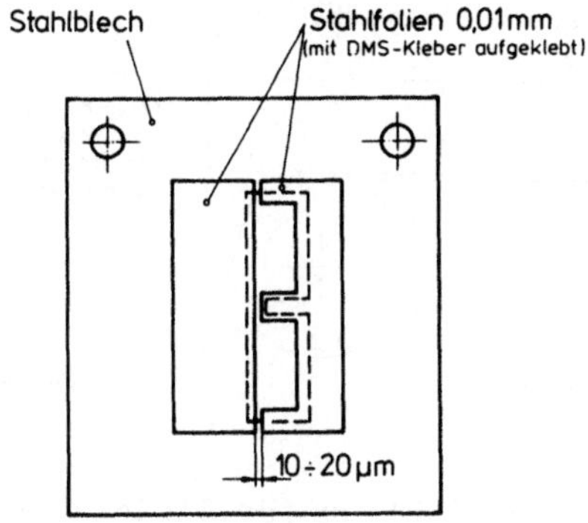

Bild 5: Herstellung der Bedampfungsmasken (Schema)

drei Teilen: einem 3 mm dicken Stahlblech, aus dem die Aufnehmerkontur grob herausgearbeitet wird (im Bild gestrichelt angedeutet) und den beiden 0,01 mm dicken Stahlfolien, mit denen die grobe Öffnung im Blech so weit abgedeckt wird, daß der gewünschte Spalt von 10 bis 20 µm übrigbleibt. Um die breiten Anschlußfahnen der Aufnehmer zu erhalten, müssen aus einer der beiden Folien zwei Aussparungen herausgefräst werden. Unter einem Mikroskop werden die Folien auf dem Blech ausgerichtet und mit einem Dehnmeßstreifenkleber aufgeklebt.

2.6 Bedampfungsvorrichtungen

Zur Halterung der Substrate und der Bedampfungsmasken im Rezipienten wurden besondere Vorrichtungen gefertigt.

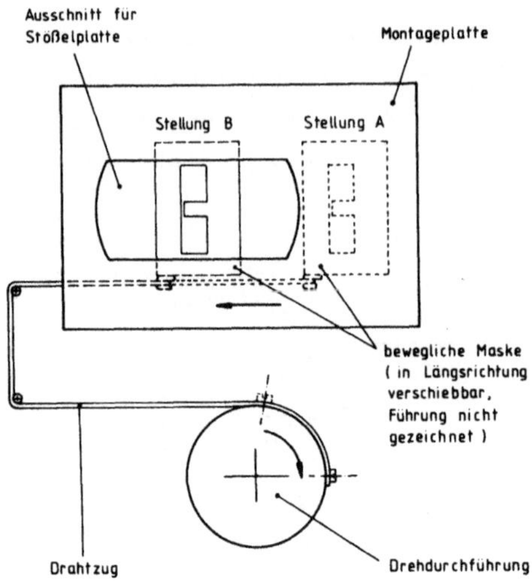

Bild 6: Bedampfungsvorrichtung für Stößelplatten (Schema)

Die Bedampfungsvorrichtung für die Stößelplatten ist in Bild 6 schematisch dargestellt. Aus einer im Abstand von etwa 200 mm vom Schiffchen angeordneten Montageplatte ist ein Ausschnitt von der Form der Stößellauffläche (Bild 4) herausgearbeitet, in den die Stößelplatte von oben eingelegt wird. Die Bedampfungsmaske kann in Längsführungen verschoben werden, die von unten auf die Montageplatte aufgeschraubt sind. In der Stellung A der Maske (Bild 6) wird auf die gesamte Stößellauffläche eine Isolationsschicht aufgedampft. Anschließend wird die Maske über eine Drehdurchführung mit einem Drahtzug in die Stellung B gezogen, in der auf die Isolationsschicht der Aufnehmer aus einem zweiten Schiffchen ohne Zwischenbelüftung des Rezipienten aufgedampft wird. Eine sehr genaue Ausrichtung des Aufnehmers auf der Stößelplatte - und damit eine präzise Längsführung der Maske - ist hier nicht notwendig, da die Stößelführung im Prüfstand drehbar ist, und der Aufnehmer bezüglich der Nockenwellenachse ausgerichtet werden kann.

Zur Bedampfung der zylindrischen Scheiben für den Scheibenprüf-

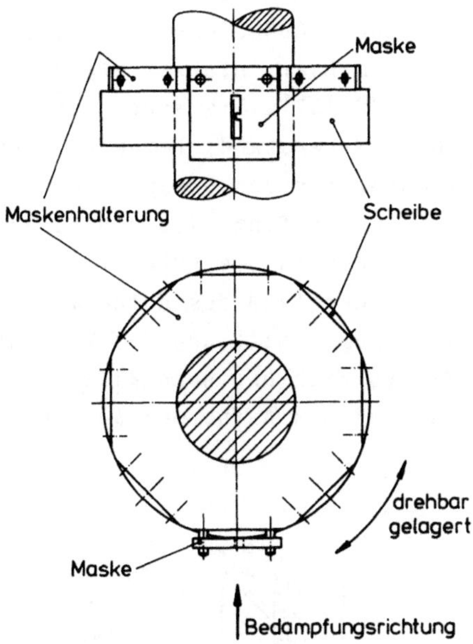

Bild 7: Bedampfungsvorrichtung für Scheiben (Schema)

stand wurde die in Bild 7 schematisch dargestellte Vorrichtung angefertigt. Die Scheibe nach Bild 3 wird zunächst auf einer beheizbaren, im Rezipienten langsam rotierenden Welle befestigt und auf dem Umfang mit einer Isolationsschicht bedampft. Dann wird der Rezipient geöffnet und eine mit zwei Paßstiften versehene Maske auf die Maskenhalterung aufgesteckt, wodurch eine sehr genaue achsparallele Ausrichtung des Aufnehmers erzielt wird. Es können insgesamt acht Aufnehmer auf eine Scheibe aufgedampft werden, wobei jedoch jeweils zwischengeflutet, die Maske umgesteckt und die Welle um 45^{0} weitergedreht werden muß.

2.7 Eichung

Vor dem Einsatz der aufgedampften Aufnehmer in den Prüfständen werden sie geeicht, bzw. wird das Widerstands-Druck-(R-p-)Verhalten bzw. das Widerstands-Temperatur-(R-ϑ-)Verhalten ermittelt. Das R-p-Verhalten von Manganin ist nach Bradley [36] bis zu Drücken von weit über 100000 bar linear; ebenso das R-ϑ-Verhalten von Titan in dem hier interessierenden Temperaturbereich von 20°C bis etwa 100°C [37]. Die Werte der Widerstands-Druck-Koeffizienten α_p bzw. Widerstands-Temperatur-Koeffizienten α_ϑ aufgedampfter Aufnehmer streuen etwas in Abhängigkeit von den Bedingungen bei der Aufdampfung (Restdruck, Aufdampfrate usw.). Zur Temperatureichung werden die Aufnehmer in einem Wärmeschrank aufgeheizt, und der Widerstand des Aufnehmers und die Substrattemperatur gemessen. Zur Ermittlung des Widerstands-Druck-Koeffizienten α_p wird die Vorrichtung nach Bild 8 benutzt, mit der Drücke bis 1100 bar auf den Aufnehmer aufgebracht werden können.

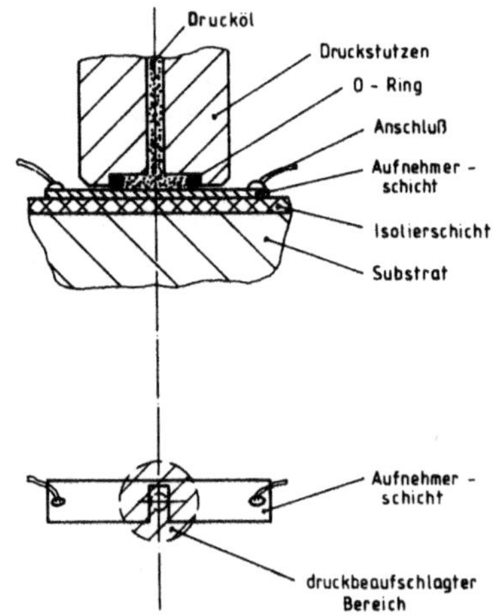

Bild 8: Prinzip der Druckeichung eines aufgedampften Aufnehmers

3. Scheibenprüfstand

3.1 Aufbau und Funktion

Der Aufbau des Prüfstandes ist aus den Bildern 9 bis 11 ersichtlich. Er besteht im wesentlichen aus den beiden zylindrischen Scheiben 1, 2 von je 100 mm Durchmesser mit den beiden Antrieben 6, 7 und der hydraulischen Belastungsvorrichtung 8. Die Scheibe

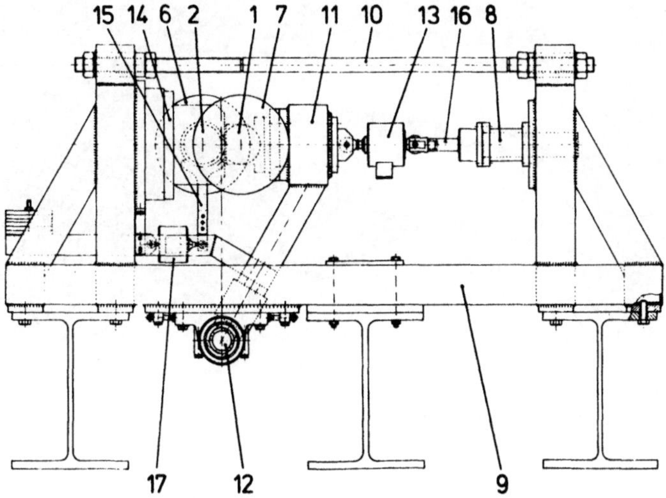

1 Scheibe I
2 Scheibe II
6 Antriebsmotor Welle II
7 Antriebsmotor Welle I
8 Hydraulikzylinder
9 Hauptrahmen
10 Zugstange
11 Schwenkrahmen
12 Stehlager
13 Kraftmeßdose (Normalkraft)
14 Lagerungseinheit Welle II
15 Hebel
16 Kolbenstange
17 Kraftmeßdose (Reibmoment)

Bild 9: Scheibenprüfstand

Bild 10: Scheibenprüfstand

II mit der dazugehörigen Welle II, dem Antrieb 6 und der kompletten Lagerungseinheit 14 ist auf dem Hauptrahmen 9 montiert, der zur Versteifung oben mit zwei Zugstangen 10 geschlossen ist. Die Scheibe I mit der dazugehörigen Welle I und dem Antrieb 7 ist auf einen Schwenkrahmen 11 montiert, der um eine senkrecht unter der Berührlinie der beiden Scheiben verlaufende Achse drehbar gelagert ist. Für die Lagerung sind Stehlager 12 vorgesehen, die auf der Unterseite des Hauptrahmens - zur Paralleleinstellung der beiden Scheiben längsverschieblich - befestigt sind. Die komplette, auf den Hauptrahmen aufgeschraubte Lagerungseinheit 14 ist einstellbar. Durch Drehung dieser Einheit um die Prüfstandslängsachse und durch Drehung des Schwenkrahmens um eine senkrechte Achse können die Scheiben sehr genau achsparallel eingestellt werden. Die Belastungskraft der Scheiben wird durch den Hydraulikzylinder 8 aufgebracht und über die Kraftmeßdose 13 auf den Schwenkrahmen 11 übertragen. Die Wellen I und II werden, wie in Bild 11 dargestellt, in Gleitlagern 5 geführt. Die Lager der Welle II sitzen in einer Hohlwelle 3, die ihrerseits in stillstehenden Hydrostatiklagern 4 reibungsfrei gelagert ist. Der Antriebsmotor 6 ist unmittelbar an die Hohlwelle angeflanscht. Das über den EHD-Kontakt in das System "Welle II/ Hohlwelle/Antriebsmotor" eingeleitete Drehmoment wird über den Hebel 15 gegen den Hauptrahmen abgestützt. Die beiden Scheiben werden durch thyristorgesteuerte Drehstrommotoren angetrieben, deren Drehzahlen unabhängig voneinander in beiden Drehrichtungen sowohl treibend als auch bremsend stufenlos geregelt werden können (Vier-Quadranten-Antriebe). Als Höchstdrehzahl werden 1500 min^{-1} erreicht; dies entspricht einer Scheibenumfangsgeschwindigkeit von 7,85 m/s.

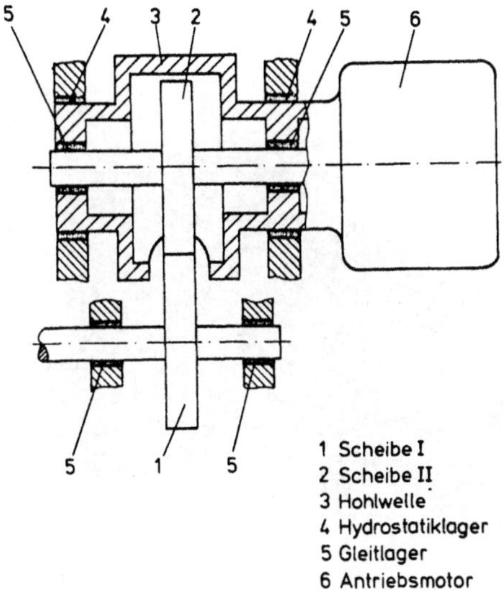

Bild 11: Schematische Darstellung der Wellenlagerung

3.2 Meßwerterfassung und -übertragung

Am Prüfstand werden die folgenden Größen laufend gemessen: die beiden Scheibendrehzahlen, die Belastungskraft, das Reibmoment der Scheibe II, die Temperatur des in den Kontakt eingespritzten Öls sowie die Massentemperatur der Scheibe I. Die beiden Drehzahlen werden über induktive Aufnehmer, die Belastungskraft durch eine zwischen der Kolbenstange 16 und dem Schwenkrahmen 11 eingebaute Kraftmeßdose 13 gemessen. Zur Ermittlung der im EHD-Kontakt wirksamen Reibungszahl wird das durch Reibung im EHD-Kontakt übertragene Moment über die Kraftmeßdose 17 gemessen, die zwischen dem Hebel 15 und dem Hauptrahmen 9 angeordnet ist.

Der Druck- und Temperaturverlauf im EHD-Kontakt wird mit Hilfe von Meßwertaufnehmern nach Abschnitt 2 gemessen, die auf die Scheibe I aufgedampft sind. Der elektrische Widerstand dieser Aufnehmer ist je nach verwendetem Werkstoff druck- oder temperaturabhängig. Die aus der Änderung des Aufnehmerwiderstandes

Bild 12: Welle mit aufgedampftem Aufnehmer, Verstärker und Drehübertrager

resultierende Brückenspannung einer Viertelbrücke, in deren einen Zweig der Aufnehmer geschaltet ist, wird in einem auf die Welle montierten Verstärker verstärkt und über einen Silberband-Schleifring-Drehübertrager von der Welle abgeführt. Über diesen Drehübertrager wird auch der Versorgungsstrom geführt. Die Meßwertverläufe werden digitalisiert und zusammen mit den Anfangs- und Endwinkeln abgespeichert. Die Meßwertverarbeitung ist in Abschnitt 5 erläutert.

Die einbaufertige Welle I mit dem aufgedampften Aufnehmer, dem mitrotierenden Verstärker, einem Lager und dem Drehübertrager zeigt Bild 12.

4. Nocken-Flachstößel-Prüfstand

4.1 Aufbau und Funktion

Auf dem Prüfstand wurde ein Nockenprofil untersucht, das auf einem Grundkreisradius von 24 mm aufgebaut ist. Es wird mit Profil A bezeichnet. Das gleiche Profil wurde im Rahmen des Forschungsvorhabens "Instationäre EHD, Praxisuntersuchungen" verwendet [32]. Es handelt sich um das Profil für einen ruckfreien Nocken nach Kurz [22], der in Antriebsmotoren von Nutzfahrzeugen Verwendung findet. Zur Vermeidung von Unwuchtschwingungen wurde die Versuchswelle mit Doppelnocken ausgeführt.

Bild 13 zeigt den Nocken-Flachstößel-Prüfstand schematisch in einem senkrechten Schnitt, die Bilder 14 bis 16 verschiedene Ansichten.

Der Lagerbock der Stößeleinheit 2 und der Lagerbock der Nockenwelle 3 sind mit der Grundplatte 1 verschraubt, die ihrerseits auf dem Grundrahmen befestigt ist. Durch zwei Zugstangen 4 zwischen den beiden Lagerböcken wird ein geschlossener Kraftfluß erzielt. Die in Gleitlagern geführte, axial verschiebliche Nokkenwelle 7 ist über eine Metallbalg- und eine Ausrückkupplung

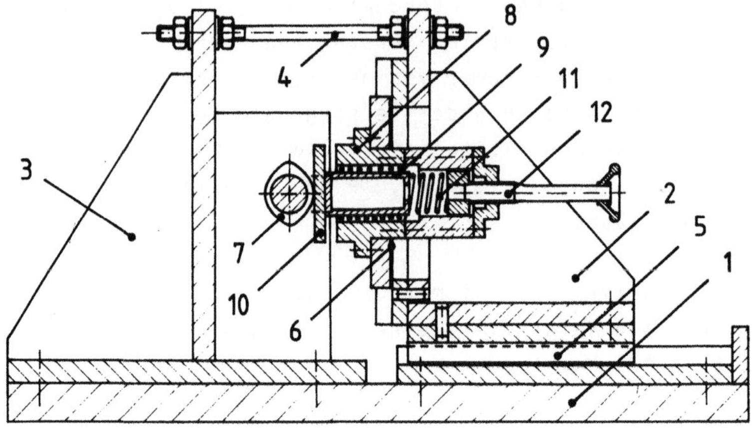

1 Grundplatte
2 Lagerbock der Stößeleinheit
3 Lagerbock der Nockenwelle
4 Zugstange
5 Horizontalschlittenführung
6 Vertikalschlittenführung
7 Nockenwelle
8 Stößeleinheit
9 Stößel
10 Flachstößelplatte
11 Druckfeder
12 Spindel

Bild 13: Nocken-Flachstößel-Prüfstand (Schema)

mit der koaxial angeordneten Zwischenwelle verbunden, auf der die Schwungscheibe sitzt. Die Zwischenwelle wird über einen Zahnriemen von einem thyristorgesteuerten Drehstrommotor angetrieben, dessen Drehzahl und damit die Drehzahl der Nockenwelle 7 von 0 bis 1500 min^{-1} stufenlos regelbar ist. Die Schwungscheibe gewährleistet einen Ungleichförmigkeitsgrad der Nockenwellendrehzahl von 0,5 %. Auf der nicht angetriebenen Seite der Nockenwelle ist über eine Metallbalgkupplung ein Resolver angeschlossen. Der Stößel 9 führt in einer Zylinderlängsführung mit speziellen Profilrollen seine Hubbewegung aus. Die Flachstößelplatte 10 ist mit dem Stößel verschraubt und leicht auswechselbar. Der Flachstößel kann über die Spindel 12 und die

Bild 14: Nocken-Flachstößel-Prüfstand

Druckfeder 11 mit einer geeigneten Federvorspannkraft belastet werden. Die Stößeleinheit 8 läßt sich in der Schlittenführung 6 vertikal und damit die Stößelplatte bezüglich des Nockens in tangentialer Richtung verschieben.

Zum Einstellen eines bestimmten Stößelspiels und zu Montagezwekken ist die gesamte Stößeleinheit über die Schlittenführung 5 horizontal verschiebbar. Durch Schwenken des Lagerbocks der Stößeleinheit 2 um seine Hochachse kann der Spalt zwischen Nocken und Stößel sehr genau parallel eingestellt werden. Schließlich läßt sich durch Drehung des Stößels 9 um seine Hubachse der Druck- bzw. Temperaturaufnehmer auf der Stößelplatte sehr genau parallel zur Drehachse der Nockenwelle ausrichten. Damit sind alle erforderlichen Einstellmöglichkeiten gegeben.

Bild 15: Nockenwelle mit Lagerbock und Teilen des Antriebs

Bild 14 zeigt eine Gesamtansicht des Prüfstandes mit den Baugruppen: Rahmen, Grundplatte, Lagerbock der Nockenwelle, Lagerbock der Stößeleinheit mit Horizontal- und Vertikalschlittenführung. Links oben ist die Kontaktschmierölversorgung zu sehen. Unter der Grundplatte sind der Antriebsmotor und die Ölversorgung für die Gleitlager der Nockenwelle eingebaut.

Bild 15 zeigt die Nockenwelle mit dem Lagerbock und Teilen des Antriebs, Bild 16 die Stößeleinheit mit der Vertikal- und Horizontalschlittenführung. Zur späteren Untersuchung von Rollenstößeln oder Schlepphebeln kann die Stößeleinheit ausgewechselt werden.

Bild 16: Stößeleinheit mit Vertikal- und Horizontalschlittenführung

4.2 Kinematik und Kräfte

Kinematik zwischen Nocken und Flachstößel

In Bild 17 sind Nocken und Flachstößel schematisch dargestellt. Der Doppelnocken ist auf dem Grundkreis mit dem Radius R_G aufgebaut. Der Nockenwinkel φ wird im Uhrzeigersinn gezählt; die Nokkenwelle dreht entgegen dem Uhrzeigersinn. Der Stößel führt den Hub s aus. Der Berührpunkt B zwischen Nocken und Stößel beschreibt eine Bahn, wie sie näherungsweise gestrichelt dargestellt ist. X_B ist der Abstand des momentanen Berührpunktes vom

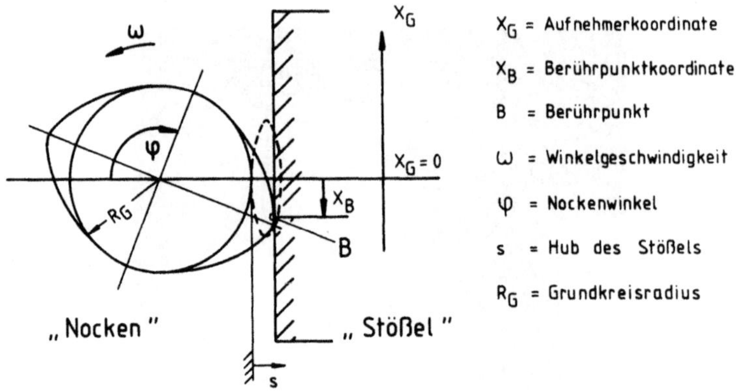

Bild 17: Kinematik zwischen Nocken und Flachstößel

Berührpunkt des Grundkreises auf der Stößelplatte und entspricht der ersten Ableitung des Hubes. Durch Verschieben des Stößels und damit des Aufnehmers tangential zum Nocken ist es möglich, jeden Punkt der Berührungsbahn zu erfassen. Die Koordinate des Aufnehmers X_G wird wie die Berührpunktkoordinate gezählt. Die genaue Bahn des Berührpunktes von Nocken und Stößel für das Profil A zeigt Bild 18.

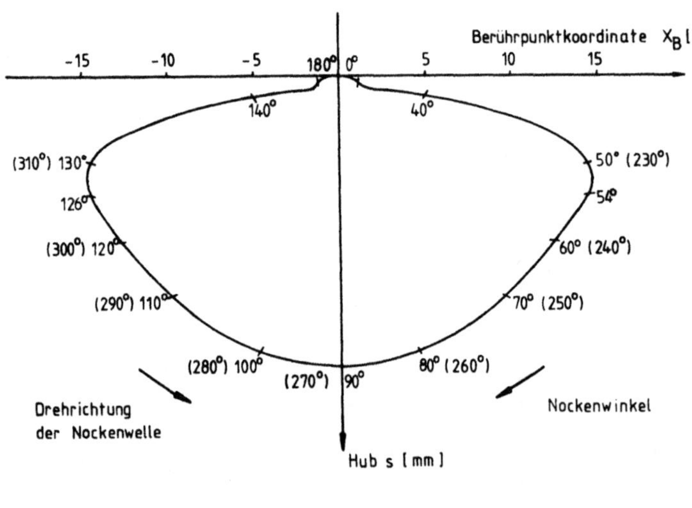

Bild 18: Bahn des Berührpunktes zwischen Nocken und Flachstößel

Auf der Ordinate ist der Hub s, auf der Abszisse die Berührpunktkoordinate X_B aufgetragen. Die Drehrichtung der Nockenwelle und die Zählrichtung des Nockenwinkels sind ebenfalls angegeben.

Bei Nockenwinkeln (NW) um 0 und 180 Grad berührt die Stößelplatte den Grundkreis. Von etwa 0 bis 90 Grad NW ist der Bereich der ablaufenden Flanke. Der Nockenwinkel 90 Grad ist der Nockenspitze zugeordnet, der Hub ist maximal. Zwischen etwa 90 und 180 Grad NW liegt der Bereich der auflaufenden Flanke. Das gleiche gilt für den zweiten Nocken jedoch um 180 Grad verdreht.

Bild 19 zeigt den Verlauf von Hub, Geschwindigkeit und Beschleunigung des Flachstößels bei dem untersuchten Nockenprofil A. s' ist die auf die Winkelgeschwindigkeit der Nockenwelle bezogene Geschwindigkeit, s" die auf das Quadrat der Winkelgeschwindigkeit bezogene Beschleunigung des Stößels.

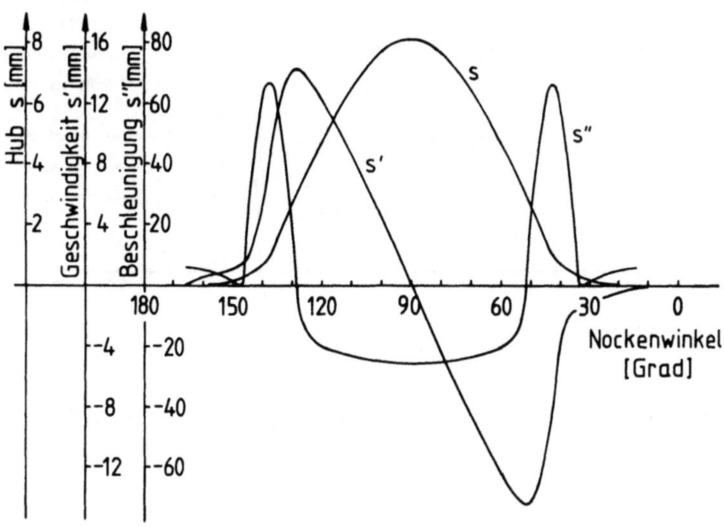

Bild 19: Verlauf von Hub, Geschwindigkeit und Beschleunigung beim Nocken A

Normalkraftverlauf

Die Normalkraft zwischen Nocken und Stößel setzt sich additiv aus der Federkraft und der Massenkraft zusammen. Bild 20 zeigt den berechneten Normalkraftverlauf bei 1500 Umdrehungen pro Minute. Im Bereich des Grundkreises (0 Grad Nockenwinkel) wirkt nur die Federkraft. Im Flankenbereich des Nockens wird der Stößel stark beschleunigt; mit der zunehmenden Massenkraft nimmt auch die Normalkraft zu und erreicht ein erstes Maximum bei einen Nockenwinkel von 137,5 Grad. Zur Nockenspitze hin fällt die Massenkraft steil ab und erreicht negative Werte. An der Nockenspitze bildet sich ein niedrigeres zweites Normalkraftmaximum aus. Der Stößel wird an der ablaufenden Flanke des Nokkens wieder stark beschleunigt und die Normalkraft erreicht ein drittes Maximum bei 42,5 Grad NW, das im Betrag mit dem ersten Maximum übereinstimmt (symmetrischer Nocken).

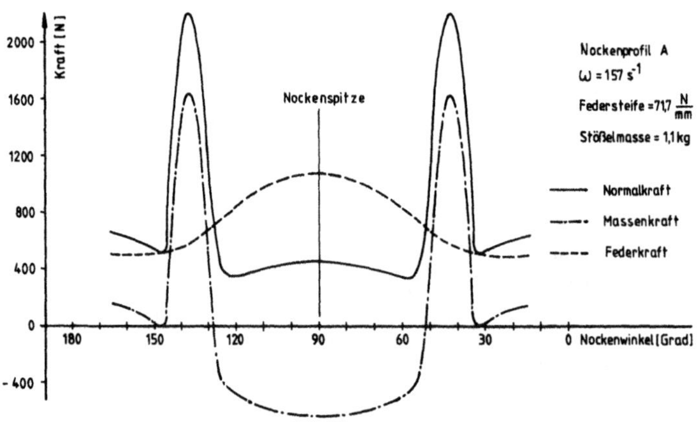

Bild 20: Berechneter Normalkraftverlauf bei 1500 min^{-1}

4.3 Hydrodynamisch wirksame Geschwindigkeit und Schmierspalt

Bild 21 zeigt den Verlauf der hydrodynamisch wirksamen Geschwindigkeit u_H für den untersuchten Nocken. An zwei Stellen (54 und 126 Grad NW) wird u_H zu null.

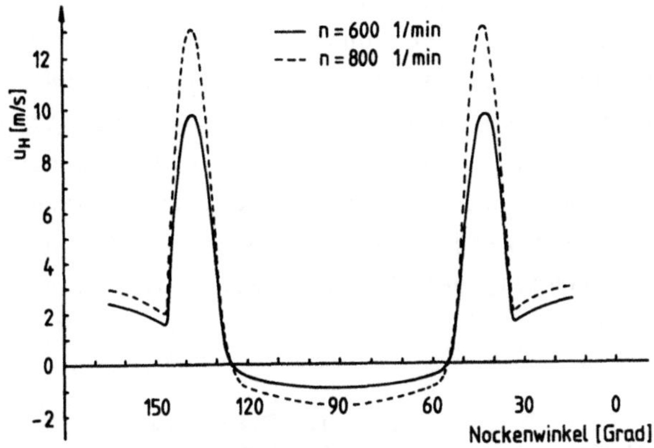

Bild 21: Hydrodynamisch wirksame Geschwindigkeit bei zwei verschiedenen Drehzahlen

Bild 22 zeigt den stationär nach Dowson-Higginson [25] gerechneten Schmierspalt bei zwei verschiedenen Nockenwellendrehzahlen.

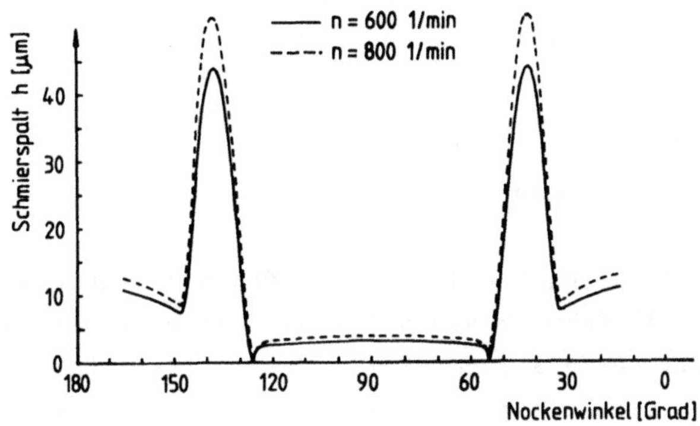

Bild 22: Schmierspalt stationär nach Dowson-Higginson bei zwei verschiedenen Drehzahlen (FVA 4, ϑ = 20 Grad C)

Es ist zu erkennen, daß bei 54 und 126 Grad NW der Schmierspalt zu null wird. Infolge der Annäherung von Nocken und Stößel baut sich jedoch ein Verdrängungsdruck auf, mit dem die kritischen Bereiche überbrückt werden können, so daß der Schmierspalt dort nicht vollständig zusammenbricht. In Bild 23 sind die Spaltverläufe, stationär nach Dowson-Higginson und instationär nach Holland [28] berechnet, aufgetragen. Für die Berechnung wurden die Prüfstandsdaten unter Abschnitt 6.2 zugrundegelegt. Der gestrichelte Verlauf zeigt den Einfluß des Verdrängungsanteils, der für eine Trennung der Kontaktflächen in den kritischen Bereichen sorgt.

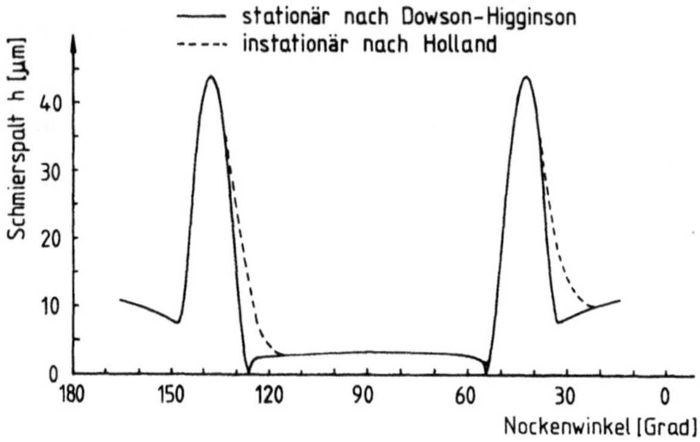

Bild 23: Schmierspalt stationär und instationär
(n = 600 min^{-1}, FVA 4, ϑ = 20 Grad C)

4.4 Meßwerterfassung und -übertragung

Am Nocken-Flachstößel-Prüfstand werden die Drehzahl, der Nockenwinkel, die Aufnehmerkoordinate, die Massentemperatur von Nocken und Stößel, die Zulauftemperatur des Kontaktschmieröles, die Normal- und die Reibkraft sowie der Druck- und Temperaturverlauf im Kontakt gemessen.

Drehzahl, Nockenwinkel, Aufnehmerkoordinate

Die Drehzahl und die genaue Winkelstellung der Nockenwelle werden über einen an die Nockenwelle angeschlossenen Resolver gemessen. Das Winkelsignal wird in einem AD-Wandler mit 14 Bit digitalisiert; das entspricht einer Auflösung von 0.022 Grad Nockenwinkel. Zur Messung der Aufnehmerkoordinate dient ein an der Vertikalschlittenführung angebrachtes optisches Lineal mit einer Auflösung von 1 Mikrometer.

Normal- und Reibkraft

Die im Kontakt auftretenden Normal- und Reibkräfte werden in den Stützlagern der Nockenwelle über eine als Stauchhülsenanordnung ausgeführte Kraftmeßnabe gemessen.

Bild 24 zeigt die Prinzipskizze. Zwischen dem Innen- und Außenring der Meßnabe sind 4 dünnwandige Hülsen eingelötet, die mit je zwei Dehnmeßstreifen beklebt sind. Je zwei diametral angeordnete Hülsen sind in einer Wheatstoneschen Vollbrücke geschaltet. Die Dehnmeßstreifen sind temperaturkompensiert. Durch die um 90 Grad versetzte Anordnung der Hülsen kann die Normal- und Reibkraft direkt gemessen werden.

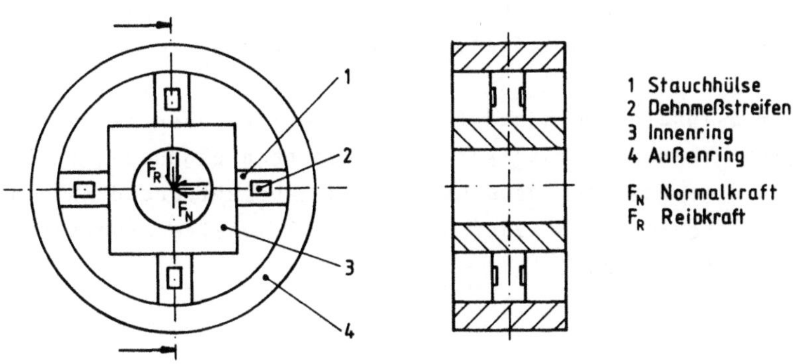

Bild 24: Kraftmeßnabe (Schema)

Die Kraftsignale werden über Trägerfrequenzmeßverstärker und einen Transientenrekorder erfaßt und entweder an den Prozeßrechner transferiert und dort auf Magnetplatte abgespeichert oder über einen XY-Schreiber ausgegeben.

Druck- und Temperaturmessungen

Wie schon erwähnt, werden die Druck- und Temperaturverteilungen im Kontakt mit Aufnehmern gemessen, die auf die Stößelplatte aufgedampft sind. Beim Anfahren des Nocken-Flachstößel-Prüfstandes muß das Mischreibungsgebiet durchfahren werden. Um die Aufnehmer zu schonen, wird vor dem Anfahren des Prüfstandes die Stößelplatte tangential zum Nocken so weit verschoben, daß sich der Aufnehmer außerhalb der belasteten Zone befindet. Bei voller Drehzahl der Nockenwelle wird dann der Aufnehmer in und durch den Kontakt bewegt. Dabei werden kontinuierlich Druck- und Temperaturverläufe aufgezeichnet. Die Bewegung des Aufnehmers ist so langsam, daß bei der Aufnahme eines Druck- bzw. Temperaturverlaufes die Koordinate des Aufnehmers praktisch konstant bleibt. Es werden daher zeitlich veränderliche Druck- bzw. Temperaturverläufe für einen festen Ort auf dem Stößel aufgezeichnet.

Wegen der begrenzten Lebensdauer der Aufnehmer sollten die Messungen in möglichst kurzer Zeit durchgeführt werden. Pro Umdrehung der Nockenwelle sollten daher möglichst zwei Druck- bzw. Temperaturverläufe aufgenommen werden können.

Die Meßsignale Druck und Temperatur werden über einen im Stößel befindlichen Vorverstärker und einen nachfolgenden Verstärker auf die gewünschte Ausgangsspannung gebracht und dann einem Transientenrekorder zugeführt. Die Meßsignalverarbeitung ist in Abschnitt 5 erläutert.

5. Meßsignalübertragung und -verarbeitung

Nocken-Flachstößel-Prüfstand

Bild 25 zeigt schematisch die Meßsignalverarbeitung am Nocken-Flachstößel-Prüfstand. Die Meßsignale Druck und Temperatur werden einem Transientenrekorder zugeführt, wo sie digitalisiert und abgespeichert werden. Ebenfalls werden der Nockenwinkel und die Aufnehmerkoordinate am Anfang und Ende jeder Kurve abgespeichert. Getriggert wird auf das Signal selbst; daher werden nur Signale einer bestimmten Amplitude und zeitlichen Ausdehnung im Transientenrekorder gespeichert. So wird vermieden, daß auf Störungen getriggert wird. Die gespeicherten Daten werden vom Mikroprozessor übernommen und entweder nach Zwischenspeicherung von maximal 127 Kurven über einen XY-Schreiber ausgegeben oder direkt mit Datum, Nummer der Messung und Nummer der Kurve an den angeschlossenen Prozeßrechner PDP 11 übertragen und auf Magnetplatte abgelegt; pro Platte können 5000 Kurvenverläufe abgespeichert werden.

Die Übertragungsrate beträgt hierbei 500 000 bit pro Sekunde. Alle 20 Millisekunden kann eine Druck- bzw. Temperaturkurve mit

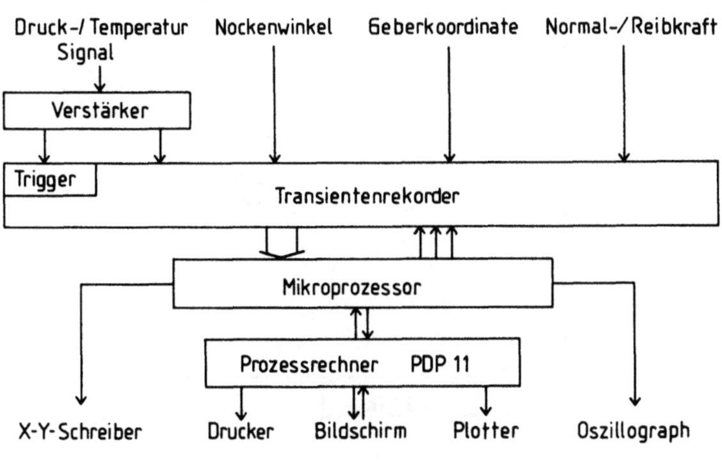

Bild 25: Meßsignalübertragung und -verarbeitung

jeweils 1000 Stützstellen, dem Nockenwinkel und der Aufnehmerkoordinate an den Prozeßrechner transferiert und auf Platte gespeichert werden. Bei einer Drehzahl der Nockenwelle von 600 Umdrehungen pro Minute dauert eine Messung etwa 4 Minuten; es liegen dann etwa 5000 Kurvenverläufe vor. Das entspricht über 5 Millionen Meßwerten. Die einzelnen Kurven können am Rechner über einen Drucker, ein Bildschirmgerät oder einen Plotter ausgegeben werden.

Die große Datenmenge am Nocken-Flachstößel-Prüfstand ist aus folgenden Gründen notwendig:
Nach einer Druck- bzw. Temperaturmessung liegen Verläufe bei konstanter Aufnehmerkoordinate und veränderlichem Nockenwinkel vor. Bild 26 zeigt den Originalschrieb eines Druck-, Bild 27 eines Temperaturverlaufes, wie er am Prüfstand aufgenommen worden ist. Die Vierecke in Bild 27 kennzeichnen die einzelnen Meßpunkte. Der Einlauf befindet sich jeweils rechts.

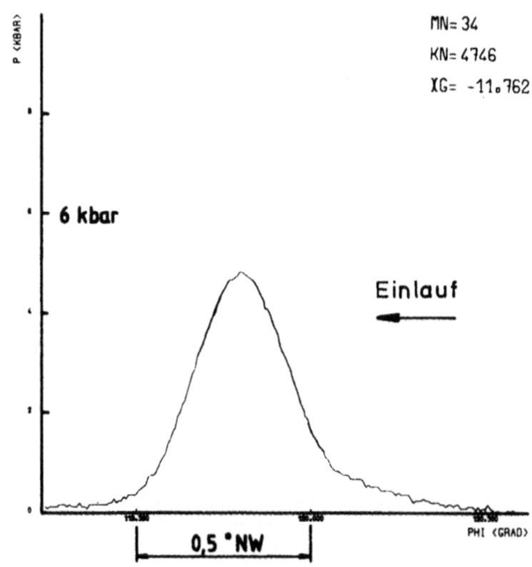

Bild 26: Druckverlauf über dem Nockenwinkel (Originalschrieb)

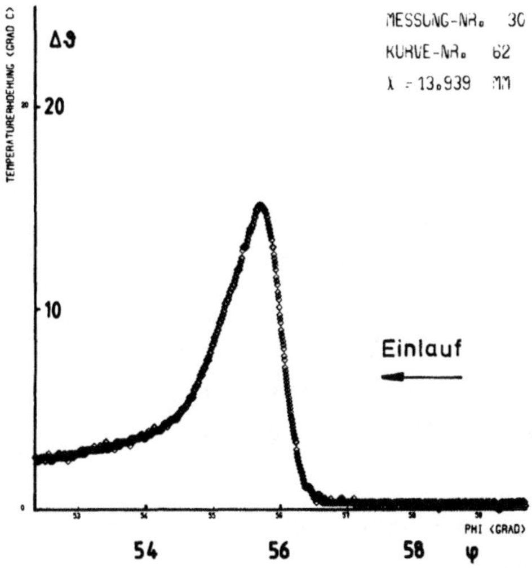

Bild 27: Temperaturerhöhung über dem Nockenwinkel (Originalschrieb)

Jedem Meßpunkt kann ein Nockenwinkel und eine Aufnehmerkoordinate zugeordnet werden. Um mit theoretischen Ergebnissen vergleichen zu können, sollten jedoch zeitkonstante Verläufe für einen festen Nockenwinkel vorliegen. Dies kann dadurch erreicht werden, daß man die vorliegenden Meßdaten umsortiert.

Über ein Auswerteprogramm am Rechner PDP 11 werden aus den aufgenommenen Druck- bzw. Temperaturkurven nur die Meßwerte bei einem vorgegebenen Nockenwinkel aussortiert und mit der zugehörigen Aufnehmerkoordinate abgespeichert. Trägt man diese aussortierten Meßwerte über der Aufnehmerkoordinate auf, so liegen die gewünschten Verläufe bei festem Nockenwinkel und der Aufnehmerkoordinate als Veränderlicher vor. Um brauchbare Kurven zu erhalten, d.h. um genügend Stützstellen zu haben, ist eine große Anzahl von Meßdaten erforderlich. Anhand von zwei Temperaturverteilungen zeigt Bild 28, daß die Meßgenauigkeit von Nockenwinkel und Aufnehmerkoordinate für die Lagezuordnung sehr gut ist und daher das Umsortierverfahren sehr gut funktioniert.

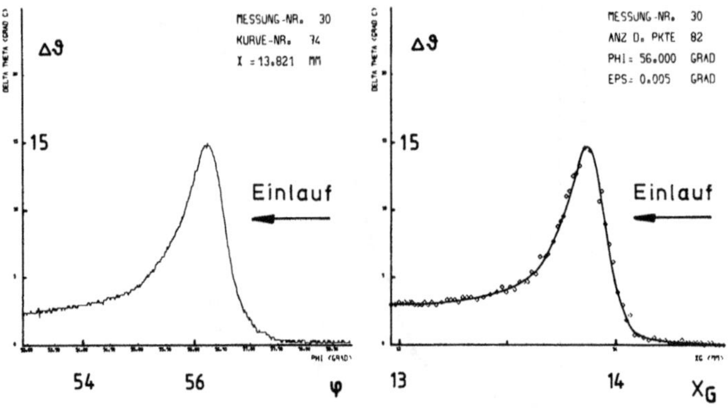

Bild 28: Temperaturerhöhung über dem Nockenwinkel und der Aufnehmerkoordinate

Bild 28 zeigt links einen Temperaturverlauf über dem Nockenwinkel bei konstanter Aufnehmerkoordinate, wie er am Prüfstand aufgenommen und über den Rechner ausgeplottet wurde. Rechts daneben ist ein umsortierter Temperaturverlauf über der Aufnehmerkoordinate bei festem Nockenwinkel aufgetragen. Der Einlauf in den Kontakt befindet sich jeweils rechts, da aus meßtechnischen Gründen die Kurvenverläufe jeweils von größeren zu kleineren Nockenwinkeln aufgenommen werden mußten. Beide Verläufe liegen an etwa der gleichen Stelle der Berührungsbahn von Nocken und Stößel. Bei der linken Kurve liegt das Temperaturmaximum bei etwa 56 Grad NW, die rechte Kurve wurde bei diesem Nockenwinkel umsortiert.

Die Vierecke kennzeichnen die einzelnen umsortierten Meßpunkte, der durchgezogene Verlauf wurde von Hand eingetragen.

Zweischeibenprüfstand

Am Zweischeibenprüfstand wird die Meßsignalübertragung und -verarbeitung in der gleichen Weise wie am Nocken-Flachstößel-Prüfstand durchgeführt, mit dem Unterschied allerdings, daß pro Versuch nur etwa 30 Verläufe abgespeichert werden und anstelle der Aufnehmerkoordinate eine Kennziffer übertragen wird. Eine Umsortierung von Meßwerten ist hier nicht erforderlich. Beim Ausplotten einer in Form von rund 1000 Meßwerten digitalisiert vorliegenden Druck- oder Temperaturkurve können die Maßstäbe frei gewählt werden. Insbesondere kann die x-Achse (Koordinate am Scheibenumfang) gedehnt werden.

Bild 29 zeigt einen stark gedehnten Ausschnitt aus einer Druckkurve im Bereich des zweiten Maximums (Druckspitze), die bei einer Drehzahl von 750 min^{-1} mit einer Abtastrate von 1 MHz aufgenommen wurde. Es ist deutlich zu erkennen, daß auch im Bereich der Spitze die Meßpunkte dicht liegen.

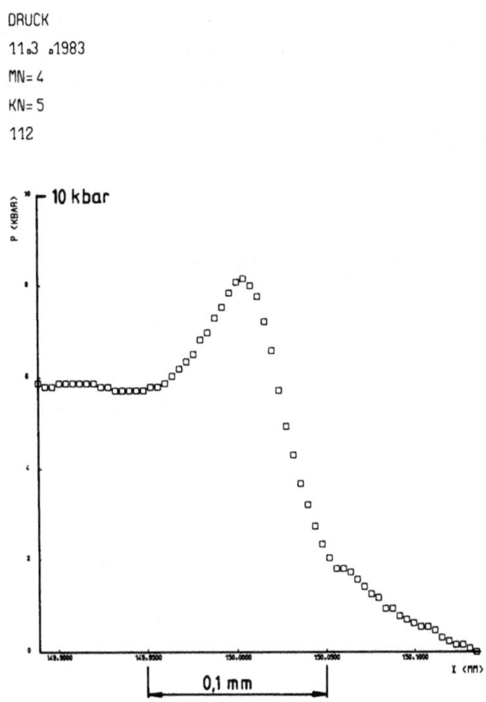

Bild 29: Stark gedehnter Ausschnitt aus einer Druckkurve im Bereich der Druckspitze (Originalschrieb)

6. Meßergebnisse

Alle Messungen wurden mit FVA-Referenzölen [38] durchgeführt. Die dynamische Viskosität dieser Öle gibt Tabelle 1 wieder.

Temperatur °C	FVA-Referenzöl - Nr. 1	2	3	4
20	32,06	70,96	295,1	2041
25	24,28	52,72	208	1303
30	19,52	40,73	151,7	881,1
40	14,24	25,53	85,2	441,6
50	9,54	17,02	50,93	234,4
60	7,06	11,89	32,96	135,5
70	5,44	8,67	22,29	88,11
80	4,25	6,90	15,74	60,26

Tabelle 1: Dynamische Viskosität der FVA-Referenzöle in mPas

6.1 Messungen am Scheibenprüfstand

Reibungsmessungen

Die Reibungszahl μ_{II} der Scheibe II wird durch die Gleichung

$$\mu_{II} = \frac{F_{RII}}{F_N} = \frac{2 \cdot M_{RII}}{d_{II} \cdot F_N}$$

definiert. Dabei ist:

F_N Normalkraft

F_{RII} Reibkraft der Scheibe II

M_{RII} Reibmoment der Scheibe II

d_{II} Durchmesser der Scheibe II

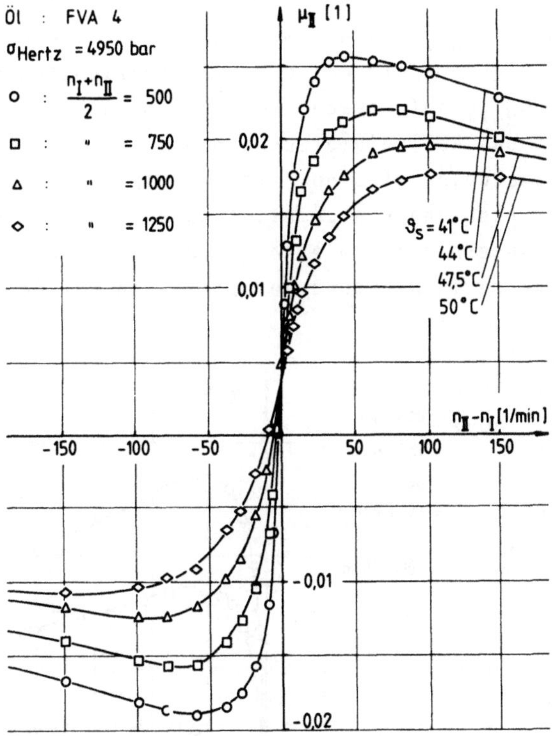

Bild 30: Reibungszahl für verschiedene Summendrehzahlen

Einige Ergebnisse der Reibungsmessungen unter Verwendung der FVA-Öle Nr. 2, 3 und 4 sind in den Bildern 30 bis 33 dargestellt. Bild 30 zeigt den Verlauf der Reibungszahl μ_{II} in Abhängigkeit von der Drehzahldifferenz $n_{II}-n_I$ für verschiedene Summendrehzahlen bei einer kleinen Belastung. Man erkennt, daß mit zunehmender Summendrehzahl, d.h. auch zunehmender hydrodynamisch wirksamer Geschwindigkeit, die Reibungszahl wegen der größer werdenden Schmierfilmdicke abnimmt, und daß sich das Maximum bzw. das Minimum zu größeren Drehzahldifferenzen hin verschiebt. Es ist außerdem deutlich zu erkennen, daß der Betrag der Reibungszahl μ_{II} für den Fall $n_{II}-n_I > 0$ (Scheibe II treibt) größer ist als im Fall $n_{II}-n_I < 0$ (Scheibe II wird getrieben). Dieser Unterschied tritt auf, weil an der treibenden Scheibe das Moment der Rollreibung M_{Roll} und das Moment der Gleitreibung M_{Gleit} in der gleichen Richtung wirken; d.h. vom Antriebsmotor muß das Moment $M_{Gleit} + M_{Roll}$ aufgebracht werden. Im Fall der getriebenen Scheibe wirkt das Rollreibmoment dem Gleitreibmoment entgegen, und die Bremsmaschine wird nur mit dem Moment $M_{Gleit} - M_{Roll}$ belastet. Die Kurven gehen also nicht durch den Nullpunkt des Achsensystems, sondern sind um eine von der Größe der Rollreibung bestimmte Strecke in Richtung der positiven μ_{II}-Achse verschoben.

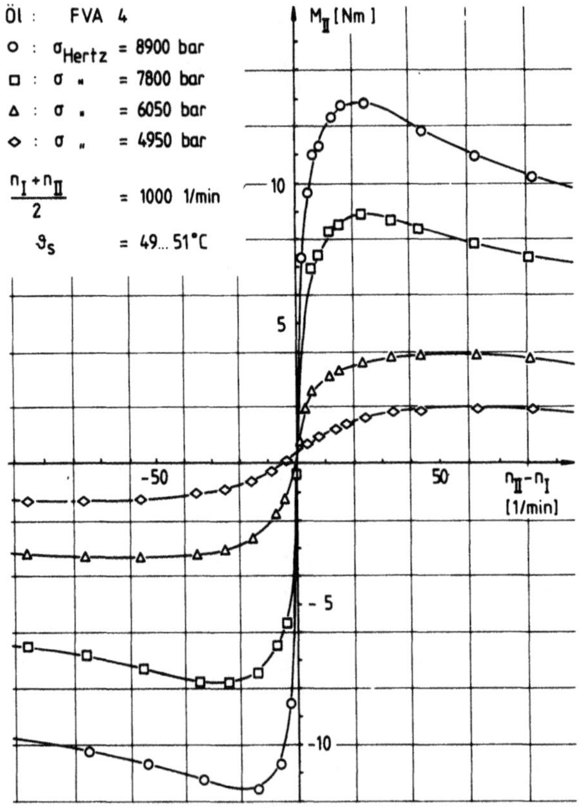

Bild 31: Reibmoment der Scheibe II bei verschiedenen Belastungen (Öl: FVA Nr. 4)

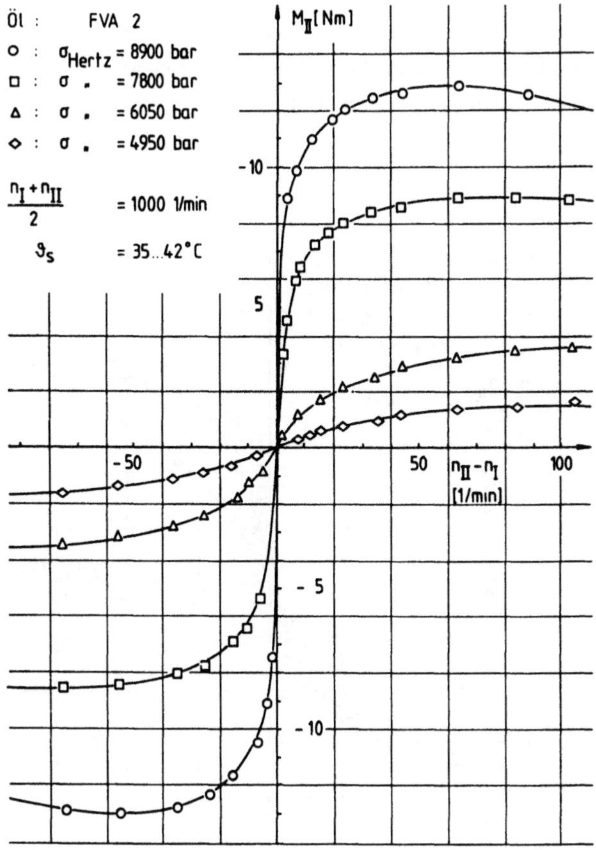

Bild 32: Reibmoment der Scheibe II bei verschiedenen Belastungen (Öl: FVA Nr. 2)

Die Bilder 31 und 32 zeigen den Verlauf des Reibmoments der Scheibe II in Abhängigkeit von der Drehzahldifferenz n_{II}-n_I bei verschiedenen Belastungen für die Öle FVA Nr. 4 (Bild 31) und FVA Nr. 2 (Bild 32). Es fällt auf, daß für das zähere Öl die Maxima bei kleineren Drehzahldifferenzen auftreten, und das Reibmoment bei höheren Drehzahldifferenzen rascher abfällt, insbesondere bei den beiden höheren Belastungen. Die Größe der entsprechenden Maxima bei verschiedenen Belastungen weichen für die beiden Öle nur unwesentlich voneinander ab. Der Schnittpunkt der Kurven für $n_{II} = n_I$ im Fall des dünneren Öls fällt jetzt nahezu in den Ursprung des Koordinatensystems, da jetzt die Rollreibung wesentlich geringer ist.

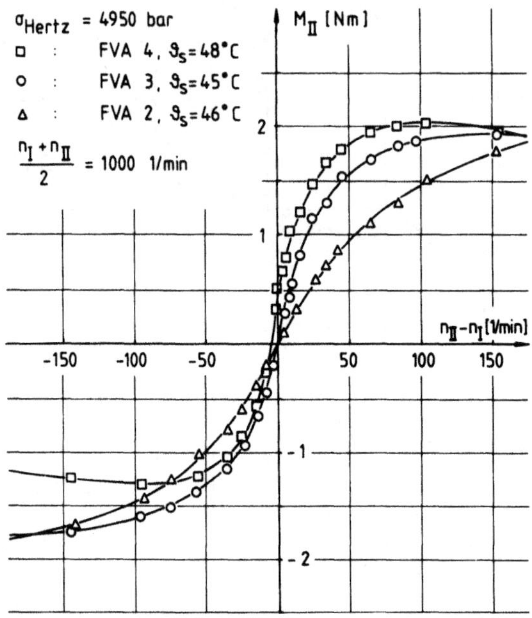

Bild 33: Reibmoment der Scheibe II für verschiedene Öle

Bild 33 zeigt schließlich den Verlauf des Reibmomentes für die drei Öle FVA Nr. 2, 3 und 4 bei $(n_I + n_{II})/2 = 1000\ \text{min}^{-1}$ und $\sigma_{Hertz} = 4950$ bar.

Druck- und Temperaturmessungen

Als Beispiel für die Druckmessungen sind in Bild 34 drei Druckverläufe angegeben, die mit dem Öl FVA Nr. 4 ($\vartheta_{Öl} = 25^oC$) bei den Drehzahlen $n_I = n_{II} = 1250 \text{ min}^{-1}$ und der Scheibentemperatur 45^oC aufgenommen worden sind. Es tritt ein deutlich ausgeprägtes zweites Druckmaximum (Druckspitze) auf, dessen Höhe von der Last unabhängig ist. Mit zunehmender Last nimmt dagegen das erste Maximum deutlich zu, und die Druckverteilung nähert sich mehr einer Hertzschen Verteilung an.

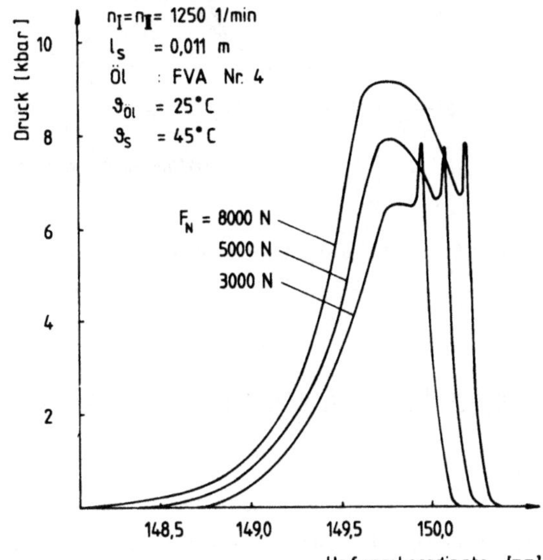

Bild 34: Druckverläufe bei verschiedenen Belastungen

In Bild 35 sind fünf Temperaturverteilungen für einen relativ leicht belasteten Kontakt angegeben. Es wurde die Temperatur der treibenden Scheibe aufgetragen. Bei reinem Rollen wurde eine Erhöhung der Temperatur der Scheibenoberfläche von etwa 9^oC gemessen. Mit zunehmendem Schlupf tritt im Bereich, wo der Spalt praktisch parallel verläuft, eine stärkere Temperaturerhöhung auf, die bis weit in den Kontaktauslauf nachwirkt.

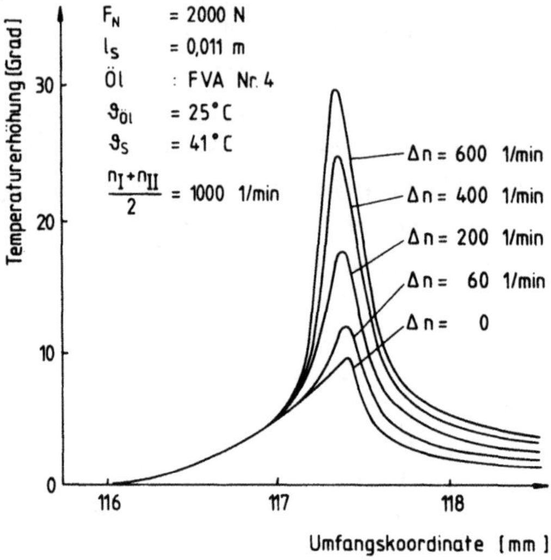

Bild 35: Temperaturerhöhungen bei verschiedenen Drehzahldifferenzen

6.2 Messungen am Nocken-Flachstößel-Prüfstand

Kraftmessungen

Die Messungen wurden mit den folgenden Versuchsdaten durchgeführt:

Doppelnocken mit Profil A (Welle 1)		
Nockenbreite	b_N	= 20 mm
Federvorspannkraft	F_V	= 300 N
Federsteifigkeit	c_F	= 72 N/mm
Stößelmasse	m_{St}	= 1.1 kg
Stößelspiel	s_{Sp}	= 0.28 mm
Versuchsöl	FVA Nr. 4	
Ölzulauftemperatur	$\vartheta_{Öl}$	= 28 Grad C
Gemittelte Rauhtiefe des Nockens	R_z	= 0.86 μm
Gemittelte Rauhtiefe des Stößels	R_z	= 1.09 μm

Aus versuchstechnischen Gründen wurden die Kraftverläufe von größeren zu kleineren Nockenwinkeln aufgenommen. Die Bilder 36 und 37 zeigen gemessene und berechnete Kraftverläufe.

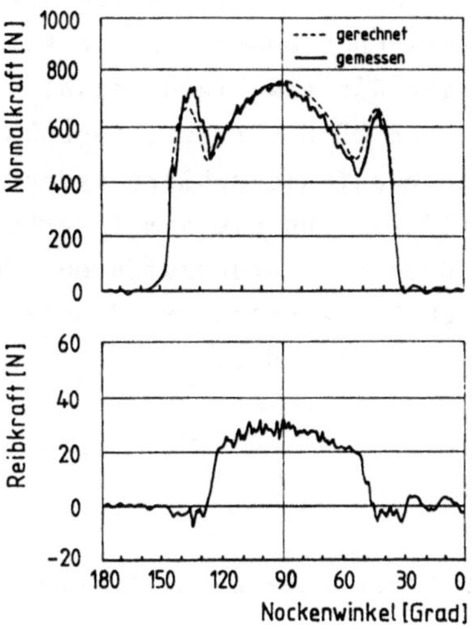

Bild 36: Kraftverlauf bei 600 min^{-1}

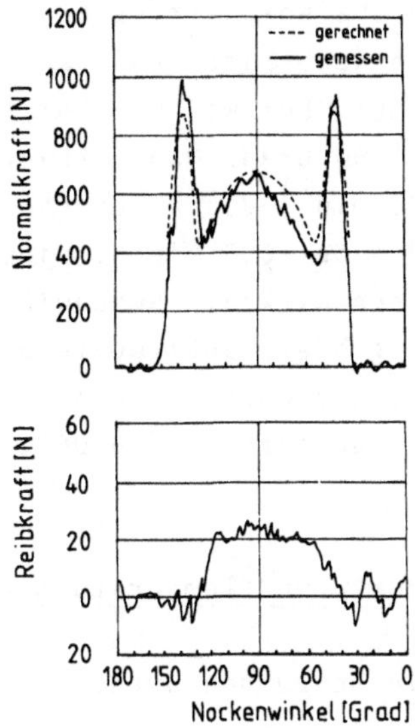

Bild 37: Kraftverlauf bei 800 min^{-1}

Bei kleineren Drehzahlen (bis etwa 600 min^{-1}) überwiegt die Federkraft; die maximale Normalkraft tritt somit an der Nockenspitze auf (Bild 36). Mit zunehmender Drehzahl wird die Massenkraft größer und die Normalkraftmaxima bilden sich im Bereich der auf- und ablaufenden Flanken bei etwa 135 und 43 Grad NW aus (Bild 37). Die in der Höhe unterschiedlichen Maxima bei den auf- und ablaufenden Flanken sind auf die Reibung in der Stößelführung zurückzuführen.

Wegen des eingestellten Stößelspiels von 0.28 mm ist die Reibkraft im Bereich des Grundkreises (Nockenwinkel um 0 und 180 Grad) null. Im Bereich der stark zunehmenden Massenkraft (Nockenwinkel um 140 Grad), wo gleichzeitig nach Bild 21 auch die hydrodynamisch wirksame Geschwindigkeit groß wird, ist die Reibkraft nahe null bzw. nimmt negative Werte an. Für dieses Phänomen, das auch von Fuhrmann [32] und Spiegel [30] beobachtet wurde, konnte keine befriedigende Erklärung gefunden werden. In dem Winkelbereich um 126 Grad, wo die hydrodynamisch wirksame Geschwindigkeit sehr rasch bis auf null abfällt, steigt auch die Reibkraft steil an. Sie erreicht an der Nockenspitze ihr Maximum. Der weitere Verlauf ist praktisch symmetrisch zur Achse bei 90 Grad. Man erkennt, daß bei der Nockenwellendrehzahl 800 min^{-1} das Reibungsmaximum nur noch 25 N beträgt, gegenüber 30 N bei 600 min^{-1}. Dies ist offenbar auf die größere hydrodynamisch wirksame Geschwindigkeit (Bild 21) und die damit verbundene größere Spaltweite bei höherer Drehzahl zurückzuführen. Für die Nockenspitze ergibt sich bei 600 Umdrehungen pro Minute eine Reibungszahl μ = 0.042, bei 800 min^{-1} μ = 0.037.

Druck- und Temperaturmessungen

Die Messungen wurden mit folgenden Versuchsdaten durchgeführt:

Doppelnocken mit Profil A (Welle 2)	
Nockenbreite	b_N = 20 mm
Federvorspannkraft	F_V = 300 N
Federsteifigkeit	c_F = 72 N/mm
Stößelmasse	m_{St} = 1.1 kg
Stößelspiel	s_{Sp} = 0
Versuchsöl	FVA Nr. 4
Ölzulauftemperatur	$\vartheta_{Öl}$ = 21 Grad C
Gemittelte Rauhtiefe des Nockens	R_z = 0.48 µm
Gemittelte Rauhtiefe des Stößels	R_z = 0.15 µm
Drehzahl	n = 600 min^{-1}

Auf den Bildern 38 und 39 ist eine Auswahl von umsortierten Druckverläufen zu sehen. Die Zeitachse läuft von rechts nach links, der Einlauf befindet sich also rechts.

Aus Bild 18 kann über die Zuordnung des Nockenwinkels die Lage der jeweiligen Druckkurve auf der Bahn des Berührpunktes entnommen werden.

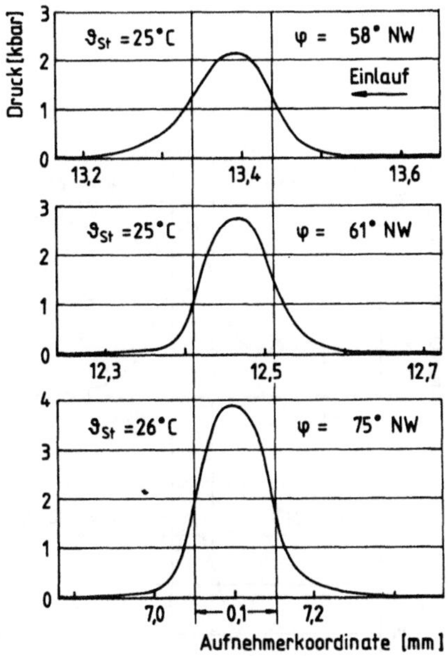

Bild 38: Druckverlauf über der Aufnehmerkoordinate

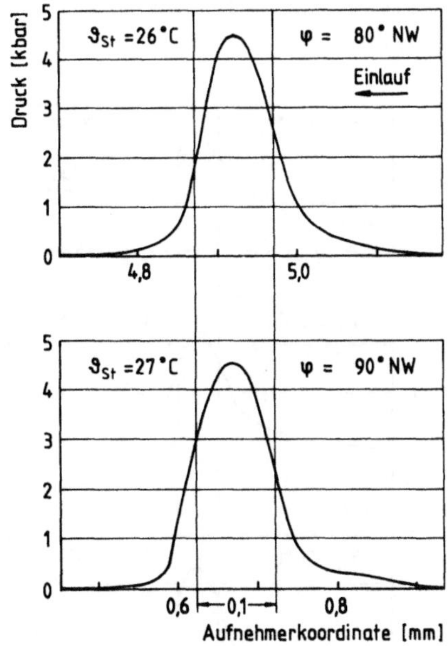

Bild 39: Druckverlauf über der Aufnehmerkoordinate

Bei den einzelnen Druckkurven sind jeweils die Nockenwinkel (NW), bei denen die Kurven umsortiert wurden, angegeben. Man erkennt, daß mit zunehmendem Nockenwinkel die Maxima der Druckkurven bis auf 4500 bar ansteigen und die Kurven unsymmetrisch werden. Bei allen Kurven beträgt die Hertzsche Abplattungsbreite etwa 0.1 mm. Der vorliegende Nocken-Stößel-Kontakt ist relativ gering beansprucht; es tritt daher das zweite Druckmaximum (Druckspitze) nicht auf (vergl. Bild 34).

Die Bilder 40 und 41 zeigen umsortierte Temperaturverläufe.

Die Massentemperatur der Stößelplatte lag bei rund 20 Grad Celsius. Die Zeitachse läuft auch hier wieder von rechts nach links, d.h. der Einlauf befindet sich wieder rechts.

Man erkennt, daß die maximale Temperaturerhöhung mit dem Nockenwinkel ansteigt und bei φ = 90 Grad ihren Höchstwert mit 22°C erreicht. Nach dem Maximum gehen die Temperaturen nur langsam zurück.

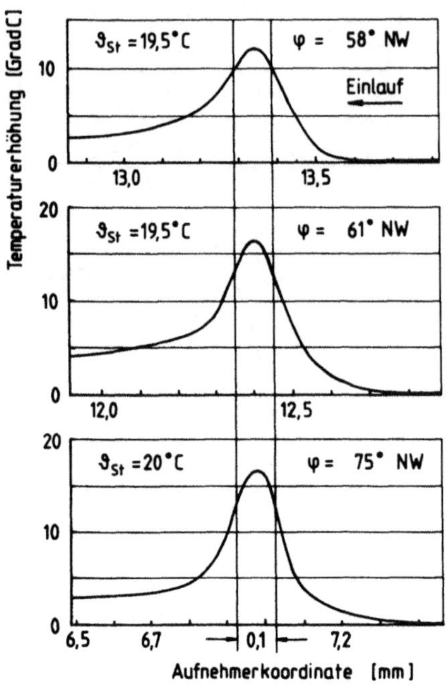

Bild 40: Temperaturerhöhung über der Aufnehmerkoordinate

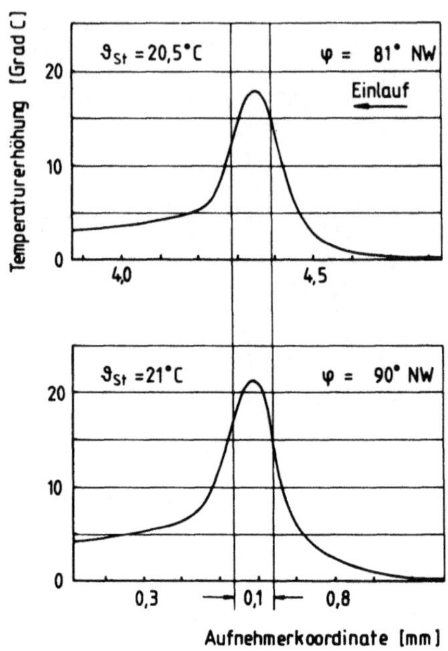

Bild 41: Temperaturerhöhung über der Aufnehmerkoordinate

7. Formelzeichen

a	Hertzsche Breite
b_g	Breite des aktiven Aufnehmerwiderstandes
b_N	Nockenbreite
c_F	Federsteifigkeit
d	Scheibendurchmesser
d_g	Aufnehmerdicke

d_{iso}	Dicke der Isolierschicht
F_N	Normalkraft
F_R	Reibkraft
F_V	Federvorspannkraft
h	Schmierspalthöhe
l_g	Länge des aktiven Aufnehmerwiderstandes
l_s	Scheibenbreite (= Länge des Hertzschen Kontakts)
M_R	Reibmoment
M_{Gleit}	Gleitreibmoment
M_{Roll}	Rollreibmoment
m_{St}	Stößelmasse
n	Drehzahl
p	Druck
R	elektrischer Widerstand
R_G	Grundkreisradius des Nockens
R_z	gemittelte Rauhtiefe
s	Hub des Stößels
s'	bezogene Geschwindigkeit des Stößels
s''	bezogene Beschleunigung des Stößels
s_{Sp}	Stößelspiel
u_H	hydrodynamisch wirksame Geschwindigkeit
X_B	Berührpunktkoordinate
X_G	Aufnehmerkoordinate
α_p	Widerstands-Druckkoeffizient
α_ϑ	Widerstands-Temperaturkoeffizient
η	dynamische Viskosität
ϑ	Temperatur
$\vartheta_{Öl}$	Ölzulauftemperatur
ϑ_s	Massentemperatur der Scheibe I

μ	Reibungszahl
σ_{Hertz}	Hertzscher Druck
φ	Nockenwinkel
ω	Winkelgeschwindigkeit

Indizes:

I	Scheibe I, Welle I (Scheibenprüfstand)
II	Scheibe II, Welle II (Scheibenprüfstand)

8. Schrifttum

[1] Grubin, A.N. und Vinogradova, I.E.: Central Scientific Research Institute for Technology and Mechanical Engineering
Book No. 30, Moscow (1949), D.S.I.R. Translation No. 337

[2] Petrusevich, A.I.: Fundamental conclusions from the contact-hydrodynamic theory of lubrication
Izo. Akad. Nauk SSSR (OTN), 2 (1951), 209/223 (Ministry of Defense, London, Translation No. 293)

[3] Weber, C. und Saalfeld, K.: Schmierfilm bei Walzen mit Verformung
Z. angew. Math. u. Mech. 34 (1954), S. 54/64

[4] Dowson, D. und Higginson, G.R.: A numerical solution to the elastohydrodynamic problem
J. Mech. Eng. Sci. 1 (1959) 1, S. 6/15

[5] Archard, G.D., Gair, F.C. und Hirst, W.: The elasto-hydrodynamic lubrication of rollers
Proc. Roy. Soc., Ser. A, 262 (1961) 1308, S. 51/72

[6] Cheng, H.S. und Sternlicht, B.: A numerical solution for the pressure, temperature, and film thickness between infinitely long, lubricated rolling and sliding cylinders under heavy loads
ASME paper No. 64 - Lub. 11, 1964

[7] Dowson, D. und Whitaker, A.V.: A numerical procedure for the solution of the elastohydrodynamic problem of rolling and sliding contacts lubricated by a Newtonian fluid
Proc. Instn. Mech. Engrs. 180 (1965-66), Pt 3B, S. 57/71

[8] Cheng, H.S.: A refined solution to the thermal-elasto-hydrodynamic lubrication of rolling and sliding cylinders
ASLE Trans. B (1965), S. 397/410

[9] Liesegang, R.: Der nichtisotherme hydrodynamische Schmierfilm zwischen hochbelasteten elastischen Walzen
Dissertation TH Karlsruhe,1967

[10] Stößel, K.: Reibungszahlen unter elasto-hydrodynamischen Bedingungen
Dissertation TU München, 1971

[11] Dyson, A., Naylor, H. und Wilson, A.R.: The measurement of oil film thickness in elastohydrodynamic contacts
Proc. Instn. Mech. Engrs. 180 (1965-66) Pt 3B, S. 119/134

[12] Brüser, P.: Untersuchungen über die elastohydrodynamische Schmierfilmdicke bei elliptischen Hertz-schen Kontaktflächen
Dissertation TU Braunschweig, 1972

[13] Gohar, R. und Cameron, A.: Optical measurement of oil film thickness under elastohydrodynamic lubrication
Nature 200 (1963) 4905, S. 458/459

[14] Sibley, L.B.: An X-ray method of measuring thin lubricant films between rollers
Inst. Soc. Amer. (ISA) Trans. 1 (1962) 3, S. 237/243

[15] Kannel, J.W.: Measurements of pressures in rolling contact
Proc. Instn. Mech. Engrs. 180 (1965/66) Pt 3B, S. 135/142

[16] Cheng, H.S. und Orcutt, F.K.: A correlation between the theoretical and experimental results on the elasto-hydrodynamic lubrication of rolling and sliding contacts
Proc. Inst. Mech. Engrs. 180 (1965-66) Pt 3B, S. 158/168

[17] Hamilton, G.M. und Moore, S.L.: Deformation and pressure in an elastohydrodynamic contact
Proc. Roy. Soc., Ser. A. 322 (1971), S. 313/330

[18] Schouten, J.W.: Elastohydrodynamische Schmierung
Forschungsheft 24, Forschungskuratorium Maschinenbau, Frankfurt, 1973

[19] Ehlert, J.: Ein Beitrag zur Klärung des Schmierstoffeinflusses auf den Verlauf von Druck, Temperatur und Spalthöhe im elastohydrodynamischen Kontakt
Dissertation TU Hannover, 1975

[20] Köhler, A.: Die Entwicklung von aufgedampften Meßwertaufnehmern und deren Anwendung zur Druck- und Temperaturmessung in geschmierten Wälz- und Gleitkontakten
Dissertation RWTH Aachen, 1981

[21] Kannel, J.W. und Bell, J.C.: A method for estimation of temperatures in lubricated rolling-sliding gear of bearing elastohydrodynamic contacts
Instn. Mech. Engrs. Lubrication Symposium (Leeds), C 24/72 (1972), S. 118/130

[22] Kurz, D.: Entwurf und Berechnung ruckfreier Nocken
ATZ 11 (1954) Jahrgang 56, S. 293-299

[23] Müller, R.: Der Einfluß der Schmierverhältnisse am Nockentrieb
MTZ 27 (1966) 2, S. 58-61

[24] Deschler, G. und Wittmann, D.: Nockenauslegung für Flachstößel unter Beachtung elastohydrodynamischer Schmierung
MTZ 39 (1978) 3, S. 123-127

[25] Dowson, D. und Higginson, G.R.: Elasto-Hydrodynamic Lubrication
Pergamon Press, Oxford, 1977

[26] Herrebrugh, K.: Elastohydrodynamic squeeze films between two cylinders in normal approach
Trans. ASME (Apr. 1970), S. 292-302

[27] Holland, J.: Zur Ausbildung eines tragfähigen Schmierfilms zwischen Nocken und Stößel
MTZ 39 (1978) 5, S.225-231

[28] Holland, J.: Die instationäre Elastohydrodynamik
Konstruktion 30 (1978), H.9, S. 363-369

[29] Spiegel, K.: Schmierungsverhalten und Reibungskräfte in Kurvengetrieben mit Flachstößeln
VDI-Berichte Nr. 127 (1969), S. 29-33

[30] Spiegel, K.: Beiträge zur Elastohydrodynamik bei Nocken-Stößel-Paarungen
Diss. Techn. Universität Clausthal, 1982

[31] Fuhrmann, W.: Die Einlauf-Oberfläche - Untersuchungen an Nocken und Stößel
MTZ 41 (1980) 6, S. 271-276

[32] Fuhrmann, W.: Instationäre EHD, Praxisuntersuchungen
Dokumentation zum Forschungs- und Entwicklungsprogramm des BMFT, Tribologie Band 2, Springer Verlag 1982

[33] Heinz, R.: Druckmessungen am System Nocken - Rolle bei elastohydrodynamischer Schmierfilmbildung

Dokumentation zum Forschungs- und Entwicklungsprogramm des BMFT, Tribologie Band 2, Springer Verlag 1982

[34] Schouten, J.W.: Elastohydrodynamische Schmierung Forschungsheft 72, Forschungskuratorium Maschinenbau e.V., Frankfurt 1978

[35] Katalog über Widerstandslegierungen herausgegeben von der Isabellenhütte Heusler GmbH KG in Dillenburg, o.J.

[36] Bradley, R.S.: Advances in High Pressure Research, Vol. 1, London und New York: Academic Press 1966

[37] Zwicker, U.: Titan und Titanlegierungen Berlin, Heidelberg, New York: Springer Verlag 1974

[38] Bartz, W.J., Ege und Schilling: Referenzöle für Wälz- und Gleitlager-, Zahnrad- und Kupplungsversuche Forschungsheft Forschungsvereinigung Antriebstechnik e.V., Heft 41, 1976

Schadensentwicklung in EHD-Kontakten

von

Prof.Dr.-Ing.Hans Winter
Dipl.-Ing. Klaus Michaelis
Dipl.-Ing. Max Simon

Institut für Maschinenelemente
mit Forschungsstelle für Zahnräder und Getriebebau (FZG)
Technische Universität München

Förderkennzeichen 01 ZT 139
Laufzeit: 1.10.79 - 30.6.83

Zusammenfassung

Unter EHD-Bedingungen wurde der Einfluß der Parameter Hertzsche Pressung (p_H), Reibungszahl (μ), Blitztemperatur (ϑ_{Bl}), das Verhältnis Schmierfilmdicke/Rauheit (Λ) und Umfangsgeschwindigkeit (v) auf die Lebensdauer von Bauteilen unter Wälz-Gleitbeanspruchung untersucht. Hierzu wurden Lebensdauerversuche an einem Zweischeibenprüfstand mit Scheiben aus 42 CrMo 4 V durchgeführt. Nach diesen Versuchen wurde die folgende Gleichung mit der Methode der mehrparametrigen Regression gefunden, die die oben genannten Parameter im Hinblick auf die Lebensdauer miteinander verknüpft.

$$\frac{LW_1}{LW_2} = \left(\frac{p_{H1}}{p_{H2}}\right)^{-7} \cdot \left(\frac{\mu_1}{\mu_2}\right)^{-3} \cdot \left(\frac{\vartheta_{Bl\,1}}{\vartheta_{Bl\,2}}\right)^{-2} \cdot \left(\frac{v_{2\,1}}{v_{2\,2}}\right)^{1,2} \cdot \left(\frac{\Lambda_1}{\Lambda_2}\right)^{2,2^{x}}$$

^{x}Der Term $\left(\frac{\Lambda_1}{\Lambda_2}\right)^{2,2}$ ist nur zu berücksichtigen für $\Lambda < 1$.

Um für einen weiten Anwendungsbereich Daten für die obige Gleichung zur Verfügung zu stellen, wurden umfangreiche Reibungszahl- und Schmierfilmdickenmessungen durchgeführt. Die Schmierfilmdickengleichung nach Dowson-Higginson berechnet nach diesen Messungen die Schmierfilmdicke für die Praxis ausreichend genau.

Ein Ansatz für die Reibungszahl, der die Wirkung unterschiedlicher Schmierstoffe erfaßt, kann nach diesen Versuchen nicht angegeben werden.

Aus Vergleichsversuchen mit vergüteten Zahnrädern konnte der schädliche Einfluß hoher Reibungszahlen auf die Grübchentragfähigkeit bestätigt werden.

Gliederung

0. Einleitung

Für die Berechnung der Grübchentragfähigkeit von Bauteilen unter Gleit-Wälzbeanspruchung wird im wesentlichen die Hertzsche Pressung herangezogen. Der bekannte Einfluß der Schmierbedingungen wird meist, wie z.B. bei der Tragfähigkeitsberechnung von Zahnrädern /1/, durch die Einführung von empirischen Korrekturfaktoren erfaßt. So werden die Größen Ölnennviskosität, Umfangsgeschwindigkeit und Rauheit stellvertretend für z.B. die Schmierfilmdicke oder die Druckverteilung im Kontakt eingeführt.

Zu diesem Problem wurden bereits eine Vielzahl von Untersuchungen an Rollen und Zahnradprüfständen durchgeführt, deren Betriebsparameter in vielen Fällen zur Einführung in grundlegende Berechnungen zur Grübchentragfähigkeit nicht geeignet erscheinen . Alle modernen, theoretisch fundierten EHD-Beanspruchungsberechnungen wie z.B. /2/ benutzen als Eingangsgrößen zur Spannungsermittlung den "wahren" elastohydrodynamischen Druckverlauf, die Reibungszahl im Kontakt und die Blitztemperatur. Neben dem Werkstoff ist eine weitere wichtige, die Lebensdauer beeinflussende, Kenngröße das Verhältnis von Schmierfilmdicke zu Rauheit. Unter dem Schlagwort "Mikro-EHD" werden hierzu an anderen Stellen umfangreiche Untersuchungen durchgeführt, die den Einfluß der Oberflächenmikrogeometrie auf den Schmierfilmaufbau untersuchen.

Aufgabe dieses Vorhabens war es, Lebensdauerversuche an Scheiben unter genau definierten, äußeren Beanspruchungsbedingungen durchzuführen. Durch gezielte Variation der oben genannten Parameter war damit der Einfluß der Schmierbedingungen auf die Lebensdauer von Bauteilen unter Wälz-Gleitbeanspruchung aufzuzeigen. An Zahnradverspannungsprüfständen wurde dann untersucht, inwieweit die an Scheiben festgestellten Auswirkungen einzelner Parameter auf die Lebensdauer, auf Zahnradgetriebe übertragbar sind.

Für spätere theoretische Beanspruchungsrechnungen stehen dann geeignete Eingangsgrößen zur Verfügung. Damit die Einflußparameter in der gewünschten Form variiert werden können, kamen drei von ihrem chemischen Aufbau her völlig unterschiedliche Schmiermittel zum Einsatz. Dabei handelt es sich um ein Mineralöl, ein Tractionsfluid und um ein Esterschmiermittel.

Um die Beanspruchungsparameter möglichst genau und in einem den Betriebsbereich der Scheibenlebensdauerversuche übergreifenden Bereich zu kennen, sind Meßversuche zur Reibungszahl und Schmierfilmdicke durchgeführt worden. Speziell entwickelte Meßschaltungen zur Messung des Druck-, Temperatur- und Spalthöhenverlaufes im Kontakt sollten zur weiteren Aufklärung der Beanspruchungen eingesetzt werden. Fehlende Sensoren verhinderten allerdings die vorbereiteten Messungen.

1. Versuchsprogramm

Das Forschungsprogramm läßt sich in die folgenden drei Versuchsgruppen unterteilen.

- Meßversuche am Zweischeibenprüfstand
- Wälzfestigkeitsversuche am Zweischeibenprüfstand
- Wälzfestigkeitsversuche an Zahnradverspannungsprüfständen mit den dazugehörenden Messungen der dynamischen Zahnkräfte.

Die Aufgabe der Meßversuche war es, Eingangsdaten für spätere Spannungsberechnungen zu liefern. Weiterhin sollten sie die Berechnungsformel nach Dowson-Higginson für die Schmierspaltdicke auf ihre Anwendbarkeit hin überprüfen. Auch dienten sie dazu, unvermeidbar unterschiedliche Betriebsparameter zwischen den Wälzfestigkeitsversuchen an Scheiben und denen an Zahnrädern einer Bewertung hinsichtlich unterschiedlicher Beanspruchungen zugänglich zu machen.

Die Wälzfestigkeitsversuche an Scheiben hatten zur Aufgabe, Versuche unter genau definierten und kontrollierten äußeren Beanspruchungen durchzuführen, um deren Einfluß auf die Lebensdauer getrennt darstellen zu können. Sie wurden mit dem Vergütungswerkstoff 42 CrMo 4 durchgeführt, um die Möglichkeit zu erhalten, Meßversuche mit gehärteten Scheiben in einem Beanspruchungsbereich durchzuführen, der bei den Lebensdauerversuchen zu Schäden führt. Der Vorteil der Scheibenversuche besteht in der freien Wahl der unterschiedlichen Gleit-Wälzverhältnisse, in der Konstanz der Versuchsbedingungen und in der, verglichen mit Zahnrädern, praktisch fehlerfreien Prüfkörpergeometrie.

Die Wälzfestigkeitsversuche mit Zahnrädern ebenfalls aus 42 CrMo 4 sollten zeigen, inwieweit die mit dem "Modellprüfstand" Zweischeibenmaschine festgestellten Einflüsse der Betriebsparameter Pressung, Reibungszahl, Reibleistung und Schmierfilmdicke auf Zahnräder übertragbar sind. Damit sollte geklärt werden, inwieweit zahnradspezifische Einflüße wie z.B. Eingriffsstoß, dynamische Zahnkräfte, schnell veränderliche Schlupfverhältnisse während des Eingriffs und zusätzliche Beanspruchungen, hervorgerufen durch Mikroschlupf innerhalb der Hertzschen Abplattungsfläche wegen kinematischer Zwangsbedingungen, die Ergebnisse der Scheibenversuche überdecken. Um die Auswirkungen der erstgenannten Einflüsse Eingriffsstoß und dynamische Zahnkräfte abschätzen zu können, erfolgten Versuche an Zahnrädern mit Kopfrücknahme.

2. Meßversuche am Zweischeibenprüfstand

Die Meßversuche wurden an einem Zweischeibenprüfstand mit 80 mm Achsabstand durchgeführt, der nach dem gleichen Prinzip aufgebaut ist wie der Prüfstand für die Wälzfestigkeitsversuche mit Scheiben, s. Bild 1. Die ausschließlich bei Linienberührung durchgeführten Versuche zur Schmierspaltdicken- und reibungszahlmessung ergaben die erwarteten Ergebnisse und werden deshalb nur kurz dargestellt. Einzelergebnisse sind an der entsprechenden Stelle eingeführt.

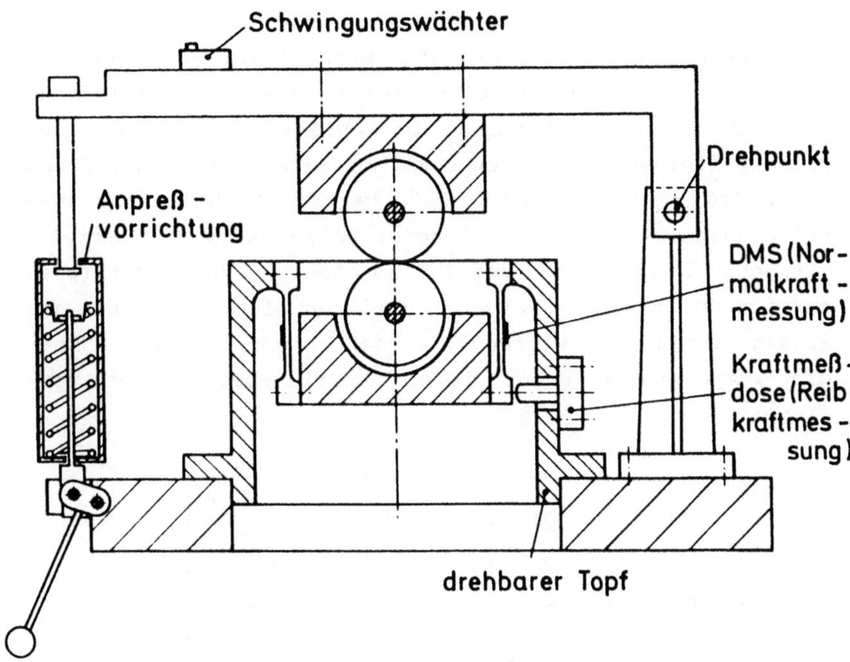

Bild 1: Schema des Prüfstandes für die Dauerversuche

Die Schmierspaltdickenmessungen wurden mit einer kapazitiven Methode durchgeführt. Die Mehrzahl der Versuche erfolgte bei reinem Rollen mit Umfangsgeschwindigkeiten von 0,5 bis 12 m/s und Hertzschen Pressungen zwischen 600 und 1300 N/mm². Geschmiert wurde mit den Schmierstoffen, die bei den Dauerversuchen zum Einsatz kamen (s. 3.4). Die Einspritztemperaturen betrugen 40, 60 und 90°C. In dem oben abgegrenzten Betriebsbereich war festzustellen, daß die gemessenen Schmierfilmdicken mit den nach /3/ gerechneten Schmierfilmdicken für die Praxis genügend genau übereinstimmen.

In Bild 2 sind beispielhaft gemessene Schmierfilmdicken über gerechneten aufgetragen. Die Unterschiede zwischen Messung und Rechnung dürften in vielen Fällen geringer sein, als die Unterschiede, die durch die Unsicherheiten bei der Festlegung der maßgebenden Temperatur, für die die Stoffwerte einzusetzen sind, entstehen. Nach diesen Messungen ist es auch ausreichend für die Schmierfilmdickenrechnung den Viskositätsdruckkoeffizienten der bei 2000 bar gemessen wird, einzusetzen. Die Schmierfilmdicke wird durch die Verhältnisse im Kontakteinlaufbereich bei relativ kleinen Pressungen bestimmt, dies dürfte der Grund sein, daß α-Messungen bis 2000 bar die Verhältnisse ausreichend gut treffen. Die Schmierspaltdickenmessungen, die mit Schlupf zwischen 0 und 30% im oben genannten Betriebsbereich durchgeführt wurden, entziehen sich zur Zeit einer aussagekräftigen Bewertung, da noch zu wenige Angaben über die Temperaturen unter diesen Betriebsbedingungen vorliegen.

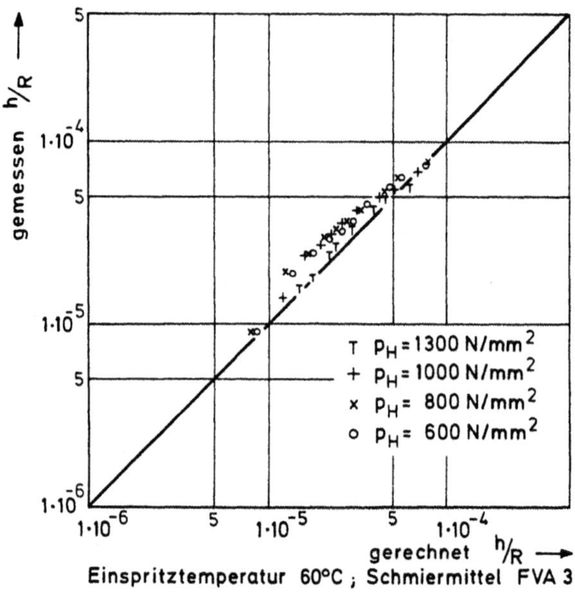

Bild 2: Vergleich von gerechneten und gemessenen Schmierfilmdicken

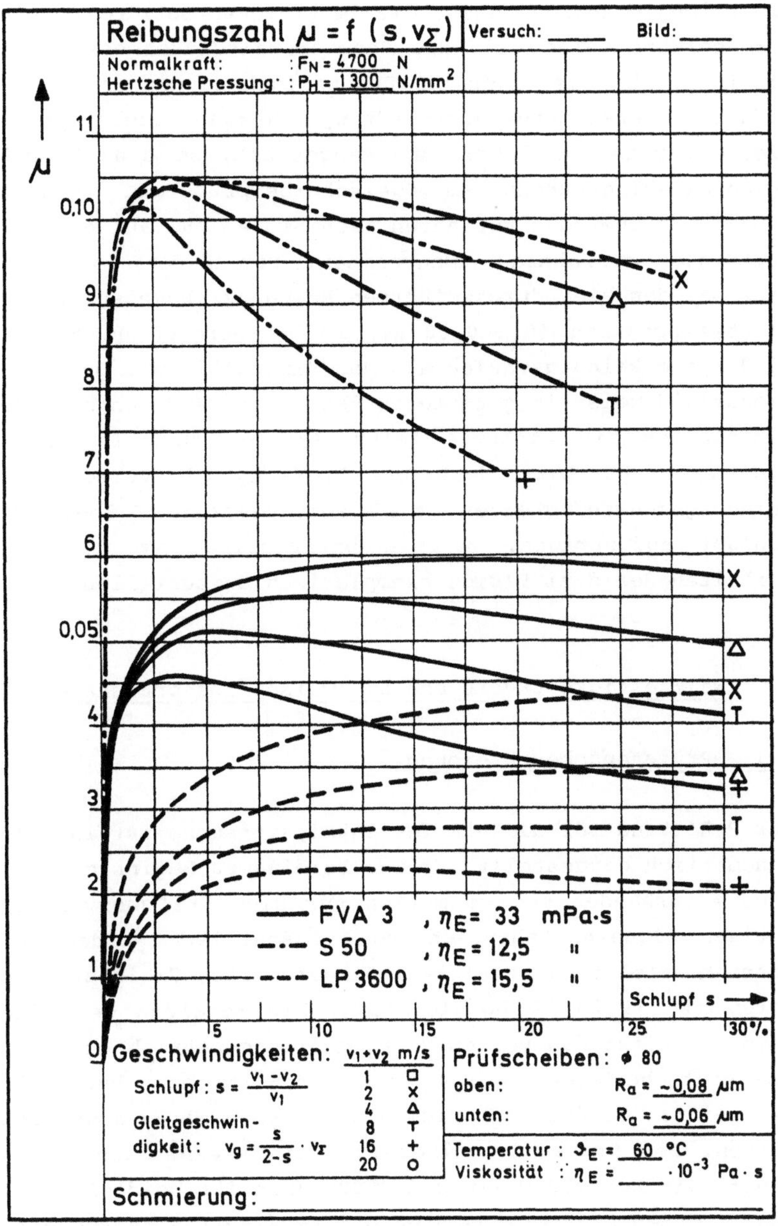

Bild 3: Reibungszahlen unter EHD-Bedingungen für unterschiedliche Schmierstoffe

Die Reibungszahlmessungen, die im gleichen Betriebsbereich durchgeführt wurden wie die Schmierspaltdickenmessung bestätigen, für das Mineralöl FVA weitgehend den in /4/ angeführten Berechnungsansatz für μ_{mz}. Werden jedoch synthetische Fluide zur Schmierung eingesetzt, so sind hierfür Reibungszahlmessungen am Zweischeibenprüfstand durchzuführen und über das Verfahren nach Stößel /5/ auf die Verhältnisse am Zahnrad umzurechnen. Der Ester, s. 3.4., wies bei den hier durchgeführten Reibungszahlversuchen mit glatten Scheiben ($R_a \approx 0{,}08$ µm) im EHD-Bereich um ca. 30% niedrigere Reibungszahlen als das Mineralöl auf. Das Traktionsfluid weist im getesteten Betriebsbereich unter allen Bedingungen die höchsten Reibungszahlen auf. In Bild 3 sind für 1300 N/mm² Hertzsche Pressung für verschiedene Umfangsgeschwindigkeiten die Reibungszahlen über dem Schlupf aufgetragen, um die Unterschiede im Reibungsverhalten der drei Fluide exemplarisch darzustellen.

3. Wälzfestigkeitsversuche am Zweischeibenprüfstand

3.1 Prüfstandsbeschreibung

Der Prüfstand für die Wälzfestigkeitsversuche ist in Bild 1 schematisch dargestellt. Er war bereits zu Beginn des Vorhabens vorhanden und es mußten nur die für Dauerversuche nötigen Sicherheitseinrichtungen installiert werden. Der Antrieb erfolgt mit zwei tyristorgeregelten Gleichstrommotoren mit je 25 kW Nennleistung. Die Regelung des einen Motors ist für den vollen Vier-Quadrantenbetrieb ausgelegt. Die Prüfscheiben sind mit einem Preßsitz auf den Wellen befestigt, die über Zahnriemen und Kardanwellen angetrieben werden. Der Drehzahlregelbereich der Scheiben unter Last liegt zwischen 100 U/min und 3500 U/min für beide Antriebe. Damit können alle gewünschten Gleit-Wälzverhältnisse eingestellt werden.

Der Achsabstand beträgt wie beim Prüfstand für die Meßversuche 80 $\pm$ 1 mm. Die Anpreßkraft wird mit Federn über einen Schwenkhebel aufgebracht. Die maximale Anpreßkraft ist 16 kN im Kurzzeitbetrieb. Die Reibkraft im Kontakt wird über auswechselbare Druckkraftmeßdosen an einem über Federbänder quer beweglichen Schlitten, der die untere Welle einschließlich Lagerung trägt, weitgehend wegfrei gemessen. Die Messung der Anpreßkraft erfolgt über eine Dehnmeßstreifen-Vollbrücke an den Federbändern. Die Drehzahlen und der Schlupf werden mit elektronischen Zählern bestimmt, die von Gabellichtschranken ihre Signale erhalten. Als Schadensdetektor dient ein Schwingungsschalter, der auf dem oberen Schwenkarm sitzt. Er schaltet bei beginnender Grübchenbildung den Prüfstand ab.

Die Schmiermittelversorgung übernimmt ein Ölaggregat mit wahlweise 7 oder 25 Litern Ölinhalt, einer Zahnradpumpe mit Bypassregelung und einem im Hauptstrom geschalteten Ölfilter mit einer nominalen Filterfeinheit von 10 µm. Die Öleinspritzung erfolgt in den Einlaufbereich der Scheiben. Wenn erforderlich, kann die obere Scheibe zusätzlich über eine Einspritzdüse von oben gekühlt werden.

3.2 Prüfkörpergeometrie und Herstellungsprozess

Aufgrund von Vorversuchen wurde die Prüfkörpergeometrie nach Bild 4 gewählt. Es laufen Scheiben mit gleichem Durchmesser gegeneinander. Um erhöhte Kantenpressung zu vermeiden, werden die Laufspuren der beiden gegeneinander laufenden Prüfkörper gleich breit ausgeführt. Durch die fehlende Randabstützung fällt die Hertzsche Pressung damit am Rand ab. So wird verhindert, daß die Grübchenbildung bevorzugt am Rand entsteht, in einem Bereich in dem die tatsächlichen Spannungsverhältnisse rechnerisch schwer erfaßbar sind. Wegen der Belastungsgrenze des Prüfstandes wurde eine Scheibenbreite von 10 mm gewählt. Aus Gefügeveränderungen und Härtemessungen über der Scheibenbreite konnte geschlossen werden, daß innerhalb einer Laufspurbreite von 7 mm ein gleichmäßiger Spannungszustand über die Breite herrscht. Die Scheiben sind umfangsgeschliffen. Es wurde versucht die Oberflächenbeschaffenheit möglichst nicht zu variieren. Die R_a-Werte betrugen 0,12 $\pm$ 0,03 µm quer zur Riefenrichtung gemessen, bei einer Meßstreckenlänge von 4 mm und einer Grenzwellenlänge des Filters von 0,8 mm, die R_z-Werte waren dabei 1,0 $\pm$ 0,4 µm. Bei dieser Schwankungsbreite der Oberflächengeometrie wurde keine Korrelation zwischen Rauheitswerten und Lebensdauer der Scheiben festgestellt. Die Scheiben wurden nur für Versuche eingesetzt, wenn ihre Rundlaufabweichung kleiner 0,01 mm war, gemessen auf der Prüfstandswelle zwischen den Lagern.

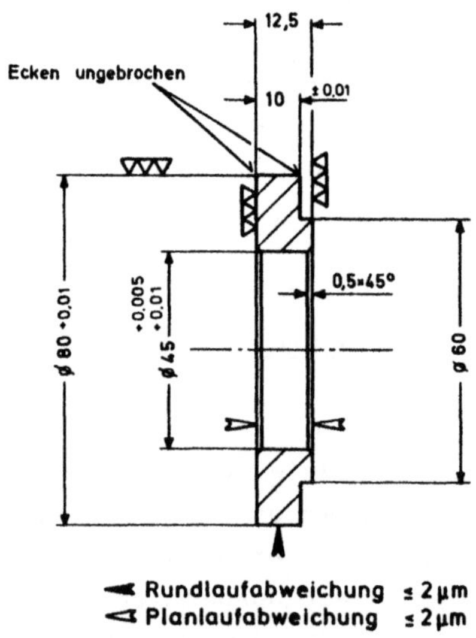

Bild 4: Prüfkörpergeometrie

Das Material 42 CrMo 4 wurde hinsichtlich Zusammensetzung und Reinheitsgrad über die Fa. P.I.V., Bad Homburg, aus mehreren Chargen ausgewählt. Ausgehend von einem 70 x 70 Vierkantmaterial wurden Scheiben mit Ø 95 x 25 geschmiedet und anschließend weichgeglüht. Daraufhin erfolgte die Vorbearbeitung, so daß auf jeder Fläche 3 mm Aufmaß verblieben. Die anschließende Härtung erfolgte bei 860°C im Salzbad bei einer Haltezeit von 30 Minuten, dann Abschrecken in Öl von 60°C. Nach dem Anlassen bei einer Temperatur von 620°C mit zwei Stunden Haltezeit erfolgte eine 100%ige Prüfung, die Vergütungsfestigkeit betrug dabei 870 - 935 N/mm² aus der Brinellhärte DIN 50 150 umgerechnet. Bis hierher übernahm die Fa. Hurth, München, die Fertigung, die Endbearbeitung erfolgte am Lehrstuhl.

3.3 Auswahl von Betriebsparametern die bei Wälzfestigkeitsversuchen unter EHD-Bedingungen die Lebensdauer beeinflussen

Bei der Festlegung der Betriebsparameter wurde davon ausgegangen, daß folgende Betriebsparameter einen Einfluß auf die Lebensdauer der Prüfscheiben bei Wälz-Gleitbeanspruchung besitzen:

- Die Hertzsche Pressung /6/, da sie unmittelbar einen Beanspruchungszustand beschreibt und direkt mit der aufgebrachten Anpreßkraft zusammenhängt.

- Die Reibungszahl μ; sie beschreibt die Größe der an der Oberfläche eingeleiteten Schubspannung, die den oberflächennahen Spannungszustand deutlich beeinflußt /7/.

- Die im Kontakt bei Wälz-Gleitbeanspruchung entstehende "Blitztemperatur" /8/; sie ist charakteristisch für die im Kontaktbereich auftretenden Temperaturspannungen und bedingt bei großen Werten hohe Massentemperaturen, die zu einer Festigkeitsminderung des Werkstoffes führen können. Werden die Umfangsgeschwindigkeiten nur in einem engen Bereich variiert, kann statt der Blitztemperatur die einfach zu erfassende Reibleistung $P_R = \mu \cdot F_N \cdot v_1 \cdot s$ als Kenngröße verwendet werden.

- Die Schmierspaltdicke h_{min} nach /3/; sie ist bei großen Werten kennzeichnend für die Druckverteilung im Spalt mit einem ausgeprägten hydrodynamischen Einlaufbereich und steht bei kleinen Werten $h_{min}/\Sigma R_a$ für den Grad der "metallischen Berührung" und damit für das Vorhandensein großer, örtlich begrenzter Normal-, Tangential- und Temperaturbeanspruchungsspitzen, die die Lebensdauer beeinflussen, z.B. /9/.

Die Versuche wurden so angelegt, daß zum entsprechenden Vergleichsversuch sich möglichst nur einer der oben genannten Einflußparameter änderte. Um dies zu realisieren, mußten unterschiedliche Schmiermittel eingesetzt werden.

3.4 Eigenschaften der verwendeten Schmierstoffe

Für die Versuche kamen vier, chemisch unterschiedliche Schmierstoffe zum Einsatz. Die wichtigsten Daten können der Tabelle 1 entnommen werden.

Diese Schmierstoffe wurden für das Vorhaben ausgewählt, da sie deutlich unterschiedliche Reibungszahlen bei vergleichbaren Betriebsbedingungen aufweisen und in ihrer Zusammensetzung weitgehend bekannt und konstant sind. Bis auf FVA3 handelt es sich um synthetisch hergestellte Fluide. S50 und S70 sind sog. "traction fluids", vornehmlich für den Einsatz in Reibradgetrieben konzipiert, bestehend aus kondensierten Ringsystemen /10/. Sie wurden in ihrer handelsüblichen, additivierten Zusammensetzung eingesetzt. Bei LP 3600 handelt es sich um Pentaerythrittetrapelorgonat, einem Esterschmiermittel von Ciba Geigy, für den Einsatz z.B. in Flugturbinen, hier wurden keine

Additive beigegeben. Dem Mineralöl FVA3 wurde ein Oxidationsinhibitor beigemischt. Das grundsätzlich unterschiedliche Reibungszahlverhalten der Fluide ist in Bild 3 dargestellt.

Schmierstoff	FVA3	S50	S70	LP 3600
kin. Viskosität				
100° F (39°C) mm^2/s	110	33,6	121	36,0
210° F (99°C) mm^2/s	11,3	5,6	11,4	6,5
Dichte/15°C kg/m^3	880	903	973	956
Druckkoeffizient bei 2000 bar				
25°C 10^3 1/bar	2,16	3,43	4,25	1,71
80°C 10^3 1/bar	1,58	1,87	2,47	1,26
FZG-Test A/8,3/90 DIN 51 354 Schadenskraftstufe	6	10	12	9

Tabelle 1: Schmierstoffdaten der ausgewählten Fluide

3.5 Versuchsdurchführung und Versuchsprogramm

Die Tabelle 2 zeigt eine Zusammenfassung aller am Zweischeibenprüfstand durchgeführten Versuchsserien mit ihren wichtigsten Betriebsparametern. Die einzelnen Versuchsserien (VS) bestehen mindestens aus fünf einzelnen Versuchen, die unter gleichen Bedingungen durchgeführt wurden. Bei den Versuchen VS 1, VS 5 und VS 6 handelt es sich um Vorversuche, auf die nicht näher eingegangen wird.

Bei diesen Versuchen wurden im unbelasteten Zustand die gewünschten Drehzahlen eingestellt und dann die beiden Scheiben gegeneinandergepreßt. Der einzelne Versuch war beendet, sobald der Schwingungswächter ansprach. Die Scheiben hatten dann meist nur ein Grübchen bzw. einen Anriß. Als Lebensdauer in Tabelle 2 wird die Lastwechselzahl bei 50% Ausfallwahrscheinlichkeit angegeben. Es wird, wie bei derartigen Versuchen üblich, eine Weibullverteilung angenommen. Der Schaden entsteht immer an der Scheibe mit dem negativen Schlupf, d.h. an der Scheibe die langsamer dreht und somit von der Gegenscheibe angetrieben wird.

Die in Tabelle 2 angegebenen Massentemperaturen ϑ_M wurden mit einem Oberflächentastthermometer mit Maximalwertspeicher gemessen. Hierzu wird der Versuch nach Erreichen des Beharrungszustandes unterbrochen, der Prüfstand geöffnet und der Meßfühler auf die Scheibenoberflächen gepreßt. Bis der Maximalwert angezeigt wird, vergehen vom Abschalten des Prüfstandes ca. 20 s. Bei bekannter Abkühlkurve der Scheiben läßt sich die ursprüngliche Scheibentemperatur bestimmen.

Die angegebenen Temperaturen sind Mittelwerte aus der oberen und unteren Scheibentemperatur.

Die in der Tabelle 2 ausgewiesenen Betriebsparameter errechnen sich wie folgt:

- Hertzsche Pressung:

$$p_H = \sqrt{\frac{F_N \cdot E'}{b \cdot R \cdot 2 \cdot \pi}} \qquad (1)$$

- Halbe Summengeschwindigkeit:

$$v_\Sigma / 2 = (v_1 + v_2)/2 \qquad (2)$$

- Schlupf in %:

$$s = (v_1 - v_2) \cdot 100 / v_1 \qquad \text{mit } v_1 > v_2 \qquad (3)$$

VS		Werkstoff	Öl	p_H	$v_\Sigma/2$	s	μ	ϑ_E	ϑ_M	h_{min}	P_R	ϑ_{Bl}	LW
				N/mm²	m/s	%		°C	°C	µm	W	K	Mio
1		42 CrMo 4	FVA3	1300	12	10	0,029	50	92	0,55	340	14,7	—
2	○	42 CrMo 4	FVA3	1300	4	10	0,041	60	84	0,30	162	11,9	5,8
3	●	42 CrMo 4	S50	1300	4	4	0,104	40	63	0,33	153	11,5	0,39
4	◇	42 CrMo 4	S50	1300	10	2	0,103	40	67	0,55	195	9,1	1,9
5		C60	S50	1000	4	4	0,105	40	56	0,44	96	7,9	7,0
6		C60	S50	1000	1	15	0,109	40	56	0,17	99	16,5	1,2
7	△	42 CrMo 4	S50	1160	4	5	0,107	40	63	0,34	165	12,8	0,75
8	×	42 CrMo 4	S50	1000	4	6,5	0,106	40	63	0,35	161	13,3	1,8
9	✱	42 CrMo 4	FVA3	1300	12	4,5	0,031	120	125	0,3	161	6,8	20
10	▽	42 CrMo 4	FVA3	1300	4	20	0,048	25	84	0,31	401	29,5	0,55
11	□	42 CrMo 4	FVA3	1300	4	20	0,040	50	110	0,18	334	24,6	0,75
12	◆	42 CrMo 4	S50	1300	10	2	0,095	75	88	0,34	180	8,3	3,2
13	■	42 CrMo 4	S50	1000	4	6,5	0,103	40	63	0,35	156	12,8	2,4
14	▼	42 CrMo 4	LP3600	1300	4	30	0,025	60	84	0,19	332	24,5	3,0
15	+	42 CrMo 4	S70	1300	4	2	0,112	55	70	0,62	85	6,2	0,37

Tabelle 2: Versuchsdaten der Wälzfestigkeitsversuche am Zweischeibenprüfstand

- Reibungszahl:

$$\mu = F_R / F_N \tag{4}$$

- Schmierfilmdicke nach /3/:

$$h_{min} = 2{,}65 \cdot G^{0{,}54} \cdot U^{0{,}7} \cdot W^{-0{,}13} \cdot R \tag{5}$$

mit

$$G = \alpha \cdot E' \tag{6}$$

$$U = \eta \cdot (v_1 + v_2)/(2 \cdot E' \cdot R) \tag{7}$$

$$W = F_N/(b \cdot E \cdot R) = 2 \cdot \pi \cdot (p_H / E')^2 \tag{8}$$

Dabei wurden die Stoffwerte bei gemessener Massentemperatur eingesetzt und α bei 2000 bar.

- Reibleistung:

$$P_R = \mu \cdot F_N \cdot (v_1 - v_2) \tag{9}$$

- Blitztemperatur

$$\vartheta_{Bl} = \frac{0{,}62 \cdot \mu \cdot \left(\frac{F_N}{b}\right)^{0{,}75} \cdot \left(\frac{E'}{R}\right)^{0{,}25} \cdot |v_1 - v_2|}{\lambda \cdot \rho \cdot c \cdot (\sqrt{v_1} + \sqrt{v_2})} \tag{10}$$

Dabei wurden folgende Stoffkonstanten für Stahl zugrundegelegt. $E = 2{,}26 \cdot 10^{11}$ N/m², $\lambda = 45$ N/(sK), $c = 440$ J/(kgK), $\rho = 7800$ kg/m³

3.6 Einzelergebnisse der durchgeführten Versuchsserien

Nachfolgend werden einzelne Versuchsserien miteinander verglichen, um gezielt die Einflüsse auf die Lebensdauer nach 3.3 herausstellen zu können.

3.6.1 Einfluß der Hertzschen Pressung

Damit der Einfluß der Hertzschen Pressung auf die Lebensdauer festgestellt werden konnte, wurden Versuche mit verschiedenen Hertzschen Pressungen durchgeführt. Ausgehend von VS 3 mit 1300 N/mm² wurde die Anpreßkraft um 20% (VS 7) und 40% (VS 8) gesenkt. Die Schmierung erfolgte mit S50 wegen des hohen und weitgehend gleichmäßigen Reibungszahlniveaus. Nur so war es möglich bei geringen Pressungen Grübchenschäden zu erhalten. Der Schlupf wurde entsprechend der Anpreßkraftverringerung vergrößert, um die Reibleistung und damit die thermische Beanspruchung konstant zu halten. Alle anderen die Lebensdauer beeinflussenden Parameter blieben nahezu konstant. Die Ergebnisse dieser Versuchsserien sind in Bild 5 als Weibullverteilungen und in Bild 6 als Wöhlerlinie dargestellt.

Die großen Symbole in Bild 6 geben die Lebensdauer bei 50% Ausfallwahrscheinlichkeit bei den einzelnen Lastniveaus wieder.

In Bild 6 ist weiterhin eine Wöhlerlinie nach Rösch /11/ gestrichelt eingezeichnet, die aus einem Versuch am ZF-Rollenprüfstand mit Rollen aus 42 CrMo 4 V stammt. Bei den Versuchen für diese Wöhlerlinie wurde, wie bei anderen durchgeführten Rollenversuchen üblich, die Pressung bei konstantem Schlupf verringert. Bei dieser Art vorzugehen, wird zwangsweise die Reibleistung vermindert und bei Schmierung mit einem Mineralöl, hier FVA3, ebenfalls die Reibungszahl gesenkt. Dies führt zu einem dickeren Schmierfilm, als es der tatsächlichen Pressungsverringerung entspricht, da die Massentemperatur ebenfalls deutlich absinkt und damit die wirksame Viskosität steigt.

Serie	3 ●	7 △	8 ×
Öl	S 50	S 50	S 50
p_H in N/mm²	1300	1160	1000
$v_\Sigma/2$ in m/s	4	4	4
s in %	4	5	6,5
μ	0,104	0,107	0,106
ϑ_E in °C	40	40	40
ϑ_M in °C	63	63	63
h_{min} in μm	0,33	0,34	0,35
P_R in W	153	165	161
10^6LW bei 50%	0,39	0,75	1,8

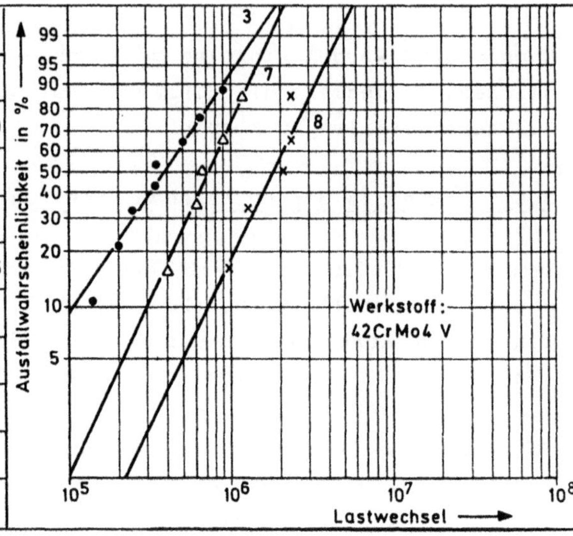

Bild 5: Einfluß der Pressung auf die Scheibenlebensdauer unter Wälz-Gleitbeanspruchung, dargestellt im Weibullnetz

Serie	3 ●	7 △	8 ×
Öl	S 50	S 50	S 50
p_H in N/mm²	1300	1160	1000
$v_\Sigma/2$ in m/s	4	4	4
s in %	4	5	6,5
μ	0,104	0,107	0,106
ϑ_E in °C	40	40	40
ϑ_M in °C	63	63	63
h_{min} in μm	0,33	0,34	0,35
P_R in W	153	165	161
10^6LW bei 50%	0,39	0,75	1,8

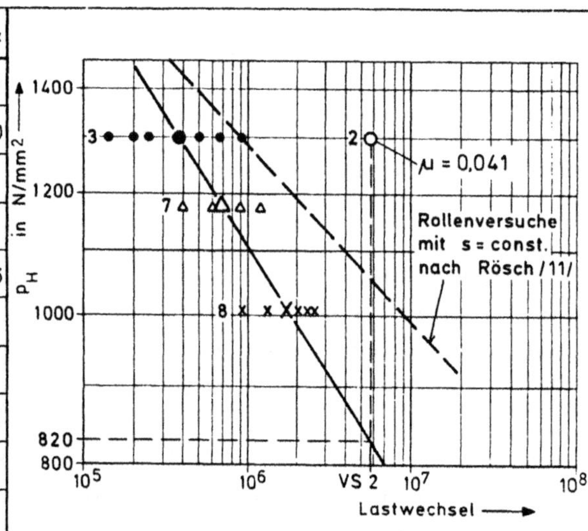

Bild 6: Teilwöhlerlinie für Scheiben aus 42 CrMo 4 V mit ausschließlichem Pressungseinfluß

Das Ergebnis ist eine flachere Wöhlerlinie als bei den hier vorgestellten Versuchen, die nur den ausschließlichen Pressungseinfluß auf die Lebensdauer aufzeigen. Daß die Absolutwerte der beiden Wöhlerlinien in keinem Punkt übereinstimmen, liegt an den unterschiedlichen Krümmungs- und Schlupfverhältnissen, einer anderen Reibungszahl und dem nicht chargengleichen Material.

3.6.2 Einfluß der Reibungszahl

Zur Belegung des festgestellten großen Einflusses der Reibungszahl auf die Lebensdauer unter Wälz-Gleitbeanspruchung wurden mehrere Versuchsserien durchgeführt, die untereinander zu vergleichen sind.

Die Weibullverteilungen einschließlich der wichtigsten Betriebsparameter der VS 2 und VS 3 zeigt Bild 7.

Serie	2 ○	3 ●	9 ∗
Öl	FVA 3	S 50	FVA 3
p_H in N/mm^2	1300	1300	1300
$v_\Sigma/2$ in m/s	4	4	12
s in %	10	4	4,5
μ	0,041	0,104	0,031
ϑ_E in °C	60	40	120
ϑ_M in °C	84	63	125
h_{min} in μm	0,30	0,33	0,3
P_R in W	162	153	161
10^6 LW bei 50%	5,8	0,39	>20

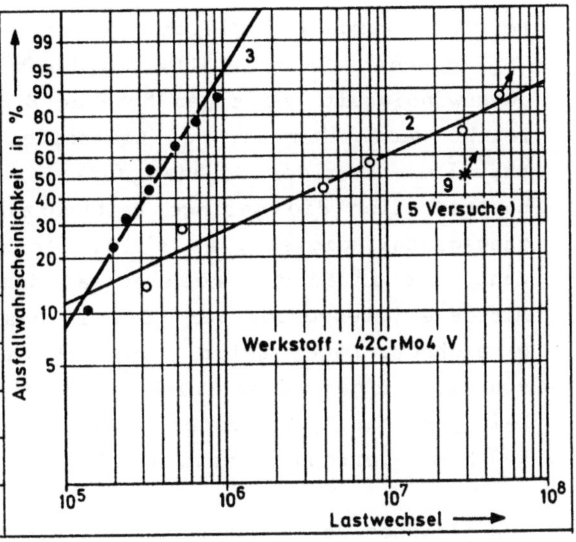

Bild 7: Einfluß der Reibungszahl auf die Scheibenlebensdauer unter Wälz-Gleitbeanspruchung bei voller Filmtrennung dargestellt im Weibullnetz

Bei VS 2 wurde mit FVA3 geschmiert. Es stellte sich eine Reibungs- zahl von 0,041 ein, gegenüber einer Reibungszahl von 0,104 bei VS 3 bei der mit S50 geschmiert wurde. Die Lebensdauer ging dabei von $5{,}8 \cdot 10^6$ LW (VS 2) auf $0{,}39 \cdot 10^6$ LW (VS 3) zurück, der Durchläufer bei VS 2 wurde als Ausfall bei $5 \cdot 10^7$ LW gewertet. Durch eine Schlupfverringerung und eine Absenkung der Einspritztemperatur von VS 2 gegenüber VS 3 konnte die thermische Beanspruchung und die Schmierfilmdicke bei beiden Versuchsserien nahezu konstant gehalten werden.

Bei einem Λ-Wert nach Gleichung 11 von ca. 1,3 im Neuzustand der Scheiben ist von weitgehender Filmtrennung auszugehen

$$\Lambda = h_{min} / (R_{a1} + R_{a2}) \qquad (11)$$

Bei VS 9 wurde bei gleichem Λ die Reibungszahl gegenüber VS 2 gesenkt. (μ = 0,031), was durch eine höhere Umfangsgeschwindigkeit bei einer höheren Einspritztemperatur erreicht werden konnte. Bei Laufzeiten von $20 - 50 \cdot 10^6$ LW trat kein einziger Schaden auf. Die Ursache hierfür ist hauptsächlich die geringe Reibungszahl und die hohe Umfangsgeschwindigkeit, s. 3.6.4. Der Einfluß der Reibungszahl wird in Bild 6 noch einmal deutlich. Hier ist die mittlere Lebensdauer von VS 2 in das Wöhlerdiagramm eingezeichnet. Dabei zeigt sich, daß bei einer Reibungszahl von ca. 0,1 gegenüber 0,041 (VS 2) die ertragbare Pressung bei gleicher geforderter Laufzeit von 1300 N/mm² auf 820 N/mm² verringert werden muß.

Den gleichen Reibungszahleinfluß auf die Lebensdauer unter völlig anderen Schmierbedingungen zeigen die Weibullverteilungen von VS 11 und VS 14 in <u>Bild 8.</u>

Serie	11 □	14 ▼
Öl	FVA3	LP 3600
p_H in N/mm^2	1300	1300
$v_\Sigma/2$ in m/s	4	4
s in %	20	30
μ	0,040	0,025
ϑ_E in °C	50	60
ϑ_M in °C	110	84
h_{min} in μm	0,18	0,19
P_R in W	334	332
10^6 LW bei 50%	0,75	3

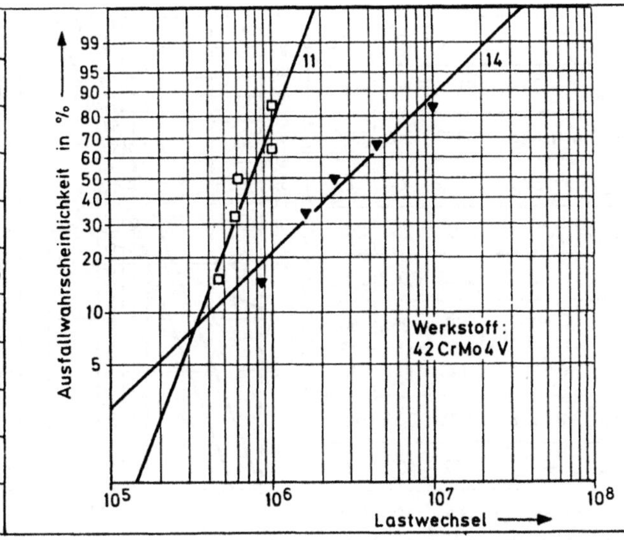

<u>Bild 8:</u> Einfluß der Reibungszahl auf die Lebensdauer bei Betriebsbedingungen mit hoher Reibleistung im Mischreibungsgebiet ($\Lambda \approx 0,8$).

Durch die Verwendung des Esters LP 3600 bei VS 14 konnte die Reibungszahl gegenüber VS 11 gesenkt werden, die Lebensdauer stieg von $0,75 \cdot 10^6$ LW auf $3,0 \cdot 10^6$ LW. Dabei blieben die Reibleistung und die Schmierfilmdicke konstant. Vergleicht man die Serien 2/3 mit 11/14, so unterscheiden sie sich deutlich in der Schmierfilmdicke und in der Reibleistung. Der Einfluß der Reibungszahl mit einem Exponenten von ca. -3 auf die Lebensdauer, ausgewertet als Produktansatz, bleibt davon unberührt.

3.6.3 Einfluß der Reibleistung

Bei der Variation der Reibleistung war es nicht möglich ausschließlich nur einen Parameter zu variieren. Deshalb wurden die VS 10 und VS 11 gefahren und werden untereinander bzw. mit VS 2 verglichen, s. hierzu <u>Bild 9.</u>

Serie	2 ○	10 ▽	11 □
Öl	FVA3	FVA3	FVA3
p_H in N/mm²	1300	1300	1300
$v_\Sigma/2$ in m/s	4	4	4
s in %	10	20	20
μ	0,041	0,048	0,040
ϑ_E in °C	60	25	50
ϑ_M in °C	84	84	110
h_{min} in µm	0,30	0,31	0,18
P_R in W	162	401	334
10^6 LW bei 50%	5,8	0,55	0,75

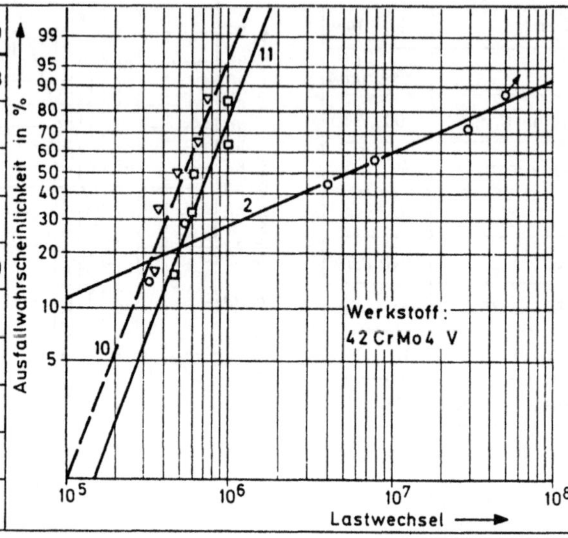

Bild 9: Einfluß der Reibleistung auf die Scheibenlebensdauer unter Wälz-Gleitbeanspruchung, dargestellt im Weibullnetz.

Durch eine Schlupferhöhung von 10% (VS 2) auf 20% (VS 10) wurde die Reibleistung von 162 W auf 401 W gesteigert. Die Einspritztemperatur wurde gesenkt und gleichzeitig die Einspritzmenge erhöht. Dadurch konnte die rechnerische Schmierfilmdicke konstant gehalten werden, die Reibungszahl stieg jedoch von 0,041 auf 0,048. Durch diese Maßnahmen ging die Lebensdauer von $5{,}8 \cdot 10^6$ auf $0{,}55 \cdot 10^6$ LW zurück, siehe Bild 9. Mit dem gefundenen Reibungszahleinfluß zurückgerechnet ergibt sich, daß die Lebensdauerverringerung von VS 10 gegenüber VS 2 hauptsächlich auf die gesteigerte Reibleistung zurückzuführen ist.

Um den Einfluß der Reibungszahl auszuschließen, wurde bei VS 11 die Einspritztemperatur unter sonst gleichen Betriebsbedingungen wie bei VS 10 auf 50°C erhöht. Damit stellte sich mit $\mu = 0{,}040$ annähernd die gleiche Reibungszahl wie bei VS 2 ($\mu = 0{,}041$) ein. Die rechnerische Schmierfilmdicke ging allerdings von 0,31 µm (VS 2/10) auf 0,18 µm zurück. Die Reibleistung bei VS 11 beträgt 334 W gegenüber 162 W bei VS 2 bzw. 401 W bei VS 10.

Es ist festzustellen, daß die Lebensdauer von $0{,}55 \cdot 10^6$ auf $0{,}75 \cdot 10^6$ LW, trotz eines erheblich dünneren Schmierfilmes, ansteigt, was auf die geringere Reibungszahl und Reibleistung zurückzuführen ist, die den Einfluß der Schmierspaltdicke hier überdecken.

Vergleicht man VS 11 mit VS 2, so ist zu erkennen, daß bei gleicher Reibungszahl die zweifache Reibleistung zu einem Rückgang der Lebensdauer von $5{,}8 \cdot 10^6$ auf $0{,}75 \cdot 10^6$ LW führt. Der Rückgang der Schmierfilmdicke von 0,31 µm auf 0,18 µm ist dabei von untergeordneter Bedeutung, s.o.

3.6.4 Einfluß der Schmierfilmdicke bzw. Umfangsgeschwindigkeit

Um den Einfluß der Schmierfilmdicke zu erfassen, wurde VS 3 und VS 4 durchgeführt. Die Weibullverteilungen zeigt Bild 10. Dabei wurde die halbe Summengeschwindigkeit von 4 m/s (VS 3) auf 10 m/s (VS 4) gesteigert, der Schlupf von 4% auf 2% gesenkt. Damit war die Reibleistung bei VS 4 ca. 25% größer als bei VS 3, die Blitztemperatur war mit 9,1 K bei VS 2 jedoch geringer als bei VS 3 mit 11,5 K. Unter Berücksichtigung der Massentemperatur stieg die rechnerische Schmierfilmdicke von 0,33 µm auf 0,55 µm, alle anderen Parameter blieben konstant. Die Lebensdauer erhöhte sich dabei von $0{,}39 \cdot 10^6$ auf ca. $1{,}9 \cdot 10^6$ LW.

VS 12, mit der gleichen Umfangsgeschwindigkeit wie VS 4 durchgeführt, jedoch mit erhöhter Einspritztemperatur und damit annähernd gleicher Schmierfilmdicke wie VS 3 weist mit $3{,}2 \cdot 10^6$ LW bei einem Vergleich der drei Serien die größte Lebensdauer auf. Gegenüber VS 4 ist dies in erster Linie auf die geringere Reibungszahl zurückzuführen. Die Schmierfilmdicke übt offensichtlich bei dem hier herrschenden $\Lambda \approx 1{,}3$, im Bereich der Filmtrennung, keinen Einfluß auf die Lebensdauer bei vergüteten Scheiben aus. Die deutlich größeren Lebensdauern von VS 4 und VS 12 gegenüber VS 3 sind in erster Linie auf die höhere Umfangsgeschwindigkeit zurückzuführen.

Serie	3 ●	4 ◇	12 ◆	15 +
Öl	S 50	S 50	S 50	S 70
p_H in N/mm^2	1300	1300	1300	1300
$v_\Sigma/2$ in m/s	4	10	10	4
s in %	4	2	2	2
μ	0,104	0,103	0,095	0,112
ϑ_E in °C	40	40	75	55
ϑ_M in °C	63	67	88	70
h_{min} in µm	0,33	0,55	0,34	0,62
P_R in W	153	195	180	85
10^6 LW bei 50%	0,39	1,9	3,2	0,37

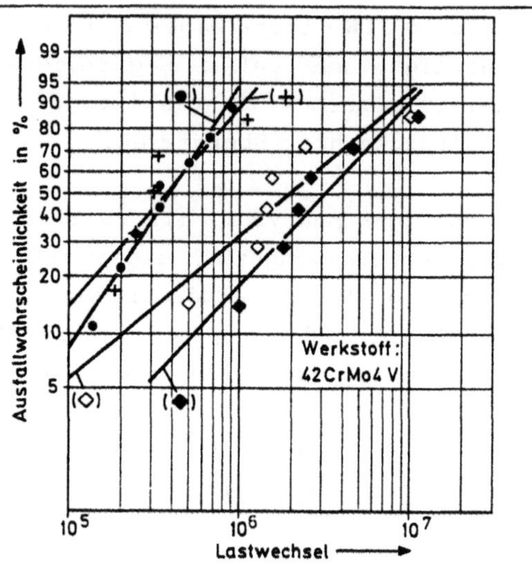

Bild 10: Einfluß der Umfangsgeschwindigkeit auf die Lebensdauer

Eine weitere Variation der Schmierfilmdicke ist mit VS 15 durchgeführt worden, die mit VS 3 zu vergleichen ist (s. Bild 10). Durch die Schmierung mit S70 konnte gegenüber VS 3 die Schmierfilmdicke von 0,33 auf 0,62 µm bei einer um ca. 8% größeren Reibungszahl erhöht werden. Die VS 15 wurde mit 2% Schlupf gefahren, da man mit größerem Schlupf bei S70 in den Bereich stark abfallender Reibungszahlen gerät, was zu instabilem Lauf (stick-slip) führt. Die VS 15 ergab die kürzeste Laufzeit, trotz des "dicken" Schmierfilmes und der relativ kleinen Reibleistung. Es besteht die Vermutung, daß es bei VS 15 trotz oder auch wegen des kleinen Schlupfes zu Unregelmäßigkeiten während der Versuche kam, die zu dieser extrem kurzen Laufzeit führte. Wegen fehlender Prüfkörper konnte dies nicht mehr eindeutig geklärt werden.

Daß die Schmierfilmdicke im Bereich $\Lambda < 1$ die Lebensdauer beeinflußt, zeigte sich bei der Regressionsanalyse aller Versuchsergebnisse, s. 3.7. Gezielte Versuche in diesem Bereich mit alleiniger Variation der Schmierfilmdicke wurden jedoch nicht durchgeführt. Versuche im Mischreibungsgebiet $\Lambda < 1$ waren nicht Gegenstand des Auftrages.

3.6.5 Einfluß einer im Betrieb entstehenden Aufhärtung auf die Lebensdauer bei Wälz-Gleitversuchen

Bei Versuchsgruppe 8 wurde bei Härtemessungen an ausgefallenen Scheiben keine Härtesteigerung in oberflächennahen Schichten festgestellt. Trotz der relativ geringen Pressung von 1000 N/mm² war die mittlere Lebensdauer bei dieser Serie nur $1{,}8 \cdot 10^6$ LW. Die VS 13 wurde bei Betriebsbedingungen der VS 8 mit Scheiben durchgeführt, die durch ihre vorhergehende Verwendung als Scheiben mit positivem Schlupf und langer Laufzeit, bei p_H = 1300 N/mm² sicher eine deutliche Aufhärtung aufwiesen. Als Gegenscheibe wurde eine polierte, harte, zyl. Scheibe mit großer Breite verwendet. Die bereits gelaufenen Scheiben wurden so eingebaut, daß die Schubbeanspruchungsrichtung aus der Reibkraft gleich blieb. Wie Bild 11 zeigt, ergibt sich bei 50% Ausfallwahrscheinlichkeit eine vergleichbare Laufzeit gegenüber VS 8, wenn man die gesunkene Reibungszahl berücksichtigt. Die Streuung bei VS 13 ist erwartungsgemäß größer, da bereits gelaufene Scheiben benutzt wurden, s.o. Aus dem Vergleich von VS 13 mit VS 8 kann man den Schluß ziehen, daß der Schadensbeginn nicht im Bereich der Aufhärtung, also in Tiefen $> 0{,}15 \cdot b_H$, stattfindet und damit die Aufhärtung auf die Lebensdauer im untersuchten Bereich einen geringen Einfluß besitzt.

Serie	8 ×	13 ■
Öl	S50 →	
p_H in N/mm^2	1000 →	
$v_\Sigma/2$ in m/s	4 →	
s in %	6,5 →	
μ	0,106	0,103
ϑ_E in °C	40 →	
ϑ_M in °C	63 →	
h_{min} in μm	0,35 →	
P_R in W	161	156
10^6 LW bei 50%	1,8	2,4

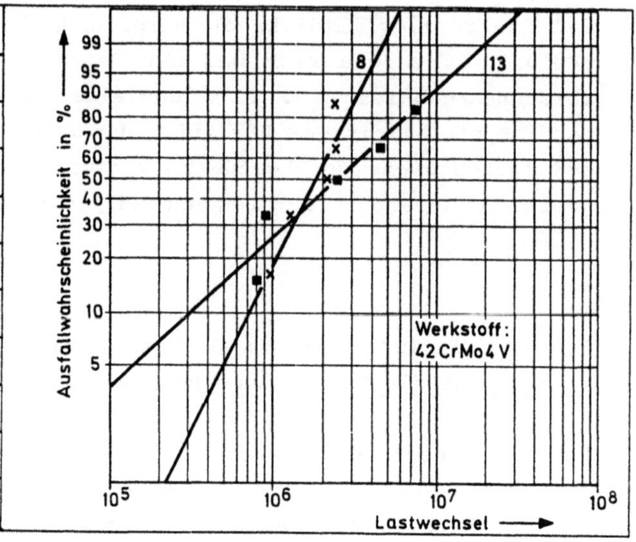

Bild 11: Einfluß einer im Betrieb entstandenen Aufhärtung auf die Lebensdauer unter Wälz-Gleitbeanspruchung

3.7 Ansatz zur Berechnung der Lebensdauer bei Grübchenbildung

In Abschn. 3.6 wurden die Einflüsse der einzelnen Parameter an markanten Versuchen erläutert. Dabei war es jedoch versuchstechnisch nicht möglich, immer nur ausschließlich einen Parameter zu ändern. Deshalb wird eine mehrparametrige, lineare Regression durchgeführt, die alle Einflüsse bewertet. Für diese Verknüpfung wird von einem multiplikativen Zusammenhang der relevanten Betriebsparameter ausgegangen. Nach den in 3.6 geschilderten Erkenntnissen ist die Hertzsche Pressung, die Reibungszahl, die Blitztemperatur und die Umfangsgeschwindigkeit von Bedeutung. Diese Daten sind für die Versuche mit den Scheiben aus 42 CrMo 4 in Tabelle 3 zusammengefaßt.

VS	2 ○	3 ●	4 ◇	7 △	8 ×	9 ✱	10 ▽	11 □	12 ◆	14 ▼	15 +
p_H	1300	1300	1300	1160	1000	1300	1300	1300	1300	1300	1300
μ	0,041	0,104	0,103	0,107	0,106	0,031	0,048	0,040	0,095	0,025	0,112
ϑ_{Bl}	11,9	11,5	9,1	12,8	13,3	6,8	29,5	24,6	8,3	24,5	6,2
v_2	3,79	3,92	9,90	3,90	3,87	11,72	3,56	3,56	9,90	3,29	3,96
Λ	1,3	1,4	2,3	1,4	1,5	1,3	1,3	0,75	1,4	0,79	2,6

Tabelle 3: Versuchsdaten für die mehrparametrige Regression

Gegenüber der Konzeption der Versuche bei Versuchsbeginn, s. 3.3, kommt dabei die Umfangsgeschwindigkeit als lebensdauerbeeinflussende Größe hinzu. EHD-Druckverlaufsrechnungen mit dem Programm nach /2/ ergaben für Versuche mit unterschiedlichen Umfangsgeschwindigkeiten und gleicher Schmierfilmdicke (VS 3/12) erwartungsgemäß praktisch keine Unterschiede im Druckverlauf. Es ist damit anzunehmen, daß die Ursache für die größere Lebensdauer bei größeren Umfangsgeschwindigkeiten bei diesen Versuchen nicht im Betrag der äußeren Beanspruchung zu suchen ist, sondern in der Beanspruchungszeit. Zum Vergleich: bei einem Schlagbiegeversuch dauert der gesamte Trennvorgang zwischen 0,25 und 0,50 ms /12/, bei VS 3 mit ca. 4 m/s Umfangsgeschwindigkeit dauert der Durchlauf eines Punktes der Scheibenoberfläche durch den Kontakt ca. 0,2 ms, man befindet sich also im Bereich sehr großer Beanspruchungsgeschwindigkeiten.

Zur Rißbildung kommt es erst, wenn sich Versetzungen bzw. Versetzungsgruppen z.B. an Korngrenzen stauen und dort ein kritischer Wert an Versetzungsdichte erreicht ist. Für die Wanderung der Versetzungen ist einmal ein genügend großes treibendes Spannungsgefälle erforderlich und eine entsprechende Energiezufuhr. Übersteigt die Beanspruchungsgeschwindigkeit einen kritischen Wert, so wird nicht mehr genügend Energie zugeführt und die Versetzungen wandern und klettern nicht mehr soweit wie bei einer gleich großen Spannung, die länger auf das Material einwirkt. Nach dieser Überlegung ist es vorstellbar, daß ab einer bestimmten "kritischen" Beanspruchungsgeschwindigkeit die Lebensdauer in Lastwechseln weitgehend linear mit der Belastungsgeschwindigkeit wächst. Betrachtet man die gesamte Beanspruchungszeit, über die festgestellte Lebensdauer, die jeder Punkt der Scheibe bis zum Riß ausgesetzt ist, so bleibt diese konstant. Aus diesem Grunde wurde die Regression mit der Umfangsgeschwindigkeit v_2 der langsameren Scheibe durchgeführt, da immer diese geschädigt wird.

Daß Wälzfestigkeitsversuche mit Schmierung bei hoher Umfangsgeschwindigkeit zu hohen Tragfähigkeiten bzw. Lebensdauern führen, ist bekannt. Bisher wurde dafür allein eine günstigere hydrodynamische Druckverteilung verantwortlich gemacht. Nach den hier vorgestellten Versuchen sind als weitere Ursache einmal sinkende Reibungszahlen bei hohen Umfangsgeschwindigkeiten zu nennen und der Einfluß der Belastungsgeschwindigkeit. So kann z.B. bei Zahnrädern mit 100 m/s Umfangsgeschwindigkeit die Kontaktdurchlaufzeit weniger als 0,01 ms betragen, ähnlich kurze Beanspruchungszeiten treten bei Wälzlagern auf.

Die Auswertung der Versuche nach der Methode der mehrparametrigen Regression ergibt Gl. 12. Wobei zur Regression die Lebensdauer bei 50% Ausfallwahrscheinlichkeit der einzelnen VS herangezogen wurde.

$$„G_1" = p_H^{-7} \cdot \mu^{-3} \cdot \vartheta_{Bl}^{-2} \cdot v_2^{1,2} \qquad \text{für } \Lambda > 1 \qquad (12)$$

In Bild 12 sind die erreichten Lastwechsel der einzelnen Versuchsserien über dieser Kennzahl aufgetragen. Dabei fällt auf, daß die VS 11 und 14, deren Punkte in Bild 12 in Klammern gesetzt sind, nicht auf der Regressionsgeraden liegen. Beiden Versuchen ist ein Schmierfilmdicken-Rauheitsverhältnis Λ von kleiner 1 gemeinsam, alle anderen Versuche liegen über $\Lambda = 1,3$. Es ist also davon auszugehen, daß bei kleinen Λ-Werten die Lebensdauer mit kleiner werdendem Λ abnimmt. Dies wird bei "G_2" in Gl. 13 berücksichtigt wobei davon ausgegangen wurde, daß ab Λ-Werten kleiner 1 (Bereich der Mischreibung) die Lebensdauer von Λ beeinflußt wird.

$$„G_2" = p_H^{-7} \cdot \mu^{-3} \cdot \vartheta_{Bl}^{-2} \cdot v_2^{1,2} \cdot \Lambda^{2,2} \qquad \text{für } \Lambda < 1 \qquad (13)$$

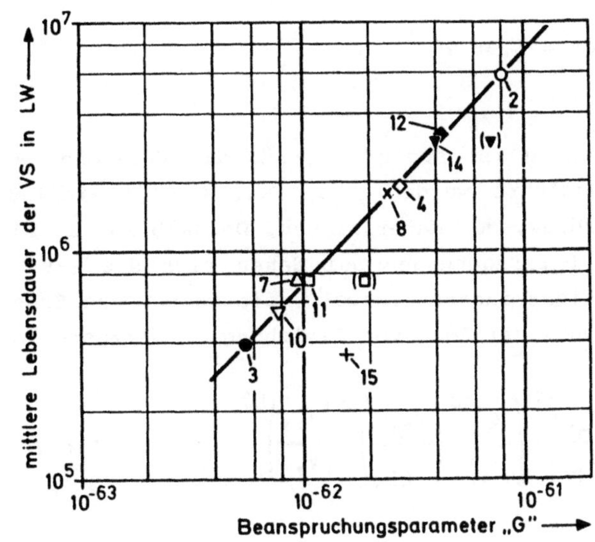

Bild 12: Ertragbare Lastwechselzahl in Abhängigkeit eines Beanspruchungsparameters "G" für Scheiben aus 42 CrMo 4 V

Nun liegen alle Punkte der VS mit Ausnahme der VS 15 auf einer Geraden. Eine noch bessere Anpassung ist rechnerisch möglich, jedoch für diese Anzahl von Versuchen technisch nicht sinnvoll. Unter 3.6.4 wurde bereits auf Ursachen für die überproportional kurze Laufzeit der VS 15 hingewiesen.

Greift man den "G"-Parameter bei 10^6 Lastwechseln heraus, kann man nach Gl. 14 die Lebensdauer in 10^6 Lastwechseln, vergleichbar der Lebensdauerberechnung bei Wälzlagern, ermitteln.

$$\text{LW in Mio} = \frac{1}{\text{„G"}} p_H^{-7} \cdot \mu^{-3} \cdot \vartheta_{Bl}^{-2} \cdot v_2^{1,2} \qquad \text{für } \Lambda > 1$$

(14)

$$\text{LW in Mio} = \frac{1}{\text{„G"}} p_H^{-7} \cdot \mu^{-3} \cdot \vartheta_{Bl}^{-2} \cdot v_2^{1,2} \cdot \Lambda^{2,2} \qquad \text{für } \Lambda < 1$$

mit "G" = $1,36 \cdot 10^{-62}$

Diese Gleichung ist nur gültig für die Versuche, wie sie hier durchgeführt wurden, d.h. sie wird beeinflußt vom Krümmungsradius, dem Material usw. Deshalb ist es für vergleichende Untersuchungen bei denen sich die Prüfkörpergeometrie nicht ändert sinnvoll, die gewonnenen Erkenntnisse in dimensionsloser Form von Gleichung 15 darzustellen.

$$\frac{LW_1}{LW_2} = \left(\frac{p_{H1}}{p_{H2}}\right)^{-7} \cdot \left(\frac{\mu_1}{\mu_2}\right)^{-3} \cdot \left(\frac{\vartheta_{Bl\,1}}{\vartheta_{Bl\,2}}\right)^{-2} \cdot \left(\frac{v_{21}}{v_{22}}\right)^{1,2} \cdot \qquad \text{für } \Lambda > 1$$

(15)

$$\frac{LW_1}{LW_2} = \left(\frac{p_{H1}}{p_{H2}}\right)^{-7} \cdot \left(\frac{\mu_1}{\mu_2}\right)^{-3} \cdot \left(\frac{\vartheta_{Bl\,1}}{\vartheta_{Bl\,2}}\right)^{-2} \cdot \left(\frac{v_{21}}{v_{22}}\right)^{1,2} \cdot \left(\frac{\Lambda_1}{\Lambda_2}\right)^{2,2^{x}} \qquad \text{für } \Lambda < 1$$

^{x} ist ein $\Lambda > 1$, ist für dieses $\Lambda = 1$ in (15) einzusetzen.

Daß die hier vorgestellten Exponenten realistisch sind geht z.B. aus dem Einfluß der Hertzschen Pressung hervor, der bei der Lebensdauerberechnung von Wälzlagern mit Linienberührung mit einem Exponenten von -6,67 angesetzt wird. Trotzdem ist zu bemerken, daß das Ergebnis dieser Versuche nicht ohne Überprüfung und ggf. Modifikationen auf gehärtete Bauteile übertragbar ist. Diese Ergebnisse wurden bei Versuche mit Zwangsschlupf im Bereich von 2% bis 30% gewonnen. Bei kleineren Schlupfbeträgen ist damit zu rechnen, daß andere Temperaturen als die Blitztemperatur nach Blok für die thermischen Spannungen an Bedeutung gewinnen. Es ist bekannt, daß auch bei reinem Rollen erhebliche Temperaturanstiege im Kontakt festgestellt wurden /13/, die ihrerseits zu thermischen Spannungen führen, die mit dem vorgestellten Ansatz nicht erfaßt werden. Die Begründung des gefundenen Geschwindigkeitseinflusses s.o. läßt ebenfalls erwarten, daß bei kleinen Beanspruchungsgeschwindigkeiten dieser Einfluß geringer sein wird. Der Exponent von 1,2 für den Geschwindigkeitseinfluß aus der Regression ist bereits größer als die theoretische Überlegung erwarten läßt. Dies kann aber durchaus an den Streuungen der einzelnen Versuchsserien liegen. Dadurch sind den Exponenten natürlich gewisse Bandbreiten zu unterstellen, deren Angabe hier nicht möglich ist.

3.8 Weitere an den Scheiben durchgeführte Untersuchungen

Diese Untersuchungen brachten keine neuen Erkenntnisse und werden deshalb hier nur kurz, summarisch dargestellt.

Umfangreiche Härtemessungen an gelaufenen Scheiben zeigten eine deutliche Aufhärtung im Tiefenbereich der maximalen Hauptschubspannungen. Die Randzonen der Scheiben wiesen bis zu Tiefen von $\approx$ 0,07 mm = $0{,}15 \cdot b_H$ keine Aufhärtung auf. Die Höhe der Aufhärtung die bis zu 100 N/mm² HV01 betrug, war in erster Linie von der Hertzschen Pressung und der Laufzeit bestimmt.

Unterschiede der anderen Betriebsparameter schlugen sich in den Härteverläufen nicht nieder. Parallel zu den Härtemessungen angefertigte Schliffe zeigten deutliche Fließstrukturen im Aufhärtungsbereich, während der oberflächennahe Bereich unverformt erscheint.

Anhand von REM-Aufnahmen konnte gezeigt werden, daß der Riß bei den hier verwendeten glatten Scheiben von Materialeinschlüssen ausging, die sich an oder nur geringfügig unter der Oberfläche ($<$ 0,03 mm) befanden. Diese Aussage, zusammen mit den Feststellungen der VS 8/13, s. 3.6.5, bezüglich des Einflusses einer Aufhärtung, und der deutliche Einfluß der Betriebsparameter Reibungszahl und Blitztemperatur auf die Lebensdauer, weisen daraufhin, daß der Rissbeginn an der Oberfläche oder nur knapp darunter zu suchen ist. Nur in diesem Bereich wird die Spannung von der Reibungszahl und der Blitztemperatur beeinflußt wie Rechnungen mit dem in /2/ vorgestellten Programmen zeigen.

In Bild 13 sind Linien gleicher Hauptschubspannung unterhalb der Oberfläche, die mit den Bedingungen der VS 2 gerechnet wurden, gezeigt. Da sich Unterschiede in der Spannungsverteilung bei anderen VS nur im Bereich der Druckspitze auswirken, wird hier ein Schnitt gelegt, s. /2/ und hierfür die Hauptschubspannungen errechnet. In Bild 14 sind für die VS 3, hohe Reibungszahl, und VS 11, hohe Blitztemperatur, die Spannungsverläufe auf VS 2 bezogen gezeichnet. Man sieht deutlich, nur nahe der Oberfläche sind signifikante Spannungsunterschiede feststellbar. Vor allem die thermischen Spannungen klingen sehr schnell ab, wie das Verhältnis von $\tau_{H\ VS11}/\ \tau_{H\ VS2}$ in Bild 14 zeigt. Die geringfügig höhere Reibungszahl der VS 2 gegenüber VS 11, s. Tabelle 2, bewirkt bereits in geringen Tiefen eine höhere Spannung der VS 2 gegenüber der VS 11 mit ihrer deutlich höheren Blitztemperatur.

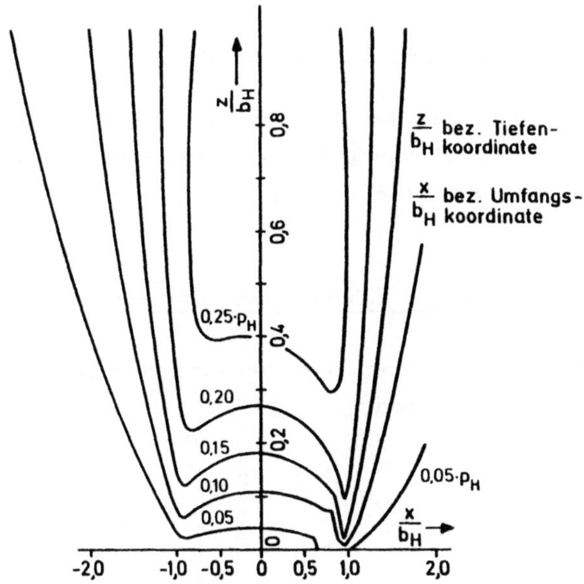

Bild 13: Linien gleicher Hauptschubspannung unterhalb des Kontaktbereiches, bezogen auf die Hertzsche Pressung, gerechnet für VS 2

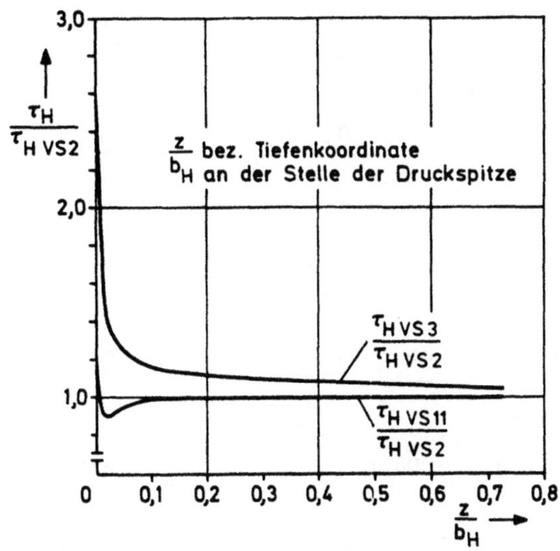

Bild 14: Einfluß unterschiedlicher Betriebsparameter auf den Schubspannungsverlauf in die Tiefe, dargestellt mit VS 3 und VS 11, bezogen auf die Schubspannung der VS 2

4. Wälzfestigkeitsversuche mit Zahnrädern

Als Prüfstände wurden FZG-Verspannungsprüfmaschinen mit mechanischem Leistungskreislauf und einem Achsabstand von 91,5 mm eingesetzt /14/.

4.1 Die Versuchsverzahnung und ihre Herstellung

Die wichtigsten Daten der Versuchsverzahnung sind der Tabelle 4 zu entnehmen.

Benennung		Zeichen	Einheit	
Zähnezahl	Ritzel	z_1	-	21
	Rad	z_2	-	24
Modul		m	mm	4
Achsabstand		a	mm	91,5
aktive Zahnbreite		b	mm	16
Schrägungswinkel		β	°	0
Eingriffswinkel		α_n	°	20
Profilwinkel am Wälzzylinder		α_{tw}	°	22,4388
Profilverschiebungsfaktoren	Ritzel	x_1	-	0,22
	Rad	x_2	-	0,177
Ersatzkrümmungsradius		ρ_C	mm	8,69

Tabelle 4: Wichtige Daten der Versuchsverzahnung

Der Werkstoff 42 CrMo 4 war hinsichtlich Charge, Schmiede- und Wärmebehandlung identisch mit dem Werkstoff der Scheiben, s. 3.2.

Die Zahnräder wiesen einen Maag 0°-Schliff auf, der R_z-Wert betrug ca. 3 µm. Die Räder entsprachen in allen Abweichungen der DIN-Qualität 5. Ein Teil der Zahnräder wurde an Ritzel und Rad mit einer Kopfrücknahme von 10 µm ausgeführt. Dies entspricht einer Auslegung für p_C = 930 N/mm².

4.2 Versuchsdurchführung und Versuchsdarstellung

Die Versuche wurden entsprechend den Richtlinien der FVA durchgeführt. Der Antrieb erfolgte über das Ritzel mit ca. 3000 U/min. Als Ausfallkriterium wurden 2% Grübchenfläche der gesamten aktiven Flankenfläche bzw. 4% Grübchenfläche eines Einzelzahnes angenommen. Sämtliche Zahnräder wurden einem Einlauf unterzogen, um möglichst gleichmäßige Ausgangsbedingungen für die Wälzfestigkeitsversuche zu erhalten. Der Einlauf erfolgte bei 750 U/min mit dem Öl FVA2 + 4% Anglamol 99 bei einer Einspritztemperatur von 60°C und p_C = 600 N/mm² über $5 \cdot 10^5$ Umdrehungen.

Als Beanspruchungsgröße für die Vergleichsversuche wurde die statische Stribecksche Wälzpressung k_C bzw. die entsprechende Hertzsche Pressung p_C gewählt, wobei $K_A = K_v = K_{H\beta} = K_H = 1$ gesetzt wird. p_C errechnet sich nach /15/ zu

$$p_C = Z_H \cdot Z_E \cdot \sqrt{(F_t / d_1 \cdot b) \cdot (u+1)/u} \tag{16}$$

mit Z_H = 2,3419 und $Z_E = \sqrt{189,8}$ N/mm² /1/

Für die Paarung Stahl/Stahl (ν = 0,3, E = 206.000 N/mm²) gilt Gleichung 17.

$$k_C = p_C^2 \cdot 2,86 / E \tag{17}$$

4.3 Ergebnisse der Zahnradversuche

In Bild 15 sind Ergebnisse mit der Verzahnung ohne Kopfrücknahme dargestellt. Die Schmierung erfolgte einmal mit FVA3 und einmal mit S50. Um vergleichbare Schmierfilmdicken zu erhalten, sie betragen ca. 0,4 µm, wurden unterschiedliche Einspritztemperaturen gewählt. Es zeigt sich, wie bei den Scheibenversuchen, daß das Traktionsfluid mit seiner hohen Reibungszahl zu deutlichen Tragfähigkeitseinbußen führt. Wird die Tragfähigkeit bei Schmierung mit FVA3 mit 100% angesetzt, so geht das übertragbare Moment im Zeitfestigkeitsgebiet auf ca. 40% bei Verwendung eines Schmiermittels mit hoher Reibungszahl zurück. Dies entspricht etwa dem Rückgang der Grübchentragfähigkeit wie er bei den Scheibenversuchen festgestellt wurde. Die absolute Festigkeit der Scheiben wurde nicht erreicht.

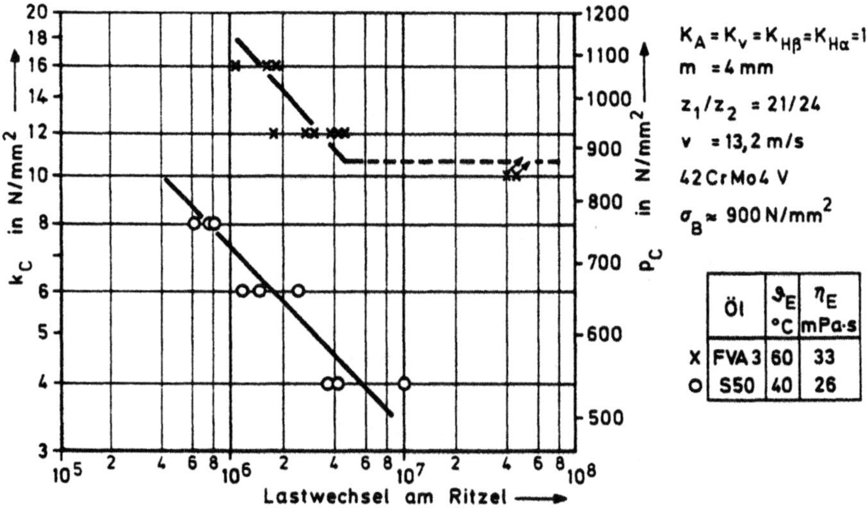

	Öl	ϑ_E °C	η_E mPa·s
X	FVA3	60	33
O	S50	40	26

Bild 15: Versuchspunkte und Wöhlerlinien der Zahnflankentragfähigkeit für verschiedene Schmierstoffe

In Bild 16 ist der Einfluß der Kopfrücknahme auf die Flankentragfähigkeit dargestellt. Es ist eine deutliche Tragfähigkeitssteigerung festzustellen, für die mehrere Ursachen angegeben werden können. Die Verzahnung mit Kopfrücknahme (B) stammt aus einem anderen Fertigungslos und wies prinzipiell besseres Breitentragen auf als die Verzahnung ohne Kopfrücknahme (A). Dynamische Zahnkraftmessungen zeigten für die Verzahnung B geringere dynamische Zusatzkräfte. Die beiden Ursachen reichen jedoch nicht zur Begründung der eingetretenen Tragfähigkeitssteigerung aus, so daß zusätzlich günstigere Bedingungen für den Schmierfilmaufbau bei Verzahnung B angenommen werden können.

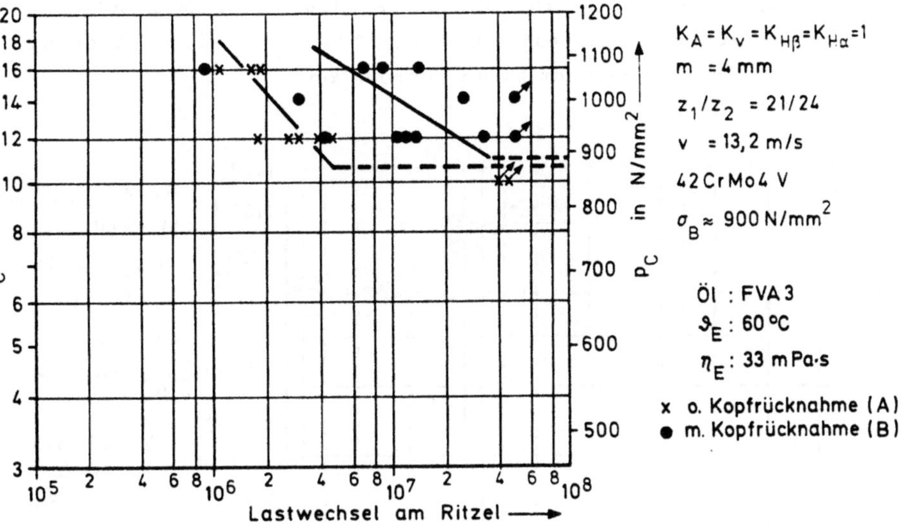

Bild 16: Einfluß einer Kopfrücknahme auf die Flankentragfähigkeit

Bei der Verzahnung B wurde als Schmierstoff zusätzlich LP3600 , der bei den Scheibenversuchen niedrige Reibungszahlen aufwies, mit einer Einspritztemperatur von 40°C eingesetzt. Bei den Zahnradversuchen konnte jedoch keine signifikante Tragfähigkeitssteigerung festgestellt werden, vergleiche hierzu Bild 17. Dies kann an einem anderen Verhältnis Λ liegen, da die Verzahnung eine größere Rauheit als die Scheiben aufwies. Zusätzlich ergaben sich bei den Versuchen mit der Verzahnung B sehr große Streuungen, so daß wesentlich mehr Versuchspunkte erforderlich wären, um statisch abgesicherte Aussagen machen zu können. Die aufgetretenen Streuungen der Versuchspunkte weisen darauf hin, daß bei Kopfrücknahmebeträgen von ca. 10 µm bei vergüteten Zahnrädern dieser Größenordnung der positive Einfluß z.T. durch Verzahnungsabweichungen gleicher Größenordnung überdeckt sein kann. Selbst bei Verzahnungen mit DIN-Qualität 6 ist in der Praxis nicht mit der erforderlichen Sicherheit von einer Tragfähigkeitssteigerung bei Kopfrücknahmen um 10 µm auszugehen.

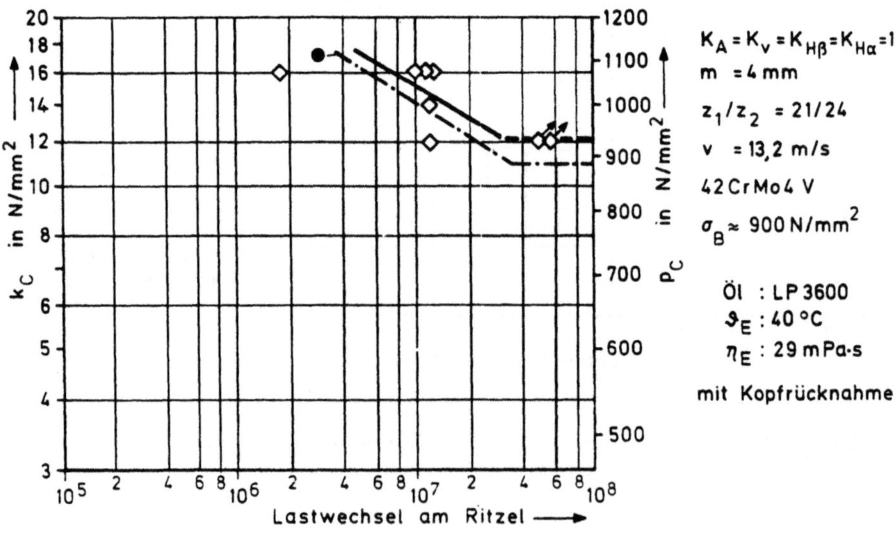

Bild 17: Versuchspunkte und Wöhlerlinie der Zahnflankentragfähigkeit bei einer Verzahnung mit Kopfrücknahme

5. Zeichen und Einheiten

Zeichen	Benennung	Einheiten[1)]
b	Breite der Scheiben bzw. der Verzahnung	m, mm
b_H	Halbe Kontaktbreite nach Hertz	m, mm
c	spezifische Wärmekapazität	J/ (kg K)
d_1	Teilkreisdurchmesser Ritzel	mm
E	Elastizitätsmodul	N/mm²
E'	wirksamer Elastizitätsmodul	N/m²
F_N	Normalkraft	N
F_R	Reibkraft	N
F_t	Umfangskraft am Teilkreis	N
G	Elastizitätsparameter	-
"G"	Beanspruchungsparameter	$(m^{13,2} \cdot s^{0,8})/(K^2 \cdot N^9)$
LW	Lastwechsel	
h_{min}	min. Schmierfilmdicke nach /3/	m, µm
k_C	Stribeck Pressung am Wälzpunkt	N/mm²
K_v	Dynamikfaktor /1/	-
K_A	Anwendungsfaktor /1/	-
K_H	Stirnfaktor /1/	-
$K_{Hß}$	Breitenfaktor /1/	-
p_C	Hertzsche Pressung am Wälzpunkt	N/mm²
p_H	Hertzsche Pressung	N/m², N/mm²
P_R	Reibleistung	W
R	Ersatzkrümmungsradius	m, mm
R_a	arithmetischer Mittenrauhwert	m, µm
s	Schlupf, s. Gl. (3)	%
u	Zähnezahlverhältnis z_2/z_1	-
U	Geschwindigkeitsparameter	-
v_1	Umfangsgeschwindigkeit der schnelleren Scheibe	m/s

1) In den Gleichungen sind grundsätzlich die erstgenannten Einheiten zu verwenden.

Zeichen	Benennung	Einheiten[1]
v_2	Umfangsgeschwindigkeit der langsameren Scheibe	m/s
v	Umfangsgeschwindigkeit am Teilkreis	m/s
v_Σ	Summengeschwindigkeit = v_1+v_2	m/s
W	Lastparameter	-
Z_H	Zonenfaktor	-
Z_E	Elastizitätsfaktor	$\sqrt{N/mm^2}$
	Viskositäts-Druckkoeffizient	m^2/N, 1/bar
η_E	Viskosität bei Einspritztemperatur	Pa·s, mPa·s
η_M	Viskosität bei Massentemperatur	Pa·s, mPa·s
ϑ_{Bl}	Blitztemperatur	K
ϑ_E	Einspritztemperatur	°C
ϑ_M	Massentemperatur	°C
λ	Wärmeleitfähigkeit	N/(s·K)
Λ	Verhältnis $h_{min}/\Sigma R_a$	-
μ	Reibungszahl	-
ρ	Dichte	kg/m^3
τ_H	Hauptschubspannung	N/m^2, N/mm^2

6. Schrifttum

1 DIN 3990: Grundlagen für die Tragfähigkeitsberechnung von Gerad- und Schrägstirnrädern. Entw. 3/1980.

2 Oster, P.: Beanspruchung der Zahnflanken unter Bedingungen der Elastohydrodynamik. Diss. TU München 1982.

3 Dowson, D.; Elastohydrodynamics. Proc. Inst. Mech. Engrs. Bd. 1982 (1967) Nr. Pt 3A, S. 151-67.

4 Winter, H.; Michaelis, K.: Untersuchungen zum Wärmehaushalt von Getrieben. Ant. 20 (1981) Nr. 3, S. 70-74.

5 Stößel, K.: Reibungszahlen unter elastohydrodynamischen Bedingungen. Diss. TU München 1973.

6 Hertz, H.: Über die Berührung fester elastischer Körper. Gesammelte Werke, Bd. I, Leipzig (1895).

7 Karas, F.: Die äußere Reibung beim Walzendruck. Forsch.Ing. W. 12 (1941) (monatl. Beihefte), S. 237-243.

8 Theyse, F.H.: Die Blitztemperaturhypothese nach Blok und ihre praktische Anwendung bei Zahnrädern. Schmiertechn. 14 (1967) H. 1, S. 22-29.

9 Dawson, P.H.: The effect of metallic contact on the pitting of lubricated rolling surfaces. Journ. Mech. Eng. Sci (1962), Nr. 4 S. 16-21.

10 Kuss, E.; Deymann, H.: Das Viskositäts-Druckverhalten einiger "traction fluids". Schmiertechn. + Tribol. 27 (1980), H. 3, S. 95-97.

11 Rösch, H.: Untersuchungen zur Wälzfestigkeit an Rollen, Einfluß von Werkstoff, Wärmebehandlung und Schlupf. Diss. TU München 1976.

12 Brugger, H.: Schlagbiegeversuche zur Beurteilung einsatzgehärteter Stähle. Schweizer Arch. Vol. 36 (1970), Juli S. 219-229.

13 Kannel, J.W. and Dow, T.A.: The Relation Between Pressure and Temperature in Rolling-Sliding EHD-Contact Trans. ASLE 23 (1980), S. 262-268.

14 Käser, W.: Beitrag zur Grübchenbildung an gehärteten Zahnrädern. Einfluß von Härtetiefe und Schmierstoff auf die Flankentragfähigkeit. Diss. TU München (1977).

15 Niemann, G.; Winter, H.: Maschinenelemente Bd. 2, Berlin, Heidelberg, New York, Tokyo: Springer 1983.

Minimalschmierung von Wälzlagern

von

Dr.-Ing. habil. P. Brüser
Dipl.-Ing. M. Jeske

Technische Universität Braunschweig

Institut für Maschinenelemente
und Fördertechnik

Förderkennzeichen: 01 ZT 219 S

Laufzeit: 1.7.1980 - 31.10.1983

Zusammenfassung

Die Fertigungsgenauigkeit einer Werkzeugmaschine hängt weitgehend von der Gestaltung der Lagerung der Arbeitsspindel ab. Schnelllaufende Spindellager werden heute in zunehmendem Maße im Bereich der Schmierstoff-Unterversorgung betrieben, um das Reibmoment und damit die Lagertemperatur möglichst niedrig zu halten.

Ziel der Arbeit ist es, die Wechselwirkung zwischen zugeführter Schmierstoffmenge, Reibung, Temperatur und Verschleiß für typische Spindellagerungen im Bereich der Minimalschmierung zu untersuchen. Für die Versuche stehen zwei Spindeleinheiten mit derartigen Lagerungen der Welle zur Verfügung. Für die Schmierung der Wälzlager mit möglichst kleinen Mengen werden drei Schmieranlagen mit unterschiedlichen Schmierstoffzuteilungen und Dosiereinrichtungen (Öl-Luftschmierung, Ölnebelschmierung, Ölsprühschmierung) verwendet.

Um das Betriebsverhalten der Spindellager beurteilen zu können, müssen die Lagertemperaturen und das Reibmoment in Abhängigkeit des jeweiligen Betriebszustandes bekannt sein. Meßtechnisch läßt sich nur das gesamte Reibmoment einer kompletten Spindeleinheit erfassen, wenn nicht das Betriebsverhalten der einzelnen Lager entscheidend beeinflußt werden soll. Das Lagerreibmoment wird deshalb über Temperaturmessungen mit Hilfe einer Wärmebilanz bestimmt; direkte vergleichende Messungen beweisen die Richtigkeit dieses Verfahrens.

Der an den Innenringen der Schrägkugellager entstehende Verschleiß ist so gering, daß ein Nachweis nur mit der Radionuklid-Meßmethode möglich ist. Dazu wird jeweils die Laufbahn eines Innenrings aktiviert. Umfangreiche Voruntersuchungen erfordert das Problem, das sich während des Betriebs der Spindel um die Wälzlager ansammelnde Verschleißgut vollständig aus dem Lager zu spülen, um die Strahlung der radioaktiven Verschleißteilchen mit einem Na J - Kristall aufnehmen zu können.

Für alle Schmieranlagen gilt gleichermaßen, daß eine Abnahme des Ölvolumenstromes auch niedrigere Lagerreibmomente und Temperaturen zur Folge hat. Als weiteres Ergebnis zeigt sich, daß bei geringerem Ölvolumenstrom auch der Verschleiß der Lagerinnenringe zurückgeht.

Inhaltsverzeichnis

1. Problemstellung

1.1 Einleitung

Die Fertigungstechnik erwartet von den eingesetzten Werkzeugmaschinen eine hohe Produktivität mit geringen Fertigungszeiten und großem Stückzahlausstoß bei gleichzeitig hoher Werkstückgenauigkeit. Maschinenleistung und Fertigungsgenauigkeit werden beeinflußt durch die Eigenelastizität der zu bearbeitenden Werkstücke, durch Unstetigkeiten an der Einspannstelle und durch die Laufgenauigkeit der Arbeitsspindeln, die die Werkzeuge oder Werkstücke aufnehmen. Die Spindel ist das Kernstück einer jeden Werkzeugmaschine. Ihre Genauigkeit und Zuverlässigkeit hängt weitgehend von der Wahl der Lager und deren Anordnung innerhalb der Spindel ab.

Wälzlager, die in Werkzeugmaschinen zur Lagerung der Arbeitsspindel zum Einsatz kommen, unterliegen ausgesprochen kritischen Betriebsbedingungen. Im wesentlichen führen wechselnde Schnittkräfte und variabel einstellbare Arbeitsdrehzahlen zu Schwankungen der Betriebstemperaturen im Lager. Die Rundlaufgenauigkeit der Spindelwelle und ein Verhindern der Wälzlagerverspannung werden durch möglichst niedrige und im jeweiligen Drehzahlbereich konstante Temperaturen erreicht [1]. Relativ niedrige Betriebstemperaturen bei hohen Drehzahlen und geringe Temperaturänderungen im ganzen Drehzahlbereich stellen sich bei Lagern mit niedrigem Lagerreibmoment ein.

Das Reibmoment ist eine Folge der Bewegungen, die die Wälzkörper bei Drehung des Wälzlagers ausführen. Man muß unterscheiden zwischen der Rollreibung, die sich beim Abwälzen des Wälzkörpers auf der Wälzbahn ergibt und von der Lagerbauart abhängig ist, der Gleitreibung, die hauptsächlich an den Führungsflächen zwischen Wälzkörpern und Käfig auftritt, und der Schmiermittelreibung. Hierbei wird die überschüssige Schmierstoffmenge durch die umlaufenden Wälzkörper und den Käfig angetrieben und kommt in Bewegung. Dabei muß die innere Reibung des Schmierstoffes überwunden werden. Der Reibungswiderstand kann dabei so groß werden, daß überschmierte Wälzlager heiß laufen [2]. Um das zu vermeiden, müssen gerade mit geringer Lagerluft oder unter Vorspannung laufende Wälzlager nur mit möglichst geringen, für die

Schmierung unbedingt erforderlichen, Schmierstoffmengen versorgt werden.

Für solche Aufgaben bietet die Industrie fertige Schmieranlagen an, die es gestatten, kleinste Ölmengen mit Hilfe von Druckluft gezielt in das Lager einzusprühen. Dabei sorgt die Druckluft für eine feine Zerstäubung der Ölmenge. Durch Mengenregler können unterschiedliche Schmierstoffmengen pro Takt vorgegeben werden.

1.2 Stand der Forschung

Für den Lauf eines Wälzlagers ergeben sich - ausgehend von der Vollschmierung - bei Minimalschmierung günstigere Betriebsbedingungen. Dies ist gerade bei Wälzlagern für Werkzeugmaschinenspindeln zu beobachten, da diese Lager mit sehr geringer Lagerluft (z.B. Zylinderrollenlager) oder sogar unter Vorspannung laufen (z.B. Schräglager). Aufgrund der Schmiermittelreibung des überschüssigen Öles sinkt bei Abnahme der zugeführten Schmierstoffmenge das Lagerreibmoment, und die Lagertemperaturen werden niedriger. Damit ist eine bessere Maßhaltigkeit der Spindel gewährleistet. Außerdem kommt es bei geringeren Temperaturunterschieden zwischen Innen- und Außenring nicht so leicht zum ungewollten Verspannen des Lagers, so daß eine Überhitzung im Bereich der Wälzkörper und Wälzbahnen, die zum Festlaufen und frühzeitigen Ausfall des Lagers führen kann, vermieden wird.

Der Forderung nach geringen Ölvolumenströmen steht allerdings die Tatsache gegenüber, daß es mit heutigen Schmieranlagen sehr schwierig ist, über längeren Zeitraum hinweg kleinste Schmierstoffmengen gezielt und sicher in ein Lager zu bringen. Zudem ist nur unzureichend bekannt, inwieweit eine Reduzierung des Ölvolumenstromes eine Erhöhung des Verschleißes zur Folge hat. In bisher vorliegenden Forschungsergebnissen [3, 4, 5, 6, 7, 8, 9] sind diese Zusammenhänge nur sehr pauschal untersucht worden.

1.3 Zielsetzung

Ziel dieser Arbeit ist es, mit drei verschiedenen Schmieranlagen zwei komplette Spindeleinheiten mit unterschiedlichen Lagerungen im Bereich der Minimalschmierung zu untersuchen.

Dabei sollen in erster Linie bei konstanter Drehzahl und Belastung das Temperaturverhalten bzw. Lagerreibmoment sowie der Verschleiß bei unterschiedlichen Schmierstoffmengen gemessen werden.

Bei einer zu erwartenden Verschleißmenge von wenigen Mikrogramm pro Versuchslauf versagen alle herkömmlichen Meßverfahren. Deshalb wird die Radionuklid-Meßtechnik eingesetzt, wobei ein Meßverfahren entwickelt werden soll, welches auch in diesen Grenzbereichen gute Reproduzierbarkeit der Ergebnisse gewährleistet.

2. Schmieranlagen

Grundsätzlich sind zur Schmierung von Wälzlagern Fette und Öle unterschiedlichster Zusammensetzungen und Viskositäten geeignet. Da jedoch extreme Bedingungen, z.B. hohe Drehzahlen bei Arbeitsspindeln, eine Fettschmierung nicht mehr zulassen, beschränken sich die Untersuchungen der vorliegenden Arbeit auf eine Ölversorgung der Lager mit unterschiedlichen Schmierverfahren. Zur besseren Vergleichsmöglichkeit mit anderen Forschungsergebnissen wird zur Schmierung das FVA-Referenzöl 2 [10] verwendet.

Für die Dosierung und den Transport des Schmierstoffes zu den Wälzlagern werden nacheinander drei handelsübliche Verbrauchsschmieranlagen eingesetzt,

- Ölsprühschmierung und Öl-Luftschmierung als Einleitungsanlagen, bei denen der Schmierstoff über eine Hauptleitung den Schmierstoffverteilern zugeführt wird und von dort an die Schmierstellen gelangt;
- Ölnebelgerät, bei dem Öl in kleinsten Tropfen mit Hilfe von Druckluft transportiert, kurz vor dem Lager zu größeren Tropfen rückverdichtet und dann dem Lager zugeführt wird.

2.1 Ölsprühschmieranlage

Bei der Ölsprühschmierung erfolgt der Transport des Schmierstoffes taktweise durch impulsartig auf die Zumeßventile gegebene Druckluft, Bild 1. Zwei unabhängig voneinander arbeitende Anlagen mit je einer Pumpe versorgen über ein Zumeßventil (kleinstes Volumen 0,5 mm^3/Takt) das Prüflager und über drei Zumeßventile die anderen Lager mit unterschiedlichen Volumina. Es können Ölvolumenströme von 0,01...2,0 mm^3/min genau dosiert werden.

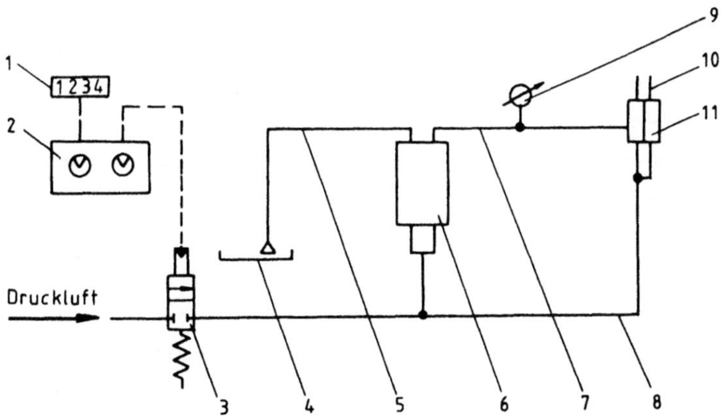

Bild 1: Schematischer Aufbau einer Einleitungs-Zentralsprühschmieranlage [11]

1 - Taktzähler
2 - Taktsteuerung
3 - Magnetventil
4 - Ölbehälter
5 - Saugleitung
6 - Zentralschmierpumpe
7 - Ölhauptleitung
8 - Druckluftleitung
9 - Manometer
10 - Schmierstellenleitung
11 - Zumeßventil

2.2 Öl-Luftschmieranlage

Bei der Öl-Luftschmieranlage wird die Leitung ständig von strömender Luft durchflossen, so daß ein Öltropfen auseinander gezogen wird und als quasi kontinuierlicher Ölstrom die Schmierstelle am Lager erreicht. Bild 2 zeigt den prinzipiellen Aufbau einer derartigen Anlage.

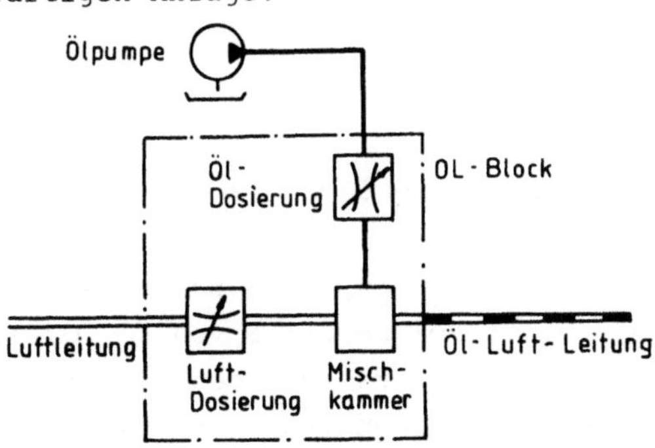

Bild 2: Prinzipieller Aufbau eines OL-Blocks [12]

Es können maximal acht Lager mit Öl versorgt werden. Die Taktzeit läßt sich nur gemeinsam für alle Dosierelemente einstellen, so daß unterschiedliche Ölvolumenströme (0,2...>30 mm^3/min) zu den einzelnen Lagern nur mit verschiedenen Dosierelementen möglich sind. Die Funktionsweise ist ansonsten ähnlich wie bei der Ölsprühschmieranlage.

2.3 Ölnebelschmieranlage

Bei Ölnebelschmieranlagen wird durch einen Vergaser (Mikronebelöler) Öl in kleinste Teilchen zerstäubt und mit gereinigter Druckluft in das Lager transportiert, Bild 3. Durch die feine Zerstäubung läßt die Benetzungsfähigkeit entscheidend nach, so daß dieser "trockene" Ölnebel sich ohne größere Verluste durch Rohrleitungen und Krümmungen transportieren läßt. Der Ölnebel muß vor dem Lager durch Rückverdichterdüsen wieder zu einem schmierfähigen Öl mit größeren Tropfen verdichtet werden.

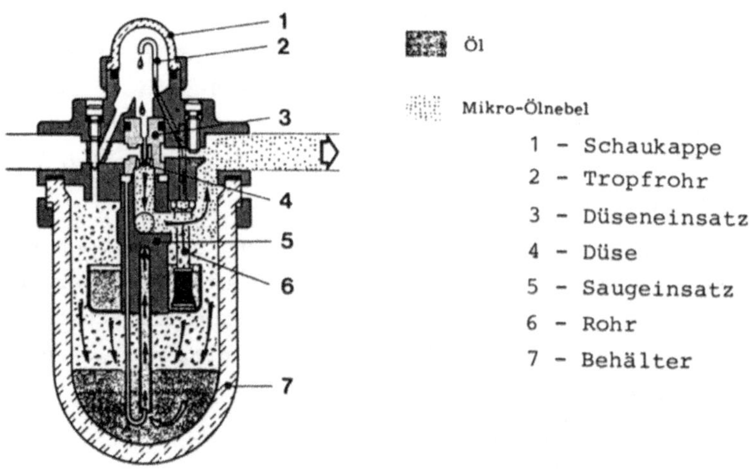

Bild 3: Aufbau eines Mikronebel-Ölers [13]

Es werden zwei vollständig getrennt voneinander arbeitende Anlagen eingesetzt, die einen Volumenstrom von ca. 0,24...5,0 mm^3/min abgeben, wobei die Kalibrierung des Ölnebelgerätes erheblich schwieriger und zeitaufwendiger ist als bei den anderen Anlagen.

3. Versuchseinrichtung

3.1 Aufbau der Prüfstände

Für die Untersuchungen an Spindellagerungen werden modifizierte SKF-Arbeitsspindeln der Typen MSUP 063 N und MSUP 063 S verwendet.

Bei der Spindeleinheit MSUP 063 N (im folgenden mit Spindel N bezeichnet) erfolgt die Lagerung durch zwei zweireihige Zylinderrollenlager NN 3008 K und NN 3007 K und ein Axial-Schrägkugellager 234408, Bild 4; sie weist eine hohe Tragfähigkeit auf und zeichnet sich durch größtmögliche Steifigkeit in radialer und axialer Richtung aus.

Die Spindel der Einheit MSUP 063 S (im folgenden mit Spindel S bezeichnet) wird gelagert durch drei gepaarte einreihige Schrägkugellager 7008 C und ein zweireihiges Zylinderrollenlager NN 3007 K als Loslager, Bild 5. Diese Lagerung ist für höhere Drehzahlen geeignet, wodurch allerdings die Steifigkeit etwas verringert wird.

Die beiden Spindeleinheiten haben abweichend von der serienmäßigen Ausführung separate Ölführungskanäle zur individuellen Schmierung der Lager und Bohrungen zur Schmierstoffabfuhr. Um den Schmierstoffübertritt von einem zum anderen Lager zu vermeiden, sind die Wälzlager untereinander mit berührungslosen Dichtungen getrennt. Diese Spaltdichtungen können mit Druckluft gespeist werden. Zu diesem Zweck sind Kanäle zum Druckluftanschluß und zum Auslaß der Abluft vorhanden.

Jeweils eine Spindel ist fest auf einem Prüfstandstisch montiert. Unter der Tischplatte stehende Elektromotoren mit thyristorgesteuerter Drehzahlregelung treiben über Flachriemen die Spindeln an.

Die Beanspruchung der Spindellager erfolgt durch eine Belastungseinrichtung, bestehend aus zwei in O-Anordnung eingebauten Schrägkugellagern in einem Gehäuse, über die statische Kräfte in axialer und radialer Richtung aufgebracht werden können.

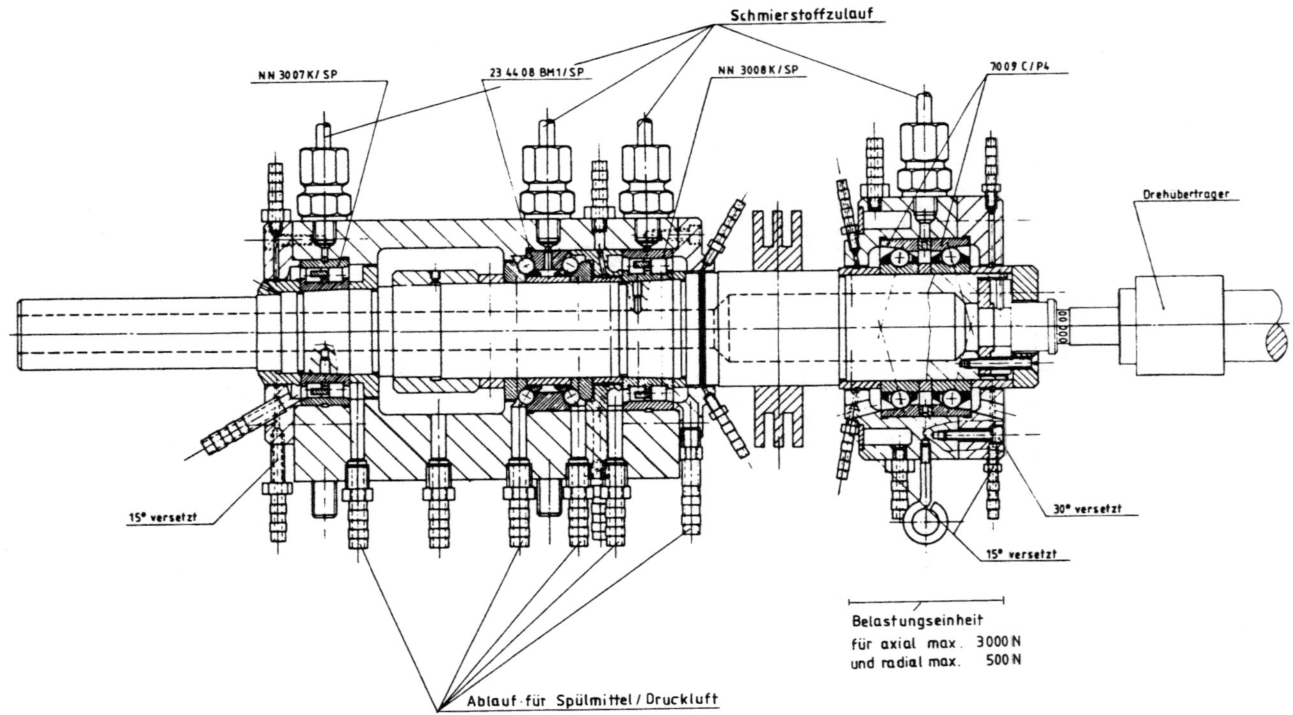

Bild 4 : Spindel N

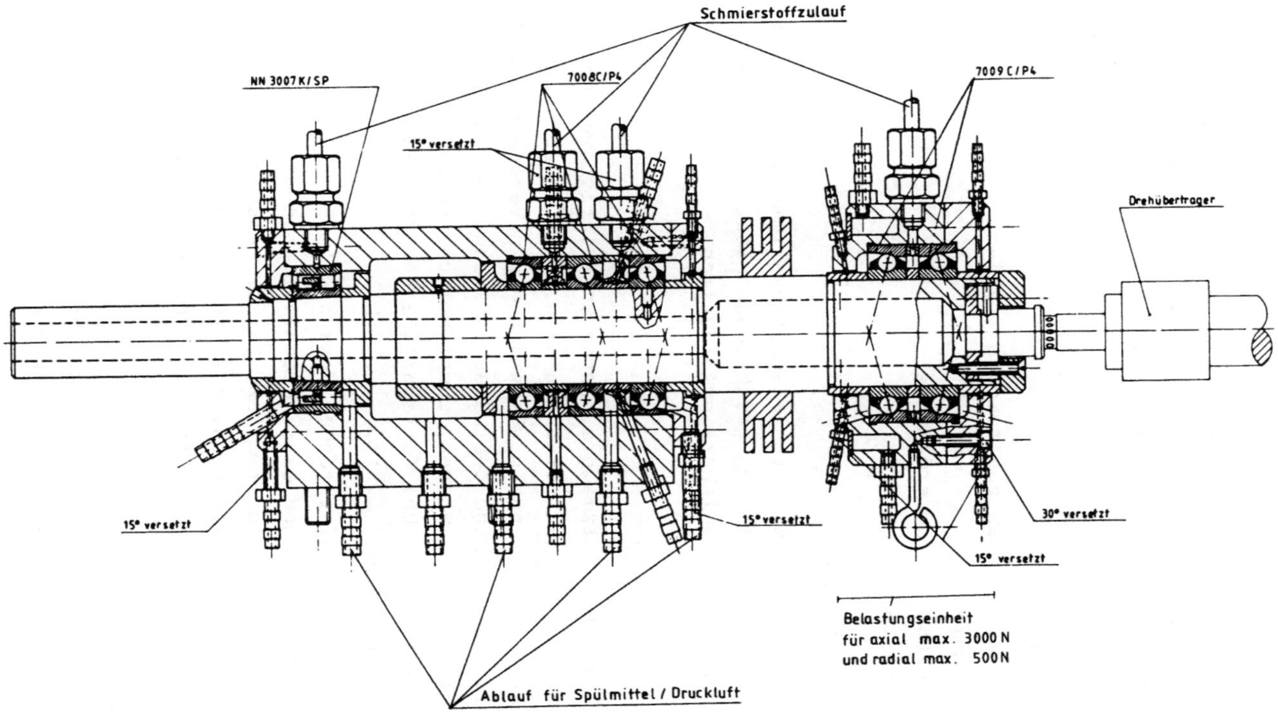

Bild 5 : Spindel S

3.2 Aufbau des Meßsystems

Bild 6 gibt eine Übersicht der Meßaufnehmer und ihrer Kopplung mit den Meßgeräten, die zur Einstellung und Überwachung der Versuchsbedingungen sowie zur Messung der Betriebsverhältnisse bei den Spindeln N und S erforderlich sind. Gemessen werden jeweils

- Drehzahl (Welle und Käfige)
- Belastung
- Temperaturen an zahlreichen Stellen
- Reibmoment
- zugeführte Schmierölmenge
- Innenringverschleiß

der einzelnen Prüflager.

Daneben sind aufgrund der Strahlenschutzbestimmungen mehrere Überwachungseinrichtungen zum gefahrlosen Arbeiten in einem Strahlenmeßraum (Isotopenlabor) erforderlich.

3.2.1 Verschleißmessung

An den Stellen eines Wälzlagers, an denen Relativbewegungen zwischen zwei Oberflächen vorhanden sind, tritt Reibung auf. Die Folgen sind eintretende Erwärmung und ein Verschleißen der Kontaktkörper. Beides sind unerwünschte Erscheinungen, die in Grenzen gehalten werden müssen, zumal Reibung Energieverlust bedeutet und Verschleiß bei fortschreitendem Materialabtrag zum Ausfall eines Lagers führt.

Bei dem im Wälzlager auftretenden Verschleiß sind Teilchendurchmesser unter 1 µm und eine Verschleißmenge nach einem Versuch von ca. 5 - 10 µg zu erwarten. Da zur Messung solcher geringen Größenordnungen die meisten sonst üblichen Verfahren versagen, bietet sich die Radionuklid-Verschleißmeßmethode an. Der Einsatz dieses Verfahrens erfordert die Aktivierung der verschleißenden Oberflächen eines Lagers. Die radioaktiven Verschleißpartikel können dann aufgrund ihrer Strahlung nachgewiesen werden; über eine Meßgeräteeichung kann die Masse bestimmt werden.

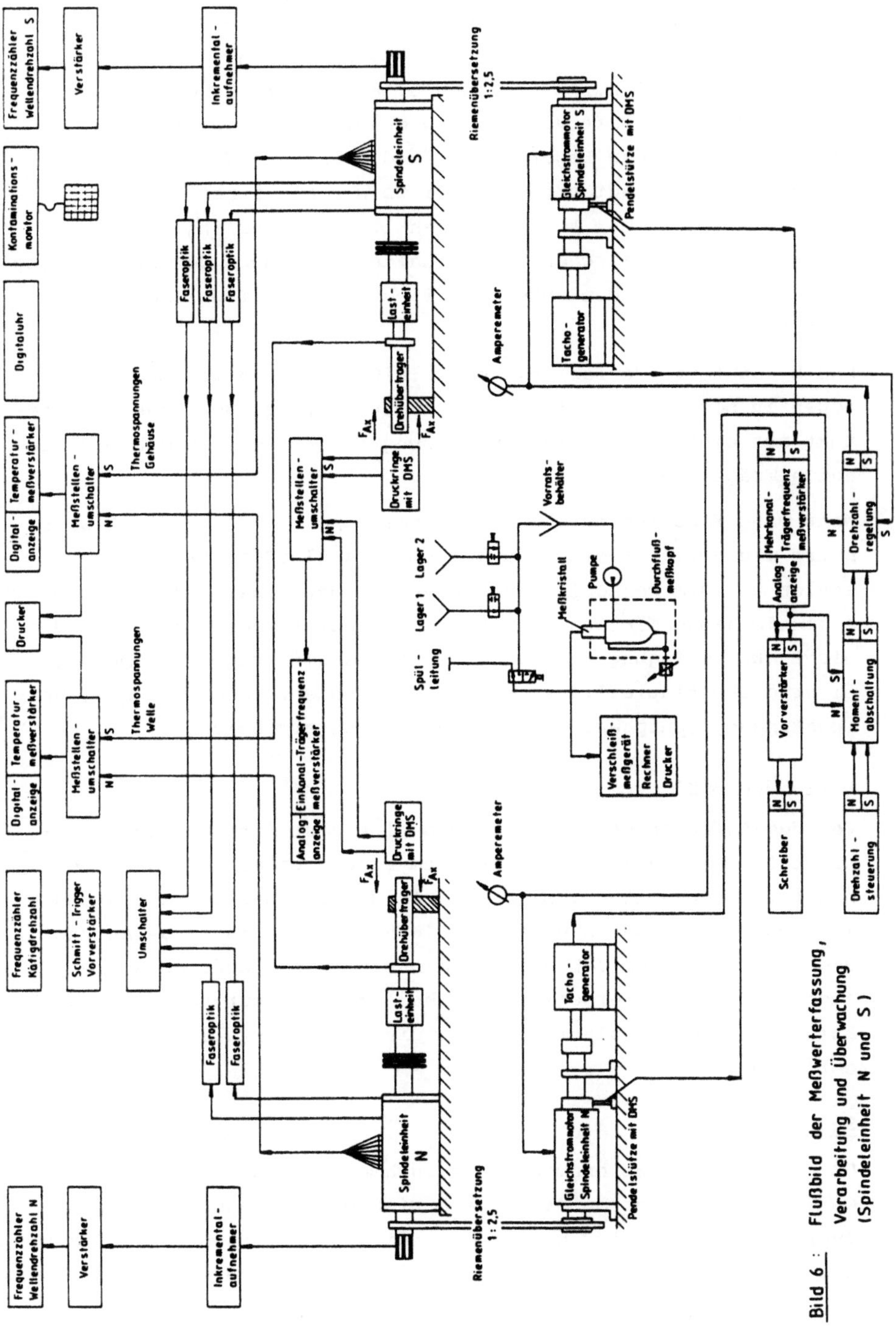

Bild 6 : Flußbild der Meßwerterfassung, Verarbeitung und Überwachung (Spindeleinheit N und S)

Bei den untersuchten Lagerringen wird eine dünne Schicht im Bereich der Laufbahn mit geladenen Teilchen aus einem Zyklotron aktiviert, so daß nur die verschleißende Oberfläche radioaktiv ist und die Gesamtaktivität klein gehalten werden kann. Durch die Bestrahlung der Lagerringe, in diesem Fall Wälzlagerstahl, ergibt sich der radioaktive Stoff Co 56, mit einer Halbwertszeit von 77,3 Tagen. Ansonsten behält der Lagerring seine physikalischen und chemischen Eigenschaften bei. Nach der Aktivierung kann der Ring mit den anderen Teilen in der Spindel montiert werden.

Das bekannteste Verfahren, Verschleiß mit Hilfe von Radioisotopen zu bestimmen, ist die sogenannte Durchflußmethode. Sie beruht auf einer Konzentrationsmessung des Abriebs in einem geeigneten Trägermedium.

Wenn eine Maschine durch Umlaufschmierung mit Öl versorgt wird, nutzt man normalerweise das Öl, um Verschleißpartikel auszuspülen und dem Meßkopf zuzuführen, so daß eine ständige Verschleißmessung möglich ist. Steht ein derartiges Transportmedium nicht zur Verfügung - z.B. bei Minimalschmierung -, muß man zu einer diskontinuierlichen Messung übergehen. Dabei ist nach Versuchsphase, Spülphase und Meßphase zu unterscheiden.

Versuchsphase:

Vor dem Anfahren der Spindel wird eine bestimmte Schmierstoffmenge in das Prüflager gegeben, um sicherzustellen, daß dieses nicht trocken anläuft. Danach läuft die Spindel mehrere Stunden lang unter üblichen Bedingungen (Wahl von Drehzahl, Belastung und Ölvolumenstrom). Dabei sammeln sich neben anderem Abrieb auch radioaktive Verschleißpartikel um das Lager herum an. Nach Ablauf der Versuchslaufzeit wird die Spindel stillgesetzt und entlastet.

Spülphase:

Um eine Konzentrationsmessung vornehmen zu können, muß der jeweils im Wälzlager entstehende Abrieb einem Trägermedium zugeführt und homogen auf das Trägermedium verteilt werden. Hierzu dient der in Bild 7 dargestellte Flüssigkeitskreislauf.

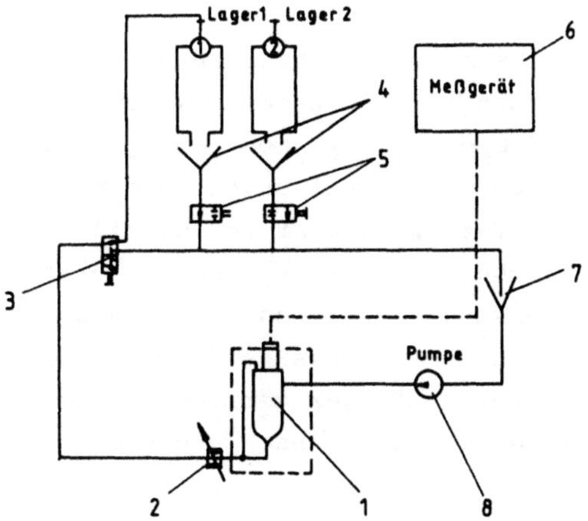

Bild 7: Spülkreislauf

Der Spülkreislauf ist als offenes System aufgebaut, in dem die Flüssigkeit durch zwei Teilkreisläufe gefördert werden kann. Um das tribologische System im Kontakt zwischen Wälzkörper und Laufbahn nicht zu zerstören, wird als Spülflüssigkeit ein Öl niedriger Viskosität verwendet, das ähnliche Eigenschaften besitzt wie das FVA-Referenzöl Nr. 2.

Als Vorratsbehälter dient ein Trichter (7), aus dem die Pumpe (8) die Flüssigkeit abzieht und in einen Durchflußmeßkopf (1) fördert. Der Meßkopf ist mit einem Meßwertaufnehmer bestückt, an den ein Meßgerät mit Drucker angeschlossen ist. Am Ausgang des Durchflußmeßkopfes ist eine einstellbare Drossel (2) angeordnet. Dadurch läßt sich zwischen Pumpe und Drossel ein Flüssigkeitsdruck aufbauen, so daß im Meßkopf angesammelte Luft verdrängt wird, und über die Pumpe herangeführte Luftbläschen komprimiert werden; auf diese Weise ist der Aufnehmer stets von Flüssigkeit umspült.

Nach Beendigung eines Versuchslaufes wird Spülflüssigkeit von der Pumpe (8) durch den Meßkopf (1) und die Spülleitung in das Lager gedrückt. Unter dem Lager münden die Abflüsse in einen Sammeltrichter (4). Bei geöffnetem Hahn (5) läuft die Flüssigkeit mit den Verschleißpartikeln zurück in den Trichter (7). Am Meßgerät (6) läßt sich während des Ausspülens die Zunahme der Konzentration ablesen.

Meßphase:

Ist kein Verschleißzuwachs mehr zu verzeichnen, wird durch Schließen der Hähne (3) und (5) das Lager aus dem Spülkreislauf genommen, und die Pumpe kann mit höherem Druck und größerem Volumenstrom das Öl durch die Leitungen fördern. Dadurch wird eine gleichmäßigere Verteilung der Verschleißpartikel in der Spülflüssigkeit erreicht. In dieser Phase erfolgt dann die eigentliche Verschleißmessung über einen längeren Zeitraum hinweg. Parallel dazu wird das überschüssige Öl mit gereinigter trockener Druckluft aus dem Prüflager getrieben. Dieser Vorgang dauert längere Zeit, wobei die Welle nach und nach weitergedreht wird.

Die verwendete Spülflüssigkeit reicht zum Ausspülen bei mehreren Versuchen, wobei die Konzentration an Verschleißpartikeln von Versuch zu Versuch stufenförmig ansteigt. Deshalb muß vor jeder Verschleißmessung die Restaktivität im Spülmittel bestimmt werden. Dazu fördert die Pumpe (8) wie bei der Verschleißmessung die Spülflüssigkeit durch den Meßkopf und zurück zum Behälter (7), wobei das Meßgerät die Impulsrate zählt. Dieser Vorgang wird im folgenden kurz als Untergrundmessung bezeichnet, Bild 8.

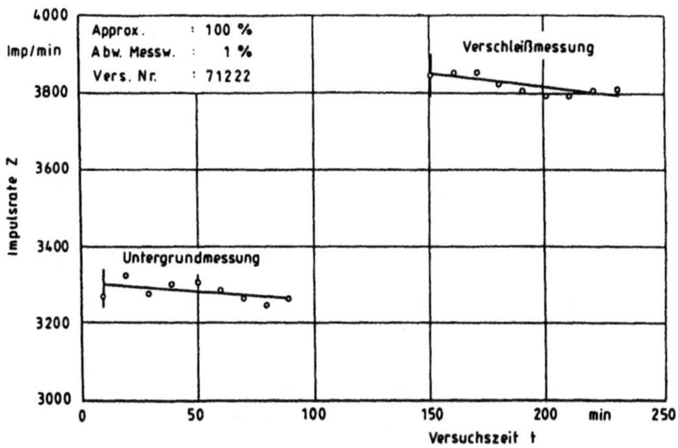

Bild 8: Untergrund-/Verschleißmessung

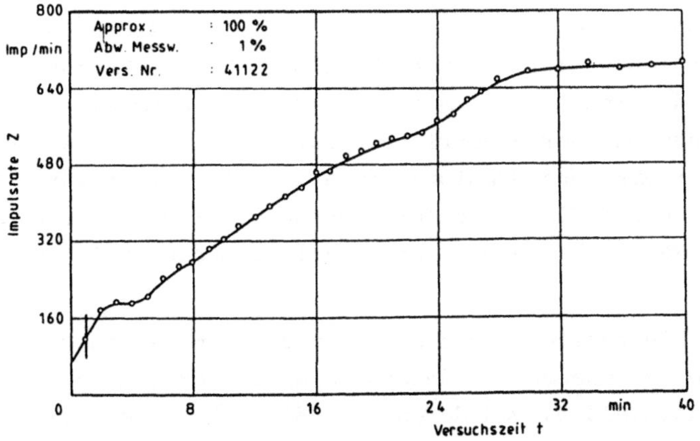

Bild 9: Konzentrationszunahme während der Spülphase

Die vom Meßgerät aufgezeichnete Impulsrate ist aufgrund des statistischen Zerfalls der radioaktiven Teilchen mit Fehlern behaftet. Um diesen Fehler weitgehend einzuschränken, werden bei jeder Untergrundmessung im Abstand von 10 min ca. 6 - 10 Meßwerte bestimmt, durch die mit einem Rechenprogramm eine Ausgleichssplinefunktion gelegt wird. Als maximale Abweichung der Meßwerte bei der Berechnung der Funktion wird der errechnete statistische Fehler des radioaktiven Zerfalls vorgegeben. Daraus muß sich dann ein gerader Verlauf der Funktion ergeben. Da die natürliche Abnahme der Aktivität nicht mit in die Impulsrate eingerechnet wird, fällt die Gerade leicht ab. Nach der Untergrundmessung wird das Lager ausgespült.

Einen charakteristischen Verlauf zeigt Bild 9. Mit zunehmender Zeit steigt die Konzentration der radioaktiven Teilchen im Spülmittel an. Ist das Lager vollständig ausgespült, bleibt die Konzentration konstant. Danach folgt die eigentliche Verschleißmessung wie oben beschrieben. Durch Extrapolation der Geraden der Untergrundmessung in den Bereich der Geraden der Verschleißmessung und anschließende Differenzbildung der Werte beider Geraden zu einem bestimmten gemeinsamen Zeitpunkt erhält man den eigentlichen Verschleißwert des Versuches. Durch entsprechende Umrechnung läßt sich daraus der Verschleiß in Milligramm berechnen [14].

3.2.2 Bestimmung des Lagerreibmomentes

Das Reibmoment der Prüflager wird über eine Wärmebilanz aufgrund von Temperaturmessungen bestimmt. Dieses Verfahren wurde gewählt, da eine direkte Messung der Reibkräfte eine hydrostatische Lagerung der Außenringe erfordert, wodurch sich ein anderes Betriebs- und Dämpfungsverhalten einstellen würde und eine im Hinblick auf die Verschleißmessung mit Isotopen sehr unerwünschte Verlängerung der Montagezeit berücksichtigt werden müßte.

Die Spindeleinheiten N und S werden als homogen ausgebildete Festkörper angesehen, in denen die Wälzlager innere Wärmequellen darstellen, von denen sich die Wärme gleichmäßig ausbreitet. Im Beharrungszustand läßt sich das Reibmoment aus der Spindeldrehzahl und der vom Wälzkörper abgegebenen Wärmeleistung berechnen. Primär wird die im Wälzlager erzeugte Wärmeenergie aus dem Wärmetransport durch Leitung bestimmt. Strahlungs- und Konvektionsanteile werden weitgehend vernachlässigt, da die maßgebenden Oberflächen relativ klein sind, und Wärmezufuhr und -abfuhr über das Schmiermittel aufgrund der geringen Mengen unerheblich sind.

In den beiden Gehäusekörpern sind jeweils mehrere teilweise unterschiedliche Wälzlager nebeneinander angeordnet, und für jedes Wälzlager als Wärmequelle ist eine andere Intensität zu erwarten. Dadurch bilden sich in einer Spindeleinheit um die inneren Wärmequellen unterschiedliche Temperaturfelder aus, die sich gegenseitig beeinflussen und sich zu einem gemeinsamen Temperaturfeld überlagern. Um die Reibungswärme aus den verschiedenen Wärmequellen zu ermitteln, wird bei der Aufstellung der Wärmebilanzen von einem eindimensionalen Temperaturfeld im Beharrungszustand ausgegangen. Die im Spindelsystem auftretenden Wärmeströme sind abhängig von Temperaturdifferenzen ΔT. Als Bezugsebene dient das Raumtemperaturniveau.

Die Aufstellung von Wärmebilanzen erfordert definierte Kontrollräume und die Festlegung geeigneter Temperaturaufnahmestellen. Bild 10 und 11 geben einen Überblick über die Verteilung der Temperaturmeßstellen und Kontrollräume und über die berücksichtigten Wärmeflüsse.

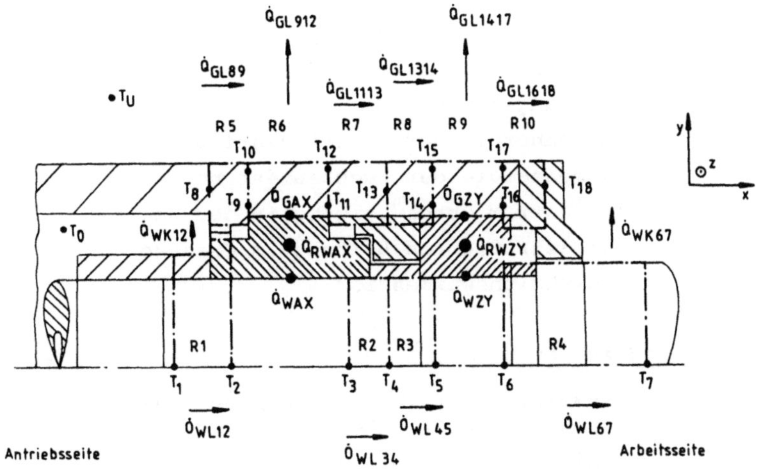

Bild 10: Modellskizze zur Wärmebilanz der Spindel N

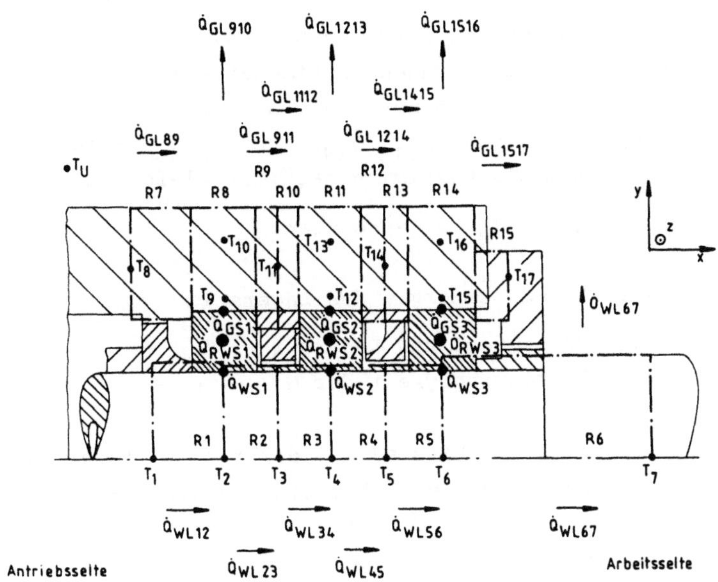

Bild 11: Modellskizze zur Wärmebilanz der Spindel S

Erläuterungen der Bezeichnungen:

R1...R15	:	Kontrollräume in der Spindelwelle und dem Gehäuse	
$T_o \dots T_{18}$	:	Temperaturmeßstellen in der Spindeleinheit	[°C]
T_u	:	Umgebungstemperatur	[°C]
$\dot{Q}_{RW\dots}$	:	Wärmeenergie der Lagerinnenringe	[W]
$\dot{Q}_{G\dots}$	:	Wärmeenergie der Lageraußenringe	[W]
$\dot{Q}_{WL\dots}$	:	Wärmestrom durch Leitung in der Welle	[W]
$\dot{Q}_{GL\dots}$	:	Wärmestrom durch Leitung im Gehäuse	[W]
$\dot{Q}_{WK\dots}$	:	Konvektionswärmestrom	[W]

Weitere Indizes an $\dot{Q}\dots$:

12, 23,...	:	Nummer, der für die Berechnung relevanten Temperaturmeßstellen
AX	:	Axial-Schrägkugellager
ZY	:	Zylinderrollenlager
S1, S2, S3	:	Schrägkugellager

Die Berechnungen der Wärmeenergien beruhen auf den Grundlagen der Wärmeübertragung [15, 16]. Für die Umwandlung von Reibungsenergie in Wärmeenergie wird angenommen, daß die über die aufgestellten Bilanzgleichungen bestimmbaren Wärmemengen den Reibungsenergien gleichzusetzen sind. Aus den Wärmeenergien $\dot{Q}_{RWAX}$, $\dot{Q}_{RWZY}$ (Spindel N) und $\dot{Q}_{RWS1}$, $\dot{Q}_{RWS2}$ und $\dot{Q}_{RWS3}$ (Spindel S) lassen sich die Reibmomente bestimmen nach der Gleichung

$$\dot{Q}_{RWi}' = M_{Ri} \cdot \omega_w = \text{Konstant} \qquad (1)$$

$\dot{Q}_{RWi}$	:	Gesamte Wärmeenergie des Lagers i	[W]
M_{Ri}	:	Lagerreibmoment des Lagers i	[Nm]
ω_w	:	Winkelgeschwindigkeit der Welle	[1/s]

In Vorversuchen an einem speziell dafür entwickelten Prüfstand wurde nachgewiesen, daß die über eine Wärmebilanz ermittelten Reibmomente sehr gut mit direkt gemessenen Werten übereinstimmen. Die nur auf der Wärmeleitung beruhende Wärmebilanz liefert konstant um etwa 15 % zu niedrige Werte, weil Strahlungs- und Konvektionsanteile vernachlässigt werden.

Parallel zu dieser Reibmomentbestimmung der einzelnen Lager mit Hilfe von Wärmebilanzen kann jeweils für die komplette Spindel das Gesamtreibmoment direkt gemessen werden.

4. Versuchsergebnisse

4.1 Versuchsprogramm

Vor eine systematische Veränderung einzelner Versuchsparameter wurden umfangreiche Voruntersuchungen gestellt, um die Gewähr für reproduzierbare Versuche zu schaffen. Das schloß die Untersuchung einzelner Schmieranlagen, Überlegungen zur Erfassung der Lagereinzelreibmomente aufgrund von Wärmebilanzen einschließlich Bau eines speziellen Prüfstandes und die diskontinuierliche Verschleißmessung mittels einer Spülflüssigkeit ein. Dadurch konnten eventuelle Fehlmessungen vermieden und die sehr hohen Aktivierungskosten in vertretbaren Grenzen gehalten werden.

Die Versuche wurden mit folgenden Parametereinstellungen durchgeführt:

Belastung:	axial: 2000 N		
	radial: 140 N		
Drehzahl:	3000, 5000, 7000 min^{-1}		
Schmierstoff:	FVA-Referenzöl Nr. 2		
Schmieranlagen:	Öl-Luftschmierung (OL)		
	Ölnebelschmierung (ON)		
	Ölsprühschmierung (OS)		
Ölvolumenströme:	OL:	0,2...30	mm^3/min
	ON:	0,24...5	mm^3/min
	OS:	0,01...2	mm^3/min

Aktive Lagerinnenringe:

Spindel N: belasteter Innenring des Axial-Schrägkugellagers (234408)

Spindel S: Innenring des mittleren Schrägkugellagers (7008C)

Die aktiven Prüflager beider Spindeleinheiten sind Schrägkugellager mit einem Berührungswinkel von 15° (7008C) und 60° (234408). In ihrem Betriebsverhalten sind diese Lager ähnlich, so daß ein Vergleich untereinander möglich ist.

4.2 Einlaufverhalten des Prüflagers

Mit dem Axial-Schrägkugellager (Spindel N) wurden Prüfstandsversuche zum Einlaufverhalten durchgeführt. Nach der Montage lief die Spindel mit dem fabrikneuen Wälzlager bei $n_W = 3000\ min^{-1}$, einer axialen Belastung von 2000 N und einem Ölvolumenstrom $\dot{q} = 1{,}74\ mm^3/min$ mehrere Stunden. Danach schloß sich eine Verschleißmessung an. Dieser Versuch wurde solange wiederholt, bis die Verschleißrate konstant blieb. Die Versuchsergebnisse sind in Bild 12 und 13 dargestellt.

Bild 12 zeigt sehr deutlich die Abnahme des Innenringverschleißes (resultierend aus jeweils 6 h Laufzeit) über eine Gesamtlaufzeit der Spindel von ca. 30 h. Wie erwartet, stellt sich die größte Verschleißmenge in den ersten Stunden eines Lagerbetriebs ein. Ausgehend von diesem Wert nimmt der Verschleiß sehr schnell ab und erreicht bereits nach 24 h einen Wert, der sich auch bei längerer Laufzeit nicht mehr wesentlich ändert. Dem Bild ist zu entnehmen, daß das Anpassen der Lageroberflächen zwischen Wälzkörpern und den Laufbahnen (Einlauf) bei den angegebenen Betriebsdaten nach ca. 30 h beendet ist.

Der Abfall des Prüflagerreibmomentes über der Zeit ist dagegen nicht so deutlich ausgeprägt, Bild 13. Es ist zu vermuten, daß der hohe Verschleiß in den ersten Stunden hauptsächlich aus relativ losen Teilchen besteht, die sich während der Bearbeitung in die Lageroberfläche eindrücken. Erst wenn diese Verschleißteilchen ausgelöst sind, überwiegt der durch die tribologische Beanspruchung verursachte Verschleiß.

4.3 Verhalten der Spindellager bei unterschiedlichen Drehzahlen

Versuche mit inaktiven Lagern zeigen bei der Spindel N deutliche Unterschiede im Lagerreibmoment zwischen dem Axial-Schrägkugellager und dem arbeitsseitigen Zylinderrollenlager bei unterschiedlichen Drehzahlen. In Bild 14 und 15 ist das Lagerreibmoment des Axial-Schrägkugellagers und des Zylinderrollenlagers über der Drehzahl aufgetragen.

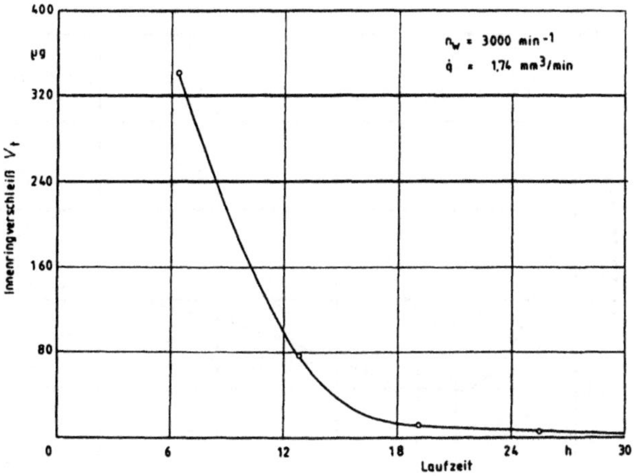

Bild 12: Abnahme des Innenringverschleißes beim Axial-Schrägkugellager während der Einlaufphase

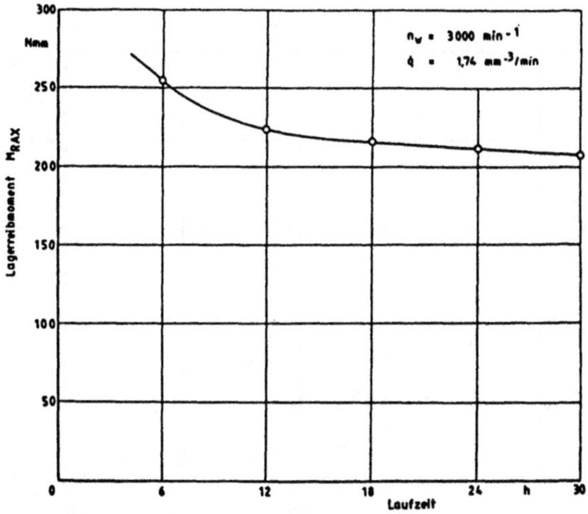

Bild 13: Reibmoment des Axial-Schrägkugellagers während der Einlaufphase (berechnet nach der Wärmebilanz)

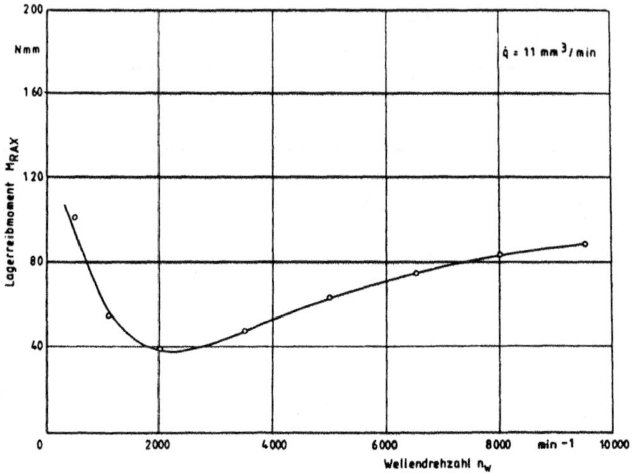

Bild 14: Reibmoment des Axial-Schrägkugellagers bei unterschiedlichen Drehzahlen (Spindel N)

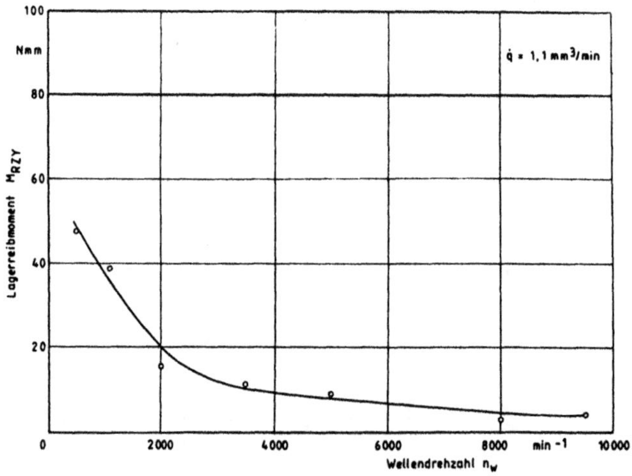

Bild 15: Reibmoment des arbeitsseitigen Zylinderrollenlagers bei unterschiedlichen Drehzahlen (Spindel N)

Setzt man das Lagerreibmoment des arbeitsseitigen Zylinderrollenlagers gleich dem antriebsseitigen - beide Lager haben etwa gleiche Abmessungen - und bildet die Summe aus allen drei Lagerreibmomenten, so ergibt sich ein Gesamtreibmoment der Spindel wie in Bild 16 dargestellt. Es ist deutlich zu erkennen, daß durch die hohen Reibmomente der Wälzlager im unteren Drehzahlbereich ein Betrieb der Spindel ungünstig ist, da höhere Reibmomente eine relativ stärkere Erwärmung der Lager zur Folge haben.

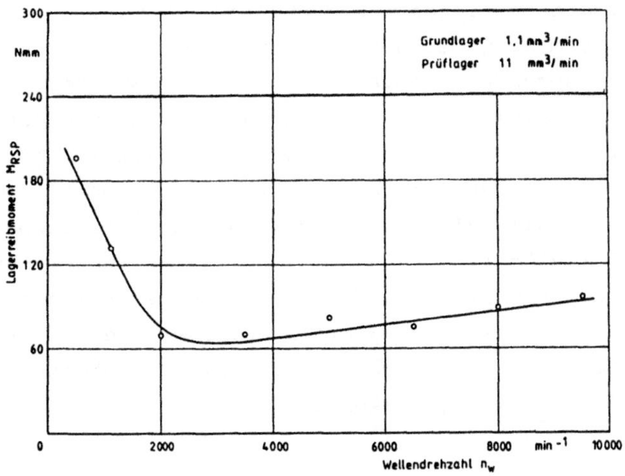

Bild 16: Gesamtreibmoment der Spindel N
bei unterschiedlichen Drehzahlen

4.4 Versuchsergebnisse bei Einsatz der Ölsprühschmierung

4.4.1 Temperatur-Zeit-Verhalten der Spindeleinheiten

Repräsentativ für alle übrigen Versuche wird das Temperatur-Zeit-Verhalten der Spindeleinheiten an Hand eines Meßschriebes der Spindel N beschrieben, Bild 17. Die Spindelwelle läuft mit einer Drehzahl von $n_W = 3000\ min^{-1}$; sämtliche Spindellager werden von der Ölsprühschmieranlage versorgt, wobei das Axial-Schrägkugellager einen sehr geringen Ölvolumenstrom von $\dot{q} = 0{,}017\ mm^3/min$ erhält.

Aus der Anfahrphase wird deutlich, daß die Innenringtemperaturen

T_3 und T_5 (Bezeichnungen entsprechend Bild 10) schneller ansteigen als die Außenringtemperaturen T_{11} und T_{14}. Das Aufbringen der Axiallast führt zu keinem sprunghaften Anstieg der Lagertemperaturen.

Mit fortschreitender Betriebszeit stabilisieren sich die Temperaturen, so daß etwa 2,5 Stunden nach Aufbringen der Belastung ein stationärer Betriebszustand erreicht ist. T_3, T_{11} und T_{14} liegen etwa auf einem Niveau, während die Innenringtemperatur T_5 des Zylinderrollenlagers deutlich niedriger liegt.

Das ausgeprägte oszillierende Verhalten von T_5 und in abgeschwächter Form auch bei den anderen Temperaturen resultiert aus den eingesprühten Schmiertakten für die Zylinderrollenlager: Nach erfolgtem Schmierimpuls ist zunächst ein Schmierstoffüberangebot vorhanden, das aufgrund von Walkarbeit zum Temperaturanstieg führt. Im Taktzeitraum von 22 Minuten paßt sich das Angebot offenbar allmählich dem Bedarf an, und die Temperatur T_5 sinkt wieder. Dieser Vorgang wiederholt sich entsprechend den Schmiertakten. Man erkennt, daß dieses Temperaturverhalten auch die Temperaturen des Axial-Schrägkugellagers beeinflußt, denn der oszillierende Verlauf von T_5 läßt sich in abgeschwächter Form auch für T_3 und T_{11} erkennen.

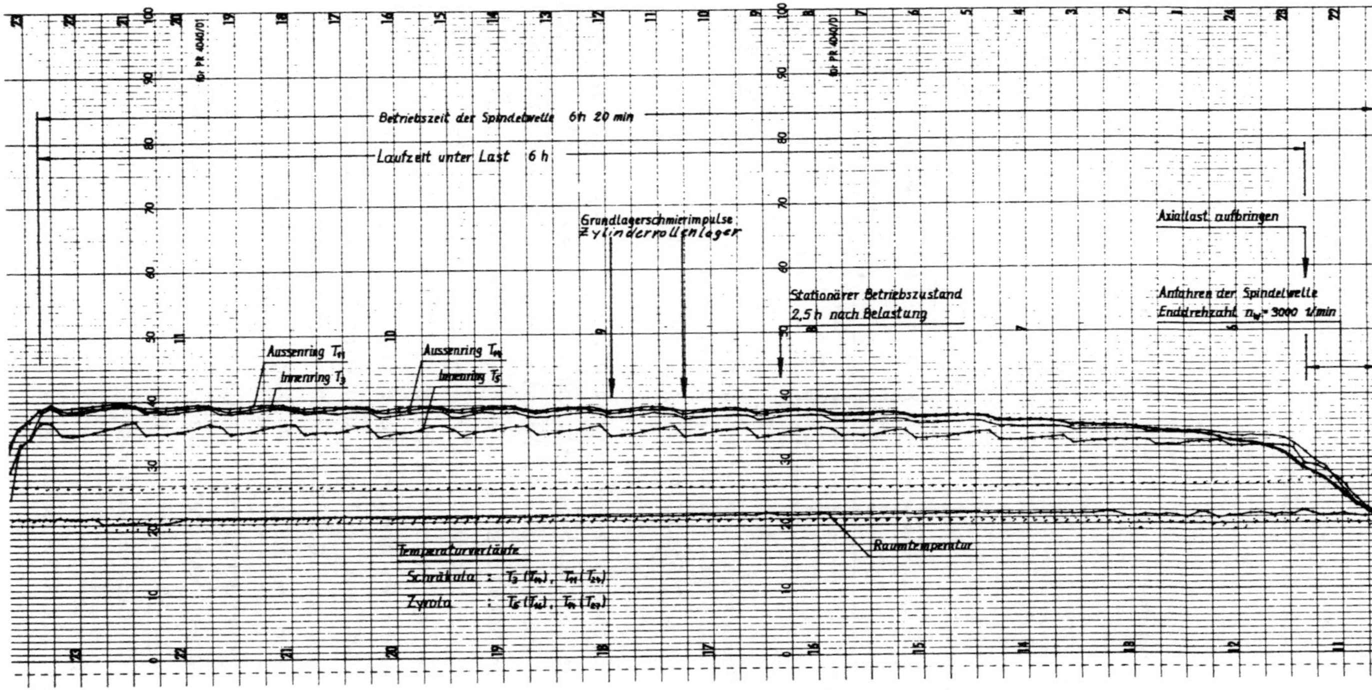

<u>Bild 17:</u> Temperaturverlauf über der Zeit (Spindel N)
Schmierung durch Ölsprühanlage, $\dot{q}$ = 0,017 mm^3/min, n_w = 3000 min^{-1}

4.4.2 Reibmomentverhalten der Spindeleinheiten

Den entsprechenden Verlauf des Gesamtreibmomentes über der Zeit für die gleiche Spindeleinheit zeigt Bild 18.

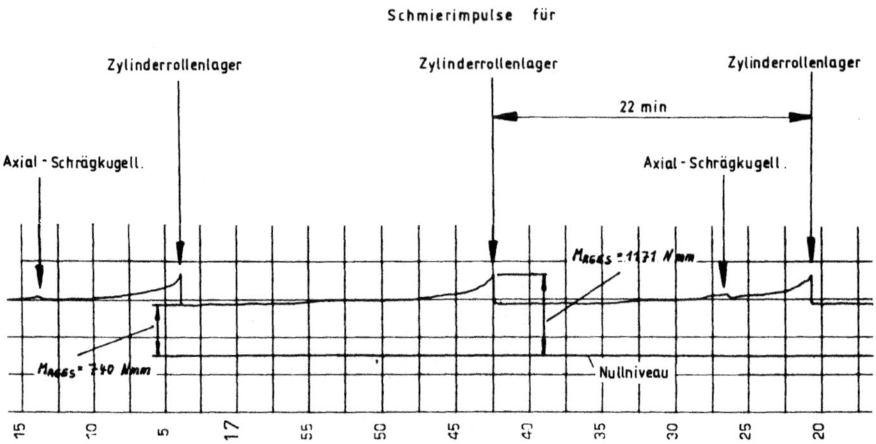

Bild 18: Gesamtreibmomentverlauf über der Zeit (Spindel N)
Schmierung durch Ölsprühanlage,
$\dot{q}$ = 0,017 mm^3/min, n_w = 3000 min^{-1}

Auf dem Meßschrieb erkennt man einen sägezahnförmigen Gesamtverlauf, der auf die Schmierung der beiden Zylinderrollenlager im Abstand von jeweils 22 Minuten zurückzuführen ist. Das Einsprühen des Schmierstoffes in das Axial-Schrägkugellager ist ebenfalls entsprechend der eingestellten Impulszeit alle 42,5 Minuten als leichter Anstieg zu beobachten. Das Reibmoment M_{Rges} schwankt in Abhängigkeit von der Schmiertaktzeit zwischen einem Maximum von 1171 Nmm und einem Minimum von 740 Nmm. Nach ca. 5 Minuten ist das überschüssige Öl weitgehend aus dem Lager verdrängt und das Minimum des Reibmomentes fast erreicht.

Das Reibmomentverhalten der einzelnen Prüflager wurde aufgrund der gemessenen Temperaturdifferenzen über die Wärmebilanz berechnet. Bild 19 zeigt das Reibmoment M_{RAX} des Axial-Schrägkugellagers bei unterschiedlichem Ölvolumenstrom $\dot{q}$.

Dabei zeigt sich stets die Tendenz, daß mit kleinerem Ölvolumenstrom auch das Reibmoment geringfügig abnimmt. Dieser Zusammenhang ist auch bei den anderen Prüflagern zu beobachten.

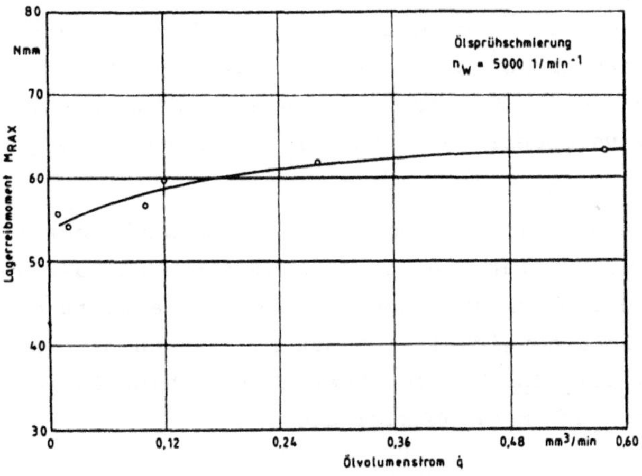

Bild 19: Reibmoment des Axial-Schrägkugellagers bei unterschiedlichem Ölvolumenstrom $\dot{q}$

4.5 Versuchsergebnisse bei Einsatz der Öl-Luftschmierung und Ölnebelschmierung

Die Zugabe des Schmierstoffes in das Lager ist prinzipiell bei Öl-Luftschmierung und Ölnebelschmierung ähnlich. Im Gegensatz zur Ölsprühschmierung, bei der der Schmierstoff taktweise in das Lager gegeben wird, fließen bei der Öl-Luftschmierung und Ölnebelschmierung mit Rückverdichterdüsen ein kontinuierlicher Öl-Luftstrom in das Lager. Insofern sind auch die Funktionsverläufe der einzelnen Betriebskenndaten bei diesen beiden Anlagen ähnlich.

Bei der Ölnebelanlage läßt sich die zugeführte Schmierstoffmenge unter 0,24 mm^3/min nicht sicher einregulieren, so daß der Öldosierbereich dieser Anlage mit einem einstellbaren Ölvolumenstrom zwischen 0,24...5 mm^3/min vollständig im Bereich der Öl-Luftschmierung liegt, mit der Ölvolumenströme zwischen 0,2...>30 mm^3/min möglich sind. Noch kleinere Volumenströme sind auch bei dieser Anlage nicht sinnvoll, denn nach ca. 25 - 30 min reißt der Ölstrom an der Rohrwandung der Schmierstellenleitung ab, und es muß zur Aufrechterhaltung eines kontinuierlichen Ölstroms ein neuer Takt in die Mischkammer gegeben werden.

Bei der Öl-Luftschmieranlage werden alle Dosiereinheiten gleichzeitig zeitabhängig gesteuert. Ist für ein Lager die kleinste Dosierpatrone im Einsatz, so lassen sich nur über eine Vergrößerung der Taktzeit kleinere Ölvolumenströme einstellen; dies verändert dann auch die Schmierölversorgung der anderen Lager.

Durch die kontinuierliche Schmierung der Spindellager ist ein sägezahnförmiger Verlauf der Lagerreibmomente und der Temperaturen nicht zu beobachten, doch ergeben sich erwartungsgemäß Unterschiede in Abhängigkeit von den Drehzahlen und vom Ölvolumenstrom, Bild 20. Bei geringeren Drehzahlen ist das Gesamtreibmoment auch hier am kleinsten.

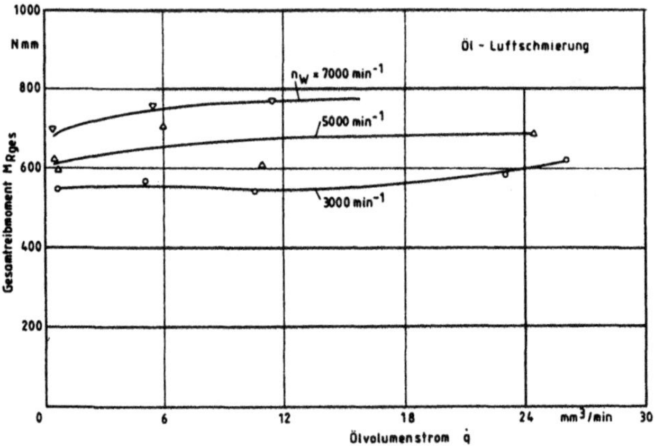

Bild 20: Reibmoment M_{Rges} in Abhängigkeit vom Ölvolumenstrom bei unterschiedlichen Drehzahlen

4.6 Verschleißmessungen an den Prüflagern

Bei einer drehenden Welle sind die tribologischen Verhältnisse am Innenring ungünstiger als am Außenring, so daß beim Axial-Schrägkugellager der Spindel N und beim mittleren Schrägkugellager der Spindel S jeweils die Laufbahn des Innenringes auf dem ganzen Umfang aktiviert wurden (beim Axial-Schrägkugellager nur der belastete Innenring).

Nach dem Einbau der Lager erfolgten in den ersten Betriebsstunden Versuche zum Einlaufverhalten der Prüflager. Diese

Versuche wurden unter gleichen Versuchsbedingungen solange wiederholt, bis die Betriebsdaten und die Verschleißrate konstant blieben (siehe Kap. 4.2). Danach konnten einzelne Versuchsparameter geändert werden mit dem Ziel, einen Zusammenhang zwischen dem Lagerverschleiß, dem zugeführten Ölvolumenstrom und den Drehzahlen herzustellen. Die Belastung der Spindellager blieb in axialer und in radialer Richtung für alle Versuche konstant. Die unterschiedlich einstellbaren Schmierstoffmengen der drei Schmieranlagen gestatteten, den Lagern einen Ölvolumenstrom zwischen 0,01 mm^3/min und 30 mm^3/min zuzuführen. Grundsätzlich konnte eine tendenzielle Abhängigkeit des Lagerinnenringverschleißes von der zugeführten Ölmenge für die Prüflager nachgewiesen werden, Bild 21 und 22.

Bei allen Versuchen nimmt der Verschleiß an der Innenringlaufbahn bei kleineren Ölvolumenströmen deutlich ab. Der Versuchsablauf sah so aus, daß für eine bestimmte Drehzahl von Versuch zu Versuch der Ölvolumenstrom reduziert wurde. Zur Kontrolle wurde nach mehreren Versuchen stets wieder ein Versuch mit einem wesentlich größeren Ölvolumenstrom eingeschoben, um sicherzustellen, daß die Abnahme des Verschleißes keine anderen Ursachen hat. Dabei war jedesmal ein deutlicher Anstieg des Verschleißes zu beobachten. Es wurde immer zuerst das ganze Spektrum an Ölvolumenströmen mit einer Schmieranlage und bei einer Drehzahl untersucht, bevor die nächste Drehzahl und darauf die nächste Schmieranlage eingesetzt wurden.

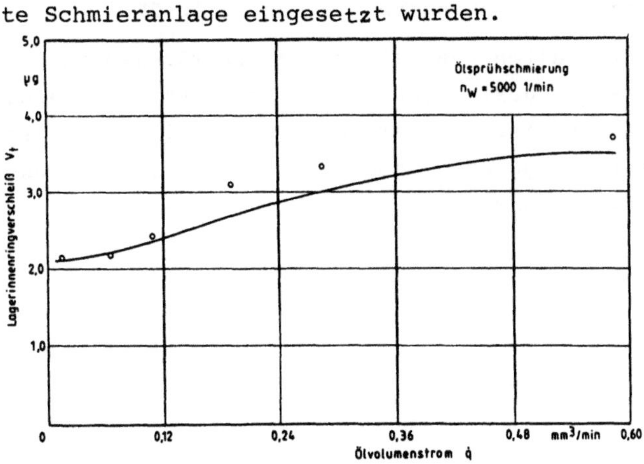

Bild 21: Lagerinnenringverschleiß in Abhängigkeit vom Ölvolumenstrom $\dot{q}$ (Spindel N)

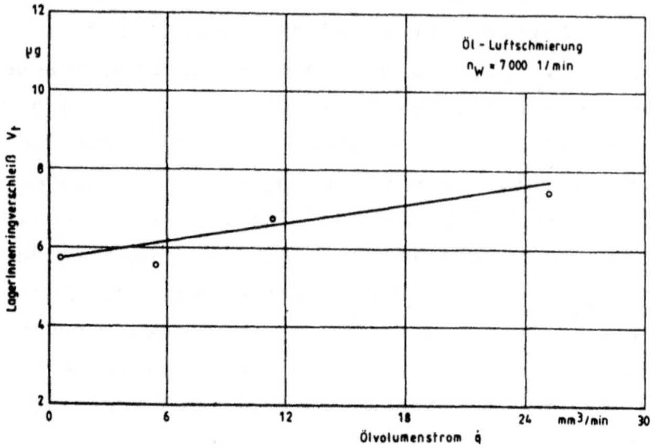

Bild 22: Lagerinnenringverschleiß in Abhängigkeit vom Ölvolumenstrom $\dot{q}$ (Spindel N)

Das Prüflager der Spindel S wurde bei einer Drehzahl n_W = 5000 min^{-1} erst von der Ölsprühanlage und anschließend bei gleicher Drehzahl von der Öl-Luft- und Ölnebelanlage versorgt.

Bei allen drei Anlagen ergab sich ebenfalls bei geringerem Ölvolumenstrom eine Abnahme des Innenringverschleißes, Bild 23 bis 25.

Die Kalibrierung der Ölnebelanlage war problematisch, so daß sich brauchbare Verschleißwerte bei unterschiedlichen Ölvolumenströmen nur unzureichend angeben lassen, Bild 25.

Das Verschleißverhalten läßt sich immer nur für jeweils ein Lager angeben. Muß bei zu gering gewordener Aktivität ein Lager ausgewechselt werden, so ist ein Vergleich schwierig, denn jeder neue Einbau bedeutet geringfügig andere Verspannung, die sich auch auf den Verschleiß auswirkt.

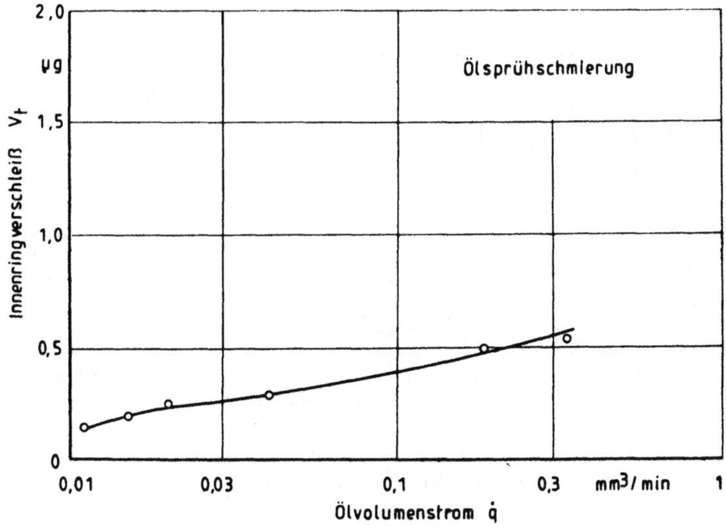

Bild 23: Innenringverschleiß in Abhängigkeit vom Ölvolumenstrom (Spindel S)

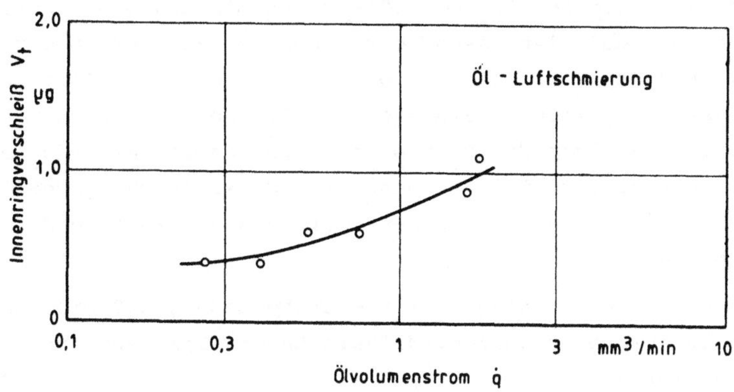

Bild 24: Innenringverschleiß in Abhängigkeit vom Ölvolumenstrom (Spindel S)

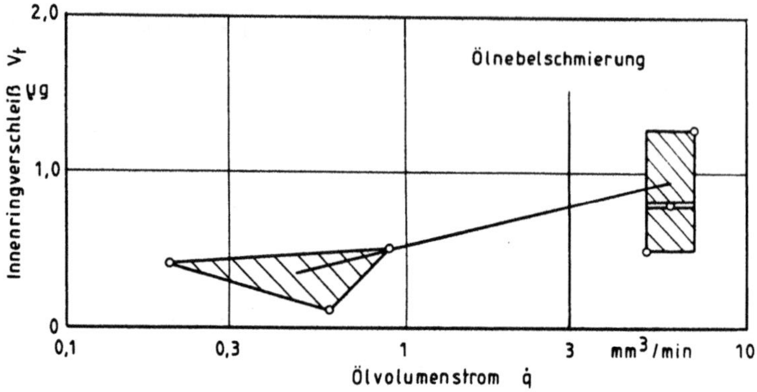

Bild 25: Innenringverschleiß in Abhängigkeit vom Ölvolumenstrom (Spindel S)

4.7 Diskussion der Versuchsergebnisse

An den drei verwendeten Schmieranlagen sind unterschiedliche Ölvolumenströme einstellbar, deren Bereiche sich aber kaum überlappen, so daß sich insgesamt Volumenströme von $\dot{q}$ > 30 mm^3/min bis $\dot{q}$ = 0,01 mm^3/min einstellen lassen. Unterschiede im Betriebsverhalten der Spindellager sind zwischen den kontinuierlich schmierenden Anlagen (Öl-Luftschmierung und Ölnebelschmierung) und der Ölsprühschmierung bei der Schmierung der Zylinderrollenlager zu beobachten. Die bei der Ölsprühanlage schlagartig zugestellte Ölmenge verursacht im Zylinderrollenlager ein deutliches Ansteigen des Reibmomentes und damit verbunden eine Temperaturerhöhung. Bei den Schräg- und Axial-Schrägkugellagern ist dieses Verhalten nur sehr gering ausgeprägt oder gar nicht zu beobachten.

Für alle Schmieranlagen gilt gleichermaßen, daß eine Abnahme des Ölvolumenstromes auch niedrigere Lagerreibmomente und Temperaturen zur Folge hat.

Als weiteres Ergebnis zeigt sich, daß bei Abnahme des Ölvolumenstroms neben dem Lagerreibmoment auch der Verschleiß der Lagerinnenringe zurückgeht. Eine Extrapolation dieser Tendenz über den untersuchten Bereich hinaus zu noch kleineren Ölvolumenströmen wäre falsch, denn es besteht die Gefahr, daß zwar der

Innenringverschleiß weiter zurückgeht, dafür aber z.B. der Käfigverschleiß schnell ansteigt und zum vorzeitigen Ausfall eines Lagers führen kann.

Insgesamt gesehen ist die Schmierung von Wälzlagern im Minimalschmierbereich kritisch und setzt eine sehr genaue Dosierung der Schmierstoffvolumina voraus. Andererseits kann dadurch ein günstigeres Betriebsverhalten mit niedrigeren Lagertemperaturen, Reibmomenten und Innenringverschleiß erreicht werden. Die Versuchsergebnisse zeigen, daß bei sorgfältiger Beachtung der Schmierbedingungen Wälzlager sicher im Bereich der Minimalschmierung betrieben werden können. Die Radionuklid-Meßmethode hat sich als ein sehr gutes Verfahren erwiesen, derartig geringe Verschleißmengen mit genügender Genauigkeit zu erfassen.

Vor einer abschließenden Beurteilung des Wälzlagereinsatzes bei extrem kleinen Schmierstoffmengen sind umfangreiche weitere Untersuchungen erforderlich, die sich nicht nur auf das Verschleißverhalten der Innenringlaufbahn beschränken dürfen.

5. Schrifttum

[1] Boni, R.; Pittroff, H.: Standardlagerungen für Werkzeugmaschinenspindeln. SKF-Kugellager-Zeitschrift Nr. 186.

[2] Eschmann; Hasbargen; Weigand: Die Wälzlagerpraxis. München, Oldenbourg 1953.

[3] Hargreaves, R.A.; Higginson, G.R.: Some effects of lubricant starvation in cylindrical roller bearings. Transactions ASME Journal of Lub. Technol. 98 (1976) 1, 66 - 72.

[4] Constantinescu, V.N.: On some starvation phenomena in fluid films. Transactions ASME Journal of Lub. Technol. 99 (1977) 3, 441 - 448.

[5] Münnich, H.: Einfluß der Schmierung auf Lebensdauer, Reibung und Verschleiß von Wälzlagern. Schmiertechnik 15 (1968), 87 - 97.

[6] Huber, P.R.: Zur "tribotechnischen Philosophie" der Verbrauchsschmierung. Schmiertechnik Tribologie 27 (1980) 1, 9 - 12.

[7] Huber, P.R.; Werner, J.: Zur Ölminimalschmierung von Wälzlagern. Schmiertechnik Tribologie 27 (1980) 3, 90 - 95.

[8] Betsch, H.: Geeignete Fettschmiersysteme halten die Temperaturen an Spindellagerungen niedrig. Maschinenmarkt 86 (1980) 34, 684 - 686.

[9] Schemmel, H.: Öl-Minimalmengenschmierung bei Wälzlagern. Schmiertechnik und Tribologie 27 (1980) 6, 193 - 196.

[10] Forschungsvereinigung Antriebstechnik e.V., Heft 41: Referenzöle für Wälz- und Gleitlager-, Zahnrad- und Kupplungsversuche. Forschungsheft (1976).

[11] Deutsche Tecalemit: Öl-Zentralschmierung Nr. 0.437-1178.

[12] Woerner: Öl-Schmierung-Betriebsanleitung.

[13] De Limon Fluhme: Schmiereinheiten. Druckschrift 10.000 P1.

[14] Herkert, B.: Verschleißmessungen mit Hilfe von Radionukliden nach dem Durchflußmeßverfahren. Kernforschungszentrum Karlsruhe: KFK 2182, Juli 1975.

[15] Meiners, K.: Beiträge zur Gleitlagerberechnung. VDI-Forschungsheft 488, Ausgabe B, Band 27, Düsseldorf 1961.

[16] Lössl, G.: Analyse von Spindel-Lagersystemen in Werkzeugmaschinen mit Methoden der Wärmeübertragung. Dissertation 1978, TU München.

Untersuchung von Pumpen und Dichtungen
bei
Einwirkung von Feststoffverschmutzung

von

Dipl.-Ing. D. Winner

Institut für hydraulische und pneumatische
Antriebe und Steuerungen
der RWTH Aachen

Leitung: Prof. Dr.-Ing. W. Backé

Förderkennzeichen: 01 ZT 400
Laufzeit : 1. 10. 1980 - 30. 9. 1983

Zusammenfassung

Es wurden fast alle handelsüblichen Pumpentypen bezüglich ihres Volumenstromverhaltens bei Einwirkung von Feststoffverschmutzung untersucht. Desweiteren wurde die Schmutzeinwanderung an einem Dichtungssystem einer Kolbenstange bei unterschiedlichen Bedingungen analysiert.

Bei den Pumpen wurden die Untersuchungen nach einem ISO-Normentwurf durchgeführt. Festgestellt wurde beim Test, daß jeder Pumpentyp einem charakteristischen Verschleißmechanismus unterliegt, durch den bestimmte Bauteile verstärkt beschädigt werden.

Bei den Dichtungsuntersuchungen ließen sich erste Erkenntnisse über die Abhängigkeiten der Partikeleinzugsrate von Betriebsdruck und Ölviskosität feststellen. In diesem Bereich müssen noch mehrere Versuche gefahren werden, um endgültige Aussagen treffen zu können.

Bei den Pumpen läßt sich durch entsprechende Werkstoffauswahl, geeignete Betriebsbedingungen und durch geeignete Modifikation der Konstruktion die Schmutzunempfindlichkeit der Einheiten erhöhen und damit auch ihre Lebensdauer.

Inhaltsverzeichnis

1 Aufgabenstellung und Ziel der Arbeit

Die Feststoffverschmutzung von Hydraulikflüssigkeiten kann als Hauptursache für den Verschleiß von hydraulischen Komponenten wie Pumpen, Motoren, Zylindern und Ventilen angesehen werden. Es gibt Schätzungen, die den Anteil der Feststoffverschmutzung als Ausfallursache /1/ auf bis zu 70 % ansetzen. Zur Beseitigung oder Reduzierung dieser Verschleißursachen bietet sich eine entsprechend feine Filtrierung der Hydraulikflüssigkeit an, die sowohl mit höheren Kosten für die Filtrierung als auch für die Wartung verbunden ist. Zum anderen bietet sich eine Reduzierung der Schmutzempfindlichkeit der Bauteile an.

Am Institut für hydraulische und pneumatische Antriebe und Steuerungen wurde in einem Forschungsvorhaben, das von einem Arbeitskreis der Fachgemeinschaft Ölhydraulik und Pneumatik im VDMA begleitet und vom BMFT gefördert wurde, diese Problemstellung näher untersucht. Das Gesamtziel des Vorhabens ist die Erarbeitung von Maßnahmen zur entsprechenden Verschleißminderung hydraulischer Komponenten und damit zur Erhöhung ihrer Lebensdauer, die mit direkter und besonders indirekter Kostenersparnis (Verringerung der Stillstandszeiten kostenintensiver Anlagen) verbunden ist. Die Verschleißminderung soll zum einen durch gezielte Maßnahmen zur Erhöhung des Widerstandes gegen Feststofferosion insbesondere bei Pumpen erreicht werden, zum anderen durch eine von den Einsatzbedingungen der hydraulischen Komponenten abhängig gewählten Filtrierung.

Die am Institut für hydraulische und pneumatische Antriebe und Steuerungen (IHP) der RWTH Aachen durchgeführten Untersuchungen im Rahmen dieses Vorhabens waren im wesentlichen auf zwei Bereiche ausgerichtet. Zum einen sollte die Schmutzeinbringung betrachtet werden, die hauptsächlich über das Dichtungssystem von Kolbenstangen geschieht; zum anderen sollten die Auswirkungen der eingetragenen Feststoffverschmutzung auf hydraulische Bauelemente und dabei speziell auf Pumpen untersucht werden. Im folgenden werden erst die Ergebnisse der Pumpenuntersuchungen vorgestellt.

2 Untersuchungen am Verschmutzungsempfindlichkeitsprüfstand (VEP)

Mit dem Verschmutzungsempfindlichkeitsprüfstand (VEP) wurde ein Prüfstand aufgebaut, der zur Ermittlung der Empfindlichkeit von Pumpen gegenüber Feststoffverschmutzung dient. An diesem Prüfstand wurden alle im folgenden dargestellten Pumpenuntersuchungen durchgeführt.

2.1 Zugrundeliegende Fragestellung

Den internationalen und deutschen Normungsstellen liegt seit geraumer Zeit der Entwurf eines Verunreinigungsempfindlichkeitstests (Contamination sensitivity; ISO/TC/SC 6/N 174) vor, nach dem Pumpen auf ihre Empfindlichkeit gegenüber Feststoffverschmutzung im Druckmedium beurteilt werden sollen [2]. Ziel dieses Testes ist es, aus Kurzzeitversuchen einen Kennwert (Omegawert) der Schmutzempfindlichkeit der Pumpe zu ermitteln.

Der Omegawert der getesteten Pumpe entspricht zahlenmäßig einem Beta-10-Wert (β_{10}) aus der Filtertechnik [3], wobei durch den Beta-10-Wert die Abscheideleistung des Filters beschrieben wird. Dieser Wert (β_{10}) gibt das Verhältnis der Partikel $> 10\,\mu m$ vor zu hinter dem Filter an. Der durch den Sensitivity-Test ermittelte Ω-Wert einer Pumpe soll dem β_{10}-Wert des Filters entsprechen, mit dem die Pumpe zu schützen ist, um eine bestimmte Einsatzdauer zu erreichen (z. B. 1000 h).

Am Institut für hydraulische und pneumatische Antriebe und Steuerungen wurde der Pumpenverschleißtest, der an der Oklahoma State University unter Prof. E. C. Fitch entwickelt wurde, angewandt und hinsichtlich seiner Aussagefähigkeit überprüft, da von europäischer Seite erhebliche Zweifel an dem Testverfahren und seinen Ergebnissen geäußert wurden. Darüber hinaus wurden die dem Test zugrunde liegenden theoretischen Ansätze auf ihre Richtigkeit hin untersucht.

2.2 Aufbau des Prüfstandes

Um die oben beschriebenen Versuche durchführen zu können, wurde der in Bild 1 dargestellte Prüfstand aufgebaut.

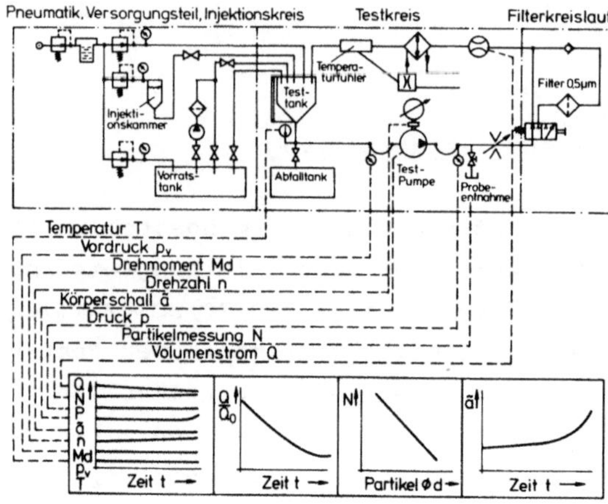

Bild 1: Versuchsaufbau und Meßwerterfassung

Die Testpumpe wird von einem in der Drehzahl stufenlos verstellbaren 100-kW-Gleichstrommotor angetrieben. Zwischen Motor und Pumpe ist die Drehmomentmeßwelle eingebaut, um das übertragende Drehmoment zu bestimmen. Hier ist gleichzeitig ein Sensor zur Drehzahlermittlung untergebracht. An der Pumpe selbst wird direkt ein Körperschallaufnehmer angebracht, um den Vorgang der Pumpenschädigung besser verfolgen zu können. Es schließt sich dann eine verstellbare Drossel an mit einer dahinterliegenden Turbine zur Volumenstrommessung der Pumpe. Hinter der Turbine befindet sich ein Zweirohrwendelkühler. Es handelt sich um eine Spezialanfertigung, die erforderlich ist, damit sich die Öldurchflußgeschwindigkeit nicht zu stark reduziert. In Totwassergebieten würden die Staubfraktionen, die zur Zerstörung der Pumpe eingegeben werden, aussedimentieren können. Von dem Kühler aus fließt das kontaminierte Öl über einen Diffusor unter der Flüssigkeitsoberfläche in den konisch ausgebildeten Tank zurück. Zwischen Drossel und Durchflußmeßturbine befindet sich ein Filter im Bypaß. Dieser wird nach jedem Versuch - zur Reinigung des Öls auf den Ausgangszustand - zugeschaltet.

Zur Peripherie des Prüfstandes gehört auch der pneumatische Versorgungsteil. Damit wird der Testtank unter konstanten Vordruck gestellt. Außerdem wird mit Hilfe des pneumatischen Versorgungsteils die Staubinjektion vorgenommen. Aus einem Vorratstank wird über ein Feinstfilter das für jeden Test erforderliche Ölvolumen in den Testtank gefördert.

2.3 Durchführung des Tests

Die Testprozedur - wie sie in dem Normentwurf vorgeschrieben ist - läuft folgendermaßen ab: Die Testpumpe wird im Kreislauf installiert. Danach wird das Ölvolumen im Testtank auf ein Viertel des minütlichen Volumenstromes (bei Nenndruck) der zu testenden Pumpe eingestellt, wobei das Volumen des Filterbypasses nicht mitgerechnet wird. Die Pumpe wird zunächst mit folgendem Einfahrprogramm gefahren [2]:

15 min bei 25 % des Nenndruckes
15 min bei 50 % des Nenndruckes
15 min bei 75 % des Nenndruckes

Anschließend wird die Pumpe gemäß ISO-Normentwurf bei 100 % Nenndruck betrieben, und zwar so lange, bis der Volumenstrom über mindestens 60 Minuten konstant geblieben ist. Die Pumpe steht nun für den Test bereit.

Der zuletzt gemessene Volumenstrom Q_o wird als Bezugsvolumenstrom für den weiteren Versuchsablauf festgelegt. Aus ihm berechnet sich das Ölvolumen im Testtank und daraus die Staubmenge, die zugegeben wird: 300 mg ACFTD (air cleaner fine test dust) pro Liter Füllung im Testtank. Dieser Quarzstaub wird in einem halben Liter Öl gelöst und gleichmäßig über 1 Minute in das unter vollem Druck laufende System eingegeben, und zwar am Anfang eine Fraktion von 0 - 5 μm. Die Pumpe wird nun bei konstantem Nenndruck mit konstanter Temperatur (T = 65 °C) und konstanter Drehzahl 30 Minuten gefahren. Alle 2 Minuten müssen die Meßgrößen (Volumenstrom etc.) erfaßt werden. Bleibt der Volumenstrom 10 min konstant, so kann der Versuch schon vorher abgebrochen werden. Jetzt wird das Filter im Bypaß zugeschaltet, um das gravimetrische Niveau wieder auf den Ursprungszustand (10 mg/l) abzusenken. Nach der Filterung wird die nächste Fraktion ACFTD (Größe 0 - 10 μm) zugegeben, und der Versuchsablauf wiederholt sich mit größer werdenden Fraktionen (bis 0 - 80 μm). Das Testende ist erreicht, wenn der Pumpenförderstrom auf 70 % von Q_o abgefallen ist.

Die gemessenen Volumenstromwerte, bezogen auf Q_o, werden - entsprechend dem ISO-Normentwurf - entweder grafisch oder mit einem Computerprogramm im Omega-Verfahren ausgewertet. Die erhaltenen Ω-Werte entsprechen den Filterkennwerten (β_{10}) des Multipass-Testes. Sie sollen darüber Auskunft geben, welchen β_{10}-Wert das Filter haben muß, das die Pumpe schützt, damit eine Lebensdauer von 1000 h erreicht wird.

2.4 Testergebnisse für verschiedene Pumpenbauarten

Im folgenden sollen exemplarisch einige Ergebnisse von Verschleißtests an verschiedenen Pumpenbauarten vorgestellt werden (Bild 2). Es sind die Ergebnisse folgender Bauarten dargestellt:

- Flügelzellenpumpen = A
- Außenzahnradpumpen mit Stahlgußgehäuse = B
- Schrägachsenpumpen = E
- Innenzahnradpumpen = I
- Schrägscheibenpumpen = M

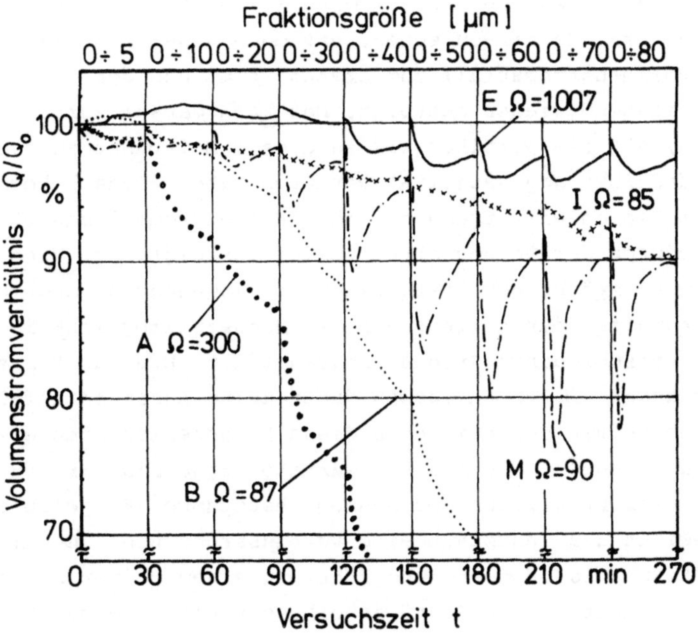

<u>Bild 2:</u> Volumenstromabfall über den Staubfraktionen für verschiedene Verdrängereinheiten

Das Förderstromverhalten einer Flügelzellenpumpe im Verschleißtest ist in Kurve A dargestellt. Bei der Zugabe größer werdender Staubfraktionen sinkt der Volumenstrom pro Fraktion betragsmäßig immer mehr ab. Daran schließt sich die Zahnradpumpenbauart (B) an. Sie fällt in den ersten Fraktionen nicht so stark im Volumenstrom ab und hat einen fast gestreckten Verlauf. Die 70 %-Grenze des Volumenstromes wird in der 0-5 µm-Fraktion erreicht. Bei der Schrägachsenbauart (E) zeigte sich ein abweichendes Verhalten. Während des Filtervorganges verbesserte sich der Volumenstrom deutlich. Bei dieser Schrägachsenbauart fiel der Volumenstrom insgesamt nur auf 97 % des ursprünglichen Wertes ab. Hieraus ist zu folgern, daß diese Pumpenbauart relativ unempfindlich gegen ACFTD ist und somit gegen Verunreinigungen weniger geschützt werden muß, was auch die niedrigen Omega-Werte aussagen. Es handelt sich hierbei um ein Verschleißverhalten, das durch eine wirksam werdende Kompensation (Nachstellen) gekennzeichnet ist. Es ist zu sehen, daß nach jeweils 6 bis 8 Minuten der Volumenstromabfall zum Stehen kommt und der Volumenstrom anschließend wieder ansteigt. Das kann darauf zurückzuführen sein, daß die Partikel bis zu diesem Zeitpunkt zertrümmert sind und ihre Aggressivität verloren haben. Danach kommt es zu einem Einschleifvorgang zwischen Kolbentrommel und Steuerspiegel, wodurch der Volumenstrom wieder ansteigt. Auf dieses Verhalten wird später noch detaillierter eingegangen. Aber hier läßt sich bereits feststellen, daß die Nachstellmöglichkeit der Pumpen aus verschiedenen Gründen begrenzt ist. Die aus Kurzzeittests gewonnenen Ω-Werte lassen daher keine Aussagen auf längere Betriebszeiten zu, bei denen diese Nachstellgrenzen erreicht werden können. Ein nicht erwartetes Ergebnis wird durch die ersten vier Fraktionen der Schrägachsenpumpe (E) geliefert. Hierbei bewirkt der Teststaub eine Verbesserung über 100 %; er wirkt praktisch als Läppaste und führt zu einem weiteren Einfahren der Einheit. - Die Schrägscheibeneinheit M verhält sich ähnlich. Der Nachstelleffekt setzt schon deutlich in der 0 bis 30 μm-Fraktion ein. Bei größeren Fraktionen beginnt der Volumenstromabfall direkt bei Zugabe der Staubfraktion, so daß in der 0-70 μm-Fraktion der Abfall ca. 16 % beträgt.

Zwischen den Ergebnissen der Schrägscheibeneinheit und der Schrägachseneinheit liegen die Werte einer Innenzahnradpumpe. Sie verlor relativ gleichmäßig an Volumenstrom, hatte aber am Ende der 0-80 μm-Fraktion noch immer ein Volumenstromverhältnis von ca. 90 %. Eine Schraubenspindelpumpe, hier nicht dargestellt, fiel nur um 1 % bis 2 % pro Fraktion ab und erholte sich beim Filtern wieder. Sie hatte zu Ende des Versuchs noch 98 % ihres ursprünglichen Volumenstromes.

Die hier dargestellten Ergebnisse zeigen exemplarisch einige Ergebnisse der nach dem ISO-Normvorschlag getesteten Pumpen. Im folgenden Kapitel wird auf die beim Pumpentest ablaufenden Verschleißmechanismen eingegangen.

2.5 Verschleißmechanismen

Bei allen dem Verschleißtest unterzogenen Außenzahnradpumpen zeigte sich bei der Demontage an den Seitenscheiben immer das gleiche charakteristische Verschleißbild. Im Mittelsteg zwischen den beiden Wellenbohrungen ist ein mehr oder weniger stark ausgeprägtes, unter einem bestimmten Winkel verlaufendes Linienverschleißgebiet zu erkennen.

Bild 3 zeigt die komplette Seitenscheibe (Lagerbrille) einer getesteten Pumpe vom Typ B in Originalgröße. Diese Lagerbrille ist aus Stahl mit aufgesinterter Bronze. Das linienförmige Verschleißgebiet verläuft im Mittelsteg von unten rechts nach oben links.

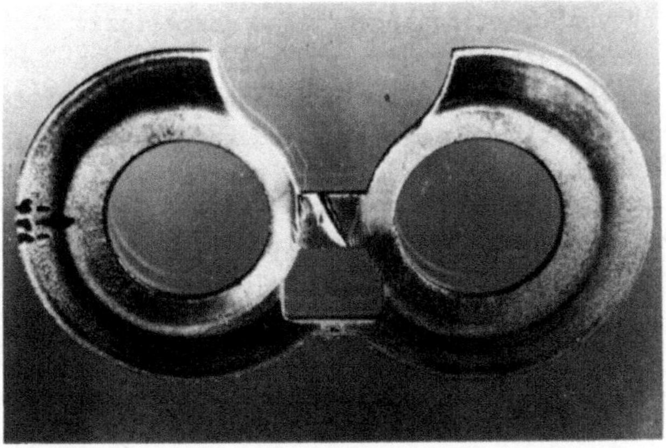

Bild 3: Lagerbrille einer getesteten Pumpe vom Typ B

Zur Orientierung:
- Saugseite oben
- Druckseite unten
- Antriebsritzel rechte Bohrung
- Antriebsdrehrichtung im Uhrzeigersinn

Berechnungen ergaben, daß diese Schadenslinie mit der Eingriffslinie der Verzahnung übereinstimmt. Der Schaden entsteht nur dort, wo die Abdichtung zwischen Druck- und Saugraum über ein Zahnpaar erfolgt. An dieser jeweiligen Dichtungsstelle liegt der volle Differenzdruck zwischen Druck- und Saugraum an. Sie wird durch zwei sich bewegende Bauteile (Zahnräder) und die Lagerbrille gebildet. An der Berührstelle verbleibt aus fertigungstechnischen Gründen dieser drei Teile immer ein kleiner Leckölspalt, durch den Drucköl mit erosiv wirkenden Teilchen abfließt und Zahnräder und Seitenscheiben zerstört.

Bei Schrägachsen- und Schrägscheibenpumpen war zu beobachten, daß bei großen Fraktionen der Volumenstrom bis circa zur 8. Minute abfiel und sich dann wieder deutlich verbesserte (siehe Bild 2). Das ist darauf zurückzuführen, daß die Oberflächen, an denen eine Abdichtung erfolgt, zunächst aufgerauht und nach der 8. Minute wieder geglättet werden. Dieser Vorgang soll im folgenden anhand von Oberflächenschrieben dargestellt werden, die zu drei verschiedenen Zeitpunkten während der 0-70 μm-Fraktion (Pumpe E) aufgenommen wurden. Diese Untersuchung sollte Aufschluß darüber erbringen, ob die Volumenstromabnahme und anschließende Verbesserung während der Fraktionen in Zusammenhang mit der Oberflächenbeschaffenheit der Kolbentrommel und des Steuerspiegels steht, die an drei verschiedenen Radien (r_i = innerer Radius; r_m = mittlerer Radius; r_a = äußerer Radius) vermessen wurden (R_a = Rauhigkeitswert). In Bild 4 sind die R_a-Werte des Zylinderblocks über der Fraktionszeit und dem Radius aufgetragen. Der R_a-Wert wurde als Oberflächenmeßwert aufgetragen, weil er durch seine integrale Betrachtung des Rauheitsprofils die beste Aussage über die Veränderung der Materialoberfläche in der Meßstrecke gibt. Die drei Rauheitsprofile bei den verschiedenen Meßstellen haben unterschiedliche Rauheitsausgangswerte.

Der Rauheitswert am äußeren Radius des Zylinderblockes ist am geringsten. Am inneren Radius liegt schon eine stärkere, etwa doppelt so große Aufrauhung vor. Am mittleren Radius wurden die größten R_a-Werte gemessen. Die Werte sind etwa viermal so hoch wie die am äußeren Radius. Die starke Schädigung am mittleren Radius ist darauf zurückzuführen, daß in diesem Bereich die eigentliche Umsteuerung geschieht. Es werden hier durch die Steueröffnungen direkt Partikel in die Dichtflächen eingezogen und rauhen diese auf. Die Partikel selbst werden bei diesem Verschleißvorgang auch zertrümmert.

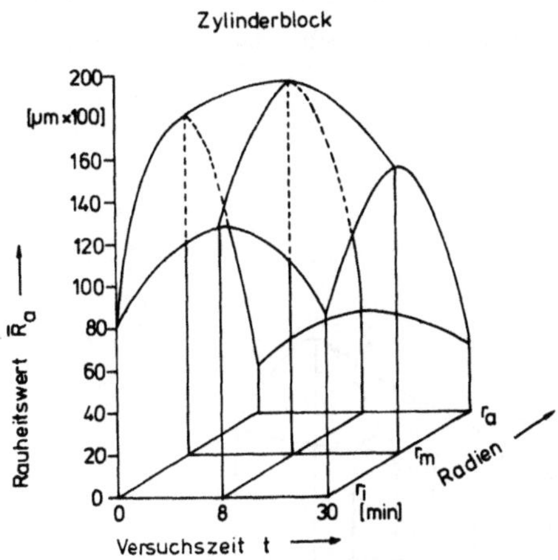

Bild 4: Dreidimensionale Darstellung des Verschleißbildes bei dem Zylinderblock der Pumpe "E"

Wird die Veränderung der R_a-Werte über der Zeit betrachtet (Bild 4), so steigen die Werte für alle drei Meßbereiche bis zur 8. Minute an, wo sie ihr Maximum erreichen. Zu dem Zeitpunkt liegt die größte Oberflächenschädigung vor. Anschließend werden die R_a-Werte wieder kleiner bis zur 30. Minute. Dies spiegelt den Verlauf der Volumenstromkurve wieder (siehe Bild 2), denn hier zeigt sich in der 8. Minute der größte Volumenstromabfall und damit der maximale Leckölstrom. Bis zur 30. Minute verbessert sich die Oberflächenqualität und damit das Volumenstromverhältnis wieder. Die Riefen im weichen Werkstoff Messing werden von diesem Zeitpunkt an durch die jetzt zerkleinerten

Staubpartikel wieder eingeläppt. Am mittleren Radius ist der Läppvorgang so stark, daß am Ende der Fraktion ein kleinerer R_a-Wert vorliegt als am Anfang. Am inneren und äußeren Radius sind die Oberflächenverbesserungen so groß, daß nach 30 Minuten in etwa wieder die Anfangswerte von R_a erreicht werden.

In Bild 5 sind die Rauheitswerte des Steuerspiegels zu sehen. Die Größenordnung der Aufrauhung, gemessen in R_a-Werten, ist im Vergleich zum Zylinderblock am inneren und am mitteleren Radius geringer, am äußeren Radius jedoch etwas größer.

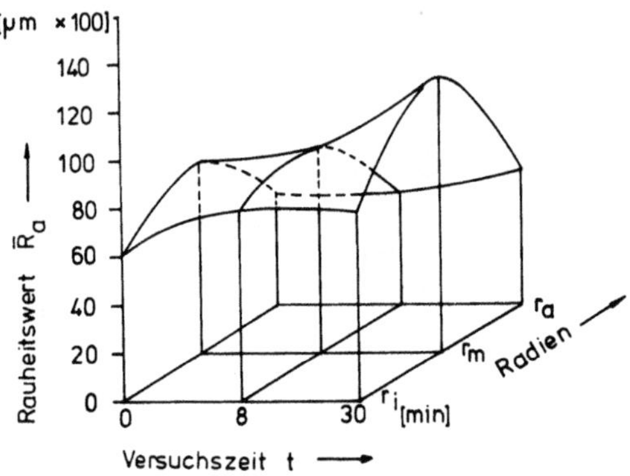

Bild 5: Dreidimensionale Darstellung der Rauheit des Steuerspiegels der Pumpe "E"

Weil der Steuerspiegel aus gehärtetem Stahl und die Zylinderblockgleitfläche aus weicherem Messing gefertigt sind, wurde der Steuerspiegel geringer aufgerauht als der Zylinderblock. Die größere Härte und Festigkeit des Stahls setzt dem Verschleiß durch die Staubpartikel einen größeren Widerstand entgegen als das Messing. Auch hier ist wieder die größere Oberflächenaufrauhung am mittleren Radius - im Vergleich zu der am inneren und am äußeren Radius - dargestellt. Die Änderung der Oberflächenschädigung über der Zeit zeigt bei der Steuerscheibe jedoch eine andere Tendenz als beim Zylinderblock. Bis zur 8. Minute ist auch hier ein Anstieg der R_a-Werte festzustellen. Dieser Anstieg setzt sich jedoch bis zur 30. Minute weiter fort oder bleibt, wie beim inneren Radius, zumindest konstant. Das bedeutet: die 8 Minuten lang geschädigte Steuerscheibe erholt sich durch den fein zertrümmerten Staub nicht mehr, sondern die Schädigung setzt sich weiter fort.

Es ist möglich, daß sich bei der Paarung Stahl-Messing bei Reibverschleiß das Messing als weicherer Reibpartner schnell unter der Einwirkung eines groben Feststoffkorns zerfurcht, aber bei feinem Feststoffkorn zu einem Läppvorgang fähig ist. Der Stahl als härterer Reibpartner erfährt insgesamt eine bleibende Schädigung, die sich besonders im mittleren Radiusbereich bis zum Ende der Testzeit fortsetzt. Somit ist die Volumenstromverbesserung (siehe Bild 2) der Pumpe nach der 8. Minute auf die Verbesserung der Messingoberfläche des Zylinderblocks zurückzuführen.

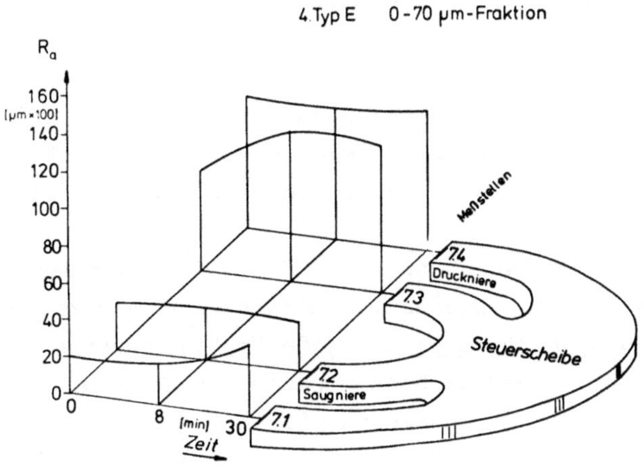

Bild 6: Rauhigkeitsmessung über Saug- und Druckniere

Der deutliche Einfluß der Druckhöhe ist in Bild 6 zu erkennen. Hier sind die R_a-Werte des Steuerspiegels an den Stegen zwischen Saug- und Drucknieren zu drei verschiedenen Zeitpunkten während der 0-70 μm-Fraktion dargestellt. Die Oberflächenmeßwerte an der Druckseite sind circa doppelt bis dreimal so groß wie diejenigen an der Saugseite.

2.6 Problematik der angewandten Testprozedur

Bei der Anwendung dieses Testes stellten sich einige Probleme, die es zu lösen galt.Es mußte z. B. die Fraktionierung des Staubes mit Hilfe eines speziellen Sieb- und Sichtverfahrens durchgeführt werden. Die Durchführung der Fraktionierung oblag dem Institut für mechanische Verfahrenstechnik der FH Düsseldorf unter der Leitung von Professor Masbaum.

Nach jeder Fraktion muß das im Test verschmutzte Öl auf ein Ausgangsniveau von 10 mg/l zurückfiltriert werden. Dafür wurde ein Industriefilter mit einem Wert von β_2 = 45 bei einer dreistündigen Filtrierungszeit eingesetzt. Durch diese lange Filterzeit wird die Testdauer erhöht und außerdem werden alle Verschleißpartikel aus dem Öl entfernt, die mögliche Rückschlüsse zugelassen hätten.

Das grafische Auswerteverfahren nach ISO-Normentwurf zur Bestimmung des Ω-Wertes [4, 5] erwies sich als nicht exakt genug für eine Pumpenbewertung, was im folgenden begründet wird.

Zur Auswertung des Versuches wird das Volumenstromverhältnis (Q/Q_0) herangezogen. Dieses Verhältnis wird in dem Nomogramm der horizontalen Achse (Bild 7) für jede Fraktion aufgetragen. Die Punkte werden mit der am besten passenden Geraden verbunden. So wurde von Hand die durchgezogene Linie eingetragen. Da aber hier dem Empfinden des Auswerters viel subjektiver Raum belassen bleibt, wird am Institut für hydraulische und pneumatische Antriebe und Steuerungen mit Hilfe eines Rechnerprogramms die Gerade so berechnet, daß die Abstände zwischen den Punkten und der zu ermittelnden Geraden quadratisch nach der Gauß'schen Methode minimiert werden. Die aus dem Schnittpunkt der Geraden mit der waagerechten Achse erhaltenen Zwischenwerte werden auf die Y-Achse übertragen und anschließend mit den Schnittpunkten der Volumenstromgeraden auf der X-Achse verbunden. Die verbindende Gerade zeigt auf der Ω -Skala den zur Pumpe gehörenden Test-Omega-Wert. Der Unterschied zwischen der subjektiv gezogenen Geraden und der mit dem Rechnerprogramm ermittelten kann zu erheblich voneinander abweichenden Ω -Werten führen, wie das Beispiel in Bild 7 zeigt.

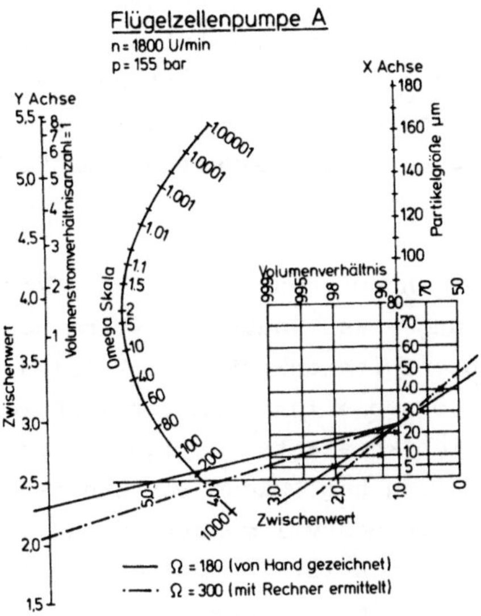

Bild 7: Grafische Omega-Wertbestimmung

Von ausschlaggebender Bedeutung ist hierbei auch die Genauigkeit der Volumenstrommessung. Weist die Pumpe bei der (den) ersten Fraktion(en) keine Volumenstromabnahme oder sogar eine Zunahme auf, so wird nicht der ermittelte Zwischenwert verwendet, sondern die Anzahl der Fraktionen, bei denen der Volumenstrom nicht abfällt. Ist z. B. bei den ersten Fraktionen (0-5 µm; 0-10 µm) der Volumenstrom nicht abgefallen, so ist die "Volumenverhältniszahl" = 2. Dieser Wert wird auf der Y-Achse eingetragen und mit dem Schnittpunkt der Volumenstromgeraden auf der X-Achse verbunden. Der damit gewonnene Omega-Wert ist sehr niedrig (<10), was bedeuten soll, daß die Pumpe schmutzunempfindlich ist. Zu welchen Ergebnissen dieses Auswertesystem führen kann, sei an einem Beispiel von zwei baugleichen Axialkolbenpumpen geschildert.

Die erste Pumpe wies einen Ω -Wert von 1,4 auf, und die zweite einen Ω -Wert von 55, obwohl sie in den ersten vier Fraktionen im Volumenstrom nur um 1 % auseinanderlagen. Dies soll bedeuten, daß die erste Pumpe praktisch unempfindlich gegen ACFTD ist, während die zweite nach Aussage des Ω -Wertes mit einem entsprechend feinen Filter (β_{10} = 55) geschützt werden muß, um eine 1000-h-Lebensdauer zu erreichen. Hier stellt sich dem kritischen Betrachter die Frage, ob die Bewertung der Einheiten mit dem Ω -Modell realistisch ist.

Parallel zur grafischen Ω -Auswertung besteht ein Rechnerprogramm, in welchem der Anfangs- und Endvolumenstrom beim Test einer Fraktion eingehen. Die Zwischenwerte der Volumenströme in der Fraktion werden durch einen e-funktionsförmigen Term angenähert, in dem die angeblich konstante Partikelzerstörungszeit τ= 9 min eine große Bedeutung hat. Diese Partikelzerstörungszeit bestimmt in starkem Maße das Volumenstromverhältnis $\Delta Q_2/\Delta Q_{total}$. Dieses Verhältnis ist der Volumenstromabfall nach 2 Minuten (ΔQ_2), bezogen auf den gesamten Volumenstromabfall während der Testzeit mit einer Fraktion (ΔQ_{total}). Dieses Verhältnis soll nach der Theorie konstant den Wert 0,36 annehmen; unabhängig von Pumpenbauart und zugegebener Fraktionsgröße.

Zur Überprüfung dieser Aussage wird in Bild 8 der Volumenstromabfall verschiedener Pumpenbauarten bei Zugabe der Fraktion 0 - 50 μm über der Testzeit aufgetragen. Zum Vergleich ist die Volumenstromabfallkurve nach Werten der Oklahoma State University für τ = 9 min und $\Delta Q_2/\Delta Q_{total}$ = 0,36 mit e-funktionsförmigem Verlauf eingetragen. Man erkennt, daß der Verlauf für die einzelnen Pumpen stark von dem nach Professor Fitch angenommenen abweicht. Bei den Axialkolbenpumpen steigt der Volumenstrom sogar nach 8 min bzw. 14 min wieder an. Auch der Volumenstromabfall nach 2 min weicht für alle Pumpenbauarten von dem Wert $\Delta Q_2/\Delta Q_{total} = 0,36$ ab, der bei einer Zeitkonstante von $\tau = 9$ min erreicht werden müßte.

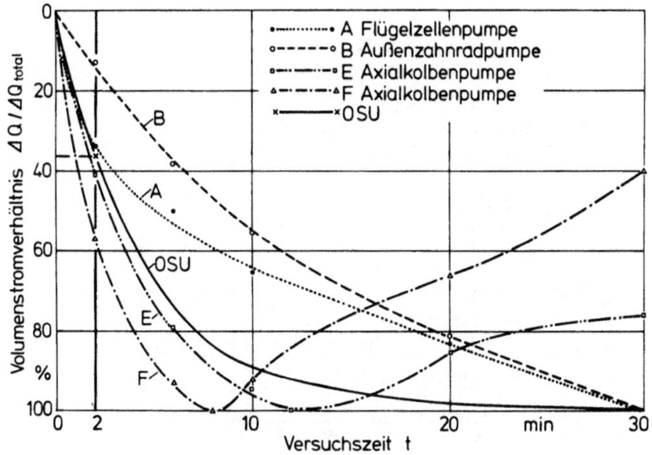

Bild 8: Volumenstromverhältnis $\Delta Q/\Delta Q_{total}$ in Abhängigkeit von der Versuchszeit für verschiedene Pumpenbauarten

Bei den am IHP getesteten Pumpen [6, 7] wurden hier für die 0-50 µm-Fraktionen Werte von $\Delta Q_2/\Delta Q_{total} = 0,14-0,57$ gemessen. Damit erweist es sich, daß die Partikelzerstörungszeit keine Konstante ist, die die OSU annimmt, sondern von der Pumpenbauart abhängig ist. Da diese "Zeitkonstante $\tau = 9$ min" bei der Bewertung nach Professor Fitch in alle Verschleißkoeffizienten eingeht, hat sie entscheidenden Einfluß auf die Lebensdauerbestimmung nach dem Ω -Modell. Außerdem verliert das Modell seine Anwendbarkeit bei Schrägachsenpumpen und Schrägscheibenpumpen, weil diese nach anfänglichem Abfall wieder einen Anstieg des Volumenstromes in den Fraktionen zu verzeichnen haben. Ein solcher Volumenstromverlauf ist in dem Modell nicht vorgesehen.

2.7 Verkürzung des Tests

Um den Verschleißvorgang bei den Pumpen aufgrund von Feststoffverschmutzung des Mediums besser analysieren zu können, und um die Versuchszeit zu verkürzen, wurde die im ISO-Normentwurf vorgeschriebene Testprozedur modifiziert (Bild 9).

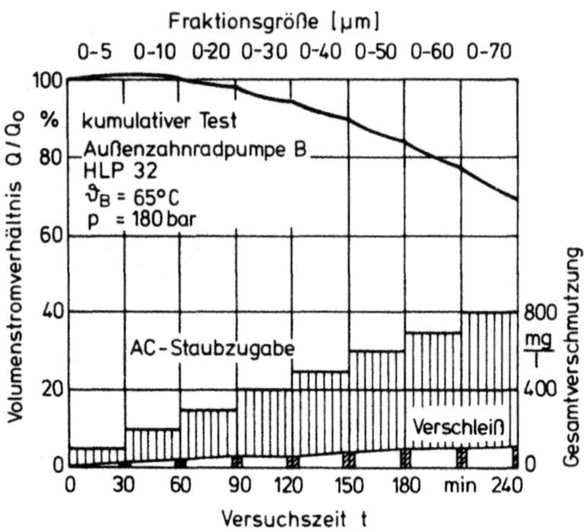

Bild 9: Kumulativer Versuch bei der Außenzahnradpumpe "B"

Bei diesem neuen Test werden kumulierend in jeder Fraktion 100 mg/l ACFTD zugeführt. Auf die Filtrierung zwischen den Fraktionszugaben wird bei diesem Test verzichtet, um die Testdauer zu verkürzen und um die im Öl enthaltenen Informationen bei weiteren Analysen verwenden zu können. Die Versuchszeit je Fraktion wird bei diesem "Kumulativtest" auf 30 min belassen.

Bei diesem Test gilt der Versuch als beendet, wenn die Pumpe einen Förderstromabfall von 30 % erreicht hat. Auf diese Weise dauert der Test nur maximal 6,5 h. Hingegen kann sich beim Test gemäß ISO-Normentwurf die Testdauer mit den Filterzeiten bis zu 33,5 h erstrecken, was immerhin einer tatsächlichen Versuchsdauer von mehreren Tagen entspricht. Bei dem Test werden ebenfalls alle die Meßwerte kontinuierlich aufgezeichnet, die bei der Durchführung des Standardtestes aufgenommen wurden, wie Volumenstrom, Druck, Drehmoment und Körperschall. In Bild 9 ist für eine Außenzahnradpumpe beispielhaft das Ergebnis dieses Tests dargestellt. Die ersten beiden Fraktionen führen zu einer Volumenstromverbesserung der Pumpe; erst bei Zugabe größerer Fraktionen fällt der Volumenstrom langsam ab und erreicht die 70 %-Grenze in der 0-70 µm-Fraktion. Um Aussagen über die entstandenen Verschleißpartikel zu erhalten, wurden sowohl gravimetrische Messungen als auch rasterelektronenmikroskopische Aufnahmen gemacht.

Das Vorgehen bei den gravimetrischen Messungen geschah wie folgt: erst wurde die Grundverschmutzung mit der Membranfiltermethode gemessen. Dann wurde am Ende jeder Fraktion dem System ein halber Liter Öl entzogen und anschließend ein halber Liter Öl mit der neuen Fraktion zugegeben, so daß das Systemvolumen konstant blieb. Aus dem Wissen über die Höhe der zugegebenen ACFTD-Menge, der Grundverschmutzung des Öls vor Zugabe der Fraktionen und den gravimetrischen Messungen am Ende jeder Fraktion, ließ sich durch Differenzbildung annähernd ermitteln, wieviel Milligramm an Verschleißpartikeln entstanden waren. In Bild 9 unten sind sowohl die Menge AC-Staub aufgetragen, die alle 30 Minuten kumulativ zugegeben wurde, als auch das ermittelte Gewicht der Verschleißpartikel. Die Feststoffpartikel wurden genauer in Form und Größe sowie chemischer Zusammensetzung mit der energiedispersiven Röntgenanalyse und dem Rasterelektronenmikroskop untersucht und ausgewertet. Dadurch läßt sich bei Kenntnis des chemischen Aufbaues des Teststaubes die chemische Zusammensetzung der Verschleißpartikel bestimmen, die zusätzlich in der Analyse identifiziert werden.

Weitere Informationen wie einerseits die kontinuierlich mitgeschriebenen Werte, Körperschall, Drehmoment und andererseits die an den Pumpenbauteilen gemessenen Werte von Ebenheit und Rauheit der Bauteiloberflächen lassen in ihrer Gesamtheit Rückschlüsse auf die kritischen Verschleißstellen und das Verschleißverhalten der unterschiedlichen Pumpenbauarten zu.

2.8 Zusammenfassung Pumpenempfindlichkeitstest

Zusammenfassend kann gesagt werden, daß der Einsatz von definierter Verschmutzung nach bestimmten Test-Vorschriften einen wichtigen Schritt zur Untersuchung der Verschleißempfindlichkeit von Pumpen darstellt. Allein die Aussage des abfallenden Volumenstromes - gemäß ISO-Normentwurf - reicht nicht aus, um die Pumpen bewerten oder Aussagen über das Langzeitverhalten machen zu können. Werden alle verwertbaren Informationen hinzugenommen, die im Versuch gleichzeitig erfaßt werden können - wie Drehmoment (M_d), Körperschall (a), Oberflächenschriebe (R_a), REM-Aufnahmen und Ölanalysen -, so ist der Verschleißvorgang und auch die Schmutzempfindlichkeit der Pumpen gut zu analysieren. Damit lassen sich wichtige Rückschlüsse ziehen, um Pumpen weniger empfindlich gegen Feststoffverschmutzung zu machen. Hierzu sind in Zukunft weitere Arbeiten an den Grundlagen der Verschleißmechanismen der verschiedenen Verdrängertypen erforderlich. Die bisher durchgeführten Versuche haben deutlich gemacht, daß bei Außenzahnradpumpen und Axialkolbeneinheiten jeweils ein charakteristischer Verschleißmechanismus vorliegt. Es ist zu untersuchen, ob bei anderen Pumpenbauarten auch spezifische Verschleißmechanismen auftreten und wie diese verlaufen.

3 Untersuchungen am Schmutzeinzugsprüfstand (SEP)

Für die von außen in das Druckmedium eindringende Feststoffverschmutzung, die zur Zerstörung und zum vorzeitigen Ausfall von Pumpen führt, ergeben sich in der Praxis zwei mögliche Wege: zum einen über die Luftfilter am Tank, zum anderen über die Kolbenstangen. Mit einem sehr feinen Luftfilter läßt sich das Eindringen von Staub vermeiden, wenn durch die Hubbewegung der Flüssigkeitsoberfläche im Tank Luft angesaugt wird. Die Kolbenstange bleibt jedoch mit der Umgebung in Berührung. Über dieses Bauteil gelangt unvermeidlich Verschmutzung in das System. Daher ist es von großem Interesse, die Schmutzeintragerate dieses Bauteils in Abhängigkeit von verschiedenen Betriebsparametern zu untersuchen.

3.1 Aufbau des Prüfstandes

Um die Eindringrate von Feststoffpartikeln in ein Hydrauliksystem über eine bewegte Kolbenstange nach Anzahl und Größe zu ermitteln, wurde ein universeller Prüfstand aufgebaut. Mit diesem Prüfstand, der in Bild 10 dargestellt ist, können alle wichtigen Betriebsparameter frei eingestellt werden. Der Prüfstand besteht aus einer Antriebs- und einer Versuchseinheit.

Der Versuchskreislauf arbeitet nach folgendem Prinzip: Die Kolbenstange des Versuchszylinders führt eine Hubbewegung in einen Staubraum aus, in dem nahezu jede natürliche Umgebung bezüglich Windgeschwindigkeit, Staubbelastung etc. simuliert werden kann. Die Kolbenstange des Versuchszylinders zieht über die Abstreifer und die Dichtungen Staub in das System ein. Um den reinen Eindringvorgang analysieren zu können, wird die Ölzirkulation nicht durch einen direkten Pumpenantrieb ausgeführt, sondern durch die Zwangssteuerung über Rückschlagventile. Auf diese Weise unterliegen die eingeschleppten Partikel nicht der Zerkleinerung durch Pumpen, Ventile o. ä.

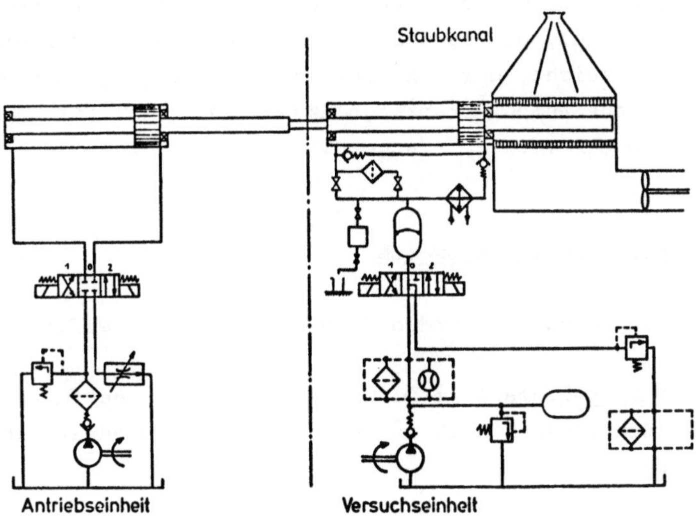

Bild 10: Schmutzeinzugsprüfstand

Im Versuchskreislauf befinden sich auch noch ein Doppelrohrwendelkühler, ein zuschaltbares Filter und ein Partikelmeß- und -zählgerät. Der Kühler ist speziell gefertigt, um eine Partikelsedimentation zu vermeiden. Das Filter dient dazu, am Ende eines jeden Versuches das Öl auf einen reproduzierbaren, nahezu partikelfreien Ausgangszustand zu bringen. Das Partikelmeß- und -zählgerät ist im on-line-Betrieb installiert, um die Partikelzunahme in den verschiedenen Bereichen direkt messen zu können. Bei den Versuchen zeigte sich jedoch, daß die Messungen mit Ölproben im Labor durchgeführt werden mußten, da die Sättigungsgrenze des Zählers aufgrund zu hoher Partikelanzahl im Test bereits nach kurzer Versuchszeit überschritten wurde. Die Ölproben konnten erst nach einer entsprechenden Verdünnung mit dem Partikelmeß- und -zählgerät im Labor analysiert werden.

Das Hydrauliksystem der Versuchseinheit besteht aus einer Pumpe, einem Speicher, einem Druckbegrenzungsventil und einem 4/3-Wegeventil. Hierüber wird die Ölsäule im Versuchszylinder auf den gewünschten Betriebsdruck vorgespannt. Unterschiedliche Drücke bei Vor- und Rückhub lassen sich durch entsprechende Ventilschaltungen einstellen. Da allerdings auf beiden Seiten des Versuchskolbens der gleiche Druck herrscht, muß die Kolbenbewegung von außen erfolgen. Sie wird durch einen baugleichen Antriebszylinder erreicht, der von einer eigenen Versorgungseinheit - bestehend aus Pumpe, Druckbegrenzungsventil, Filter, 4/3-Wegeventil und Stromregler - angetrieben wird.

3.2 Erfassung der Meßwerte

Bei diesen Versuchen wurden folgende Meßgrößen erfaßt:

- Die Partikelanzahl im Öl wurde nach einer bestimmten Anzahl von gefahrenen Zyklen in verschiedenen Größenbereichen gemessen.

- Aus der Anzahl der eingezogenen Partikel wurde die normierte Eindringrate bestimmt, die auf die Kolbenstangenoberfläche,

Hubgeschwindigkeit und die Anzahl der Zyklen bezogen ist.

- Die an den Dichtungen austretende Leckage, die sich nach längerer Betriebszeit einstellt, wurde herangezogen zur Beurteilung. Sie ist ein direktes Maß für den Verschleiß an den Dichtungselementen.

- Der Rauhigkeitswert der Kolbenstange wurde gemessen, um auftretenden Verschleiß nachweisen zu können.

- Die Oberflächenstruktur der Dichtungen konnte aufgrund der Elastizität nicht direkt gemessen werden. Deshalb wurde sie mit einem Rasterelektronenmikroskop fotografisch festgehalten.

- Die chemischen Elemente der Feststoffpartikel im Öl wurden mit Hilfe der energiedispersiven Röntgenanalyse nachgewiesen und analysiert.

3.3 Bestimmung der eingewanderten Partikel

Bei den in diesen Versuchen eingesetzten Dichtungen handelt es sich um einen sogenannten Tandemdichtungssatz (siehe Bild 11). Er besteht aus zwei Führungsringen, zwei Dichtungen und einem Abstreifer.

Bei den eingesetzten Dichtungen wurden die Partikel mit Hilfe eines Partikelmeß- und -zählgerätes zu bestimmten Zykluszeiten über den gesamten Größenbereich gezählt. Das Ergebnis dieser Messungen ist in Bild 12 dargestellt. Die Ergebnisse sind so aufgetragen, daß auf der Ordinate die Anzahl der Partikel größer als ein bestimmter Durchmesser d der Teilchen aufgetragen ist; auf der Abszisse ist die Partikelgröße (μm) angegeben. Der eingesetzte Dichtungssatz wurde bei einem konstanten Druck von p_2 = 150 bar und einer Temperatur des Öls t_2 = 45 ^{o}C getestet. Die dabei eingedrungenen Partikel nehmen mit der Zykluszahl ständig zu, wobei zu erkennen ist, daß unter 10 μm die Steigung der Partikelverteilungskurven progressiv zunimmt. Das bedeutet, daß die Partikel bis 10 µm stärker zunehmen als die größeren Partikel. Dies weist auf die Wirksamkeit der Abstreifer bis zu einem gewissen Größenbereich sowie auf einen möglichen Zerkleinerungsvorgang in der Dichtfuge hin.

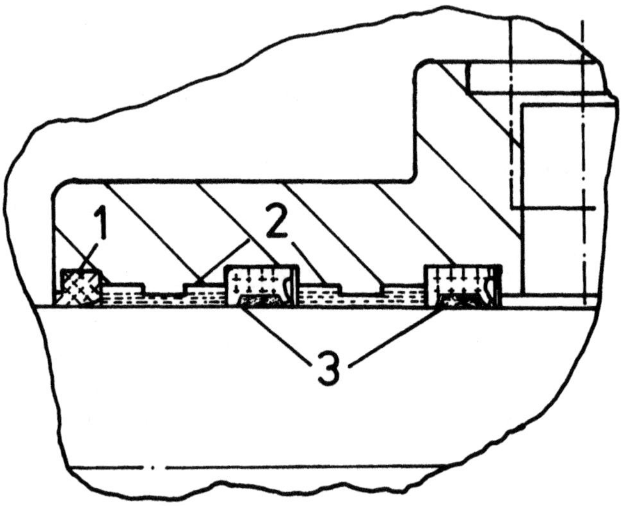

Bild 11: Schematischer Aufbau des Dichtungssatzes

wobei: 1 = Abstreifer
2 = Führungsring
3 = Dichtung mit Dichtungsinnenring

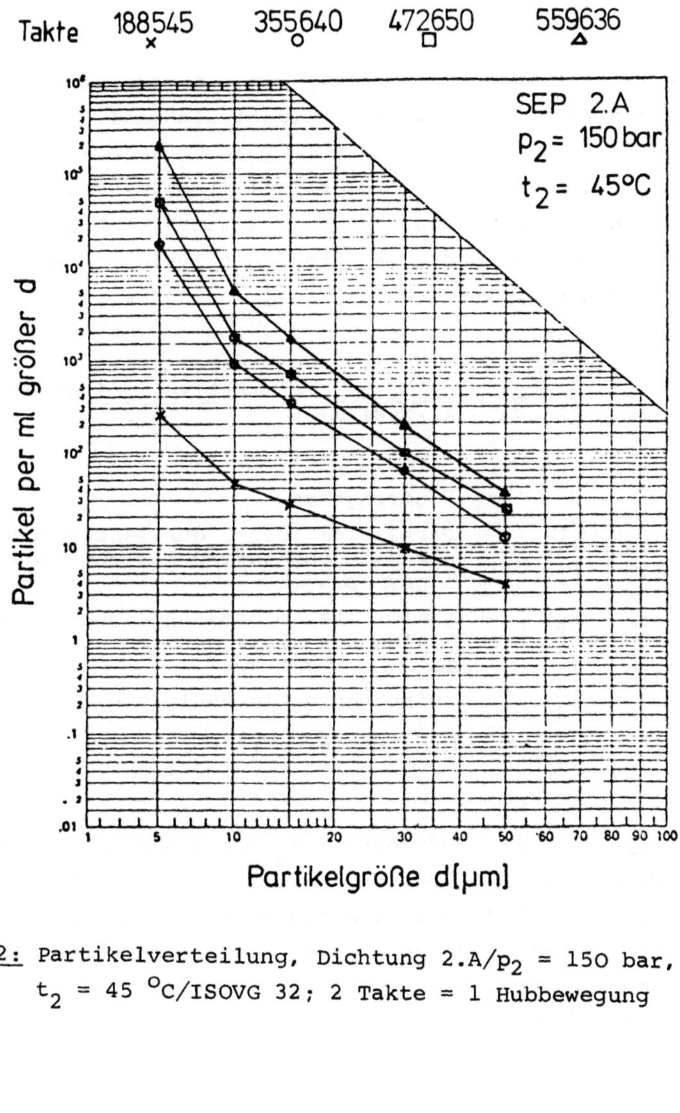

<u>Bild 12:</u> Partikelverteilung, Dichtung 2.A/p_2 = 150 bar, t_2 = 45 °C/ISOVG 32; 2 Takte = 1 Hubbewegung

3.4 Bestimmung der Eindringrate R_i

Um die Partikelanzahl unabhängig von den verschiedenen Versuchsparametern zu machen, wurde die Partikelanzahl $> 5\ \mu m$ auf eine definierte Eindringrate R_i umgerechnet. Die Eindringrate R_i wurde so definiert, daß die Partikeldifferenz $> 5\ \mu m$ vom Anfang bis zum Ende des Versuches auf die gemittelte Kolbenstangenoberfläche bezogen wird, die dem Staub pro Zyklus ausgesetzt ist. Die Eindringrate läßt sich wie folgt berechnen:

$$R_i = \frac{\Delta N_i}{A_K \cdot Zykl \cdot T} \qquad \frac{\text{Partikel} > 5\ \mu m \text{ pro ml}}{cm^2 \cdot s} \tag{1}$$

wobei

R_i	=	Eindringrate
ΔN_i	=	Partikeldifferenz der Partikelgröße $> 5\ \mu m$, gemessen vom Anfang bis zum Ende des Versuches pro ml
A_K	=	gemittelte Kolbenstangenoberfläche, die pro Zyklus der staubhaltigen Luft ausgesetzt ist ($A_K = \pi \cdot d \cdot h/2$)
Zykl	=	gefahrene Zyklenzahl (Hin- und Herbewegung)
T	=	Zeit pro Zyklus

In Bild 13 ist die Eindringrate R_i für den Dichtungssatz (2.A) ermittelt, indem die Anzahl der Partikel größer als $5\ \mu m$ über den gefahrenen Zyklusmetern aufgetragen ist (Zyklusmeter = Zykluszahl mal Hub in Metern). Die Anzahl der Partikel steigt mit den gefahrenen Zyklen an. Aus Bild 13 und den anderen bekannten Daten läßt sich der R_i-Wert ermitteln.

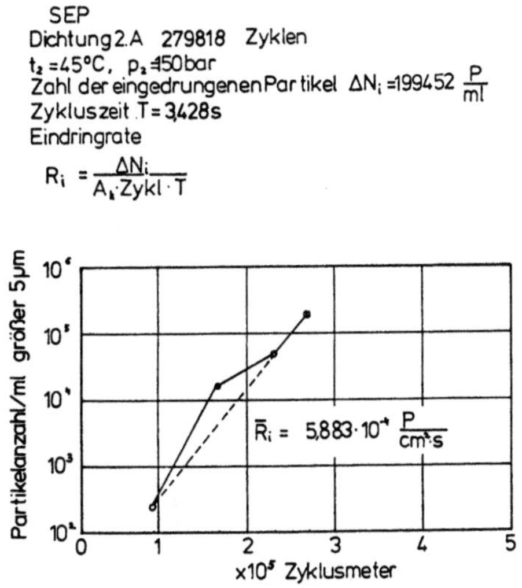

Bild 13: Bestimmung der Eindringrate R_i für Dichtung 2.A

3.5 Analyse der Feststoffpartikel im Öl mit der energiedispersiven Röntgenanalyse

Um die chemische Zusammensetzung der eingewanderten Partikel und der Verschleißpartikel zu untersuchen, wurde mit der energiedispersiven Röntgenanalyse (EDR) vor und nach dem Versuch eine Analyse der Partikel im Öl vorgenommen. Es wurden die im Medium enthaltenen Feststoffe vor und nach dem Versuch mit dem 2. Dichtungssatz (2.A) analysiert (Bilder 14 und 15). Auf der Abszisse ist die Röntgenenergie in keV für die einzelnen Elemente aufgetragen. Vor dem Versuch (Bild 14) sind deutlich Anteile an Aluminium (Al) und Messing vorhanden.

Bei einem Vergleich der Impulshöhe aus den Meßprotokollen vor dem Versuch (Bild 14) mit denen nach dem Versuch (Bild 15) ist zu erkennen, daß die Impulshöhen von Messing und Chrom (Cr) stark zugenommen haben.

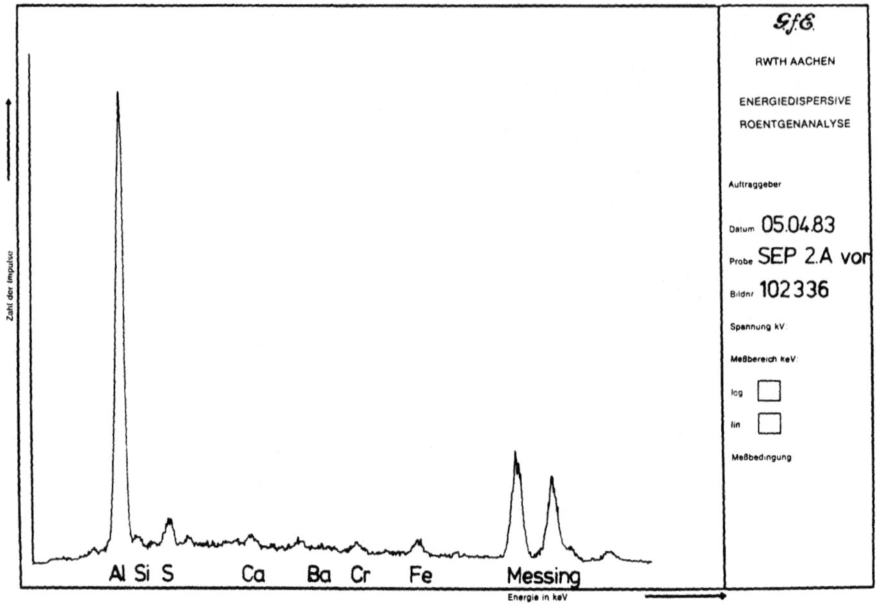

Bild 14: Energiedispersive Röntgenanalyse der Feststoffe in einer Ölprobe aus dem Versuch mit dem Dichtungssatz 2.A vor dem Versuch

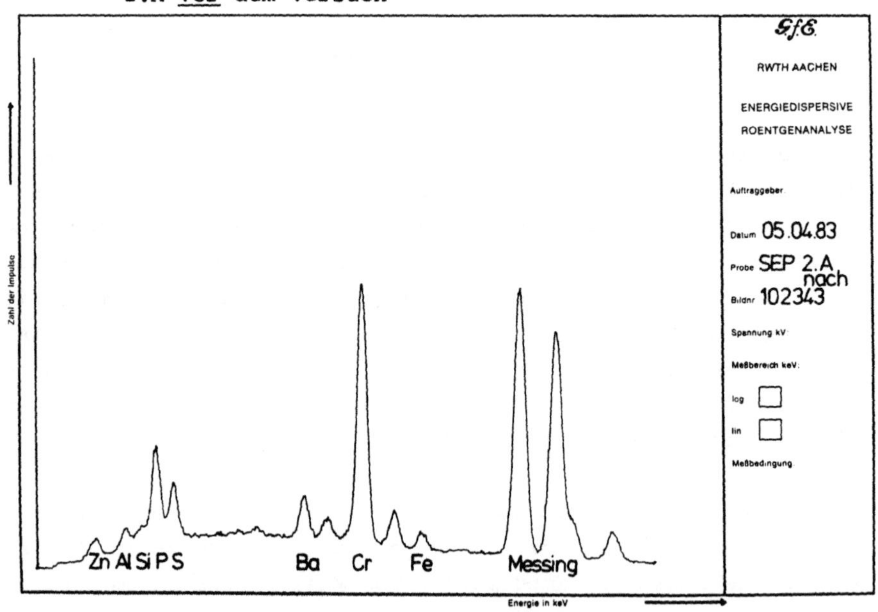

Bild 15: Energiedispersive Röntgenanalyse der Feststoffe in einer Ölprobe aus dem Versuch mit dem Dichtungssatz 2.A nach dem Versuch

Die Erklärung für die Zunahme des Chroms kann nur sein, daß die Oberfläche der Kolbenstange mit Chrom beschichtet war und dieses im Versuch teilweise abgetragen wurde. Oberflächenmessungen der Kolbenstange vor und nach den Versuchen ergaben, daß sich der Rauheitswert R_a der Kolbenstange von R_a = 0,3 µm auf etwa R_a = 0,25 µm verringerte während des ersten Versuches. In den weiteren Versuchen zeigte sich keine meßbare Veränderung der Rauheitswerte. Das kann so gedeutet werden, daß Chrom von der gesamten Kolbenstange abgetragen wurde, ohne daß es zu einer Veränderung der R_a-Werte führte.

Die Messingteile stammen wahrscheinlich aus den Führungsringen der Kolbenstange (siehe Bild 11), die als Compounds Kupfer und Zinn enthielten.

Die Zahl der Impulse beim Element Eisen (Fe) hat nur unmerklich zugenommen. Daraus ist zu erkennen, daß kaum Verschleiß an Stahlteilen stattgefunden hat. Für den hohen Aluminiumpeak in der Ölprobe vor dem Versuch wurde keine plausible Erklärung gefunden.

3.6 Rasterelektronenmikroskopische Verschleißanalyse der Dichtungsoberfläche

Von den im Versuchszylinder bei Meßstelle "1" (siehe Bild 17) eingesetzten Dichtungen wurden Aufnahmen mit dem Rasterelektronenmikroskop gemacht. Hiermit kann der an den Dichtungen entstandene Verschleiß genauer analysiert werden.

In Bild 16 ist die Dichtung 4.A dargestellt, die Rillen in axialer Richtung zeigt. Außerdem zeigt sich bei dieser Dichtung eine Spaltextrusion, die dadurch entstanden ist, daß sich das Dichtungsmaterial in den Spalt zwischen dem Zylinderkopf und der Kolbenstange geschoben hat.

Bild 16: Dichtung alt, 2.A, 10:1 vergrößert, Kippwinkel 60°; axiale Rillen in der Lichtlippe; Spaltextrusion

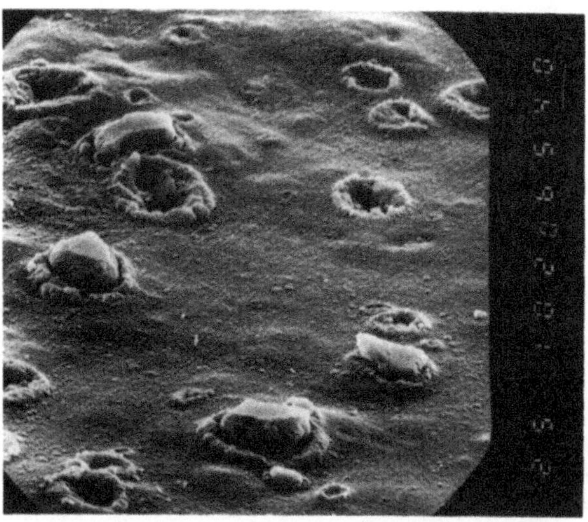

Bild 17: Dichtung alt, 4.A, 1000:1 vergrößert, Kippwinkel 60°; abgeflachte ACFTD-Partikel

Eine andere Verschleißursache läßt sich in Bild 17 erkennen. Es lassen sich deutlich mehrere Krater mit aufgewölbtem Rand ausmachen. In einigen dieser Krater befinden sich noch ACFTD-Partikel, die auf der Oberseite abgeflacht sind, was durch die Reibung an der gegenüberliegenden Kolbenstange entstanden sein dürfte, die dabei auch geglättet wurde, wie es Oberflächenmessungen der Kolbenstange zeigen. Die R_a-Werte veränderten sich nicht mehr meßbar nach dem ersten Versuch.

3.7 Parametervariation

Um die Schmutzeinwanderung genauer beurteilen zu können, wurden Betriebsparameter des Systems verändert. Konstant blieben bei diesen Versuchen die erzeugte Staubkonzentration, die Windgeschwindigkeit, die Zykluszeit und der eingesetzte Versuchszylinder mit Kolbenstange und Dichtungstyp. Variiert wurden der Betriebsdruck (p) und die Betriebstemperatur (t) des Öls. Welchen Einfluß diese Variationen sowohl auf die Leckage als auch auf die Eindringrate hatten, zeigen die Bilder 18, 19 und 20.

In Bild 18 wurde die Partikeleindringrate (R_i) für die Dichtungen 1.A und 3.A gegenübergestellt. Aufgetragen ist hier die Anzahl der Partikel > 5 µm/ml über den gefahrenen Zyklusmetern bei verschiedenen Betriebsdrücken p_2 = 50 bzw. 150 bar. Diesem Bild ist zu entnehmen, daß der höhere Betriebsdruck $p_2 = 150$ bar zu einer geringeren Partikeleinwanderung geführt hat. Eine mögliche Antwort, wie dieses Ergebnis zustande kommt, kann aus Bild 19 entnommen werden.

In Bild 19 wird die Leckage an der Meßstelle "1", an der die Staubeinwanderung erfolgt, für unterschiedliche Betriebsdrücke bei dem Dichtungssatz 1.A und 2.A verglichen. Aufgetragen ist die Leckage über den gefahrenen Zyklusmetern der Kolbenstange.

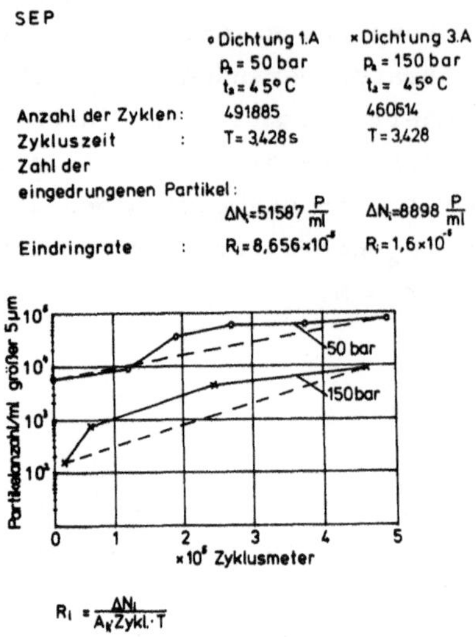

<u>Bild 18:</u> Vergleich der Eindringrate (R_i) bei verschiedenen Drücken

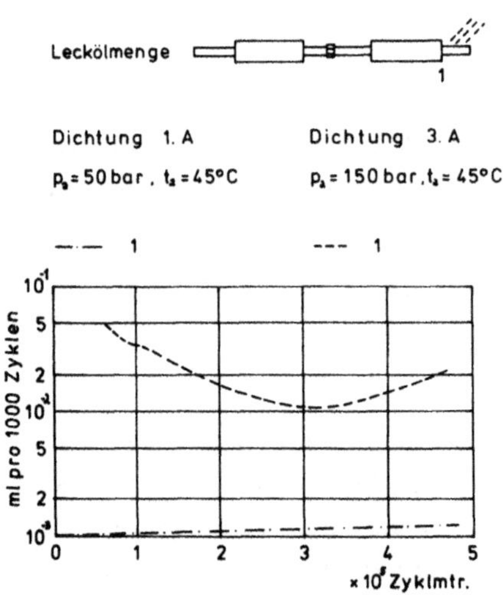

<u>Bild 19:</u> Vergleich der Leckage an der Meßstelle 1 bei unterschiedlichen Betriebsdrücken; untersuchte Dichtungen 1.A und 3.A

Beim ersten Dichtungssatz (1.A) und einem Betriebsdruck von p_2 = 50 bar stellte sich bei der mit Staub beaufschlagten Dichtung "1" eine nur geringfügige Leckage ein. Sie lag bei 10^{-3} ml pro 1000 Zyklen. Der Dichtungssatz 3.A hingegen, der mit einem Betriebsdruck p_2 = 150 bar, aber sonst gleichen Bedingungen gefahren wurde, zeigte eine höhere Leckage, und zwar beginnt sie bei 0,5 ml/1000 Zyklen und fällt auf 0,01 ml/1000 Zyklen ab. Vermutlich haben sich die Reibpartner - Dichtung und Kolbenstange - einander angepaßt, wodurch eine bessere Abdichtung erreicht wird. Ab 300 000 Zyklusmetern zeigt sich die erosive Auswirkung der Staubzufuhr an einer Erhöhung der Leckage. Die Ergebnisse lassen erkennen, daß der höhere Betriebsdruck in Zusammenwirkung mit dem Staub die Dichtungen mehr schädigt und damit eine größere Leckage verursacht.

An dieser Stelle sei auf Bild 18 verwiesen. Dort hatte sich gezeigt, daß der höhere Betriebsdruck (p_2 = 150 bar) zu einer niedrigeren Partikeleinwanderung führte als der niedrigere Betriebsdruck (p_2 = 50 bar). Es ist zu vermuten, daß die höhere Leckage bei dem Dichtungssatz 3.A (p_2 = 150 bar) die Partikel aus der Dichtfuge zwischen Abstreifer bzw. Dichtung und Kolbenstange nach außen gespült hat. Somit konnten bei dem höheren Betriebsdruck (p_2 = 150 bar) nicht so viele Partikel in das System transportiert werden.

Um den Einfluß der Viskosität auf die Leckage zu untersuchen, wurde ein Versuch mit dem 4. Dichtungssatz (4.A) bei einer Betriebstemperatur t_2 = 60 °C gefahren. Der Betriebsdruck wurde, wie bei der 3. Dichtung, auf p_2 = 150 bar konstant gehalten.

In Bild 20 ist für die 3. und 4. Dichtung (3.A und 4.A) die Leckage über den Zyklusmetern aufgetragen. Es ist zu sehen, daß die höhere Betriebstemperatur auch zu höheren Leckagen führt, die mit der steigenden Laufleistung der Dichtung zunimmt.

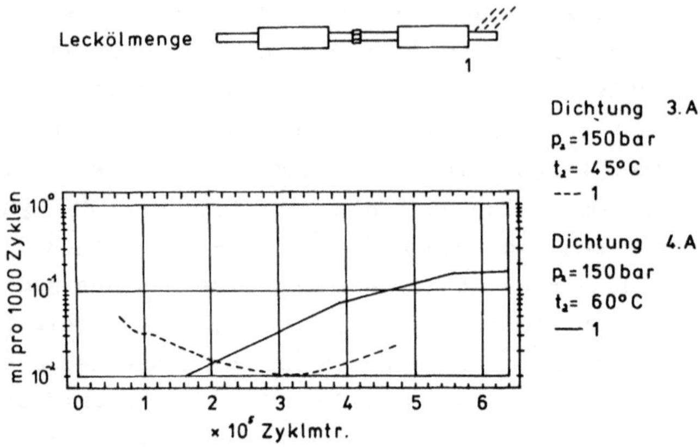

<u>Bild 20:</u> Vergleich der Leckage an der Meßstelle "1" bei unterschiedlichen Öltemperaturen (t_2); Dichtungssatz 3.A und 4.A

3.8 Zusammenfassung Schmutzeinzugsverhalten

Die ersten Versuche, die mit dem Schmutzeinzungsprüfstand durchgeführt wurden, ließen einige grundlegende Zusammenhänge zwischen der Leckage des Dichtungssystems, der Partikelzunahme in dem Hydrauliksystem und dem Verschleiß der beteiligten Bauteile deutlich werden.

Die Leckage nimmt bei dem hier getesteten System mit steigendem Betriebsdruck und höherer Öltemperatur zu. Erhöhte Leckage führt jedoch dazu, daß die Partikeleindringung in das System verringert wird.

Die Partikelzunahme im System erfolgt über den gesamten Größenbereich der in der Umgebung befindlichen Partikel. Allerdings ist zu bemerken, daß die Anzahl der kleineren Partikel ($< 15\,\mu m$) im System während des Versuches überproportional ansteigt.

Die Dichtungsoberflächen wurden durch die Partikel in zweifacher Weise geschädigt: zum einen lagern sich Partikel in die Oberfläche der Dichtung ein, zum anderen verursacht die Partikeleinwanderung Riefenbildung auf der Dichtungsoberfläche, so daß Leckage nach außen austreten kann.

Die Oberfläche der eingesetzten Kolbenstange war nach dem Test mit dem ersten Dichtungssatz geglättet und zeigte bei den weiteren Versuchen keine meßbaren Veränderungen der Rauheitswerte. Es wurde mit der energiedispersiven Röntgenanalyse (EDR) im Öl aber eine bestimmte Menge Chrom nachgewiesen. Dieses Material muß durch Verschleiß der verchromten Kolbenstange in das Druckmedium gelangt sein.

Die geschilderten Ergebnisse beziehen sich auf einen ganz bestimmten Dichtungssatz. Ob bei anderen Dichtungstypen gleiche Ergebnisse erhalten werden, kann erst durch weitere Versuche mit Abstreifern und Dichtungen unterschiedlichen Aufbaus und Materials bestätigt werden.

4 Literaturverzeichnis

1. Feicht, F.	Einflußgrößen und Ausfallursachen für die Lebensdauer von Hydraulikanlagen Ölhydraulik und Pneumatik (20, 1976) Nr. 12, S. 804 - 806
2. ISO/TC/131/SC6/N174	Hydraulic fluid power - Fixed displacement pumps - Contamination Sensitivity
3. ISO 4572	Hydraulic fluid power - Filters-multipass method for evaluating filtration performance
4. Bensch, L. F. Fitch, E. C.	A New Theory for the Contaminant Sensitivity of Fluid Power Pumps Basis Fluid Power Research Program, Annual Report, No. 6 (1972), S. 107 - 144
5. Inoue, R. Fitch, E. C.	The Omega Pump Rating System The BFPR Journal, Vol 12 (1979), No.2 S. 131 - 139
6. Winner, D.	Verhalten von Verdrängerpumpen bei Feststoffverschmutzung des Druckmediums Ölhydraulik und Pneumatik (27, 1983) Nr. 3, S. 173 - 181
7. Backé, W. Winner, D.	Untersuchung des Einflusses der Feststoffverschmutzung in Hydraulikflüssigkeiten auf hydraulische Bauelemente Tagungsband zur 2. Präsentation TRIBOLOGIE 1983, 3. - 5. Mai 1983 Koblenz, S. 438

Autorenverzeichnis

Backé, Wolfgang, Prof. Dr.-Ing.
RWTH Aachen, Institut für hydraulische und pneumatische Antriebe und Steuerungen

Bartz, Wilfried J., Prof. Dr.-Ing.
Technische Akademie Esslingen, Ostfildern

Baumann, Heinrich, Dipl.-Ing.
Universität Karlsruhe, Institut für Maschinenkonstruktionslehre

Brüser, Peter, Dr.-Ing.habil
TU Braunschweig, Institut für Maschinenelemente und Fördertechnik

Bunk, Wolfgang, Prof. Dr.rer.nat.
Deutsche Forschungs- und Versuchsanstalt für Luft- und Raumfahrt e.V., Institut für Werkstoff-Forschung, Köln-Porz
RWTH Aachen, Lehrstuhl für angewandte Metallkunde

Burger, Wolfgang, Dipl.-Ing.
Universität Karlsruhe, Institut für Maschinenkonstruktionslehre

Czichos, Horst, Prof. Dr.
Bundesamt für Materialprüfung (BAM), Berlin

Evers, Walter, Ing.
Bundesamt für Materialprüfung (BAM), Berlin

Frey, Dietmar, Dipl.-Ing.
Universität Karlsruhe, Institut für Maschinenkonstruktionslehre

Haag, Hermann, Dipl.-Ing.
Deutsche Forschungs- und Versuchsanstalt für Luft- und Raumfahrt e.V., Institut für Werkstoff-Forschung, Köln-Porz

Habig, Karl-Heinz, Dr.-Ing.habil
Bundesamt für Materialprüfung (BAM), Berlin

Haddad, Nabil, Dipl.-Ing.
Braunschweig

Haller, Rudolf, Prof. Dr.-Ing.
Universität Karlsruhe, Institut für Maschinenkonstruktionslehre

Hansen, Jörn, Dr.rer.nat.
Deutsche Forschungs- und Versuchsanstalt für Luft- und Raumfahrt e.V., Institut für Werkstoff-Forschung, Köln-Porz

Holland, Jörn, Prof. Dr.-Ing.
TU Clausthal, Institut für Reibungstechnik und Maschinenkinetik

Jeske, Michael, Dipl.-Ing.
TU Braunschweig, Institut für Maschinenelemente und Fördertechnik

Kelling, Norbert, Dipl.-Ing.
Bundesamt für Materialprüfung (BAM), Berlin

Michaelis, Klaus, Dipl.-Ing.
TU München, Institut für Maschinenelemente mit Forschungsstelle für Zahnräder und Getriebebau (FZG)

Schrag, Wilhelm, Dipl.-Ing.
Bundesamt für Materialprüfung (BAM), Berlin

Simon, Max, Dipl.-Ing.
TU München, Institut für Maschinenelemente mit Forschungsstelle für Zahnräder und Getriebebau (FZG)

Wallinger, Michael, Dr.-Ing.
TU Clausthal, Institut für Reibungstechnik und Maschinenkinetik

Winner, Dietmar, Dipl.-Ing.
RWTH Aachen, Institut für hydraulische und pneumatische Antriebe und Steuerungen

Winter, Hans, Prof. Dr.-Ing.
TU München, Institut für Maschinenelemente mit Forschungsstelle für Zahnräder und Getriebebau (FZG)

D E S K R I P T O R E N L I S T E

(Beispiel: 2(4,5) bedeutet Band 2, Bericht 4 und Bericht 5; Siehe Faltblatt hinten)

112.8 Druckmaschinen 3(2,4) 6(4,5,9,10,11) 7(1)

113 <u>Feinwerktechnik</u>

113.1 Meßgeräte, Meßinstrumente 1(7) 4(9) 5(2) 7(1)
113.2 Optische Geräte 5(2)
113.3 Phono- u. fernsehtechn. Geräte 1(7) 5(2) 7(1,3)
113.4 Büromaschinen 1(7) 4(9) 7(1)
113.5 Datenverarbeitungsmaschinen 4(9) 7(1)
113.6 Sonstige:
113.61 Uhren 1(7) 5(2)

114 <u>Fahrzeuge, Verkehr</u>

114.1 Straßenverkehr 2(3,7,9) 3(2,4,11) 5(1,2) 6(4,5,9) 7(1)
114.2 Spurgebundener Verkehr 5(4,5) 6(5) 7(1)
114.3 Schiffahrt 3(2,4) 4(5) 6(4,5) 7(1)
114.4 Luftfahrt 1(6) 3(2,4) 4(5) 5(1,2) 6(4,9) 7(1) 8(7)
114.5 Raumfahrt,Raketentechnik 3(2) 5(2) 6(4,9)

115 <u>Elektrotechnik</u>

115.1 Elektromotoren, Generatoren 3(2,3,8) 5(2) 6(5)
115.2 Elektrische Kontakte, Schalter 7(1,3)
115.3 Elektroden

116 <u>Grundstoffindustrien, Nahrungsmittel, Energie</u>

116.1 Aufbereitungstechnik 1(2) 3(3) 4(1,2,4,7) 6(5,9) 7(1)
116.2 Bergbau, Tiefbohren 1(1,2) 6(5,9) 7(1) 8(7)
116.3 Bau, Steine, Erden 1(1,2) 6(5,9) 7(1) 8(7)
116.4 Land- u. Forsttechnik 1(2) 4(3) 6(9) 7(1) 8(7)
116.5 Meerestechnik 1(2) 6(9) 7(1)
116.6 Hüttenwesen 1(1,2,8) 3(3) 4(1) 5(3,5) 6(5,7,8,9) 7(1,9) 8(7)
116.7 Fördertechnik, Lagertechnik 1(1,2) 3(3) 4(6) 5(4,5) 6(5,9) 7(1) 8(7)
116.8 Gas- u. Wasserversorgung 4(6) 6(5,9)
116.9 Kraftwerkstechnik 1(2) 3(3,8,9) 6(5,9)
117 Kunststofftechnik 4(2)

12 <u>Fertigungsverfahren, Werkzeuge</u>

121 <u>Urformen</u>

121.1 Gießen 1(2)
121.2 Extrudieren 1(2) 4(2,4) 6(5) 7(1)
121.3 Pulvermetallurgie, Sintern

122 <u>Umformen</u>

122.1 Schmieden, Stauchen, Pressen 1(9,11) 4(13) 7(1,5,7)
122.2 Walzen 1(2) 5(3) 6(5,7,8) 7(4)
122.3 Ziehen 1(8,9) 4(10) 7(1,5,8,9)
122.4 Tiefziehen 1(4,10) 7(1)
122.5 Biegen, Drücken 7(1)

123 <u>Fügen, Beschichten</u>

123.1 Schrauben, Nieten
123.2 Klemmen, Einpressen 1(6)
123.3 Schweißen 1(2)
123.4 Beschichten 1(2,4) 4(5,9,11) 7(2)

124 Trennen

124.1 Schneiden, Sägen 7(1,6)
124.2 Drehen, Fräsen, Feilen 1(3,4) 4(10) 7(1)
124.3 Schleifen, Läppen, Polieren 4(12)
124.4 Flüssigkeitsstrahlschneiden

125 Oberflächenbearbeitung
(Strahlen, Bürsten, Glattwalzen) 4(5,9)

2 Beanspruchungsfall

21 Kontakt-/Bewegungsart

211 Kontaktform

211.1 Konformer Kontakt 1(1,5,6,10,11) 2(5,8,9) 3(1,2,3,4,5,7) 4(5,10,12) 5(1,3,5,7) 6(4,6,7,8,9,12) 7(1,4,6,9) 8(1)
211.2 Kontraformer Kontakt 1(1,7) 2(1,3,4,6,9) 4(1,10) 5(1,3) 6(2) 7(1) 8(1,2,3,4,5)

212 Bewegungsart

212.1 Normal-, Haftkontakt 1(1,6) 3(9) 4(11,13) 5(5) 6(2,10,11) 8(2)
212.2 Gleiten 1(1,2,4,5,6,7,8,11) 2(2,4,5,6,7,8,9) 3(1,2,3,4,5,7,9) 4(2,3,4,7,10,12,13) 5(1,2,3,5,7,9) 6(1,2,3,4,5,6,7,8,9,11,12) 7(1,2,3,5,6,7,8,9) 8(1,2,4,5,7)
212.3 Wälzen 2(1,2,3,4,5,6) 5(1,3,4,6) 6(10,11) 7(1,3,4) 8(1,2,3,4,5,6)
212.4 Stoßen, Prallen 1(1,2,5) 4(1,10) 6(2) 8(4)
212.5 Strömen 2(7) 3(8,9) 4(2) 5(8) 6(3) 7(9) 8(7)
212.6 Strahlen

22 Betriebsparameter

221 Bewegungsablauf

221.1 kontinuierlich 1(2,4,7,8) 2(1,4,6,7,9) 3(1,2,3,4,7,9) 4(3,10,12,13) 5(1,4,6,9) 6(2,3,4,6,9) 7(3,8) 8(1,2,4,5,6)
221.2 intermittierend, repetierend 1(1,2) 2(2,8,9) 3(5) 4(1,7) 5(3,5,9) 6(9) 7(6) 8(4)
221.3 oszillierend, schwingend 1(5,6,7) 2(7,9) 3(6,9) 4(1,5,9) 5(2,7,9) 6(2,5,7,8,9,10,12) 7(3) 8(7)

3 Systemstruktur

31 Stoffliche Eigenschaften u.Stoffparameter

311 Stoffpaarung Grund-/Gegenkörper

311.1 fest/fest 1(1,4,6,11) 2(1,2,4,9) 3(9) 4(1,2,6) 5(1,3,5,7,9) 6(1,8) 7(3,4)

311.11 Metall/...
311.111 Metall/Metall 1(1,3,5,6,8,9,10,11) 2(1,2,3,4,5,6,8, 9) 3(3,5) 4(2,3,5,6,10,11,13) 5(1,2,3,4,5,6, 7) 6(2,6,7,8,9,10,11) 7(1,2,4,5,6,7,8,9) 8(1,2,3,4,5,6)
311.112 Metall/Mineral 1(1,2,9) 4(2,4,5,6,10,12) 7(2) 8(1)
311.113 Metall/Polymer 1(5,7) 3(9) 4(2,4,6) 5(2,9) 6(7,9, 11,12) 8(7)
311.114 Metall/Verbundwerkstoff 1(3,4,5) 3(1,7) 4(2,4,6) 5(9) 6(1,9) 7(8)
311.12 Mineral/...
311.121 Mineral/Mineral
311.122 Mineral/Polymer 5(9)
311.123 Mineral/Verbundwerkstoff 4(7)
311.13 Polymer/...
311.131 Polymer/Polymer 1(7) 5(2)
311.132 Polymer/Verbundwerkstoff
311.14 Verbundwerkstoff/...
311.2 fest/fluid 2(7,9) 3(2,4,9) 4(2,6) 6(2,3,4,9,12) 8(7)

312 <u>Stoffart von Grundkörper, Gegenkörper, Zwischenstoff, Umgebungsmedium</u>

312.1 Metalle u.Halbmetalle 2(7)
312.11 Stahl, Eisen (vgl. 312.42) 1(1,2,3,4,5,7,8,9,10,11) 2(1,2,3,4,5,6,7,8,9) 3(1,2,3,4,5,7,8,9) 4(1, 2,3,4,6,7,9,10,11,12,13) 5(1,2,3,4,5,6,7,8,9) 6(2,4,7,8,9,10,11) 7(1,2,3,4,5,6,7,8,9) 8(1, 3,4,5,6,7)
312.12 Leichtmetalle 2(9) 3(2,4,7) 6(2,4,6) 7(4)
312.121 Aluminium + Legierungen 2(8,9) 3(2,4,7) 5(2,9) 6(2,4,6)
312.122 Titan + Legierungen 1(6) 4(5)
312.13 Schwermetalle 2(9) 3(7) 6(6) 7(4)
312.131 Blei/Zinn + Legierungen 2(9) 3(2,3,4,6,7,8) 6(4,5,6)
312.132 Kupfer + Legierungen 2(9) 3(3,7) 5(2,9) 6(6,7,8,9)
312.133 Nickel + Legierungen 1(6) 4(5) 5(2,9)
312.134 Kobalt + Legierungen 1(2,6) 4(3,11)
312.135 Edelmetalle 2(8) 5(2)

312.2 Minerale, keramische Stoffe
312.21 Minerale 1(1,2) 4(1,2,4,5,7,12) 8(1)
312.22 Glas 4(2)
312.23 Keramische Stoffe 1(6,9) 3(9) 4(2,10,12) 5(9) 7(3)
312.24 Gestein 1(1)
312.25 Beton
312.26 Schlacke Asche

312.3 Organische Stoffe, Polymere
312.31 Einfache organische Stoffe 1(11)
312.32 Polymere 1(1,5,7) 4(4) 5(2,9) 6(7,9,12) 8(7)
312.321 Kunststoffe, Gummi 3(9) 4(2,4) 5(2,5,9) 6(7,11,12) 8(7)
312.322 Pharmazeut. Stoffe, Kosmetika
312.323 Biologische Stoffe
312.324 Papier, Pappe 6(11)
312.325 Holz (vgl. 312.45)

312.326 Leder

312.4 Verbundwerkstoffe 3(1)

312.41 Verstärkte Kunststoffe 1(5) 3(9) 4(2,4) 5(2,9) 6(9)

312.42 Verstärkte Metalle 1(1) 4(6) 6(1) 8(7)

312.43 Cermets, Hartmetalle 1(1,3,4) 3(9) 4(2,11) 6(1) 7(8)

312.44 Schichtwerkstoffe 1(3,6) 3(7) 4(2,9,11) 5(9) 7(3)

312.45 Holzwerkstoffe

312.5 Faser- u. Textilstoffe 4(6)

312.6 Körnige u. stückige Stoffe 4(2,4,7)

312.7 Flüssigkeiten, Fette, flüssige Mehrphasensysteme 1(10) 2(2,4,5) 4(12) 5(1,5) 6(1,7,9) 7(1) 8(4,6)

312.71 Anorganische Flüssigkeiten 4(12)

312.711 Wasser, Elektrolyt 1(11) 3(1,9) 4(7,12) 5(3,9) 6(9,11)

312.712 Metallschmelze

312.713 Salzschmelze

312.714 Flüssiggas

312.715 Silikonöl 5(2)

312.72 Organische Flüssigkeiten 1(5) 2(5,6,9) 4(12) 5(2) 6(1) 7(1) 8(4)

312.721 Organische Lösungsmittel 1(5) 6(9)

312.722 Mineralöle 1(9,11) 2(1,2,3,4,7,8,9) 3(3,7,8) 4(12) 5(1,2,5,7,8,9) 6(1,2,6,7,8,9,12) 7(1,4,8) 8(1,2,3,4,5,6,7)

312.723 Synthetische Öle 1(9) 2(5,6,7) 4(12) 5(2,9) 6(9, 12) 7(4,5) 8(3,5)

312.724 Tierische u. pflanzl. Öle 4(12) 7(4,8)

312.725 Polymerschmelzen 4(2)

312.726 Polymerlösungen 1(9) 2(7) 7(5)

312.73 Additive 1(11) 2(3,4,8,9) 4(2,3,12) 5(2) 6(2,6,7, 8,9) 7(5,8) 8(7)

312.74 Suspension 1(11) 4(13) 6(9) 7(7)

312.75 Emulsionen 4(12) 6(9) 7(4,8)

312.76 Fette 1(5) 2(4) 5(2,5) 6(7,8,9)

312.77 Seifen 1(8) 2(4) 5(2) 6(9) 7(7,8,9)

312.78 Pasten, Kolloide 4(13) 5(2) 6(9)

312.79 Sonstige:

312.791 Öl Aerosol 2(2)

312.792 Festschmierstoffe 7(5,7)

312.8 Gase

312.81 Luft 1(1,2,3,5,6,7,9,11) 2(3,4,5) 3(3,7,8) 4(1,2,4, 5,6,9,12) 5(1,3,9) 6(9,11) 7(3,5,7) 8(1,5)

312.82 Wasserdampf 1(1) 5(3,9) 6(9) 7(3)

312.83 Sauerstoff 1(1) 4(6)

312.84 Inertgas 4(6) 6(1) 7(3)

312.85 Vakuum 5(9) 7(3) 8(1)

312.86 Weltraumatmosphäre

312.87 Sonstige:

312.871 CO, CO_2, N_2, CHs 1(1)

312.872 Wasserstoff 3(8)

312.9 Verunreinigungen/Schmutz 2(8,9) 3(9) 5(3,5,6,9) 6(7,8,9,11)

313 Stoffparameter

313.1 Werkstoffabhängige Einflüsse
313.11 Zusammensetzung 1(1,2,3,4,5,6,10) 2(4) 3(7) 4(1,2, 3,4,5,9,10,11,12,13) 5(1,3,5) 6(5,6,7,8,10) 7(1,2,3,4,6,8,9)
313.12 Gefüge, Struktur 1(1,2,3,4,7,9) 2(6) 4(1,3,5,9,10, 11,12,13) 5(1,3,5) 6(10) 7(1) 8(1,7)
313.13 Physikal. Stoffdaten 1(1,2,3,4,5,8) 2(3,4) 3(3,6,7) 4(1,2,3,13) 5(4) 6(7,10) 7(6) 8(5)
313.14 Festigkeitsdaten/Härte 1(1,2,3,4,9) 4(1,3,4,5,9,10, 11,12,13) 5(1,2,3,4,5,7) 6(5,7,8,9,10) 7(1,2, 3,4,5,6,8) 8(1,5,7)
313.15 Eigenspannungen 1(4,6) 4(9) 5(2) 6(2)
313.16 Verträglichkeit 1(6) 4(5,10,11) 5(2) 8(7)

313.2 Oberflächenabhängige Einflüsse
313.21 Oberflächenenergie 5(2)
313.22 Mech. Oberflächenbearbeitung 1(6) 2(1) 4(5) 6(2,8, 10) 7(1,6) 8(1,2,3,5,7)
313.23 Wärmebehandlung/Härten 1(2) 3(9) 4(3,4,10,12) 5(6, 7) 6(9,10) 7(1) 8(1,7)
313.24 Elektropolieren
313.25 Oberflächenreinigung 7(4) 8(1)
313.26 Sonstige:
313.261 Verfestigen durch Strahlen 1(6) 4(5)
313.262 Verarbeitungsbedingungen/Härte 1(7)

313.3 Adsorbierte Schichten 2(8) 5(2) 7(3)

313.4 Oberflächenüberzüge
313.41 Anorganische Überzüge 1(3) 8(5)
313.411 Galvanische Überzüge, stromlose Abscheidungen 1(6) 3(9) 4(8,9,10) 5(9)
313.412 Schmelztauchüberzüge
313.413 Gasphasenabscheidung, PVD, CVD 1(1,3,4,6) 4(8,9,10) 7(3) 8(2,5)
313.414 Schweiß-, Guß-, Spritz- u. Sinterüberzüge 1(1,2) 3(9) 4(1,5,11) 5(3,9)
313.415 Walzüberzüge (Plattierg.)
313.416 Glasuren, Emails
313.417 Thermochem. Schichten 1(5) 4(2,4,5,6,7,8,9,10) 5(9) 7(1,2)
313.418 Chem. Überzüge (Oxid-, Phosphatschichten) 6(9)
313.42 Organ. Überzüge 5(2)
313.421 Farben, Anstriche
313.422 Gleitlacke 5(9) 6(9)

32 Formparameter

321 Konstruktive Gestaltung

321.1 Geometrie (Maßstab, Eingriff, Toleranzen) 1(5,7,11) 3(1,2,3,4,8,9) 4(3,9,11,12) 5(1,5,7,9) 6(1,2, 3,4,10,12) 7(5,6) 8(1,4,7)
321.2 Konstruktion 1(11) 2(7,9) 3(2,3,4,8) 5(3,5,8,9) 6(2,3,4,8,9,10) 8(4,7)
321.3 Einbau/Montagefehler 3(2,4) 6(4,8,10)
321.4 Thermische Ausdehnung 3(4,8) 5(3,7,8)

322 Oberflächenrauheit, Welligkeit 1(7,10) 2(1) 3(1,7,9) 4(5,10) 6(3,7,8,9,10,12) 7(1) 8(1,5,7)

4	Tribologische Problemstellung	
41	Oberflächen u. Kontakte	
411	Oberflächenzustand	
411.1	Oberflächenmorphologie	1(4,11) 2(1) 3(7) 4(4,5,11) 5(7,9) 6(1) 7(1,4) 8(1)
411.2	Oberflächenstruktur, Randgefüge, Kontaktzone	1(1,4,6,7,10) 2(1) 4(4,9,11,12,13) 5(1,3) 6(3,10) 7(1) 8(5,7)
411.3	Oberflächenzusammensetzung	1(2,4) 3(9) 4(4,11) 6(2) 7(1)
411.4	Grenzflächenreaktion	2(8) 4(11,12) 5(1,2,3) 6(6,10) 7(1,4)
412	Kontaktbildung	
412.1	Kontaktmechanik,-elastizität	1(6) 3(1,4,5,7) 5(1,7,9) 6(10,11,12) 7(4) 8(4)
412.2	Wärmeübergang	1(9) 2(8) 3(4) 4(13) 6(3) 7(4,5) 8(3,4)
412.3	Bindungscharakter, Adhäsion	1(9,10) 4(11) 6(9)
413	Meßgrößen	
413.1	Grenzflächenspannung,-energie	1(4) 5(2)
413.2	Rauheit	1(6,7,10) 2(1,2,9) 3(1,9) 4(4,5,10,11,12,13) 5(7) 6(7,8) 7(1) 8(1,3,7)
413.3	Kontaktfläche	4(5,13) 8(2,7)
413.4	Kontaktkräfte,-spannungen	1(6,9,11) 2(3) 3(7) 4(5,12,13) 5(9) 6(2,12) 7(4,5) 8(2,4)
413.5	Kontaktpotential, elektr. Kontaktwiderstand	5(1) 7(3)
42	Reibung u. Energieverlust	
421	Reibungsarten (vgl. 441)	
421.1	Ruhereibung	3(9) 6(2) 8(6)
421.2	Gleitreibung	1(1,4,7,8,9,10) 2(2,4,6,7,8,9) 3(1,2,3,4,5,7,9) 4(3,7,10,11,13) 5(1,2,5,7,9) 6(2,3,4,6,7,8,9,11,12) 7(1,3,4,5,8,9) 8(2,4,7)
421.3	Wälz- u. Rollreibung, Traktion	1(1) 2(1,4,5,6) 4(13) 5(1,4,6) 6(10,11) 7(1,4) 8(2,3,4,5,6)
421.4	Bohrreibung	
421.5	Reibschwingungen	1(6) 4(5) 5(2) 6(9,10,11)
422	Reibungs- u. Energieverlustmechanismen	
422.1	Mech.,akustische Prozesse	1(1,7,9) 3(7) 4(3,5) 5(1,5,7,9) 6(2,12) 7(1,4,5,9) 8(4)
422.2	Thermische Prozesse	1(1) 2(8) 3(3,9) 5(1,2) 6(9) 7(1,9) 8(5)
422.3	Elektr. u. optische Prozesse	
423	Meßgrößen	
423.1	Bewegungsablauf	1(1,6) 2(1,2) 3(3) 4(3,5,13) 5(5,9) 6(2,7,8,10,12) 8(4,7)
423.2	Reibungskraft,-energie u.ä.	1(1,5,6,7,8,9,10,11) 2(1,2,4,5,6) 3(3,7,8,9) 4(5,10,13) 5(1,2,7,9) 6(2,6,7,8,9,10,12) 7(1,3,4,5,8,9) 8(2,3,4,5,6,7)
423.3	Stick-slip-Größen	3(9) 5(2) 6(10,11) 7(3) 8(7)
423.4	Temperatur	1(1,9,11) 2(1,4,7,8) 3(3,7,8) 4(3,13) 5(1,2,5,7,8,9) 6(2,6,8,9,12) 7(1,5,9) 8(2,3,4,5,6,7)

423.5 Temperaturstrahlung
423.6 Schmierfilmhöhe 2(1)
423.7 Konzentration der Verschleißpartikel 5(1)

43 Verschleiß u. Materialabtrag

431 Verschleiß- u. Materialabtragungsarten

431.1 Gleitverschleiß 1(1,2,4,7,9,10,11) 2(2,4,8,9) 3(7,9) 4(2,3,4,7,10,11,12,13) 5(1,2,5,7,9) 6(1,6,7,8,9,12) 7(1,3,4,5,6,7) 8(1,5,7)
431.2 Rollverschleiß 1(1,2) 2(4) 4(13) 5(1,3,4,6) 6(10,11) 7(1,4) 8(1,6)
431.31 Prallverschleiß 1(1,2)
431.32 Stoßverschleiß 1(1,2) 4(1,10,12) 5(9) 6(9,11)
431.4 Schwingungsverschleiß 1(5,6) 4(5,12) 6(9,10,11)
431.51 Furchungsverschleiß 1(1,2,11) 4(2,4,10,11,13) 5(3,9) 6(9) 7(1) 8(1)
431.52 Korngleitverschleiß 1(1,2) 2(9) 4(2,4,12) 5(5) 6(7,8,9)
431.53 Kornwälzverschleiß 1(2)
431.6 Strömungsverschleiß 3(6) 4(2) 6(12) 8(7)
431.7 Strahlverschleiß
431.81 Kavitationserosion, Tropfenschlag 5(12)
431.82 Elektroerosion 3(9)
431.9 Ablation

432 Verschleiß- u. Abtragungsmechanismen

432.1 Oberflächenverformung 1(2,4,11) 4(3,13) 5(1,3) 6(7,10,11) 7(4,7,8) 8(7)
432.2 Abrasion 1(1,2,3,6,11) 2(4,9) 3(7) 4(1,2,3,4,5,6,10,11,12,13) 5(1,3,4,5,7,9) 6(1,7,8,9,10) 7(1,2,4,6,7) 8(1)
432.3 Oberflächenzerrüttung 1(1,9,11) 3(9) 4(3,10,11,13) 5(1,9) 6(7,9,11) 7(1) 8(1,5)
432.4 Adhäsion 1(6,7,9,11) 2(9) 3(7) 4(2,3,6,10,11,13) 5(1,9) 6(7,8,9,10) 7(1,2,3,5) 8(1)
432.5 Tribochemische Reaktion 1(6,11) 2(4,8) 4(1,4,5,6,11,13) 5(1,2,3) 6(6,8,9,10,11) 8(1)

433 Verschleißerscheinungsformen 2(9) 4(5) 5(3,9) 7(6)

434 Einlaufvorgänge 1(7) 2(1,2,9) 4(3,11) 5(1,3) 6(2,7,8,9,10,12) 7(1) 8(1,3,7)

435 Meßgrößen

435.1 Formänderung, Ritzwiderstand 3(6) 6(2,11,12) 7(3,4,7,8)
435.2 Materialabtrag 1(1,3,4,7) 2(2,4,9) 3(9) 4(1,2,3,4,10,11,12,13) 5(1,2,3,4,5,7,9) 6(6,7,8,9,10,11) 7(1,2,6,7) 8(1,6,7)
435.3 Lebensdauer, Tragfähigkeit 1(1,6,11) 2(9) 3(1,6,7,9) 4(1,3,9,11) 5(2,3,5,9) 6(8,10,11) 7(3) 8(1,3,5,6,7)
435.4 Reaktionsschichtbildung 1(6) 2(4) 4(3,11) 5(1,2,3) 6(6,9,10) 7(1)
435.5 Verschleißpartikel 1(2,6) 2(9) 4(3,5,11) 5(1,2) 6(1,7,8,9) 7(1) 8(7)

44 Schmierung u. Schmierstoffeigenschaften

441 Schmierungszustände

441.1 Festkörperreibung 1(4,5,7,11) 3(9) 4(5,10,12) 5(9) 6(1,10,11,12) 7(6) 8(1,6)

441.2 Grenzreibung 1(6,9,10,11) 2(4) 3(1) 4(3,13) 5(1, 2,7) 6(1,2,10) 7(5,6,9) 8(1)

441.3 Mischreibung 1(5,8,9) 2(2,3,4,8,9) 3(1,7) 4(3,10, 11) 5(1,2,5,7,9) 6(1,2,6,7,8,9,10,12) 7(1,4, 5,6,8,9) 8(1,5)

441.4 Vollschmierung hydrodynamisch 2(2,7,8,9) 3(1,2,3,4, 5,8,9) 4(11) 6(1,2,4,12) 7(1) 8(4)

441.5 Vollschmierung EHD 2(1,2,3,4,6) 3(1,5,8) 6(1,3) 8(2,3,4,5)

441.6 Vollschmierung hydrostatisch 3(8,9)

441.7 Vollschmierung Gasschmierung

441.8 Sonstige:

441.81 Aerosol-Schmierung 2(2)

442 Schmierungsarten

442.1 Ölschmierung 1(9,10) 2(1,2,3,4,6,7,8,9) 3(2,3,4,5, 8) 4(3,10,11) 5(1,2,5,7,8,9) 6(1,2,3,4,6,7,8, 12) 7(1,4,5,6,7) 8(1,2,3,4,5,7)

442.2 Fettschmierung 2(4) 5(2,5) 6(7,8,9)

442.3 Feststoffschmierung 1(4,8,9,11,13) 5(9) 6(9) 7(5,6, 7,9)

443 Schmierungstechnik

443.1 Schmierverfahren 2(7,9) 6(1) 8(3,4)

443.11 Umlaufschmierung 2(1,4,6,7,8,9) 3(3,8) 5(1,7,8) 6(1,12) 7(1,4) 8(2,5)

443.12 Verlustschmierung 1(10) 2(1,7) 4(3) 5(5,9) 6(7,8, 9) 7(9) 8(4,6)

443.13 Dauerschmierung 2(4,7) 4(10) 6(6) 8(7)

443.2 Schmiersystem-Vorrichtung

443.3 Schmierstoffverbrauch 2(9) 3(8) 4(3) 6(1,8,9) 8(7)

443.4 Schmierstoffpflege 2(9) 7(4) 8(7)

443.5 Sonstige:

443.51 Werkzeugbesprühung 1(11)

444 Schmierstoffeigenschaften

444.1 Physikal. Eigenschaften 2(4,8,9) 4(13) 5(2) 6(7,8) 7(4,8) 8(2,3,4,7)

444.2 Mech. Eigenschaften (E.-Modul, Schermodul, Kompressibilität) 2(6,7) 7(5) 8(2,3)

444.3 Rheol. Eigenschaften (Viskosität, Pumpfähigkeit, Konsistenz) 1(8,10) 2(2,4,5,7,8,9) 4(3,12) 5(1,2,7,8) 6(7,8,12) 7(4,5,8,9) 8(2,3,4,5,6,7)

444.4 Grenzflächen-Eigenschaften 2(4) 4(3,12) 5(2) 7(8)

444.5 Thermische Eigenschaften 4(12) 5(2) 7(5,8) 8(4)

444.6 Phys.-chem. Eigenschaften (Struktur, Löslichkeit, Wasserabscheidevermögen, Emulgierbarkeit, Schaumneigung u.ä.) 2(8,9) 4(12) 5(2) 6(8) 7(4,8)

444.7 Chem. Eigenschaften (Flammpunkt, Oxidationsstabilität, Scherstabilität, Korrosionseigenschaften, chemische Zusammensetzung u.ä.) 1(10) 2(5,7,8,9) 4(3) 5(2) 6(6,8,9) 7(8)

444.8 Elektr. u. optische Eigenschaften

444.9 Anwendungsbezogene Eigenschaften (Geruch, Toxizität, bakteriol. Stabilität, Schmiereigenschaften, Verschleißschutzverhalten) 1(9) 2(4,8,9) 4(3,12,13) 5(2,5) 6(7,8) 7(4,5,7,8) 8(5)

5 Untersuchungsverfahren

51 Charakter der Untersuchung

511 Tribologische Untersuchung

511.1 Modelprüfung 1(2,5,6,7,8,9) 2(1,4,5,6,7) 3(7) 4(3,4,6,10) 5(1,2,3,9) 6(2,3,6,7,10,11) 7(1,2,5,6,9) 8(1,2,3,4,5)

511.2 Praxisnahe Laborprüfung 1(1,2,3,8,10,11) 2(1,2,3,4,6,7,8,9) 3(1,3,7,8,9) 4(2,3,4,5,9,12,13) 5(1,2,4,5,6,7,8,9) 6(2,9,11,12) 7(1,3,4,6,7,8,9) 8(3,4,6,7)

511.3 Feldversuch, praktischer Einsatz 1(1,2,3) 2(8,9) 3(9) 4(1,2,3,7,11,12) 5(1,3,5,6) 6(1,8,11) 7(4) 8(7)

512 Nicht-tribologische Werkstoff- u. Schmierstoffuntersuchung 1(3,4) 3(6) 4(2,9) 5(5) 6(5,8) 7(8)

52 Art des Untersuchungsverfahrens

521 Mech.-phys. Prüfung (Rheometrie, Teilchenmessg., Schwingungsmessg.) 1(1,4,6,7,8,9) 2(1,2,4,6,7,9) 3(1,3,6,7) 4(1,2,4,5,6,9,10,13) 5(1,5,9) 6(1,5,7,8,9,10,11,12) 7(4,5,6,7,9)

522 Phys.-chem. Prüfung 1(1,2) 2(8,9) 4(3,11) 5(5) 6(8 7(4) 8(5,7)

523 Chemische Analyse (einschl. spektrosk. Verfahren, Mikroanal.) 1(1,2,3,4,11) 2(9) 3(6) 4(1,3,8,11) 5(1,2,5) 6(6,8) 8(7)

524 Akustische Verfahren 1(6) 4(9) 5(1)

525 Thermische Verfahren 2(8) 8(7)

526 Elektr. u. magnet. Verfahren 5(1,7) 7(1,3) 8(3,4,5)

527 Optische Verfahren(visuelle Prüfung, photogr., mikroskopische u. hologr. Verfahren, Ellipsom.) 1(3,4,6,7,10,11) 3(6) 4(1,2,3,4,6,7) 5(1,2,3,6,7,9) 6(7,8) 7(1,3) 8(1,7)

528 Durchstrahlungsverfahren (Röntgen-, Gamma-, Neutronen-Radiographie) 1(3,4) 4(9) 6(7)

529 Radioisotopverfahren 4(2) 5(1) 6(1) 7(1) 8(6)

6 Interessenhintergrund

61 Entwicklungsgeschichte

611 Historische Entwicklung 5(5) 8(6)

612 Stand der Forschung 1(10) 2(1,3,7,8) 3(1,5) 4(3,6) 5(5,8) 6(2,5,6,8,9,11) 7(6) 8(2,4,6)

613 Neuentwicklungen 1(1,2,3,4,6,11) 2(3,6,7,8,9) 3(2,4,9) 4(4,6,7,9,11,12) 5(2,9) 6(4,9) 7(1,4) 8(2,7)

614 Forschungsstelle, Forscher 1(8,11) 2(5,7) 3(1,3) 4(1,4,9,10,12) 5(3,7) 6(2,5) 7(4)

62 Terminologie, Dokumentation, Normung 6(9) 8(7)

63 Ausbildung, Lehre 6(2)

64 Systemgrundlage

641 Werkstoffe 1(1,2,3,4,5,7,9,11) 3(6,7) 4(1,2,3,4,9, 10,11) 5(1,3,5,7,9) 6(5,6,7,8,9,11) 7(2,3,5, 6,7) 8(1,7)

642 Schmierstoffe 1(5,9,10) 2(2,4,5,6,7,8,9) 4(3) 5(1, 2,5,8) 6(2,6,7,8,9) 7(3,4,5,6,7,8,9) 8(2,3,5,7)

643 Berechnung 1(1) 2(1,2,3,7) 3(1,2,3,4,5,8,9) 4(1) 5(5,9) 6(2,4,9) 7(6) 8(2,3,4,7)

644 Konstruktion 1(1) 2(1,2) 3(2,3,4,5,9) 4(1,2,3) 5(3,7,9) 6(2,3,4,5,8,10,11,12) 7(1,6) 8(3,4,7)

645 Fabrikation 2(8) 5(9) 7(1)

646 Qualitätskontrolle 5(1) 6(8) 7(4)

647 Auswahl 1(2) 2(8) 3(7) 4(1,2,3,4,8,10,12) 5(3,5) 6(2,5,6,7,8) 7(1,8) 8(1)

648 Vergleich 1(9) 2(4,7,8) 3(1,7) 4(1,2,3,4,8,9,12) 5(1,3,5,9) 6(2,5,7,8) 7(1,5,7) 8(7)

649 Toleranz 5(7) 6(11) 7(4)

65 Einbau, Montage 2(9) 3(2,4) 6(4,11)

66 Betrieb

661 Funktion 1(1) 2(1,7,9) 3(8,9) 4(1,5) 6(10,11) 8(3)

662 Kinematik 4(3) 6(10) 8(4)

663 Einlauf, allg. Betriebseigenschaften 1(7,10) 2(1,7,8, 9) 3(3,6,8) 4(1,2) 5(1,3,7,8,9) 6(1,2,8,11) 7(3) 8(1,3,5,6,7)

664 Stabilität 1(1) 2(7) 3(3,6) 4(2)

665 Zuverlässigkeit, Sicherheit 1(1,5,6) 2(3,7,8,9) 3(1, 2,3,4,8,9) 4(1,5,7,9,10) 5(1,3,5,9) 6(3,4,5,7, 8,9,11) 7(4) 8(1,3,7)

67 Instandhaltung, Überwachung 1(1) 2(9) 4(1,2) 5(1,3, 4,5,6,) 6(7,8,9,10,11) 7(4) 8(7)

68 Organisation 2(9)

69 Ergebnisanalyse

691 Schadensanalyse 2(4,9) 3(6,7,9) 4(1,13) 5(1,2,3,5,9) 6(6,8,10,11) 7(7) 8(1,5,7)

692 Übertragbarkeit 1(1,9,10) 2(4,8) 3(1,2,3,4,7,9) 4(1,2,3,10,12) 5(1,3,5,9) 6(2,4,6,7,8,9,11) 7(5,7) 8(2,3,4,7)

693 Wirtschaftlichkeit, Kosten 1(1,4,11) 2(1,6,7,9) 3(2, 4,5) 4(1,2,3,4,12) 5(1,3,4,5,7) 6(1,4,8,10,11) 7(4,6) 8(3,7)

694 Volkswirtschaftliche Bedeutung 1(1,4,6) 2(1,6,7,9) 3(1,2,4) 4(1,2,3) 5(3,8,9) 6(1,2,4,9,11) 8(7)

D E S K R I P T O R E N L I S T E (alphabetisch)

(Beispiel: 2(4,5) bedeutet Band 2, Bericht 4 und Bericht 5; Siehe Faltblatt hinten)

I N H A L T S V E R Z E I C H N I S S E

Band 1 - 8

1. Band

2. Band

3. Band

4. Band

5. Band

6. Band

8. Band

7. Band

GPSR Compliance

The European Union's (EU) General Product Safety Regulation (GPSR) is a set of rules that requires consumer products to be safe and our obligations to ensure this.

If you have any concerns about our products, you can contact us on ProductSafety@springernature.com

In case Publisher is established outside the EU, the EU authorized representative is:

Springer Nature Customer Service Center GmbH
Europaplatz 3
69115 Heidelberg, Germany

Batch number: 10682323

Printed by Printforce, the Netherlands